权威·前沿·原创

皮书系列为
"十二五""十三五"国家重点图书出版规划项目

BLUE BOOK

智库成果出版与传播平台

可持续发展蓝皮书

BLUE BOOK OF SUSTAINABLE DEVELOPMENT

中国可持续发展评价报告（2021）

EVALUATION REPORT ON THE SUSTAINABLE DEVELOPMENT OF CHINA (2021)

中 国 国 际 经 济 交 流 中 心
美国哥伦比亚大学地球研究院
　　　　　阿里研究院　／研创
飞利浦（中国）投资有限公司

社会科学文献出版社
SOCIAL SCIENCES ACADEMIC PRESS（CHINA）

图书在版编目（CIP）数据

中国可持续发展评价报告.2021／中国国际经济交
流中心等研创.--北京：社会科学文献出版社，
2021.11
（可持续发展蓝皮书）
ISBN 978-7-5201-9337-5

Ⅰ.①中… Ⅱ.①中… Ⅲ.①可持续性发展-研究报
告-中国-2021 Ⅳ.①X22

中国版本图书馆CIP数据核字（2021）第223566号

可持续发展蓝皮书
中国可持续发展评价报告（2021）

研　　创／中国国际经济交流中心　美国哥伦比亚大学地球研究院
　　　　　阿里研究院　飞利浦（中国）投资有限公司

主　　编／张焕波　郭　栋　王　军

出 版 人／王利民
责任编辑／薛铭洁
责任印制／王京美

出　　版／社会科学文献出版社·皮书出版分社（010）59367127
　　　　　地址：北京市北三环中路甲29号院华龙大厦　邮编：100029
　　　　　网址：www.ssap.com.cn
发　　行／市场营销中心（010）59367081　59367083
印　　装／三河市东方印刷有限公司

规　　格／开　本：787mm×1092mm　1/16
　　　　　印　张：33.75　字　数：508千字
版　　次／2021年11月第1版　2021年11月第1次印刷
书　　号／ISBN 978-7-5201-9337-5
定　　价／198.00元

本书如有印装质量问题，请与读者服务中心（010-59367028）联系

编 委 会

课题指导

张大卫　中国国际经济交流中心副理事长兼秘书长

Steven Cohen　美国哥伦比亚大学可持续发展中心主任

Satyajit Bose　美国哥伦比亚大学可持续发展管理硕士项目副主任，
　　　　　　教授

高红冰　阿里巴巴集团副总裁，阿里研究院院长

李　涛　飞利浦集团副总裁，政府事务部总经理

课题顾问

解振华　中国气候变化事务特使

仇保兴　国务院参事、中国城市科学研究会理事长、住房和城乡
　　　　建设部原副部长

赵白鸽　十二届全国人大外事委员会副主任委员、中国社会科学
　　　　院"一带一路"国际智库专家委员会主席、蓝迪国际智
　　　　库专家委员会主席

周　建　环境保护部原副部长

许宪春　清华大学经济管理学院教授、清华大学中国经济社会数
　　　　据研究中心主任、国家统计局原副局长

张霈婷　中国国际经济交流中心美欧所实习生

王明伟　中原银行博士后，博士

美国哥伦比亚大学地球研究院课题组成员：

Alison Miller　美国哥伦比亚大学地球研究院副院长，硕士

Kelsie DeFrancia　美国哥伦比亚大学可持续发展政策与管理研究中心助理主任，硕士

Hayley Martine　美国哥伦比亚大学地球研究院项目经理，硕士

Michael Bannon　美国哥伦比亚大学环境科学与政策项目，硕士研究生

Rashika Choudhary　美国哥伦比亚大学环境科学与政策项目，硕士研究生

Allison Day　美国哥伦比亚大学环境科学与政策项目，硕士研究生

Alyssa Ramirez　美国哥伦比亚大学环境科学与政策项目，硕士研究生

阿里研究院课题组成员：

徐　飞　阿里研究院数字社会研究中心主任，博士

左臣明　阿里新乡村研究中心秘书长，博士

张　程　阿里研究院行业研究专家

飞利浦公司课题组成员：

齐　澄　飞利浦大中华区政府事务部政策研究专员

《财经》课题组成员：

邹碧颖　《财经》区域经济与产业研究院研究员，中国人民大学新闻与传播专业硕士

张　寒　《财经》区域经济与产业研究院副研究员，中央财经大学经济学学士，加拿大皇后大学管理学硕士

张明丽　《财经》区域经济与产业研究院助理研究员，北京大学国

家发展研究院财经奖学金班 21 期学员，大连外国语大学
毕业，翻译、文学学士

孙颖妮　《财经》区域经济与产业科技研究院助理研究员，华北科
技学院文学学士

主编简介

张焕波　中国国际经济交流中心美欧研究所副所长（主持工作）、研究员，中国科学院研究生院博士、清华大学公共管理学院博士后，在多所大学任兼职教授。自 2009 年至今在中国国际经济交流中心从事可持续发展、碳政策、国际经济、产业发展等方面的研究工作。撰写内参 100 多篇，数十篇获得国家领导人重要批示。在 SSCI、SCI、CSSCI 等国内外学术期刊发表论文 100 多篇。主持国家发改委、商务部、中国国际经济交流中心、国家自然科学基金会、地方政府、世界 500 强企业等委托研究课题 50 多项。学术成果获得国家发改委优秀成果一等奖 2 项、二等 3 奖项、三等奖 2 项。出版专著包括《中国宏观经济问题分析》、《中国、美国和欧盟气候政策分析》、《发展更高层次的开放型经济》、《〈巴黎协定〉——全球应对气候变化的里程碑》、《负面清单管理模式下我国外商投资监管体系研究》、"可持续发展蓝皮书"、《全球要事报告》、《亚洲竞争力报告》等。

郭　栋　哥伦比亚大学可持续发展政策及管理研究中心副主任、研究员，哥伦比亚大学国际与公共事务学院客座教授，职业研究学院高级招生顾问。在哥伦比亚大学教授微观经济学、定量研究方法、统计在管理学中的应用等课程。研究方向包括可持续企业管理、可持续城市政策及评价、可持续金融、教育经济学等，并在中国就以上领域进行了多项研究。近年来，领导设计了一套城市可持续发展绩效测量系统，该系统根据中国 100 个城市的可持续发展综合表现进行年度排名。此外，还研究了中国的教育回报率、中国职业教育的经济回报及特点、教育的同群效应、环境监管对就业的影响、环境风险认知与管理以及环境态度与行为。曾担任哥伦比亚大学地球研究院中国项目主任。除在哥伦比亚大学任职外，还担任亚洲协会政策研究所研究员、上海财经大学特聘教授（讲授可持续金融学）、河南大学讲座教授、上海国际金融与经济研究院特聘研究员。还曾在北京大学担任客座教授，并应邀在许多国际研讨会上发言。著作有《可持续发展金融》《可持续城市》等。获哥伦比亚大学教育学院经济和教育学博士学位，哥伦比亚大学国际与公共事务学院公共管理硕士，伦敦大学学院经济学学士学位。

王　军　经济学博士，研究员。曾任中共中央政策研究室处长，中国国际经济交流中心信息部部长、中国国际经济交流中心学术委员会委员；现任中原银行首席经济学家。先后在《人民日报》《光明日报》《经济日报》《中国金融》《中国财政》《瞭望》《金融时报》等国家级报刊上发表学术论文300余篇，已出版《中国经济新常态初探》《抉择：中国经济转型之路》《打造中国经济升级版》《资产价格泡沫及预警》等10余部学术著作，多次获省部级科研一、二、三等奖。研究方向为宏观经济理论与政策、金融改革与发展、可持续发展等。在中央政策研究室工作期间，多次参与中央主要领导在重要会议上的讲话以及中央重要文件的起草，多篇研究报告获得中央主要领导的重要批示。在中国国际经济交流中心工作期间，一直负责跟踪研究国内宏观经济运行，对重大宏观经济问题提出分析建议，为党中央、国务院决策提供参考。作为主要组织者和参与者，多次主持完成深改办、中财办、中研室、国研室、国家发改委、财政部、商务部、外交部、国开行、博鳌亚洲论坛秘书处等部委及机构委托重点研究课题40余项。

序　言

可持续发展是当今时代主题之一，也是新发展阶段贯彻新发展理念的重要路径。中国高度重视可持续发展工作，把可持续发展确立为国家战略，并把节约资源、低碳发展、保护环境、持续改善民生和维护社会公平正义作为基本国策。党的十八大以来，以习近平同志为核心的党中央进一步把生态文明建设纳入中国特色社会主义"五位一体"总体布局之中。习近平生态文明思想深化了对自然规律、人类社会发展规律的认识，也为践行可持续发展理念提供了理论指导和行动指南。在庆祝中国共产党成立 100 周年大会上，习近平总书记庄严宣告中国全面建成了小康社会，实现了第一个百年奋斗目标，正向全面建成社会主义现代化强国的第二个百年奋斗目标迈进。这也预示着新阶段我国可持续发展进程有了新的愿景、新的要求及新的绩效评价标准。

2020 年以来，新冠肺炎疫情对国际社会可持续发展进程造成冲击，在一些国家增加了贫困现象，造成了重大生命财产损失，它暴露了全球治理的短板，让更多人认识到人类命运共同体理念的重要性。作为世界大家庭的一员，中国一直履行负责任大国的职责，在脱贫减贫、能源结构变革、生态环境保护等方面为全球可持续发展不断地做出贡献。2020 年 9 月，习近平主席在第 75 届联合国大会一般性辩论上宣布，中国将采取更有力的政策和措施，二氧化碳排放力争于 2030 年前达到峰值，努力争取 2060 年前实现碳中和。上述目标的提出为推动我国未来可持续发展进程提供了方向和驱动力。同时，不断发展的数字技术也正成为新的生产工具，对全球治理、国家治理和经济社会发展起到重要的推动作用。在此背景下，如何通过高质量的国际合作，进一步优化对可持续发展的评价，探寻一套与全球标准一致并且与国内情况相符

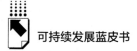
的可持续发展综合评价方法，既是落实联合国 2030 年可持续发展议程的迫切要求，也是中国开启全面建设社会主义现代化国家新征程的现实需要。

中国国际经济交流中心高度重视可持续发展研究工作。自 2015 年起，中心设立了重大基金课题"中国可持续发展评估指标体系设计与应用"，与哥伦比亚大学地球研究院合作开发了"中国可持续发展评估指标体系和计算方法"。2017年，课题组开始发布全国各省区市及 100 个重点城市的可持续发展排名，并对一些国际大都市的可持续发展情况进行评价，以为国内城市的可持续发展提供参考。随后，阿里研究院参加课题组，为相关指标提供大数据支撑。2020 年，飞利浦公司加入可持续发展评价课题研究，并为卫生健康可持续发展领域研究提供技术支持，参与课题组发布《中国卫生健康发展指标体系研究》报告，对全国各省区市公共卫生能力及水平进行评价和排名。至今，课题组已连续四年出版了《中国可持续发展评价报告》，并于 2020 年获得优秀皮书报告一等奖，影响力逐步扩大。2021 年，课题组邀请解振华、仇保兴、赵白鸽、周建、许宪春等专家作为课题顾问，指导完善评价指标体系，深入开展实现"双碳"目标、提升公共卫生、大数据应用等领域的特色专题研究。

党的十九大报告指出，新时代我国社会主要矛盾是人民日益增长的美好生活的需要和不平衡不充分的发展之间的矛盾。而可持续发展注重经济、社会、环境的协调统一，是破解当前全球问题的"金钥匙"，也是各方利益的最大交汇点及合作的最佳切入点。课题组每年出版的《中国可持续发展评价报告》，旨在持续产生积极社会影响，为各级政府评估可持续发展进程，同时对标国际标准推动可持续发展目标实现提供有益参考。为更好地实现这一目标，课题研究将在数据质量、专题研究深度、指标体系等方面不断完善提升。课题组也将在课题顾问指导下，强化与国内外有关部门合作，进一步总结地方及企业案例，不断为我国可持续发展实践提供宝贵借鉴。

张大卫

2021 年 8 月

摘　要

本报告基于中国可持续发展评价指标体系的基本框架，对2019年我国的可持续发展状况从国家、省份和重点城市等三个层面进行了全面系统的数据验证分析并排名。国家级可持续发展指标体系数据验证结果分析显示：中国可持续发展状况继续稳步得到改善，2015～2019年，中国可持续发展水平呈现逐年稳定提升的状态，经济实力明显跃升，社会民生普遍提升，资源环境状况总体改善，消耗排放控制成效显著，治理保护效果逐渐凸显。省级可持续发展指标体系数据验证结果分析显示：4个直辖市及东部沿海省份的可持续发展排名比较靠前，北京、上海、浙江、广东、天津、福建、江苏、湖北、重庆和四川排名前十位，中部地区中，湖北排名最高，列第八位。100座大中城市可持续发展指标体系数据验证结果分析显示：东部城市可持续发展进步明显，其中杭州首次在全国城市可持续发展排名第一，位列前十的城市分别为杭州、珠海、广州、北京、无锡、深圳、苏州、武汉、南京和郑州。本报告认为，当前我国进入新发展阶段，也正处于可持续发展转型的关键期，需要在"十四五"期间坚定贯彻落实新发展理念，加快构建新发展格局，不断推进联合国《2030年可持续发展议程》，动态保持经济、社会、环境三者有机平衡，推动中国实现更加包容、更具韧性、更为绿色的可持续发展。报告还围绕公共卫生、"双碳"目标、数字基建等几个主题做了专题研究，对河池、成都、昆山、深圳、珠海和桂林等城市进行了案例分析，对一些企业层面的可持续发展做法做了总结分析。

关键词： 可持续发展　评价指标体系　可持续发展治理　可持续发展排名　可持续发展议程

目 录 ◥▨▨▨

Ⅰ 总报告

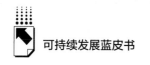
Ⅲ　专题篇

Ⅳ　城市案例篇

Ⅴ　国际案例篇

VI 企业案例篇

VII 附录

VIII General Outline

皮书数据库阅读**使用指南**

总 报 告

General Report

B.1

2021年中国可持续发展评价报告

张焕波　郭栋　张超　孙珮*

摘　要：　在中国可持续发展评价指标体系基本框架的基础上，本报告
全面系统地对2019年中国国家、省级及大中城市可持续发展
状况进行了数据分析和排名。研究表明：从全国来看，中国
可持续发展状况持续提升，2015～2019年，可持续发展指标表
现出逐年稳定增长的状态，经济发展较为平稳，社会民生进
步明显，治理保护成效逐渐显现。但是仍然存在明显短板：
资源环境面临的问题依然严峻，需要进一步加大对消耗排放
的治理。从省区市的角度来看，东部地区排名靠前，前十位

* 张焕波，中国国际经济交流中心美欧研究所副所长，研究员，博士，研究方向为可持续发展、中美经贸关系；郭栋，美国哥伦比亚大学可持续发展政策与管理研究中心副主任，研究员，博士，研究方向为可持续城市、可持续金融、可持续机构管理、可持续政策及可持续教育等；张超，中国国际经济交流中心战略研究部助理研究员，博士，研究方向为应对气候变化、可持续发展、能源政策；孙珮，中国国际经济交流中心美欧所助理研究员，博士，研究方向为公共经济学、健康经济学、可持续发展。

分别是北京、上海、浙江、广东、天津、福建、江苏、湖北、重庆和四川省，中部地区湖北省排名最高，列第八位，西部地区中重庆位列第九位。100座大中城市的可持续发展指标体系数据验证分析显示，杭州、珠海、广州及其他部分东部沿海城市的可持续发展排名靠前，下列城市位列前十：杭州、珠海、广州、北京、无锡、深圳、苏州、武汉、南京和郑州，其中杭州首次位居榜首。报告还分析了新冠肺炎疫情给中国乃至全球可持续发展带来的挑战，以及全球抗击疫情所采取的政策应对。报告认为，当前我国进入新发展阶段，也正处于可持续发展转型的关键期，需要在"十四五"期间坚定贯彻落实新发展理念，加快构建新发展格局，不断推进联合国《2030年可持续发展议程》。

关键词： 可持续发展　评价指标体系　可持续治理　可持续发展排名

　　习近平总书记在 2020 年 11 月的二十国集团领导人峰会上指出"后疫情时代的世界，必将如凤凰涅槃、焕发新生"。在后疫情时代，需要实现更具有包容性、韧性和绿色的经济复苏，推动更高水平的可持续发展。我国高度重视并全面部署与可持续发展相关的一系列工作，积极落实联合国发展峰会达成的成果，积极推进有关发展目标各方面工作，大力推动国家生态文明建设和可持续发展。一套科学的可持续发展评价指标体系对于推动中国高质量发展至关重要，有利于落实确立的"创新、协调、绿色、开放、共享"的新发展理念，有利于补充和完善以 GDP 规模与速度为核心的经济评价体系，有利于落实和推进联合国《2030 年可持续发展议程》。持续蔓延扩散的新冠肺炎疫情冲击了国内外可持续发展进程，也使我们深刻地意识到只有坚持可持续发展，人类与自然才能和谐共生。

本报告是对 2019 年中国国家、省和城市层面的可持续发展状况做的评估，当时整个经济社会结构还没有受到全球新冠肺炎疫情这一重大突发变量的冲击。2019 年是中国向实现全面建成小康社会目标冲刺的关键一年，这一年中国在各项建设方面取得的成就为 2020 年全面建成小康社会提供了重要保障。

一 中国国家级可持续发展指标体系数据结果分析

在中国可持续发展评价指标体系（China Sustainable Development Indicator System，CSDIS）的框架下，我们对初始数据进行查找和筛选，并整理了从 2015 年至 2019 年的时间序列数据。总的指标体系包括 5 个一级指标和 53 个三级指标，由于部分初始指标的数据难以获得，在实际计算中我们只采用了 47 个初始指标。通过等权重方法对可持续发展评价指标进行测算（见表 1）。

表 1 CSDIS 国家级指标集及权重

一级指标（权重%）	二级指标	三级指标	单位	权重（%）	序号
经济发展（25%）	创新驱动	科技进步贡献率	%	2.08	1
		R&D 经费投入占 GDP 比重	%	2.08	2
		万人有效发明专利拥有量	件	2.08	3
	结构优化	高技术产业主营业务收入与工业增加值比例	%	3.13	4
		数字经济核心产业增加值占 GDP 比 *	%	0.00	5
		信息产业增加值与 GDP 比重	%	3.13	6
	稳定增长	GDP 增长率	%	2.08	7
		全员劳动生产率	万元/人	2.08	8
		劳动适龄人口占总人口比重	%	2.08	9
	开放发展	人均实际利用外资额	美元/人	3.13	10
		人均进出口总额	美元/人	3.13	11

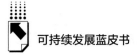

续表

一级指标（权重%）	二级指标	三级指标	单位	权重（%）	序号
社会民生（15%）	教育文化	教育支出占GDP比重	%	1.25	12
		劳动人口平均受教育年限	年	1.25	13
		公共文化机构数	个/万人	1.25	14
	社会保障	基本社会保障覆盖率	%	1.88	15
		人均社会保障和就业支出	元	1.88	16
	卫生健康	人口平均预期寿命	岁	0.94	17
		人均政府卫生支出	元/人	0.94	18
		甲、乙类法定报告传染病总发病率	%	0.94	19
		每千人拥有卫生技术人员数	人	0.94	20
	均等程度	贫困发生率	%	1.25	21
		城乡居民可支配收入比		1.25	22
		基尼系数		1.25	23
资源环境（10%）	国土资源	人均碳汇*	吨二氧化碳/人	0.00	24
		人均森林面积	公顷/万人	0.83	25
		人均耕地面积	公顷/万人	0.83	26
		人均湿地面积	公顷/万人	0.83	27
		人均草原面积	公顷/万人	0.83	28
	水环境	人均水资源量	立方米/人	1.67	29
		全国河流流域一、二、三类水质断面占比	%	1.67	30
	大气环境	地级及以上城市空气质量达标天数比例	%	3.33	31
	生物多样性	生物多样性指数*		0.00	32
消耗排放（25%）	土地消耗	单位建设用地面积二、三产业增加值	万元/公里^2	4.17	33
	水消耗	单位工业增加值水耗	立方米/万元	4.17	34
	能源消耗	单位GDP能耗	吨标准煤/万元	4.17	35
	主要污染物排放	单位GDP化学需氧量排放	吨/万元	1.04	36
		单位GDP氨氮排放	吨/万元	1.04	37
		单位GDP二氧化硫排放	吨/万元	1.04	38
		单位GDP氮氧化物排放	吨/万元	1.04	39
	工业危险废物产生量	单位GDP危险废物产生量	吨/万元	4.17	40
	温室气体排放	单位GDP二氧化碳排放	吨/万元	2.08	41
		非化石能源占一次能源比	%	2.08	42

续表

一级指标 （权重%）	二级指标	三级指标	单位	权重 （%）	序号
治理保护 （25%）	治理投入	生态建设投入与 GDP 比*	%	0.00	43
		财政性节能环保支出占 GDP 比重	%	2.08	44
		环境污染治理投资与固定资产投资比	%	2.08	45
	废水 利用率	再生水利用率*	%	0.00	46
		城市污水处理率	%	4.17	47
	固体废物 处理	一般工业固体废物综合利用率	%	4.17	48
	危险废物 处理	危险废物处置率	%	4.17	49
	废气处理	废气处理率*	%	0.00	50
	垃圾处理	生活垃圾无害化处理率	%	4.17	51
	减少温室 气体排放	碳排放强度年下降率	%	2.08	52
		能源强度年下降率	%	2.08	53

注：*表示该指标由于数据难以获得，本年度计算没有纳入，期望未来加入计算。（下同）

从可持续发展总指标的趋势上看（见图1），2015～2019年总指标得分总体呈现增长状态，增速先降低后逐年增长，充分显示了我国在经济发展、社会民生、资源环境、消耗排放、治理保护五大方面取得的积极进展和成效。其中，2015年指标值为59.0，到2019年该指标已上升为82.1，增幅达39%，年增长率均值约8.7%。从变动幅度看，2016年和2019年的改善最明显，分别比前一年增长了11.1%和10.5%，2017年增速有明显的下滑，仅为4.6%。在这一阶段，治理保护和资源环境是可持续发展的主要短板。

从一级指标的趋势上看（见图2），五年间"社会民生"和"消耗排放"指标增长最快，"经济发展"次之，"资源环境"和"治理保护"先降后升。

就具体数值而言，2019年"社会民生"和"消耗排放"指标均在85分以上，表明社会民生保障和改善明显，污染排放不断趋少。"资源环境"指标在2015～2016年缓慢增长，2016年达到峰值67.9后，2017年出现下降，其数值仅为56.1，略低于2015年水平，而在2019年，该数

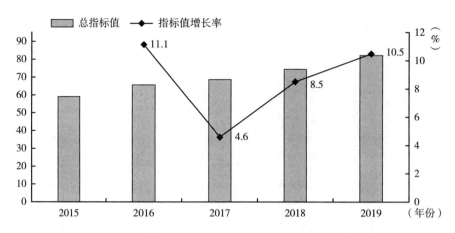

图1 中国可持续发展指数总指标走势（2015～2019年）

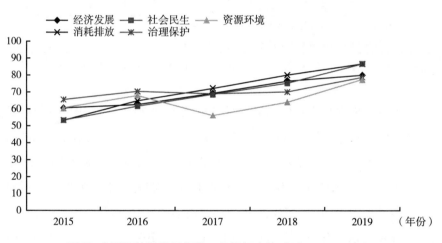

图2 中国可持续发展指数一级指标走势（2015～2019年）

值又上升到77.5，这些波动突出反映了在资源环境指标上，湿地、森林、水资源等指标受气候条件影响较大。"治理保护"指标2018年之前呈现增长较缓慢的态势，在生态文明建设加紧趋严的背景下，近两年改善较为显著，"治理保护"2019年增速为12.4%。此外，"经济发展"指标数值在2019年首次突破了80分。从一级指标的构成雷达图来看（见图3），2019年的指标同比明显提高，整体可持续发展指标较2018年更为均衡。

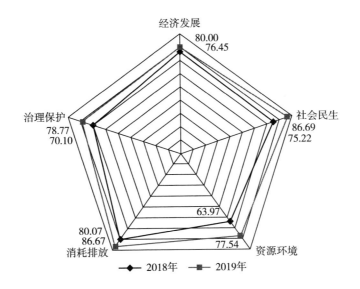

图3 中国可持续发展指数一级指标构成雷达图（2018～2019年）

从二级指标的构成雷达图看（见图4），2019年的指标大部分包围住了2018年的指标值，其中"创新驱动""社会保障""均等程度""治理投入""大气环境""温室气体排放""废水利用率"等指标表现突出。但也有几个指标例外，包括"稳定增长""工业危险废物产生量""固体废物处理"等。这表明中国经济正逐步进入高质量发展阶段，创新驱动发展效果明显，治理保护取得较大成绩，资源环境水平明显提升，社会民生取得重大改善。

二 中国省级可持续发展指标体系数据验证结果分析

年度省级可持续发展指标评估与国家级指标评估在指标体系设计上基本一致，同时依据省级评估特点及数据可获得性等原因做了调整和优化。在课题组构建的中国可持续发展评价指标体系（CSDIS）的框架下，对初始数据进行查找和筛选，并整理了2019年省区市的数据。基于数据的可获得性，对11个指标进行了剔除，最后得到五大指标共42个初始指标。为减少各项

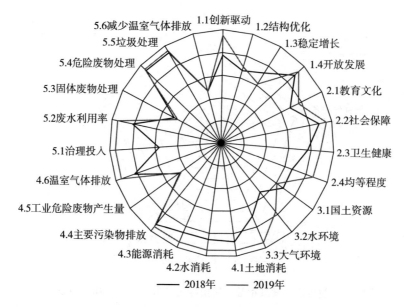

图 4 中国可持续发展指数二级指标构成雷达图（2018～2019 年）

指标的人为影响，在计算总指标、一级指标、二级指标综合值时，采用了等权重方法（见表 2）。

表 2 CSDIS 省级指标集及权重

一级指标 （权重%）	二级指标	三级指标	单位	权重 （%）	序号
经济发展 （25%）	创新驱动	科技进步贡献率 *	%	0.00	1
		R&D 经费投入占 GDP 比重	%	3.75	2
		万人有效发明专利拥有量	件	3.75	3
	结构优化	高技术产业主营业务收入与工业增加值比例	%	2.50	4
		数字经济核心产业增加值占 GDP 比 *	%	0.00	5
		电子商务额占 GDP 比重	%	2.50	6
	稳定增长	GDP 增长率	%	2.08	7
		全员劳动生产率	万元/人	2.08	8
		劳动适龄人口占总人口比重	%	2.08	9
	开放发展	人均实际利用外资额	美元/人	3.13	10
		人均进出口总额	美元/人	3.13	11

续表

一级指标（权重%）	二级指标	三级指标	单位	权重（%）	序号
社会民生（15%）	教育文化	教育支出占 GDP 比重	%	1.25	12
		劳动人口平均受教育年限	年	1.25	13
		公共文化机构数	个/万人	1.25	14
	社会保障	基本社会保障覆盖率	%	1.88	15
		人均社会保障和就业支出	元/人	1.88	16
	卫生健康	人口平均预期寿命*	岁	0.00	17
		人均政府卫生支出	元/人	1.25	18
		甲、乙类法定报告传染病总发病率	%	1.25	19
		每千人拥有卫生技术人员数	人	1.25	20
	均等程度	贫困发生率	%	1.88	21
		城乡居民可支配收入比		1.88	22
		基尼系数*		0.00	23
资源环境（10%）	国土资源	人均碳汇*	吨二氧化碳/人	0.00	24
		人均森林面积	公顷/万人	0.83	25
		人均耕地面积	公顷/万人	0.83	26
		人均湿地面积	公顷/万人	0.83	27
		人均草原面积	公顷/万人	0.83	28
	水环境	人均水资源量	立方米/人	1.67	29
		全国河流流域一、二、三类水质断面占比	%	1.67	30
	大气环境	地级及以上城市空气质量达标天数比例	%	3.33	31
	生物多样性	生物多样性指数*		0.00	32
消耗排放（25%）	土地消耗	单位建设用地面积二、三产业增加值	万元/公里²	4.00	33
	水消耗	单位工业增加值水耗	立方米/万元	4.00	34
	能源消耗	单位 GDP 能耗	吨标准煤/万元	4.00	35
	主要污染物排放	单位 GDP 化学需氧量排放	吨/万元	1.00	36
		单位 GDP 氨氮排放	吨/万元	1.00	37
		单位 GDP 二氧化硫排放	吨/万元	1.00	38
		单位 GDP 氮氧化物排放	吨/万元	1.00	39
	工业危险废物产生量	单位 GDP 危险废物产生量	吨/万元	4.00	40
	温室气体排放	单位 GDP 二氧化碳排放*	吨/万元	0.00	41
		可再生能源电力消纳占全社会用电量比重	%	4.00	42

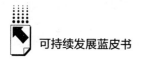

续表

一级指标（权重%）	二级指标	三级指标	单位	权重（%）	序号
治理保护（25%）	治理投入	生态建设投入与GDP比*	%	0.00	43
		财政性节能环保支出占GDP比重	%	2.50	44
		环境污染治理投资与固定资产投资比	%	2.50	45
	废水利用率	再生水利用率*	%	0.00	46
		城市污水处理率	%	5.00	47
	固体废物处理	一般工业固体废物综合利用率	%	5.00	48
	危险废物处理	危险废物处置率	%	5.00	49
	废气处理	废气处理率*	%	2.50	50
	垃圾处理	生活垃圾无害化处理率	%	0.00	51
	减少温室气体排放	碳排放强度年下降率*	%	0.00	52
		能源强度年下降率	%	2.50	53

根据上述框架，课题组计算出30个省区市可持续发展水平的综合排名（见表3）。可持续发展排名靠前的主要是直辖市和东部沿海省份。2019年位居前10位的分别是北京市、上海市、浙江省、广东省、天津市、福建省、江苏省、湖北省、重庆市和四川省。北京市、上海市、浙江省及广东省等省市除在资源环境领域相对较弱以外，在社会民生、经济发展、环境治理和消耗排放均靠前。宁夏回族自治区、新疆维吾尔自治区和吉林省排名较为落后，提高可持续发展的空间很大。东部地区北京市、上海市和浙江省位列前三，西部地区在前十名中首次同时出现重庆市和四川省，中部地区中仅湖北省位列前十（第八位），其余省份的可持续发展综合排名均在前十名之外。东北地区则没有任何一地入选前十名。

表3　省级可持续发展综合排名情况

省区市	总得分	2019年排名	2018年排名
北京	82.01	1	1
上海	76.89	2	2
浙江	73.56	3	3

续表

省区市	总得分	2019 年排名	2018 年排名
广东	72.42	4	5
天津	72.01	5	15
福建	71.61	6	11
江苏	70.41	7	4
湖北	69.90	8	7
重庆	69.83	9	8
四川	68.41	10	21
海南	68.03	11	19
湖南	67.90	12	12
江西	67.48	13	13
安徽	67.38	14	6
陕西	67.34	15	22
山东	67.32	16	9
云南	66.99	17	17
河南	66.96	18	10
河北	66.43	19	16
青海	65.90	20	28
贵州	65.90	21	14
辽宁	65.01	22	23
甘肃	64.67	23	24
广西	64.35	24	18
山西	63.70	25	25
内蒙古	62.62	26	20
黑龙江	62.59	27	30
吉林	62.03	28	29
新疆	61.79	29	27
宁夏	60.83	30	26

三　中国100座大中城市可持续发展
指标体系数据验证分析

　　据课题组构建的包括五大类 24 项初始指标在内的城市可持续发展指标框架（见表4），我们对 2019 年 100 座大中型城市的可持续发展状况进行了排名（见表5）。

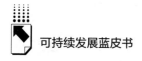

表4　CSDIS 指标集及权重

类别	序号	指标	权重（%）
经济发展 （21.66%）	1	人均 GDP	7.21
	2	第三产业增加值占 GDP 比重	4.85
	3	城镇登记失业率	3.64
	4	财政性科学技术支出占 GDP 比重	3.92
	5	GDP 增长率	2.04
社会民生 （31.45%）	6	房价－人均 GDP 比	4.91
	7	每千人拥有卫生技术人员数	5.74
	8	每千人医疗卫生机构床位数	4.99
	9	人均社会保障和就业财政支出	3.92
	10	中小学师生人数比	4.13
	11	人均城市道路面积＋高峰拥堵延时指数	3.27
	12	0～14 岁常住人口占比	4.49
资源环境 （15.05%）	13	人均水资源量	4.54
	14	每万人城市绿地面积	6.24
	15	空气质量指数优良天数	4.27
消耗排放 （23.78%）	16	单位 GDP 水耗	7.22
	17	单位 GDP 能耗	4.88
	18	单位二、三产业增加值占建成区面积	5.78
	19	单位工业总产值二氧化硫排放量	3.61
	20	单位工业总产值废水排放量	2.29
治理保护 （8.06%）	21	污水处理厂集中处理率	2.34
	22	财政性节能环保支出占 GDP 比重	2.61
	23	一般工业固体废物综合利用率	2.16
	24	生活垃圾无害化处理率	0.95

（一）城市可持续发展综合排名

2019 年可持续发展综合排名中，位列前十名的城市分别是：杭州、珠海、广州、北京、无锡、深圳、苏州、武汉、南京、郑州。杭州首次上升至全国可持续发展第一位。作为中国经济最发达的地区，珠三角地区的珠海、广州和深圳以及首都北京及长三角地区的部分城市，其可持续发展综合水平依然较高。

表5 2018~2019 年中国城市可持续发展综合排名

城市	2018 年排名	2019 年排名
杭州	4	1
珠海	1	2
广州	5	3
北京	2	4
无锡	7	5
深圳	3	6
苏州	15	7
武汉	11	8
南京	8	9
郑州	17	10
长沙	12	11
青岛	6	12
宁波	13	13
厦门	10	14
合肥	19	15
上海	9	16
拉萨	14	17
济南	18	18
三亚	16	19
成都	33	20
乌鲁木齐	25	21
西安	26	22
福州	29	23
太原	27	24
烟台	21	25
大连	30	26
昆明	34	27
贵阳	28	28
温州	24	29
南昌	23	30
海口	35	31
南通	20	32
金华	39	33
克拉玛依	32	34
天津	22	35

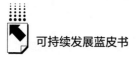

续表

城市	2018 年排名	2019 年排名
宜昌	43	36
常德	46	37
南宁	53	38
芜湖	40	39
泉州	42	40
惠州	37	41
徐州	31	42
沈阳	52	43
绵阳	56	44
榆林	50	45
西宁	45	46
重庆	48	47
北海	44	48
长春	49	49
潍坊	47	50
扬州	36	51
包头	41	52
九江	59	53
兰州	58	54
呼和浩特	38	55
郴州	72	56
唐山	55	57
怀化	68	58
铜仁	74	59
银川	61	60
哈尔滨	63	61
遵义	75	62
蚌埠	60	63
襄阳	64	64
石家庄	51	65
赣州	79	66
岳阳	73	67
黄石	82	68
韶关	70	69
秦皇岛	54	70
洛阳	57	71

续表

城市	2018 年排名	2019 年排名
桂林	62	72
泸州	83	73
许昌	65	74
宜宾	87	75
牡丹江	76	76
固原	81	77
乐山	89	78
济宁	66	79
安庆	71	80
汕头	84	81
临沂	69	82
大同	80	83
吉林	67	84
开封	77	85
曲靖	95	86
平顶山	90	87
湛江	92	88
大理	88	89
邯郸	86	90
南充	94	91
保定	78	92
天水	93	93
锦州	98	94
南阳	85	95
海东	96	96
渭南	99	97
丹东	91	98
齐齐哈尔	97	99
运城	100	100

（二）五大类一级指标各城市主要情况

1. 经济发展

中国东部沿海的主要城市在经济发展方面表现依旧最佳；首都北京在经

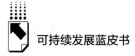

济发展方面一直名列前茅，上年度的排名中经济发展也是排在首位；南京的经济类指标排名较均衡，不存在明显短板，近年来经济发展排名上升，较去年上升一位。三亚、宁波首次进入经济发展领先城市（见表6）。

表6　2019年排名中经济发展质量领先城市

排名	城市	排名	城市
1	北京	6	武汉
2	南京	7	三亚
3	广州	8	珠海
4	杭州	9	苏州
5	深圳	10	宁波

2. 社会民生

在2019年，内陆地区在社会民生方面普遍靠前。除武汉和南京外，其他在社会民生领域排名靠前的城市，经济发展方面都排在十名之后。这说明了经济发展与社会民生的发展并不是同步的，也表明了很多城市虽然在经济发展方面走在前面，但是实际上也有很多民生问题亟待解决。这在一定程度上反映了当前中国经济与社会发展的不平衡、不协调问题。无锡、济南、南京、长沙、宜昌在2019年排名中跻身社会民生保障领先城市，长沙、无锡、宜昌、榆林在"房价－人均GDP比"单项排名靠前，武汉在"人均社会保障和就业财政支出"单项排位靠前，乌鲁木齐在"人均城市道路面积＋高峰拥堵延时指数"单项排位靠前（见表7）。

表7　2019年排名中社会民生保障领先城市

排名	城市	排名	城市
1	太原	6	西宁
2	乌鲁木齐	7	济南
3	榆林	8	南京
4	武汉	9	长沙
5	无锡	10	宜昌

3. 资源环境

在 2019 年南部省份，如广东、贵州等，资源环境指标排名相对靠前。这些城市大多拥有丰富的自然资源，生态环境良好。拉萨各单项环境指标排名较为靠前，主要是因为拉萨较低的人口密度拉高了其生态环境分类排名，并连续两年在资源环境中排第一位。惠州的资源环境指标较为均衡，仅次于拉萨，不存在明显短板，排名较去年上升 2 位。怀化、韶关、牡丹江三座城市在"人均水资源量"单项指标表现突出，北海、乐山两座城市是首次进入生态环境宜居领先城市，泉州自上年度由于指标排名稍微落后，本年度进入生态环境宜居领先城市（见表 8）。

表 8 2019 年排名中生态环境宜居领先城市

排名	城市	排名	城市
1	拉萨	6	贵阳
2	惠州	7	怀化
3	牡丹江	8	珠海
4	北海	9	泉州
5	韶关	10	乐山

4. 消耗排放

2019 年排名中节能减排效率领先城市与上一年的城市大致相同，仅苏州为新跻身的城市。一、二线城市近年来高度重视在环境保护方面的工作，加大力度利用先进的生产工艺，提高能源资源利用水平，减少污染物排放，在单位 GDP 水耗、能耗、单位工业总产值二氧化硫排放量及废水排放量等指标表现突出，并且大多数一、二线城市持续将高污染物排放的企业转移出本市。北京的节能减排指标排名较均衡，不存在明显短板。深圳在"单位工业总产值二氧化硫排放量""单位二、三产业增加值占建成区面积""单位工业总产值废水排放量"三个单项指标中分别排第 1 位、第 2 位、第 2 位，节能减排均衡度仅次于北京。上海在"单位二、三产业增加值占建成区面积"单项指标中具有较好表现，排第 1 位，苏州在"单位 GDP 能耗"单项指标具有较好表现，因而新晋节能减排效率领先城市（见表 9）。

表 9 2019 年排名中节能减排效率领先城市

排名	城市	排名	城市
1	北京	6	宁波
2	深圳	7	西安
3	珠海	8	广州
4	杭州	9	苏州
5	上海	10	青岛

5. 治理保护

2019 年排名中环境治理领先城市与上年度相比变化较为明显，加入了九江、深圳、珠海、济宁和天津等城市；而惠州、许昌、北海、唐山和秦皇岛则跌出环境治理领先城市。2019 年排名中环境治理领先的城市依旧包括以自然风光而闻名的常德、九江等，也包括那些原来在空气质量方面存在较大压力的一些中部城市，比如郑州、邯郸、石家庄等，这些城市在产业转型升级、节能环保等方面普遍加大投入，因此排名靠前（见表 10）。

表 10 2019 年排名中环境治理领先城市

排名	城市	排名	城市
1	常德	6	深圳
2	郑州	7	珠海
3	邯郸	8	济宁
4	九江	9	宜宾
5	石家庄	10	天津

四 推动中国可持续发展的政策建议

一是巩固脱贫攻坚成果，推动区域平衡发展。基于 2021 年可持续发展评价可发现，虽然我国已打赢脱贫攻坚战，但各地发展不平衡状况普遍存在。这既包括同一省区市内部不同领域间发展不平衡，同时也包括各地区间存在的发展不平衡问题。结合新发展阶段下的新形势，需进一步转变发展方式，以"共同富裕"为目标寻求实现全面、协调、平衡的可持续发展，统筹做好教育、医疗、社会保障、收入分配等民生工作，同时统筹城乡区域间发展，让发展成果更多更公平地惠及人民群众。

二是坚持高质量发展，科技创新引领产业转型。我国多地创新驱动引领能力仍然不足，产业结构不合理。对此，建议紧跟科技革命和产业变革方向，提升科技支撑能力，加大关键共性技术研发力度，助力高质量发展转型。尤其要推动数字经济相关产业的发展，大力推进由资源驱动型向创新驱动型发展方式转变，提高自主创新能力，着力于解决"卡脖子"的关键技术突破。加快构建以企业为主体的科技创新体系，培育相对稳定、持续健康发展的产业结构。

三是围绕"双碳"目标，持续推进生态文明建设。从资源环境角度来看，本年度评估发现我国各地区间的自然禀赋显著不同，西部地区及东北地区普遍自然资源丰富、生态环境较好，但也存在经济发展滞后、总体可持续发展水平不高的发展失衡问题。东部地区经济发展水平普遍较高，但在资源环境方面表现相对落后，未将生态文明建设与其他领域发展有效连接。因此，应在2030年碳达峰、2060年碳中和目标引领下，牢固践行"绿水青山就是金山银山"理念，构建基于"双碳目标"的治理体系，推动社会经济以可持续发展为导向实现系统性变革。

四是提高公共卫生健康水平，构建人类卫生共同体。在当前新冠肺炎疫情持续造成影响的情况下，应坚决守护人民群众生命安全和身体健康，统筹推进疫情防控和经济社会发展目标任务，完善传染病预防机制，强化各级政府疾病防控能力。本年度评估还发现各地公共卫生均衡发展有待提升，未来需要做好补短板工作，推动公共卫生服务供给水平与需求相匹配，保障地方政府卫生保健投入，培养公众疫病预防意识，优化社会健康管理能力，提升政府、社会和居民个人各类主题对卫生保健的重视程度和资源供给水平。此外，还应强化与其他国家在抗击疫情领域的相关合作，以实际行动构建人类卫生共同体。

五是坚持可持续发展理念，提升我国全球治理话语权。可持续发展是全球共识，对于地方的可持续发展而言，应对标联合国《2030 年可持续发展议程》，抓紧实施有利于完成 2030 年可持续发展目标的具体措施，要落实到各行业、各地区的实际需求和承受能力，积极稳妥地推进可持续发展转型。同时，加强监督和检查，完善考核机制，进一步细化监管措施和核查制度，统筹推进各项工作措施落到实处。此外，应依托可持续发展加强国际交流与合作，在国际上积极倡导生态文明、绿色低碳发展等理念，不断地总结和推广地方可持续发展成功案例，积极扮演全球治理的重要参与者、贡献者和引领者身份，为全球可持续发展提供切实可行的中国方案。

为使联合国《2030 年可持续发展议程》进一步服务我国高质量发展，可在推动后续我国可持续发展的进程中，将联合国可持续发展目标及相关指标根据我国国情和发展重点纳入地方"十四五"时期发展规划和发展目标体系。同时，不断强化对可持续发展目标和指标本身的衡量、筛选、修订及量化等工作，持续完善可持续发展评价工作。此外，还应高度重视不同目标领域以及不同地区发展不平衡的问题，需特别注意三大经济地带的发展差距的变化趋势，各省区市的发展失衡问题，以及相比于经济发展水平，部分地区公共服务及环境保护等领域发展不均衡问题。要在"十四五"期间兼顾发展和公平，充分激发各主体积极性，携手向全面建成社会主义现代化强国的第二个百年奋斗目标迈进。

参考文献

贺洪波：《习近平关于疫情防控工作重要论述的几个着力点》，《党的文献》2020 年 6 月 15 日。

李思楚：《复兴动力——中国可持续发展行动》，《可持续发展经济导刊》2019 年 2 月 15 日。

齐琛冏：《城市可持续发展"不平衡"短板待补》，《中国城市能源周刊》2020 年 12 月 7 日，第 25 版。

熊丽：《中国可持续发展状况稳步改善》，《经济日报》2019 年 8 月 30 日。

分 报 告

Sub-Reports

中国国家级可持续发展指标体系数据验证分析

张焕波　孙珮　吴双双*

摘　要：　中国国家级可持续发展指标体系数据表明，2015～2019年，我国可持续发展总体状况稳步改善，2019年指标值为82.1，较2015年增幅达39%，年增长率均值约8.7%。可持续发展状况的改善具体表现在五大方面：经济发展实力明显跃升，社会民生状况普遍提升，资源环境状况总体改善，消耗排放控制成效显著，治理保护效果逐渐凸显。但是，数据同样表明我国发展在进入新阶段后发展不平衡不充分的矛盾依然突出，在社会民生和资源环境等方面的短板逐渐凸显。

---

* 张焕波，中国国际经济交流中心美欧所副所长，研究员，博士，研究方向为可持续发展、中美经贸关系；孙珮，中国国际经济交流中心美欧所助理研究员，博士，研究方向为公共经济学、健康经济学、可持续发展；吴双双，中国银行保险信息技术管理有限公司数据分析师，研究方向为数据统计分析。

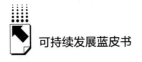
关键词：　国家级　可持续发展　评价指标体系

可持续发展是当今人类社会的重要议题。2015 年 9 月，联合国可持续发展峰会通过了由联合国 193 个会员国共同达成的《变革我们的世界：2030 年可持续发展议程》。该议程是继《联合国千年宣言》之后关于全球发展进程的又一指导性文件。2030 年可持续发展议程包含 17 个可持续发展目标和 169 个具体目标，跨越经济、社会和环境三个维度，为全球发展提供了新的路线图和风向标。寻找实现可持续发展目标的综合评价方法，既是联合国《2030 年可持续发展议程》的要求，也是中国在新发展格局下的必然要求。中国可持续发展评价报告课题组从 2015 年就开始构架了一套包含经济发展、社会民生、资源环境、消耗排放和治理保护五个维度的可持续发展评估框架体系。本年度报告依据联合国可持续发展目标（Sustainable Development Goals，SDGs），结合国内外发展新形势及数据可及性等因素做了显著改进，涵盖 25 项二级指标以及 53 项三级指标（见表 1）。主要做了以下方面的调整。

（1）公共卫生相关指标。新冠肺炎疫情给中国乃至全世界的可持续发展带来了挑战，对此本次调整把传染病控制作为重点，纳入了总体指标体系。本次调整把"传染病控制"（具体指标与国家级指标体系中"甲、乙类法定报告传染病总发病率"保持一致）作为新增指标，表征公共卫生发展及应急管理水平；此外，随着数据精确度的发展，为更好地"满足人民群众对美好生活的向往"，原有指标体系中的"每万人拥有卫生技术人员数"已难以充分衡量当前公共卫生发展水平，因此调整为"每千人拥有卫生技术人员数"。

（2）"碳达峰"及"碳中和"相关指标。随着我国向国际社会承诺"双碳目标"，"降碳"已成为开展各项可持续发展工作的重要抓手。此外，结合"十四五"规划要求"以碳排放强度管理为主，以碳排放总量管理为辅"推动节能减排。因此，本次调整以"单位 GDP 碳排放强度"作为新增指标；在治理保护领域添加"单位GDP二氧化碳排放年下降率"以进一步衡量中国推动节能减排及绿色低碳进展。同时，新增"财政性节能环保支出占GDP比重"表征中国相关工作的推动力度。

（3）数字经济相关指标。数字化是当前经济发展的重要推动力，同时也是可持续发展转型的催化剂。考虑我国已步入新发展阶段，相比过分关注GDP增长，高质量发展已成为重要导向，结合"十四五"规划新要求，"数字经济核心产业增加值"成为衡量数字经济发展重要指标，因此本轮指标体系调整纳入"数字经济核心产业增加值占GDP比"来反映数字经济发展。

（4）其他指标。结合我国老龄化发展趋势及新一轮人口普查数据的特点，新增"劳动适龄人口占总人口比重"来反映中国人口老龄化程度；响应新发展理念的要求，新增"人均实际利用外资额"和"人均进出口总额"来表征开放发展水平；为进一步提升数据可及性及准确性，结合国家的统计口径调整，此外，结合全面实现小康社会、社会发展水平提升后的特点，将"万人普通本科在校生人数"调整为"劳动人口平均受教育年限"，同时将"人均图书藏量"调整为"万人公共文化机构数"等。

表1　国家级指标集及权重

一级指标（权重%）	二级指标	三级指标	单位	权重（%）	序号
经济发展（25%）	创新驱动	科技进步贡献率	%	2.08	1
		R&D经费投入占GDP比重	%	2.08	2
		万人有效发明专利拥有量	件	2.08	3
	结构优化	高技术产业主营业务收入与工业增加值比例	%	3.13	4
		数字经济核心产业增加值占GDP比*	%	0.00	5
		信息产业增加值与GDP比重	%	3.13	6
	稳定增长	GDP增长率	%	2.08	7
		全员劳动生产率	万元/人	2.08	8
		劳动适龄人口占总人口比重	%	2.08	9
	开放发展	人均实际利用外资额	美元/人	3.13	10
		人均进出口总额	美元/人	3.13	11

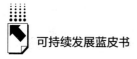

续表

一级指标 （权重%）	二级指标	三级指标	单位	权重 （%）	序号
社会民生 （15%）	教育文化	教育支出占GDP比重	%	1.25	12
		劳动人口平均受教育年限	年	1.25	13
		万人公共文化机构数	个/万人	1.25	14
	社会保障	基本社会保障覆盖率	%	1.88	15
		人均社会保障和就业支出	元	1.88	16
	卫生健康	人口平均预期寿命	岁	0.94	17
		人均政府卫生支出	元/人	0.94	18
		甲、乙类法定报告传染病总发病率	%	0.94	19
		每千人拥有卫生技术人员数	人	0.94	20
	均等程度	贫困发生率	%	1.25	21
		城乡居民可支配收入比		1.25	22
		基尼系数		1.25	23
资源环境 （10%）	国土资源	人均碳汇*	吨二氧化碳/人	0.00	24
		人均森林面积	公顷/万人	0.83	25
		人均耕地面积	公顷/万人	0.83	26
		人均湿地面积	公顷/万人	0.83	27
		人均草原面积	公顷/万人	0.83	28
	水环境	人均水资源量	立方米/人	1.67	29
		全国河流流域一、二、三类水质断面占比	%	1.67	30
	大气环境	地级及以上城市空气质量达标天数比例	%	3.33	31
	生物多样性	生物多样性指数*		0.00	32
消耗排放 （25%）	土地消耗	单位建设用地面积二、三产业增加值	万元/平方公里	4.17	33
	水消耗	单位工业增加值水耗	立方米/万元	4.17	34
	能源消耗	单位GDP能耗	吨标准煤/万元	4.17	35
	主要污染物排放	单位GDP化学需氧量排放	吨/万元	1.04	36
		单位GDP氨氮排放	吨/万元	1.04	37
		单位GDP二氧化硫排放	吨/万元	1.04	38
		单位GDP氮氧化物排放	吨/万元	1.04	39
	工业危险 废物产生量	单位GDP危险废物产生量	吨/万元	4.17	40
	温室气 体排放	单位GDP二氧化碳排放	吨/万元	2.08	41
		非化石能源占一次能源比	%	2.08	42

续表

一级指标 （权重%）	二级指标	三级指标	单位	权重 （%）	序号
治理保护 （25%）	治理投入	生态建设投入与 GDP 比*	%	0.00	43
		财政性节能环保支出占 GDP 比重	%	2.08	44
		环境污染治理投资与固定资产投资比	%	2.08	45
	废水 利用率	再生水利用率*	%	0.00	46
		城市污水处理率	%	4.17	47
	固体废 物处理	一般工业固体废物综合利用率	%	4.17	48
	危险废 物处理	危险废物处置率	%	4.17	49
	废气处理	废气处理率*	%	0.00	50
	垃圾处理	生活垃圾无害化处理率	%	4.17	51
	减少温室 气体排放	碳排放强度年下降率	%	2.08	52
		能源强度年下降率	%	2.08	53

注：由于部分指标没有数据，在实际计算当中我们只将 47 个三级指标纳入计算，6 个未纳入计算的指标在表 1 中用"＊"标识。

一　中国国家级可持续发展数据处理方法

国家级可持续发展指标体系资料来源于《中国统计年鉴》《中国城市建设统计年鉴》《中国高技术产业统计年鉴》《中国科技统计年鉴》《中国环境统计年鉴》《中国能源统计年鉴》《中国劳动统计年鉴》，以及中国生态环境状况公报、卫健委统计公报、国民经济和社会发展统计公报以及相关官方网站公开资料等。

（一）缺失值处理

所选取的初始指标中，部分指标受限于统计手段和相关资料不充分等因素，某些年份数据存在缺失的情况。故在正式分析前，对缺失数据进行处理，采用最近年份的官方普查数据对无法获取的数据（通常为近几年）进行填充

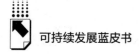

或者采用可得的数据计算增长率，对缺失数据进行推演，例如 2019 年未公布森林面积情况，2019 年的人均森林面积则沿用上年森林面积进行计算。

（二）标准化处理

中国可持续发展评价指标体系中的指标项均为人均的绝对量指标或者比率值指标，不同指标的量纲不一而同，故在得到初始指标之后，为便于后续的比较，需对指标值进行标准化。初始的 47 个指标中包含 35 个正向指标和 12 个逆向指标。对于正向指标，采用的计算公式为：

$$\frac{X - X_{\mathrm{Min}}}{X_{\mathrm{Max}} - X_{\mathrm{Min}}} \times 50 + 45$$

对于负向指标，采用的计算公式为：

$$\frac{X_{\mathrm{Max}} - X}{X_{\mathrm{Max}} - X_{\mathrm{Min}}} \times 50 + 45$$

47 个指标的标准化值均为 45～95。$X_{\max}$ 和 $X_{\min}$ 分别为 2015～2019 年时间序列的最大值和最小值，X 则为对应年份的实际值。

（三）权重设定

为降低人为因素的影响，三级、二级的权重均采取上一级指标下的均等权重，例如"经济发展"一级指标下有 4 个二级指标，则 4 个二级的权重均为 1/4，"创新驱动"二级指标下有 3 个三级指标，则 3 个三级指标的权重均为 1/3。一级指标则根据专家打分法对 5 个指标进行赋权，"经济发展""社会民生""资源环境""消耗排放""治理保护"5 个一级指标的权重分别为 25%、15%、10%、25%、25%。

二 中国国家级可持续发展体系数据验证结果分析

（一）中国可持续发展总体状况得到稳步改善

2015～2019 年这一时期对于我国全面建成小康社会、实现第一个百年奋斗目标具有重大的战略意义。回顾这五年间我国可持续发展状况的变化，可以看到我国在经济发展、社会民生、资源环境、消耗排放和治理保护五大方面取得的积极进展和成效。总体来看，从2015年到2019年，我国可持续发展总指标保稳步向好，2019年指标值为82.1，较2015年增幅达39%，年增长率均值约8.7%。从增速来看，2017年增速有明显的下滑，原因在于2016年的极端天气带来了史上最大降雨量，2017年的降雨量则相对正常，使得2017年的资源环境二级指标较2016年下滑严重（见图1）。

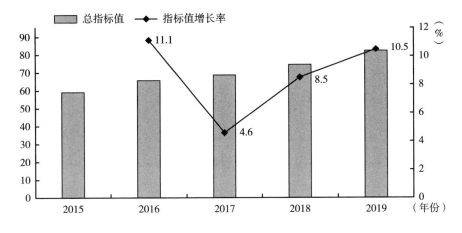

图1　2015～2019年总指标值变化情况

具体来看，除资源环境和治理保护外，其余三项二级指标的总体趋势均与总体发展情况相近，其中社会民生和消耗排放均在2019年达到峰值86.7，同比分别增长15.2%和8.2%，经济发展的峰值2019年则为80.0，同比增长4.6%。而资源环境则在2017年有明显的下降，随后稳步提高，2019年资源环境指标值达77.5，同比增长达21.2%。治理保护则是波动上升，2019年达峰值78.8，同比增长12.4%。总体而言，五项一级指标值2019年均较2018年有较大幅度增长，表明2019年可持续发展在各方面均实现了高质量发展（见图2）。

（二）经济实力明显跃升

从经济发展维度分析，指标值从2015年的60.7提升至2019年的80.0，

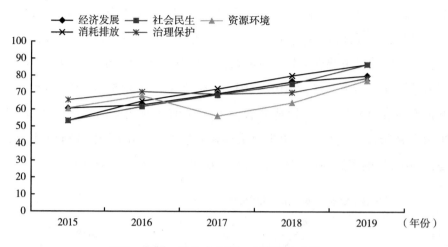

图2 2015～2019年五项一级指标变化情况

每年的增幅均保持在3%以上，2016～2017年及2017～2018年的增幅甚至超过了10%，2019年受GDP增速放缓和老龄化影响，经济发展增幅有所放缓。总体来看，经济实力自2015年跃升明显（见图3）。

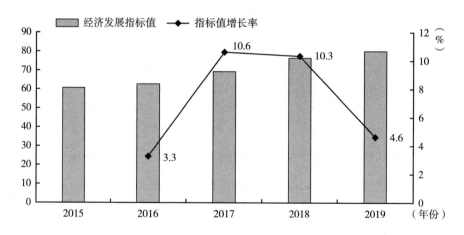

图3 2015～2019年"经济发展"一级指标变化情况

通过"创新驱动"、"结构优化"、"稳定增长"和"开放发展"四个二级指标，可以对"经济发展"一级指标进行具体分析。2015年到2019年创新发展呈现勃勃的生机，"创新驱动"指标节节攀升，2015年指标值为45，

2019年则增长至95，这受益于近几年国家在创新投入上的支持力度持续加强，创新产出成效明显。"结构优化"则受政策影响较大，在波动中呈现向好的趋势，2015年指标值为63.8，2016年指标值达到峰值74，随后先降后升，2019年指标值达70，年增长率均值在2%以上。而随着经济运行进入转型升级的新阶段，近几年GDP增速放缓，老龄化加速，稳定增长指标相应呈现波动下降趋势。"开放发展"指标反映利用外资和对外贸易的情况，2016年指标值有短暂的下降，之后持续走高，2019年指标值达93.3，较2015年的55.5提升68%，年均增长率达17%，充分反映出我国开放新步伐不断迈进，为中国的经济增长带来新的动力（见图4）。

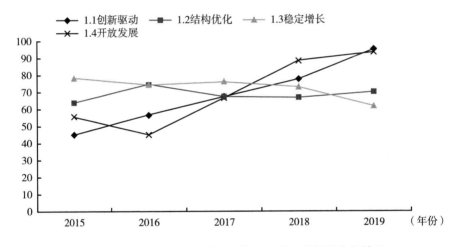

图4　2015～2019年"经济发展"项下各二级指标变化情况

三　社会民生普遍提升

社会民生指标值每年以9%以上的增幅逐年提升，2015年指标值为53.3，2019年则增长至86.7，2015～2019年民生福祉得到切实改善（见图5）。

社会民生的改善体现在二级指标上，则是从教育文化、社会保障到卫生健康、均等程度的全面提升。综合来看，"社会保障"的增长优势最为突出，指标值在5年内实现了翻番，年均增长率达27.8%，充分反映出我国

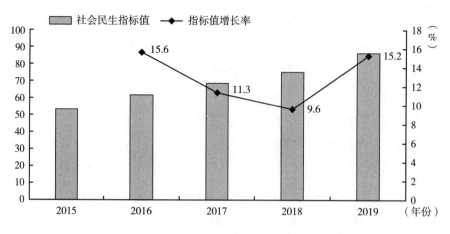

图5 2015～2019年"社会民生"一级指标变化情况

近年来不断提高民生保障水平所取得的喜人成效。"卫生健康"在2019年的四项二级指标中排名第二，指标值达88.2，从发展趋势上看，2017年受甲、乙类法定报告传染病总发病率较上年升高的影响指标值略有下滑，随后两年保持稳定增长。"均等程度"在2019年的四项二级指标中排名第三，指标值为86.7，其在2016年之后保持稳定的增长。"教育文化"则在2019年的四项二级指标中排名末位，指标值仅为76.9，同比上升12%，较2015年提升25.7%（见图6）。

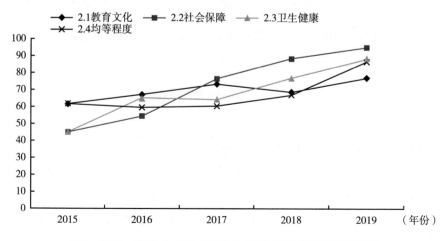

图6 2015～2019年"社会民生"项下各二级指标变化情况

四 资源环境状况总体改善

资源环境状况受气候环境影响较大，2017 年出现负增长，其余年份的增长幅度均保持在 11% 以上，2019 年同比增长达 21.2%，指标值则由 2015 年的 60.7，增长至 2019 年的 77.5，平均年增幅达 7.4%。总体来看，2019 年较 2015 年资源环境状况改善明显（见图 7）。

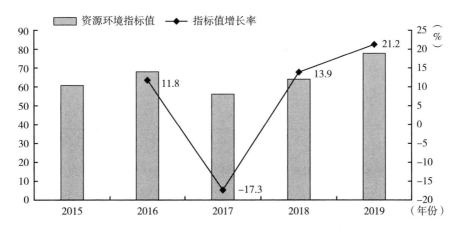

图 7 2015~2019 年"资源环境"一级指标变化情况

资源环境状况的改善，体现在二级指标上则是水环境和大气环境的总体改善和国土资源下降趋势的减缓。其中，水环境与大气环境与资源环境一级指标趋势相近，均在 2017 年达到低谷，随后逐年上升（见图 8）。2016 年极端的气候条件，带来充沛的降雨，使得水资源量达到高点，排除 2016 年的异常情况，水环境指标逐年提高，水环境质量持续改善。大气环境情况亦受到气候情况的影响，2017 年之后指标情况逐年向好，大气环境改善得到进一步巩固。而国土资源则呈现波动下降趋势，我国国土资源类型复杂多样，森林、草地、耕地、湿地等均有大面积分布，但空间分布不均衡，人均占有量较少，且近年的总体状况不甚乐观，2019 年国土资源指标值较 2015 年下降 28.6%，2019 年指标值同比降幅为 10.2%，较 2018 年 17.2% 的同比降幅有所放缓。随着全面加强生态环境保护的推进，尤其是 2018 年《关于积极推进大规模国土绿化行动的意见》《关于全面实行永久基本农田特殊保护的通知》等意见或通知的相继出台，国土资源保护正在日益受到重视，国土资源状况有望在未来几年得到改善。

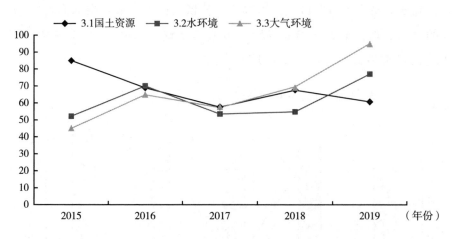

图 8 2015～2019 年"资源环境"项下各二级指标变化情况

五 消耗排放控制成效显著

消耗排放一级指标表现出明显的逐年递增的态势，2015 年指标值为 53.3，2019 年增长至 86.7，增幅达 62.7%。从增速上看，近几年增速较 2016 年有所放缓，增速的低点为 2019 年，仅为 8.2%，表明总体上，消耗排放逐年得到控制，但消耗排放的控制力度仍有加强的空间（见图9）。

"消耗排放"二级指标共有六项，除"工业危险废物产生量"逐年走低之外，其余五项指标均逐年改善（见图10）。土地消耗、水消耗、能源消耗、主要污染物排放、温室气体排放的指标值均在 2015 年为最低值45，在 2019 年达到最高值 95，五项指标的增长率均值分别为 20.7%、20.8%、21.1%、24.3% 和 21.2%，其中，主要污染物排放指标的表现自2016 年之后逐年改善。分析来看，随着能源消费结构优化、技术进步、绿色发展理念不断践行，土

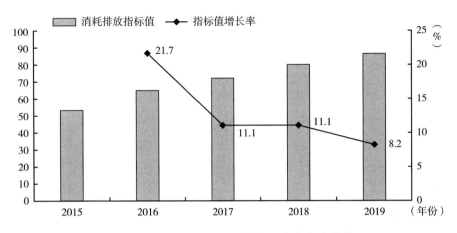

图9 2015～2019年"消耗排放"一级指标变化情况

地集约利用能力加强、水资源和能源利用效率和效益提升、污染防治攻坚战成效凸显。另外，随着碳排放减缓行动的体制与机制逐步建立，绿色制造全面推行，资源利用向减量化、再利用和资源化方向逐步推进，单位 GDP 二氧化碳排放逐年降低，非化石能源占一次能源比例逐年上升，温室气体排放情况逐年改善。而单位 GDP 危险废物产生量则逐年上升，反映出我国危险废物处置技术有待提升，危险废物处理范围有待扩大，危险废物安全处置的监管力度需要进一步加大，相关管理体系需要进一步建立健全。

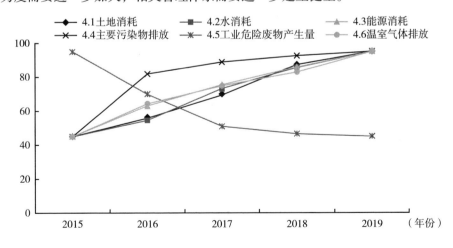

图10 2015～2019年"消耗排放"项下各二级指标变化情况

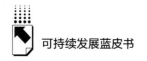

六 治理保护效果逐渐凸显

治理保护指标值除 2017 年同比略低于上年，其余年份均维持增长状态，2019 年同比增幅达 12.4%，指标值达 78.8，较 2015 年提高 13.2。总体而言，2015～2019 年治理保护情况有所提升，随着污染防治力度的加大，治理保护效果将进一步凸显。

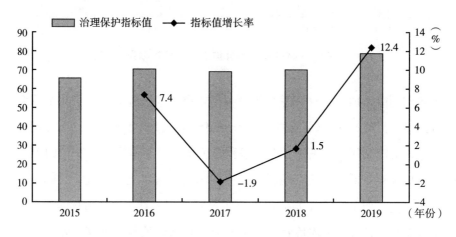

图 11 2015～2019 年"治理保护"一级指标变化情况

"治理保护"一级指标下共六项二级指标，其中废水利用率、垃圾处理、危险废物处理三个指标均在 2015 年的指标值为最低，取值 45，随后逐年上升，2019 年达到峰值 95，表明随着污染防治三大战役的进展、城市建设的升级、新技术的应用，废水利用率、垃圾处理、危险废物处理三方面治理成效显著。治理投入指标值受政策影响较大，总体表现为上升，但不同年份有一定的波动变化，其中 2016 年、2018 年同比分别下降 25.0% 和 3.2%，2019 年达最大值 95。固体废物处理和减少温室气体排放两个指标则逐年下降，两个指标均在 2015 年达到峰值 95，两者分别在 2019 年达到最小值 48.5 和 47.6，两个指标的变化情况表明固体废物处理和减少温室气体排放的治理力度有待加强，需要国家和社会持续地加强重视和资源投入，切实落实治理责任（见图 12）。

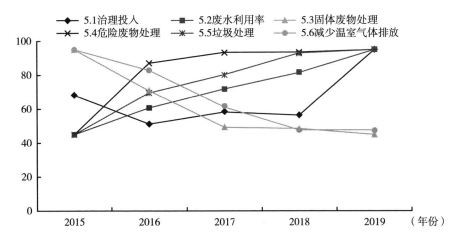

图 12 　2015～2019 年"治理保护"项下各二级指标变化情况

参考文献

2015～2020 年《中国统计年鉴》。

2015～2020 年《中国科技统计年鉴》。

2015～2020 年《中国环境统计年鉴》。

2015～2020 年《中国能源统计年鉴》。

张焕波：《高质量发展特征指标体系研究及初步测算》，《全球化》2020 年第 2 期。

叶青：《国家工业现代化水平的实证研究——基于二次现代化理论的视角》，《理论与现代化》2016 年 9 月 20 日。

李杨、郭梓晗、蔡春林：《国际组织参与共建"一带一路"的问题与中国的对策》，《河海大学学报》（哲学社会科学版）2021 年 4 月 25 日。

B.3
中国省级可持续发展指标
体系数据验证分析

张焕波　张　超　王　佳　王若水　张霈婷*

摘　要：　中国省级可持续发展指标体系数据表明，直辖市和东部沿海省份的排名相对靠前，位居前10位的分别是北京市、上海市、浙江省、广东省、天津市、福建省、江苏省、湖北省、重庆市、四川省。四个直辖市均位于前10位；此外，前10位中，东南沿海地区有浙江省、广东省、福建省、江苏省四个经济大省，显示经济发展水平与可持续发展程度具有正相关性；西部地区在前10名中首次同时出现重庆市和四川省，代表了国家对于西部地区生态保护等工作的重视，同时也反映了地方政府对于可持续发展的有力推动；中部地区仅有湖北省一地，反映中部处于高质量发展及承接产业转移的转型调整期；东北地区没有任何一地入选前10名，体现了东北地区在可持续发展领域的短板和差距。从经济发展、社会民生、资源环境、消耗排放和环境治理五大分类指标来看，省级区域可持续发展具有明显的不均衡特征。用各地一级指标排名的极差来衡量不均衡程度，高度不均衡（差异值 >20）的有11个省份，分别为北京

---

* 张焕波，中国国际经济交流中心美欧研究所副所长，研究员，博士，研究方向为可持续发展、中美经贸关系；张超，中国国际经济交流中心战略研究部，助理研究员，博士，研究方向为应对气候变化、可持续发展、能源政策；王佳，国家开放大学研究实习员，研究方向为统计学、可持续发展、教育管理；王若水，英国卡斯商学院，中国国际经济交流中心实习生；张霈婷，英国纽卡斯尔大学，中国国际经济交流中心实习生。

市、广东省、天津市、福建省、山东省、云南省、河南省、青海省、贵州省、广西壮族自治区和吉林省；中等不均衡（10＜差异值≤20）的有17个省份，分别为上海市、江苏省、湖北省、重庆市、四川省、海南省、湖南省、江西省、安徽省、陕西省、河北省、辽宁省、甘肃省、山西省、内蒙古自治区、新疆维吾尔自治区和宁夏回族自治区；比较均衡（差异值≤10）的有1个省份，为浙江省。大部分省市虽然在可持续发展水平方面有明显提升，但仍有较大提升空间，且区域间、领域间不平衡问题依然突出。

关键词：　省级可持续发展　评价指标体系　省级可持续发展排名
　　　　　省级可持续发展均衡程度

一　中国省级可持续发展指标体系

年度省级可持续发展指标评估与国家级指标评估在指标体系设计上保持基本一致，同时，依据省级评估特点及数据可获得性等原因，对指标体系进行了针对性的调整和优化，以求更好地呈现我国省级可持续发展的现状和趋势。具体来说，"信息产业增加值与 GDP 比重"改为"电子商务额占 GDP 比重"，"非化石能源占一次能源消费比重"使用"可再生能源电力消纳占全社会用电量比重"替代。"单位 GDP 二氧化碳排放"和"碳排放强度年下降率"等 11 个三级指标目前没有公开数据，并未纳入本次省级指标评估，最终纳入计算体系的有 42 个三级指标。省级可持续发展指标框架（见表 1）对 30 个省区市进行了排名（不含港澳台地区，因数据缺乏，西藏自治区未被选为研究对象）。

表 1 CSDIS 省级指标集及权重

一级指标 （权重%）	二级指标	三级指标	单位	权重 （%）	序号
经济发展 （25%）	创新驱动	科技进步贡献率*	%	0.00	1
		R&D 经费投入占 GDP 比重	%	3.75	2
		万人有效发明专利拥有量	件	3.75	3
	结构优化	高技术产业主营业务收入与工业增加值比例	%	2.50	4
		数字经济核心产业增加值占 GDP 比*	%	0.00	5
		电子商务额占 GDP 比重	%	2.50	6
	稳定增长	GDP 增长率	%	2.08	7
		全员劳动生产率	万元/人	2.08	8
		劳动适龄人口占总人口比重	%	2.08	9
	开放发展	人均实际利用外资额	美元/人	3.13	10
		人均进出口总额	美元/人	3.13	11
社会民生 （15%）	教育文化	教育支出占 GDP 比重	%	1.25	12
		劳动人口平均受教育年限	年	1.25	13
		万人公共文化机构数	个/万人	1.25	14
	社会保障	基本社会保障覆盖率	%	1.88	15
		人均社会保障和就业支出	元	1.88	16
	卫生健康	人口平均预期寿命*	岁	0.00	17
		人均政府卫生支出	元/人	1.25	18
		甲、乙类法定报告传染病总发病率	%	1.25	19
		每千人拥有卫生技术人员数	人	1.25	20
	均等程度	贫困发生率	%	1.88	21
		城乡居民可支配收入比		1.88	22
		基尼系数*		0.00	23
资源环境 （10%）	国土资源	人均碳汇*	吨二氧化碳/人	0.00	24
		人均森林面积	公顷/万人	0.83	25
		人均耕地面积	公顷/万人	0.83	26
		人均湿地面积	公顷/万人	0.83	27
		人均草原面积	公顷/万人	0.83	28
	水环境	人均水资源量	立方米/人	1.67	29
		全国河流流域一、二、三类水质断面占比	%	1.67	30
	大气环境	地级及以上城市空气质量达标天数比例	%	3.33	31
	生物多样性	生物多样性指数*		0.00	32

续表

一级指标 （权重%）	二级指标	三级指标	单位	权重 （%）	序号
消耗排放 （25%）	土地消耗	单位建设用地面积二、三产业增加值	万元/平方公里	4.00	33
	水消耗	单位工业增加值水耗	立方米/万元	4.00	34
	能源消耗	单位GDP能耗	吨标准煤/万元	4.00	35
	主要污染物排放	单位GDP化学需氧量排放	吨/万元	1.00	36
		单位GDP氨氮排放	吨/万元	1.00	37
		单位GDP二氧化硫排放	吨/万元	1.00	38
		单位GDP氮氧化物排放	吨/万元	1.00	39
	工业危险废物产生量	单位GDP危险废物产生量	吨/万元	4.00	40
	温室气体排放	单位GDP二氧化碳排放*	吨/万元	0.00	41
		可再生能源电力消纳占全社会用电量比重	%	4.00	42
治理保护 （25%）	治理投入	生态建设投入与GDP比*	%	0.00	43
		财政性节能环保支出占GDP比重	%	2.50	44
		环境污染治理投资与固定资产投资比	%	2.50	45
	废水利用率	再生水利用率*	%	0.00	46
		城市污水处理率	%	5.00	47
	固体废物处理	一般工业固体废物综合利用率	%	5.00	48
	危险废物处理	危险废物处置率	%	5.00	49
	废气处理	废气处理率*	%	2.50	50
	垃圾处理	生活垃圾无害化处理率	%	0.00	51
	减少温室气体排放	碳排放强度年下降率*	%	0.00	52
		能源强度年下降率	%	2.50	53

二 省级可持续发展数据处理及计算方法

省级可持续发展资料来源于《中国统计年鉴》《中国人口统计年鉴》《中国科技统计年鉴》《中国城市建设统计年鉴》《中国卫生健康统计年鉴》《中国环境统计年鉴》《中国能源统计年鉴》《中国贸易外经统计年鉴》《中

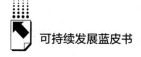

国文化文物和旅游统计年鉴》《中国劳动统计年鉴》，以及各省市统计年鉴、水资源公报、国民经济和社会发展统计公报、中国农村贫困检测报告以及相关官方网站公开资料等。

省级可持续发展数据处理及计算方法与国家级可持续发展数据及计算方法一致。纳入计算体系的 42 个三级指标中包含 32 个正向指标和 10 个逆向指标。对于正向指标，采用的计算公式为：

$$\frac{X - X_{\min}}{X_{\max} - X_{\min}} \times 50 + 45$$

对于负向指标，采用的计算公式为：

$$\frac{X_{\max} - X}{X_{\max} - X_{\min}} \times 50 + 45$$

42 个指标的标准化值均为 45 ~ 95。$X_{\max}$ 和 $X_{\min}$ 分别为 2019 年数据的最大值和最小值，X 为实际值。

为降低人为因素的影响，三级、二级的权重均采取上一级指标下的均等权重，例如"经济发展"一级指标下有 4 个二级指标，则 4 个二级的权重均为 1/4，"创新驱动"二级指标下有 3 个三级指标，则 3 个三级指标的权重均为 1/3。一级指标则根据专家打分法对 5 个指标进行赋权，"经济发展""社会民生""资源环境""消耗排放""治理保护"5 个一级指标的权重分别为 25%、15%、10%、25%、25%。

三　中国省级可持续发展体系数据验证结果分析

（一）省级可持续发展综合排名

根据以上数据和方法，计算出 30 个省级可持续发展水平的综合排名（见表 2）。可持续发展排名靠前的主要是直辖市和东部沿海省份。位居前 10 位的分别是北京市、上海市、浙江省、广东省、天津市、福建省、江苏省、湖北省、重庆市、四川省。北京市、上海市、浙江省及广东省等省市在经济发展、社会民生、消耗排放、环境治理等方面均排在前列，在资源环境方面处于劣势。可持续发展综合排名靠后的省份主要是宁夏回族自治区、新疆维吾尔自治区和吉林省，可持续发展水平相对不高。东部地区两个直辖市（北京市、上海市）与浙江省分列前三强。西部地区在前 10 名中首次同时出现重庆市和四川省。中部地区中仅湖北省位列前十（第 8 位），其余的省份可持续发展综合排名均在前十名之外。东北地区则没有任何一地入选前 10 名（见表 2、图 1）。

表 2　省级可持续发展综合排名情况

省区市	总得分	2020 年排名	2019 年排名
北京	82.01	1	1
上海	76.89	2	2
浙江	73.56	3	3
广东	72.42	4	5
天津	72.01	5	15
福建	71.61	6	11
江苏	70.41	7	4
湖北	69.90	8	7
重庆	69.83	9	8
四川	68.41	10	21
海南	68.03	11	19
湖南	67.90	12	12
江西	67.48	13	13
安徽	67.38	14	6
陕西	67.34	15	22
山东	67.32	16	9
云南	66.99	17	17
河南	66.96	18	10
河北	66.43	19	16
青海	65.90	20	28
贵州	65.90	21	14
辽宁	65.01	22	23
甘肃	64.67	23	24
广西	64.35	24	18
山西	63.70	25	25

续表

省区市	总得分	2020 年排名	2019 年排名
内蒙古	62.62	26	20
黑龙江	62.59	27	30
吉林	62.03	28	29
新疆	61.79	29	27
宁夏	60.83	30	26

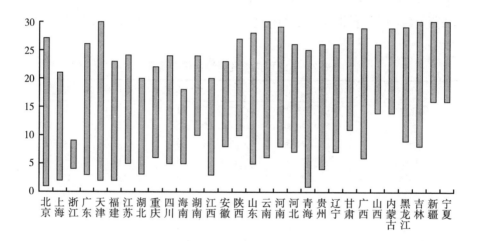

图 1　中国省级可持续发展均衡程度

（二）省级可持续发展均衡程度

用各地一级指标排名的极差来衡量可持续发展均衡程度，极差越大表示可持续发展越不均衡。从经济发展、社会民生、资源环境、消耗排放和治理保护五项一级指标来看，高度不均衡（差异值＞20）的有 11 个省区市，分别为北京市、广东省、天津市、福建省、山东省、云南省、河南省、青海省、贵州省、广西壮族自治区和吉林省；中等不均衡（10＜差异值≤20）的有 17 个省区市，分别为上海市、江苏省、湖北省、重庆市、四川省、海南省、湖南省、江西省、安徽省、陕西省、河北省、辽宁省、甘肃省、山西省、内蒙古自治区、新疆维吾尔自治区和宁夏回族自治区；比较均衡（差异值≤10）的有 1 个省份，为浙江省。大部分省级区域在提高可持续发展水平方面有明显改进，但仍有较大空间。

（三）五大类一级指标各省主要情况

1. 经济发展

2019 年度省级可持续发展在经济发展方面，位居前 10 名的省市为北京市、上海市、广东省、天津市、江苏省、福建省、浙江省、重庆市、湖北省和江西省。排名靠后的省份为新疆维吾尔自治区、吉林省和广西壮族自治区（见表3）。

表3　省级经济发展类分项排名情况

省区市	2019 年经济发展指标排名	省区市	2019 年经济发展指标排名
北京	1	山东	16
上海	2	内蒙古	17
广东	3	海南	18
天津	4	河南	19
江苏	5	山西	20
福建	6	云南	21
浙江	7	河北	22
重庆	8	宁夏	23
湖北	9	青海	24
江西	10	黑龙江	25
陕西	11	贵州	26
辽宁	12	甘肃	27
安徽	13	广西	28
四川	14	吉林	29
湖南	15	新疆	30

北京市深入推进高质量发展转型，着力构建高精尖经济结构，经济发展稳中向好，在"R&D 经费投入占 GDP 比重""万人有效发明专利拥有量""高技术产业营业收入与工业增加值比例""电子商务额占 GDP 比重""全员劳动生产率""劳动适龄人口占总人口比重"等方面表现突出。上海市积极探索发展自由贸易区，经济稳中有进，在"万人有效发明专利拥有量""开放发展水平"等方面均位于前列。作为 GDP 第一大省的广东省更是走在改革开放

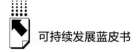

的前沿，在"人均进出口总额"和"高技术产业营业收入与工业增加值比例"等方面表现突出，以较好的经济表现确保总体排名前3名的位置。

2. 社会民生

2019年度省级可持续发展在社会民生方面，位居前10名的省市为北京市、上海市、青海省、天津市、浙江省、重庆市、辽宁省、吉林省、黑龙江省和江苏省（见表4）。2019年度我国全面打赢脱贫攻坚战，民生水平持续提高。尤其是以往经济相对落后、贫困率较高的省份较上一年有明显改进，社会民生类排名提升显著。北京在"劳动人口平均受教育年限""基本社会保障覆盖率""每千人拥有卫生技术人员数""人均社会保障和就业财政支出""人均政府卫生支出""贫困发生率"等方面排在首位，显著领先其他省份。上海在"劳动人口平均受教育年限"排名第2。浙江在"每千人拥有卫生技术人员数"排名第2。天津在"城乡人均可支配收入比"方面排名第1。甘肃、贵州和云南在"城乡人均可支配收入比"方面排名靠后，表明这些省份城乡差距有待进一步缩小。

表4　省级社会民生类分项排名情况

省区市	2019年社会民生指标排名	省区市	2019年社会民生指标排名
北京	1	宁夏	16
上海	2	河北	17
青海	3	河南	18
天津	4	山东	19
浙江	5	湖北	20
重庆	6	安徽	21
辽宁	7	山西	22
吉林	8	福建	23
黑龙江	9	湖南	24
江苏	10	贵州	25
陕西	11	广东	26
海南	12	新疆	27
江西	13	甘肃	28
内蒙古	14	广西	29
四川	15	云南	30

3. 资源环境

2019 年度省级可持续发展在资源环境方面，位居前 10 名的省份为青海省、福建省、江西省、贵州省、海南省、广西壮族自治区、云南省、四川省、浙江省和湖南省。排名相对靠后的地区为天津市、河南省和山东省（见表5）。

"绿水青山就是金山银山。"随着新发展理念的深入贯彻，各地资源环境质量持续向好。全部省份"空气质量达标天数比例"超过 60%，北京市等地改进显著。超过半数的省份"人均水资源量"较上一年有所增加。青海省在"人均水资源量"和"人均草原面积"等方面均排在前列。福建省的"人均森林面积"位居全国首位，天津市、河南省和山东省等地的空气质量则有待进一步改善。

表5　省级资源环境类分项排名情况

省区市	2019 年资源环境指标排名	省区市	2019 年资源环境指标排名
青海	1	湖北	16
福建	2	内蒙古	17
江西	3	新疆	18
贵州	4	辽宁	19
海南	5	陕西	20
广西	6	上海	21
云南	7	宁夏	22
四川	8	安徽	23
浙江	9	江苏	24
湖南	10	山西	25
甘肃	11	河北	26
黑龙江	12	北京	27
重庆	13	山东	28
吉林	14	河南	29
广东	15	天津	30

4. 消耗排放

2019 年度省级可持续发展在消耗排放控制方面，位居前 10 名的省市为北京市、福建省、广东省、浙江省、四川省、云南省、重庆市、河南省、上海市和陕西省。排名相对靠后的地区为宁夏回族自治区、内蒙古自治区和新疆维吾尔自治区（见表6）。"十三五"期间，我国打赢"污染防治攻坚战"，各地深入贯彻落实绿色发展理念，转变经济发展方式，优化产业结构，在消耗排放控制方面取得了明显成效。然而，少数民族地区在经济发展方式、资源消耗水平等方面仍有显著的改进空间。

北京市在"单位工业增加值水耗""单位GDP氨氮排放量""单位GDP化学需氧量排放量""单位GDP二氧化硫排放量""单位GDP氮氧化物排放量""单位GDP能耗""单位GDP危险废物产生量"等方面表现突出，排在首位。福建省在"单位建设用地面积二、三产业增加值"方面排在首位。宁夏回族自治区在"单位GDP二氧化硫排放""单位GDP化学需氧量排放"方面、内蒙古自治区在"单位GDP危险废物产生量"方面、新疆维吾尔自治区在"单位GDP氨氮排放量"等方面有待进一步提升。

表6 省级消耗排放类分项排名情况

省区市	2019年消耗排放指标排名	省区市	2019年消耗排放指标排名
北京	1	河北	16
福建	2	海南	17
广东	3	贵州	18
浙江	4	安徽	19
四川	5	江西	20
云南	6	甘肃	21
重庆	7	辽宁	22
河南	8	青海	23
上海	9	广西	24
陕西	10	吉林	25
天津	11	山西	26
江苏	12	黑龙江	27
湖北	13	新疆	28
山东	14	内蒙古	29
湖南	15	宁夏	30

5. 治理保护

2019年度省级可持续发展在治理保护方面，位居前10名的省市为北京市、天津市、湖北省、浙江省、山东省、上海市、河北省、安徽省、江苏省和湖南省。排名相对靠后的省份为吉林省、黑龙江省和内蒙古自治区（见表7）。

北京市在"环境污染治理投资与固定资产投资比"方面排在首位。天津市在"一般工业固体废物综合利用率"方面排在首位。江苏省和浙江省在"生活垃圾无害化处理率"方面表现较好。湖北省在"城市污水处理率"方面排在首位。青海省因地处三江源，大力重视环境治理工作，在"财政性节能环保支出占 GDP 比重"方面表现突出。吉林省在"危险废物处置率""生活垃圾无害化处理率"方面、黑龙江省在"城市污水处理率"方面、内蒙古自治区在"一般工业固体废物综合利用率""能源强度年下降率"方面表现较为薄弱。综合来看，长三角地区和京津冀地区近几年的环境治理投入相对较高，部分西部地区也大力重视并积极推动，成效也相对更加明显。而大部分经济较不发达的地区，受制于经济发展程度和城市管理水平、产业结构等因素，在治理水平上相对欠佳。

表7 省级治理保护类分项排名情况

省区市	2019 年治理保护指标排名	省区市	2019 年治理保护指标排名
北京	1	新疆	16
天津	2	甘肃	17
湖北	3	贵州	18
浙江	4	江西	19
山东	5	福建	20
上海	6	云南	21
河北	7	重庆	22
安徽	8	宁夏	23
江苏	9	四川	24
湖南	10	青海	25
广东	11	辽宁	26
河南	12	陕西	27
海南	13	内蒙古	28
山西	14	黑龙江	29
广西	15	吉林	30

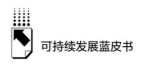

四　中国省级可持续发展对策建议

基于中国省级可持续发展评价，为进一步推动各省市发展转型，提出以下几点建议。

一是基于高质量发展理念推动区域平衡发展。结合本次省级可持续发展评价可发现各地发展不平衡状况普遍存在。这既包括同一省区市内部不同领域内发展不平衡，同时也包括各地区间存在的发展不平衡问题。各地结合新发展阶段下的新形势，需坚定贯彻新发展理念，深化供给侧结构性改革，推动高质量发展。转变发展方式，优化经济结构，激发创新活力，以创新驱动引领全面、协调、平衡的可持续发展。

二是持续改善人民生活，推动共同富裕。随着经济发展不平衡存在，各地间公共服务发展不平衡愈加突出，更进一步表现在治理保护能力方面的差异。对某一省市而言，单个指标的突出较难形成推动地区整体提升的动力，需要重视各领域指标要素间的协调性，从而更好地形成推动区域可持续发展的合力。因此，各地应坚持以人为本理念，不断满足人民对美好生活的向往。统筹做好教育、医疗、社会保障、收入分配等民生工作，统筹城乡区域间发展，让发展的成果更多更公平地惠及人民群众。

三是持续推进生态文明建设。从资源环境角度来看，我国各地区的自然禀赋极为不同，西部地区及东北地区普遍自然资源丰富、生态环境较好，但也存在经济发展滞后、总体可持续发展水平不高的发展失衡问题。此外，北京市、天津市等地经济发展水平突出但在资源环境方面的表现却落后，有待进一步深化高质量发展转型。各地尚未将生态文明建设与其他领域发展有效连接。因此，各地在推动后续可持续发展进程中，也应将资源环境领域的发展作为整体可持续发展的重要支撑，牢固践行"绿水青山就是金山银山"的理念，提高社会生态环境保护意识，提升能源资源利用效率，加强生态文明制度建设，提高生态环境治理成效，加大污染防治力度，持续推进绿色美好家园建设。

五　中国省级可持续发展数据验证分析

本部分详述 CSDIS 指标体系中 30 个省（自治区、直辖市）在不同可持续发展领域中的具体表现，包括各项指标的原始数值、单位、分数和排名。按可持续发展综合排名情况对这些省份及地区做如下详细述。

（一）北京

北京在可持续发展综合排名中位列第 1。在经济发展、社会民生和治理保护方面优势明显，都以第一名的成绩领先。资源环境方面相对落后，排名第 27（见表 8）。

北京市深入实施创新驱动发展战略成效显著，"R&D 经费投入占地区生产总值比重"达到 6.30%，"万人有效发明专利拥有量"132.00 件，均列第 1。金融、科技、信息等现代服务业增加值比重进一步提升，高精尖经济结构加快构建，"高技术产业主营业务收入与工业增加值比例"达到137.90%。社会民生发展方面也是佼佼者，在社会保障和卫生健康方面以满分领先，其中"劳动人口平均受教育年限""基本社会保障覆盖率""人均社会保障财政支出""人均政府卫生支出""每千人拥有卫生技术人员数"等都排第 1。

北京市人口资源环境矛盾依然突出，"全国河流流域一、二、三类水质断面占比"55.10%、"地级及以上城市空气质量达标天数比例"65.80%，分别排第 27 名和第 26 名。在治理"大城市病"、打好污染防治攻坚战等方面还需持续用力，"一般工业固体废物综合利用率"仅为 61.90%，排名第 13。"财政性节能环保支出占地区生产总值比重"0.87%，还需要进一步加大投入力度。在社会民生方面也存在优质供给总量不足与配置不均衡并存等问题，"国家财政教育经费占地区生产总值比重"和"万人公共文化机构数"分别排第 20 和第 28 名。

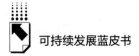
表8 北京市可持续发展指标分值与分数

北京　　　　　　　　　　　　　　　　　　　　　　　　　　　　1st/30　1st/30

序号	指标	分值	分值单位	分数	排名
	经济发展			87.66	1
1	R&D 经费投入占地区生产总值比重	6.30	%	95.00	1
2	万人有效发明专利拥有量	132.00	件	95.00	1
3	高技术产业主营业务收入与工业增加值比例	137.90	%	95.00	1
4	电子商务额占地区生产总值比重	103.60	%	95.00	1
5	地区生产总值增长率	6.10	%	74.20	19
6	全员劳动生产率	27.80	万元/人	95.00	1
7	劳动适龄人口占总人口比重	78.10	%	95.00	1
8	人均实际利用外资额	659.80	美元/人	86.50	3
9	人均进出口总额	5212.50	美元/人	58.20	6
	社会民生			83.99	1
1	国家财政教育经费占地区生产总值比重	3.20	%	54.50	20
2	劳动人口平均受教育年限	13.90	年	95.00	1
3	万人公共文化机构数	0.20	个	49.50	28
4	基本社会保障覆盖率	93.70	%	95.00	1
5	人均社会保障财政支出	4517.10	元/人	95.00	1
6	人均政府卫生支出	2692.60	元/人	95.00	1
7	甲、乙类法定报告传染病总发病率	122.70	1/10万	94.10	3
8	每千人拥有卫生技术人员数	12.60	人	95.00	1
9	贫困发生率	0.00	%	95.00	1
10	城乡居民可支配收入比	2.60		71.80	19
	资源环境			57.39	27
1	人均森林面积	43.80	公顷/人	77.10	10
2	人均耕地面积	13.00	公顷/人	57.80	25
3	人均湿地面积	2.90	公顷/人	46.40	24
4	人均草原面积	24.10	公顷/人	61.10	21
5	人均水资源量	114.20	立方米/人	45.20	29
6	全国河流流域一、二、三类水质断面占比	55.10		51.70	27
7	地级及以上城市空气质量达标天数比例	65.80	%	62.40	26

续表

序号	指标	分值	分值单位	分数	排名
	消耗排放			94.28	1
1	单位建设用地面积二、三产业增加值	24.00	亿元/平方公里	89.20	2
2	单位工业增加值水耗	7.80	立方米/万元	95.00	1
3	单位地区生产总值能耗	0.20	吨标准煤/万元	95.00	1
4	单位地区生产总值主要污染物排放（单位化学需氧量排放）	1.20E－08	吨/万元	95.00	1
5	单位地区生产总值氨氮排放量	8.50E－10	吨/万元	95.00	1
6	单位地区生产总值二氧化硫排放量	5.40E－10	吨/万元	95.00	1
7	单位地区生产总值氮氧化物排放量	2.80E－08	吨/万元	95.00	1
8	单位地区生产总值危险废物产生量	7.00E－04	吨/万元	95.00	1
9	可再生能源电力消纳占全社会用电量比重	15.50	%	95.00	26
	治理保护			79.30	1
1	财政性节能环保支出占地区生产总值比重	0.87	%	57.70	14
2	环境污染治理投资与固定资产投资比	7.30	%	95.00	1
3	城市污水处理率	99.30	%	88.30	2
4	一般工业固体废物综合利用率	61.90	%	69.40	13
5	危险废物处置率	98.20	%	81.50	6
6	生活垃圾无害化处理率	100.00	%	94.90	1
7	能源强度年下降率	4.50	%	79.30	5

（二）上海

上海在可持续发展综合排名中位列第2。在经济发展和社会民生方面表现突出，均排名第2。在消耗排放和治理保护方面也相对靠前，分别排名第9和第4。资源环境方面相对落后，排名第21（见表9）。

上海开放水平比较高，基本建成在全球贸易投资网络中具有枢纽作用的国际贸易中心，"人均进出口总额"19509.90美元，排名全国第1。社会民生方面整体表现不错，"人均社会保障财政支出"和"人均政府卫生支出"均位列第3，"每千人拥有卫生技术人员数"位列第4。作为首批实践垃圾分类的城市，上海在垃圾和废物处理方面力度较大，"一般工业固体废物综合利用率"、"危险废物处置率"和"生活垃圾无害化处理率"分别排第3、第4和第1名。

当然，上海城市治理效能仍需提升，维护生产安全、加强环境保护和改善民生的任务依然繁重。比如，"全国河流流域一、二、三类水质断面占比"仅为48.30%，在全国排倒数第1；"基本社会保障覆盖率"为73.20%，排名第27；"单位工业增加值水耗"达到每万元60.91立方米，排名第25；"城市污水处理率"排名第16；"财政性节能环保支出占地区生产总值比重"为0.48%，排倒数第6名。

表9　上海市可持续发展指标分值与分数

上海					2nd/30
序号	指标	分值	分值单位	分数	排名
	经济发展			80.80	2
1	R&D经费投入占地区生产总值比重	4.00	%	75.20	2
2	万人有效发明专利拥有量	53.40	件	64.80	2
3	高技术产业主营业务收入与工业增加值比例	76.90	%	72.40	4
4	电子商务额占地区生产总值比重	83.40	%	84.60	2
5	地区生产总值增长率	6.00	%	73.30	21
6	全员劳动生产率	27.70	万元/人	94.90	2
7	劳动适龄人口占总人口比重	73.70	%	76.50	8
8	人均实际利用外资额	784.50	美元/人	94.40	2
9	人均进出口总额	19509.90	美元/人	95.00	1
	社会民生			75.00	2
1	国家财政教育经费占地区生产总值比重	2.60	%	48.70	27
2	劳动人口平均受教育年限	12.90	年	84.94	2
3	万人公共文化机构数	0.20	个	45.00	30
4	基本社会保障覆盖率	73.20	%	60.63	27
5	人均社会保障财政支出	4117.70	元/人	88.83	3
6	人均政府卫生支出	2091.90	元/人	78.96	3
7	甲、乙类法定报告传染病总发病率	177.16	1/10万	86.68	10

续表

序号	指标	分值	分值单位	分数	排名
8	每千人拥有卫生技术人员数	8.42	人	64.90	4
9	贫困发生率	0.00	%	95.00	1
10	城乡居民可支配收入比	2.22		83.04	5
	资源环境			65.10	21
1	人均森林面积	14.04	公顷/人	52.59	25
2	人均耕地面积	30.22	公顷/人	75.78	10
3	人均湿地面积	73.27	公顷/人	95.00	1
4	人均草原面积	11.57	公顷/人	51.15	28
5	人均水资源量	199.09	立方米/人	45.49	24
6	全国河流流域一、二、三类水质断面占比	48.30	%	45.00	30
7	地级及以上城市空气质量达标天数比例	84.70	%	81.35	17
	消耗排放			79.70	9
1	单位建设用地面积二、三产业增加值	19.56	亿元/平方公里	78.45	6
2	单位工业增加值水耗	60.91	立方米/万元	63.77	25
3	单位地区生产总值能耗	0.30	吨标准煤/万元	92.36	4
4	单位地区生产总值主要污染物排放（单位化学需氧量排放）	1.5E−08	吨/万元	94.45	2
5	单位地区生产总值氨氮排放量	1.8E−09	吨/万元	91.24	4
6	单位地区生产总值二氧化硫排放量	2.0E−09	吨/万元	94.79	2
7	单位地区生产总值氮氧化物排放量	4.0E−08	吨/万元	93.46	2
8	单位地区生产总值危险废物产生量	3.3E−03	吨/万元	91.93	5
9	可再生能源电力消纳占全社会用电量比重	35.60	%	61.46	10
	治理保护			76.10	4
1	财政性节能环保支出占地区生产总值比重	0.48	%	47.76	25
2	环境污染治理投资与固定资产投资比	2.25	%	59.02	3
3	城市污水处理率	96.30	%	68.33	16
4	一般工业固体废物综合利用率	91.79	%	90.30	3
5	危险废物处置率	100.27	%	82.87	4
6	生活垃圾无害化处理率	100.00	%	95.00	1
7	能源强度年下降率	3.61	%	75.80	8

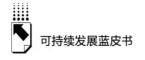

（三）浙江

浙江在可持续发展综合排名中位列第 3。作为长三角一体化发展重大标志性工程的重要参与省份，浙江省可持续发展非常平衡，各项一级指标排名都在前 10 名。其中，消耗排放方面排名第 4，社会民生和治理保护都排名第 5，经济发展和资源环境方面分别排名第 7 和第 9（见表 10）。

浙江省在创新驱动发展方面有一定优势，"万人有效发明专利拥有量" 27.45 件，"劳动人口平均受教育年限" 11.01 年，"全员劳动生产率" 每人 16.09 万元，均排名第 4。作为外向型经济的代表，浙江省外贸外资稳中有增，"人均进出口总额"（64.66）在全国范围内处于领先地位，排名第 5。污染治理成效明显，"全国河流流域一、二、三类水质断面占比" 91.40%，排名第 11。全面推进"垃圾革命"，新增危险废物利用处置能力 83.7 万吨每年，在"一般工业固体废物综合利用率"（91.55）和"生活垃圾无害化处理率"（95.00）方面分别排名第 2 和第 1。

在治理保护投入方面相对不足，"财政性节能环保支出占地区生产总值比重" 0.43%，"环境污染治理投资与固定资产投资比" 0.83%，分别排第 27 和第 16 名。社会民生方面存在一定的短板，"国家财政教育经费占地区生产总值比重" 2.83%，排第 25 名，"人均社会保障财政支出" 1835.80 元和"人均政府卫生支出" 1093.93 元，均排第 19 名。

表 10 浙江省可持续发展指标分值与分数

浙江					3rd/30
序号	指标	分值	分值单位	分数	排名
	经济发展			63.10	7
1	R&D 经费投入占地区生产总值比重	2.68	%	63.90	6
2	万人有效发明专利拥有量	27.45	件	54.80	4
3	高技术产业主营业务收入与工业增加值比例	36.71	%	57.50	11
4	电子商务额占地区生产总值比重	24.84	%	54.35	8

续表

序号	指标	分值	分值单位	分数	排名
5	地区生产总值增长率	6.80	%	80.85	11
6	全员劳动生产率	16.09	万元/人	68.61	4
7	劳动适龄人口占总人口比重	72.91	%	73.19	12
8	人均实际利用外资额	231.78	美元/人	59.46	10
9	人均进出口总额	7721.59	美元/人	64.66	5
	社会民生			71.51	5
1	国家财政教育经费占地区生产总值比重	2.83	%	50.80	25
2	劳动人口平均受教育年限	11.01	年	67.13	4
3	万人公共文化机构数	0.39	个	59.81	17
4	基本社会保障覆盖率	82.84	%	76.80	13
5	人均社会保障财政支出	1835.80	元/人	53.61	19
6	人均政府卫生支出	1093.93	元/人	52.30	19
7	甲、乙类法定报告传染病总发病率	175.02	1/10万	86.98	8
8	每千人拥有卫生技术人员数	8.89	人	68.26	3
9	贫困发生率	0.00	%	95.00	1
10	城乡居民可支配收入比	2.01		89.82	2
	资源环境			74.22	9
1	人均森林面积	57.35	公顷/人	88.31	4
2	人均耕地面积	18.74	公顷/人	63.76	19
3	人均湿地面积	10.52	公顷/人	51.61	7
4	人均草原面积	30.05	公顷/人	65.87	12
5	人均水资源量	2281.00	立方米/人	52.37	12
6	全国河流流域一、二、三类水质断面占比	91.40	%	87.67	11
7	地级及以上城市空气质量达标天数比例	88.60	%	85.26	14
	消耗排放			82.52	4
1	单位建设用地面积二、三产业增加值	20.53	亿元/平方公里	80.81	5
2	单位工业增加值水耗	17.86	立方米/万元	89.07	6
3	单位地区生产总值能耗	0.38	吨标准煤/万元	91.34	6
4	单位地区生产总值主要污染物排放（单位化学需氧量排放）	3.30E-08	吨/万元	90.42	5
5	单位地区生产总值氨氮排放量	2.08E-09	吨/万元	90.29	5
6	单位地区生产总值二氧化硫排放量	1.25E-08	吨/万元	93.21	4

续表

序号	指标	分值	分值单位	分数	排名
7	单位地区生产总值氮氧化物排放量	6.10E-08	吨/万元	90.70	3
8	单位地区生产总值危险废物产生量	8.05E-03	吨/万元	86.23	16
9	可再生能源电力消纳占全社会用电量比重	19.60	%	50.53	20
	治理保护			76.10	5
1	财政性节能环保支出占地区生产总值比重	0.43	%	46.48	27
2	环境污染治理投资与固定资产投资比	0.83	%	48.88	16
3	城市污水处理率	97.00	%	73.00	13
4	一般工业固体废物综合利用率	93.59	%	91.55	2
5	危险废物处置率	101.30	%	83.53	3
6	生活垃圾无害化处理率	100.00	%	95.00	1
7	能源强度年下降率	3.22	%	74.29	13

（四）广东

广东省在可持续发展综合排名中位列第4。在经济发展和消耗排放方面比较靠前，都取得了第3名的好成绩。在治理保护和资源环境方面处于中等水平，分列第12名和第15名。在社会民生方面稍显薄弱，排第26名（见表11）。

广东省制造业转型升级明显，自主创新成为推动高质量发展的重要支撑，"R&D经费投入占地区生产总值比重"2.88%，排名第4，"高技术产业营业收入与工业增加值比例"118.59%，排名第2，"电子商务额占地区生产总值比重"48.36%，排名第3。广东省在粤港澳大湾区建设中取得积极进展，开放型经济水平实现新提升，"人均进出口总额"（71.25）排名第2。在控制消耗排放方面表现突出，"单位地区生产总值能耗"和"单位地区生产总值二氧化硫排放量"均排名第3，"单位地区生产总值氮氧化物排放量"排名第4。

广东省污染治理任务艰巨繁重，"财政性节能环保支出占地区生产总值比重"0.69，"环境污染治理投资与固定资产投资比"为0.75%，分别排第

18 和第 20 名；重污染河流和城市黑臭水体治理需持续攻坚，"全国河流流域一、二、三类水质断面占比"排名第 16；在卫生防疫方面任务艰巨，"甲、乙类法定报告传染病总发病率"排名第 27。

表 11　广东省可持续发展指标分值与分数

广东					4th/30

广东 ... 4th/30

序号	指标	分值	分值单位	分数	排名
	经济发展			67.70	3
1	R&D 经费投入占地区生产总值比重	2.88	%	65.59	4
2	万人有效发明专利拥有量	25.68	件	54.07	5
3	高技术产业主营业务收入与工业增加值比例	118.59	%	87.84	2
4	电子商务额占地区生产总值比重	48.36	%	66.49	3
5	地区生产总值增长率	6.20	%	75.19	16
6	全员劳动生产率	15.06	万元/人	66.28	3
7	劳动适龄人口占总人口比重	75.46	%	83.84	5
8	人均实际利用外资额	132.11	美元/人	53.16	18
9	人均进出口总额	10279.19	美元/人	71.25	2
	社会民生			64.15	26
1	国家财政教育经费占地区生产总值比重	2.98	%	52.25	24
2	劳动人口平均受教育年限	10.98	年	66.86	5
3	万人公共文化机构数	0.19		46.57	29
4	基本社会保障覆盖率	78.39	%	69.31	21
5	人均社会保障财政支出	1478.59	元/人	48.09	28
6	人均政府卫生支出	1246.31	元/人	56.37	11
7	甲、乙类法定报告传染病总发病率	315.37	1/10 万	67.89	27
8	每千人拥有卫生技术人员数	6.88	人	53.71	23
9	贫困发生率	0.00	%	95.00	1
10	城乡居民可支配收入比	2.56		71.71	20
	资源环境			70.99	15
1	人均森林面积	52.64	公顷/人	84.44	7
2	人均耕地面积	14.47	公顷/人	59.29	23
3	人均湿地面积	9.76	公顷/人	51.08	8
4	人均草原面积	18.18	公顷/人	56.41	23
5	人均水资源量	1808.89	立方米/人	50.81	14

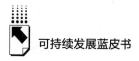

续表

序号	指标	分值	分值单位	分数	排名
6	全国河流流域一、二、三类水质断面占比	80.40	%	76.78	16
7	地级及以上城市空气质量达标天数比例	89.70	%	86.37	10
	消耗排放			82.71	3
1	单位建设用地面积二、三产业增加值	17.52	亿元/平方公里	73.46	9
2	单位工业增加值水耗	24.01	立方米/万元	85.46	9
3	单位地区生产总值能耗	0.34	吨标准煤/万元	92.39	3
4	单位地区生产总值主要污染物排放（单位化学需氧量排放）	5.90E-08	吨/万元	84.73	7
5	单位地区生产总值氨氮排放量	4.18E-09	吨/万元	82.31	13
6	单位地区生产总值二氧化硫排放量	1.12E-08	吨/万元	93.40	3
7	单位地区生产总值氮氧化物排放量	6.50E-08	吨/万元	90.19	4
8	单位地区生产总值危险废物产生量	4.33E-03	吨/万元	90.66	9
9	可再生能源电力消纳占全社会用电量比重	33.10	%	59.75	11
	治理保护			72.40	12
1	财政性节能环保支出占地区生产总值比重	0.69	%	53.14	18
2	环境污染治理投资与固定资产投资比	0.75	%	48.29	20
3	城市污水处理率	96.70	%	71.00	15
4	一般工业固体废物综合利用率	72.51	%	76.84	8
5	危险废物处置率	92.94	%	78.13	16
6	生活垃圾无害化处理率	99.95	%	94.78	14
7	能源强度年下降率	3.52	%	75.43	10

（五）天津

天津市在可持续发展综合排名中位列第5。治理保护方面排名第3，优势明显。经济发展和社会民生也相对靠前，都排名第4。资源环境排名第30，排在最后1位（见表12）。

天津市在缩小城乡收入差距方面表现突出，"城乡居民可支配收入比"1.86，排名第1。在创新驱动发展方面也有较好的基础，"万人有效发明专利拥有量"22.23 件，排名第 6， "R&D 经费投入占地区生产总值比重"3.28%，排名第 3。人口老龄化挑战相对较小，"劳动适龄人口占总人口比重"排名第 2，"劳动人口平均受教育年限"排名第 3。开放型经济发展相对较好，"人均进出口总额"排名第 3，"人均实际利用外资额"排名第 6，"电子商务额占地区生产总值比重"排名第 4。

尽管天津经济发展结构和质量都不错，但增长乏力，"地区生产总值增长率"4.80%，排名倒数第 3。虽然人均社保支出比较高，但"基本社会保障覆盖率"排名倒数第 1。在环境保护方面面临较大压力，"全国河流流域一、二、三类水质断面占比"排名第 29，"地级及以上城市空气质量达标天数比例"排名第 28，"环境污染治理投资与固定资产投资比"排名第 21。

表 12　天津市可持续发展指标分值与分数

天津					5th/30
序号	指标	分值	分值单位	分数	排名
	经济发展			66.10	4
1	R&D 经费投入占地区生产总值比重	3.28	%	69.10	3
2	万人有效发明专利拥有量	22.23	件	52.70	6
3	高技术产业主营业务收入与工业增加值比例	61.90	%	66.90	6
4	电子商务额占地区生产总值比重	39.51	%	61.90	4
5	地区生产总值增长率	4.80	%	62.00	28
6	全员劳动生产率	15.73	万元/人	67.80	5
7	劳动适龄人口占总人口比重	77.64	%	93.00	2
8	人均实际利用外资额	302.94	美元/人	64.00	6
9	人均进出口总额	8730.41	美元/人	67.30	3
	社会民生			72.11	4
1	国家财政教育经费占地区生产总值比重	3.32	%	55.40	18
2	劳动人口平均受教育年限	12.37	年	80.30	3
3	万人公共文化机构数	0.28	个	52.12	26
4	基本社会保障覆盖率	63.93	%	45.00	30
5	人均社会保障财政支出	3527.38	元/人	79.72	4

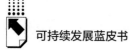
续表

序号	指标	分值	分值单位	分数	排名
6	人均政府卫生支出	1384.96	元/人	60.08	6
7	甲、乙类法定报告传染病总发病率	148.71	1/10万	90.55	4
8	每千人拥有卫生技术人员数	7.03	人	54.82	17
9	贫困发生率	0.00	%	95.00	1
10	城乡居民可支配收入比	1.86		95.00	1
	资源环境			54.64	30
1	人均森林面积	11.45	公顷/人	50.45	27
2	人均耕地面积	36.65	公顷/人	82.51	6
3	人均湿地面积	24.81	公顷/人	61.48	3
4	人均草原面积	12.30	公顷/人	51.73	26
5	人均水资源量	51.89	立方米/人	45.00	30
6	全国河流流域一、二、三类水质断面占比	50.00	%	46.68	29
7	地级及以上城市空气质量达标天数比例	60.00	%	56.55	28
	消耗排放			79.10	11
1	单位建设用地面积二、三产业增加值	13.94	亿元/平方公里	64.72	18
2	单位工业增加值水耗	12.52	立方米/万元	92.22	2
3	单位地区生产总值能耗	0.41	吨标准煤/万元	90.61	8
4	单位地区生产总值主要污染物排放（单位化学需氧量排放）	2.69E-08	吨/万元	91.76	4
5	单位地区生产总值氨氮排放量	1.42E-09	吨/万元	92.83	2
6	单位地区生产总值二氧化硫排放量	1.26E-08	吨/万元	93.19	5
7	单位地区生产总值氮氧化物排放量	8.10E-08	吨/万元	88.11	8
8	单位地区生产总值危险废物产生量	4.42E-03	吨/万元	90.55	11
9	可再生能源电力消纳占全社会用电量比重	14.50	%	47.05	28
	治理保护			77.72	3
1	财政性节能环保支出占地区生产总值比重	1.72	%	79.19	2
2	环境污染治理投资与固定资产投资比	0.72	%	48.07	21
3	城市污水处理率	96.00	%	66.33	19
4	一般工业固体废物综合利用率	98.53	%	95.00	1
5	危险废物处置率	99.84	%	82.59	5
6	生活垃圾无害化处理率	100.00	%	95.00	1
7	能源强度年下降率	1.33	%	67.10	25

（六）福建

福建省在可持续发展综合排名中位列第6。在资源环境和消耗排放方面表现突出，均排名全国第2。在经济发展方面表现不错，排名第6。社会民生方面有待改进，排名第23（见表13）。

福建省对外开放向纵深推进，"人均实际利用外资额"793.88美元，排名第1，经济增速也相对靠前，"地区生产总值增长率"排名第4。生态环境优势突出，"地级及以上城市空气质量达标天数比例"98.30%，排名第1，"全国河流流域一、二、三类水质断面占比"96.50%，排名第5。在用地用能效率方面表现突出，"单位建设用地面积二、三产业增加值"排名第1，"单位地区生产总值能耗"排名第5。

福建省需要加大生态环境方面的治理力度，"财政性节能环保支出占地区生产总值比重"0.42%，排名第29，"城市污水处理率"排名第27。在社会民生方面还存在不小的短板，"国家财政教育经费占单位地区生产总值比重"排名第29，"人均社会保障财政支出"排名第30。

表13　福建省可持续发展指标分值与分数

福建　6th/30

序号	指标	分值	分值单位	分数	排名
	经济发展			64.49	6
1	R&D经费投入占地区生产总值比重	1.78	%	56.20	15
2	万人有效发明专利拥有量	11.02	件	48.42	9
3	高技术产业主营业务收入与工业增加值比例	40.59	%	58.97	10
4	电子商务额占地区生产总值比重	14.63	%	49.08	18
5	地区生产总值增长率	7.60	%	88.40	4
6	全员劳动生产率	15.24	万元/人	66.70	6
7	劳动适龄人口占总人口比重	73.13	%	74.12	11
8	人均实际利用外资额	793.88	美元/人	95.00	1
9	人均进出口总额	4398.96	美元/人	56.11	7

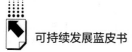

续表

序号	指标	分值	分值单位	分数	排名
	社会民生			65.45	23
1	国家财政教育经费占地区生产总值比重	2.28	%	45.60	29
2	劳动人口平均受教育年限	10.28	年	60.08	20
3	万人公共文化机构数	0.38	个	58.87	18
4	基本社会保障覆盖率	81.55	%	74.61	14
5	人均社会保障财政支出	1278.35	元/人	45.00	30
6	人均政府卫生支出	1128.64	元/人	53.23	16
7	甲、乙类法定报告传染病总发病率	263.35	1/10万	74.97	23
8	每千人拥有卫生技术人员数	6.63	人	51.87	26
9	贫困发生率	0.00	%	95.00	1
10	城乡居民可支配收入比	2.33		79.24	11
	资源环境			77.72	2
1	人均森林面积	65.45	公顷/人	95.00	1
2	人均耕地面积	10.78	公顷/人	55.43	27
3	人均湿地面积	7.02	公顷/人	49.19	13
4	人均草原面积	16.52	公顷/人	55.09	24
5	人均水资源量	3446.80	立方米/人	56.22	6
6	全国河流流域一、二、三类水质断面占比	96.50	%	92.72	5
7	地级及以上城市空气质量达标天数比例	98.30	%	95.00	1
	消耗排放			83.47	2
1	单位建设用地面积二、三产业增加值	26.33	亿元/平方公里	95.00	1
2	单位工业增加值水耗	34.63	立方米/万元	79.22	15
3	单位地区生产总值能耗	0.38	吨标准煤/万元	91.41	5
4	单位地区生产总值主要污染物排放（单位化学需氧量排放）	5.94E-08	吨/万元	84.63	15
5	单位地区生产总值氨氮排放量	3.77E-09	吨/万元	83.85	10
6	单位地区生产总值二氧化硫排放量	2.96E-08	吨/万元	90.64	10
7	单位地区生产总值氮氧化物排放量	7.21E-08	吨/万元	89.26	5
8	单位地区生产总值危险废物产生量	3.49E-03	吨/万元	91.66	6
9	可再生能源电力消纳占全社会用电量比重	19.00	%	50.12	21

续表

序号	指标	分值	分值单位	分数	排名
	治理保护			68.13	18
1	财政性节能环保支出占地区生产总值比重	0.42	%	46.26	29
2	环境污染治理投资与固定资产投资比	0.65	%	47.60	23
3	城市污水处理率	95.20	%	61.00	27
4	一般工业固体废物综合利用率	67.74	%	73.52	11
5	危险废物处置率	88.71	%	75.40	23
6	生活垃圾无害化处理率	99.95	%	94.76	3
7	能源强度年下降率	2.85	%	72.89	17

（七）江苏

江苏省在可持续发展综合排名中位列第7。在经济发展方面优势明显，排名第5。在社会民生、消耗排放和治理保护方面表现稳定，分别排第10、第12和第11名。资源环境排名第24，相对落后（见表14）。

江苏省深入实施创新驱动发展战略效果明显，区域创新能力位居全国前列，"R&D经费投入占地区生产总值比重"排名第5，"万人有效发明专利拥有量达"30.09件，排名第3。开放型经济发展也相对靠前，"人均实际利用外资额"排名第5，"人均进出口总额"排名第4。在卫生健康方面也表现不错，"甲、乙类法定报告传染病总发病率"排名第1，"每千人拥有卫生技术人员数"排名第6。在用地用能效率方面也表现不错，"单位建设用地面积二、三产业增加值"排名第3，"单位地区生产总值能耗"排名第2。

江苏省在社会民生支出方面还需要加大力度，"国家财政教育经费占地区生产总值比重"排名第30，"人均社会保障财政支出"和"人均政府卫生支出"均排名第20。生态保护和污染防治任务依然艰巨，"地级及以上城市空气质量达标天数比例"方面排名第24，"全国河流流域一、二、三类水质断面占比"排名第17。

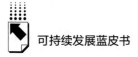
表14 江苏省可持续发展指标分值与分数

江苏 7th/30

序号	指标	分值	分值单位	分数	排名
	经济发展			64.58	5
1	R&D 经费投入占地区生产总值比重	2.79	%	64.84	5
2	万人有效发明专利拥有量	30.09	件	55.76	3
3	高技术产业主营业务收入与工业增加值比例	63.35	%	67.40	5
4	电子商务额占地区生产总值比重	17.36	%	50.49	15
5	地区生产总值增长率	6.10	%	74.25	20
6	全员劳动生产率	21.00	万元/人	79.68	3
7	劳动适龄人口占总人口比重	71.13	%	65.76	18
8	人均实际利用外资额	323.67	美元/人	65.27	5
9	人均进出口总额	8408.00	美元/人	66.43	4
	社会民生			69.28	10
1	国家财政教育经费占地区生产总值比重	2.22	%	45.00	30
2	劳动人口平均受教育年限	10.81	年	65.22	6
3	万人公共文化机构数	0.26	个	50.84	27
4	基本社会保障覆盖率	84.28	%	79.21	10
5	人均社会保障财政支出	1754.65	元/人	52.35	20
6	人均政府卫生支出	1076.77	元/人	51.85	20
7	甲、乙类法定报告传染病总发病率	115.99	1/10万	95.00	1
8	每千人拥有卫生技术人员数	7.85	人	60.71	6
9	贫困发生率	0.00	%	95.00	1
10	城乡居民可支配收入比	2.25		81.90	6
	资源环境			63.46	24
1	人均森林面积	14.55	公顷/人	53.02	24
2	人均耕地面积	42.66	公顷/人	88.81	3
3	人均湿地面积	26.33	公顷/人	62.54	2
4	人均草原面积	3.85	公顷/人	45.00	30
5	人均水资源量	287.45	立方米/人	45.78	22
6	全国河流流域一、二、三类水质断面占比	77.90	%	74.31	17
7	地级及以上城市空气质量达标天数比例	71.40	%	67.99	24

续表

序号	指标	分值	分值单位	分数	排名
	消耗排放			77.07	12
1	单位建设用地面积二、三产业增加值	21.05	亿元/平方公里	82.09	3
2	单位工业增加值水耗	65.64	立方米/万元	60.99	26
3	单位地区生产总值能耗	0.33	吨标准煤/万元	92.46	2
4	单位地区生产总值主要污染物排放（单位化学需氧量排放）	4.76E-08	吨/万元	87.23	6
5	单位地区生产总值氨氮排放量	3.31E-09	吨/万元	85.61	8
6	单位地区生产总值二氧化硫排放量	2.86E-08	吨/万元	90.79	9
7	单位地区生产总值氮氧化物排放量	8.79E-08	吨/万元	87.21	9
8	单位地区生产总值危险废物产生量	6.54E-03	吨/万元	88.03	13
9	可再生能源电力消纳占全社会用电量比重	14.00	%	46.71	25
	治理保护			73.00	11
1	财政性节能环保支出占地区生产总值比重	0.37	%	45.00	30
2	环境污染治理投资与固定资产投资比	0.79	%	48.56	19
3	城市污水处理率	96.10	%	67.00	18
4	一般工业固体废物综合利用率	86.86	%	86.86	4
5	危险废物处置率	95.64	%	79.88	10
6	生活垃圾无害化处理率	100.00	%	95.00	1
7	能源强度年下降率	3.05	%	73.65	14

（八）湖北

湖北省在可持续发展综合排名中位列第8。在治理保护方面表现突出，全国排名第2。在经济发展、资源环境和消耗排放方面排名处于中游水平，分别排名第10、第16和第13。社会民生方面排名第20，相对落后（见表15）。

湖北省在创新和生产效率方面相对靠前，"R&D经费投入占地区生产总值比重"为2.09%，排名第9，"万人有效发明专利拥有量"为10.02件，排名第12，"全员劳动生产率"为12.9万元/人，排名第10。治理保护各项指标都比较靠前，"城市污水处理率"排名第1，"单位地区生产总值危险废物产生量"排名第3,"一般工业固体废物综合利用率"排名第7。

对外贸易方面还需要进一步加强,"人均进出口总额"为907.18美元,排名第20。社会民生方面较为薄弱,"国家财政教育经费占地区生产总值比重"排名第28,"基本社会保障覆盖率"排名第16,"人均政府卫生支出"排名第24。空气质量问题相对突出,"地级及以上城市空气质量达标天数比例"排名第20。在环保支出方面还需要进一步加大力度,"财政性节能环保支出占地区生产总值比重"和"环境污染治理投资与固定资产投资比"分别排名第21和第18。

表15　湖北省可持续发展指标分值与分数

湖北　　　　　　　　　　　　　　　　　　　　　　　　　　　　　8th/30

序号	指标	分值	分值单位	分数	排名
	经济发展			57.60	10
1	R&D经费投入占地区生产总值比重	2.09	%	58.85	9
2	万人有效发明专利拥有量	10.02	件	48.04	12
3	高技术产业主营业务收入与工业增加值比例	27.56	%	54.15	17
4	电子商务额占地区生产总值比重	17.04	%	50.33	16
5	地区生产总值增长率	7.50	%	87.45	7
6	全员劳动生产率	12.92	万元/人	61.45	10
7	劳动适龄人口占总人口比重	71.35	%	66.68	16
8	人均实际利用外资额	217.77	美元/人	58.57	11
9	人均进出口总额	907.18	美元/人	47.13	20
	社会民生			67.10	20
1	国家财政教育经费占地区生产总值比重	2.50	%	47.68	28
2	劳动人口平均受教育年限	10.28	年	60.10	19
3	万人公共文化机构数	0.30	个	53.95	24
4	基本社会保障覆盖率	80.92	%	73.57	16
5	人均社会保障财政支出	2137.69	元/人	58.27	14
6	人均政府卫生支出	990.15	元/人	49.53	24
7	甲、乙类法定报告传染病总发病率	239.82	1/10万	78.17	19

续表

序号	指标	分值	分值单位	分数	排名
8	每千人拥有卫生技术人员数	7.02	人	54.74	18
9	贫困发生率	0.00	%	95.00	1
10	城乡居民可支配收入比	2.29		80.49	8
	资源环境			69.56	16
1	人均森林面积	39.61	公顷/人	73.68	15
2	人均耕地面积	28.17	公顷/人	73.63	12
3	人均湿地面积	7.77	公顷/人	49.70	11
4	人均草原面积	34.17	公顷/人	69.15	9
5	人均水资源量	1036.31	立方米/人	48.25	19
6	全国河流流域一、二、三类水质断面占比	91.10	%	87.38	12
7	地级及以上城市空气质量达标天数比例	77.70	%	74.32	20
	消耗排放			76.70	13
1	单位建设用地面积二、三产业增加值	15.88	亿元/平方公里	69.44	13
2	单位工业增加值水耗	56.75	立方米/万元	66.22	23
3	单位地区生产总值能耗	0.45	吨标准煤/万元	89.66	12
4	单位地区生产总值主要污染物排放（单位化学需氧量排放）	5.85E－08	吨/万元	84.84	13
5	单位地区生产总值氨氮排放量	5.02E－09	吨/万元	79.11	15
6	单位地区生产总值二氧化硫排放量	2.55E－08	吨/万元	91.25	8
7	单位地区生产总值氮氧化物排放量	7.77E－08	吨/万元	88.53	7
8	单位地区生产总值危险废物产生量	2.63E－03	吨/万元	92.69	3
9	可再生能源电力消纳占全社会用电量比重	43.2	%	66.65	8
	治理保护			78.46	2
1	财政性节能环保支出占地区生产总值比重	0.62	%	51.14	21
2	环境污染治理投资与固定资产投资比	0.80	%	48.66	18
3	城市污水处理率	100.30	%	95.00	1
4	一般工业固体废物综合利用率	75.25	%	78.76	7
5	危险废物处置率	91.47	%	77.18	19
6	生活垃圾无害化处理率	99.98	%	94.93	2
7	能源强度年下降率	3.41	%	75.02	11

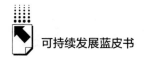
（九）重庆

重庆市在可持续发展综合排名中位列第9。在社会民生、消耗排放和经济发展方面表现优秀，分别排名第6、第7和第8。但在治理保护方面仍有进步空间，排名第27（见表16）。

重庆市的产业结构持续优化，"高技术产业主营业务收入与工业增加值比例"排名第3，"电子商务额占地区生产总值比重"排名第6。社会民生方面表现不错，"基本社会保障覆盖率"和"人均社会保障财政支出"分别排在第5和第8名。在降低污染物排放方面成效明显，"单位地区生产总值主要污染物排放"排名第3，"单位地区生产总值危险废物产生量"排名第4，"单位地区生产总值氨氮排放量"和"单位地区生产总值氮氧化物排放量"均排名第6。

重庆市人口老龄化问题相对突出，"劳动适龄人口占总人口比重"为67.87%，排名第23。卫生健康方面还有待加强，"甲、乙类法定报告传染病总发病率"排名第18，"每千人拥有卫生技术人员数"排名第14。污染防治任务较重，还需要加大投入力度，"财政性节能环保支出占地区生产总值比重"排名第17，"环境污染治理投资与固定资产投资比"排名第15。

表16　重庆市可持续发展指标分值与分数

重庆					9th/30
序号	指标	分值	分值单位	分数	排名
	经济发展			60.31	8
1	R&D经费投入占地区生产总值比重	1.99	%	57.99	12
2	万人有效发明专利拥有量	10.39	件	48.18	10
3	高技术产业主营业务收入与工业增加值比例	86.79	%	76.07	3
4	电子商务额占地区生产总值比重	27.46	%	55.70	6
5	地区生产总值增长率	6.30	%	76.13	13
6	全员劳动生产率	13.85	万元/人	63.55	8

续表

序号	指标	分值	分值单位	分数	排名
7	劳动适龄人口占总人口比重	67.87	%	52.11	23
8	人均实际利用外资额	330.04	美元/人	65.67	4
9	人均进出口总额	2418.56	美元/人	51.02	10
	社会民生			71.09	6
1	国家财政教育经费占地区生产总值比重	3.09	%	53.23	22
2	劳动人口平均受教育年限	10.53	年	62.52	15
3	万人公共文化机构数	0.40	个	60.70	15
4	基本社会保障覆盖率	89.03	%	87.19	5
5	人均社会保障财政支出	2816.99	元/人	68.75	8
6	人均政府卫生支出	1218.47	元/人	55.63	12
7	甲、乙类法定报告传染病总发病率	237.02	1/10万	78.55	18
8	每千人拥有卫生技术人员数	7.19	人	55.96	14
9	贫困发生率	0.00	%	95.00	1
10	城乡居民可支配收入比	2.51		73.38	17
	资源环境			69.56	16
1	人均森林面积	43.08	公顷/人	76.55	12
2	人均耕地面积	28.76	公顷/人	74.25	11
3	人均湿地面积	2.51	公顷/人	46.07	25
4	人均草原面积	26.19	公顷/人	62.80	17
5	人均水资源量	1600.06	立方米/人	50.12	16
6	全国河流流域一、二、三类水质断面占比	88.60	%	84.90	13
7	地级及以上城市空气质量达标天数比例	86.60	%	83.25	16
	消耗排放			80.51	7
1	单位建设用地面积二、三产业增加值	16.72	亿元/平方公里	71.50	11
2	单位工业增加值水耗	42.21	立方米/万元	74.76	20
3	单位地区生产总值能耗	0.41	吨标准煤/万元	90.64	7
4	单位地区生产总值主要污染物排放（单位化学需氧量排放）	2.20E-08	吨/万元	92.83	3
5	单位地区生产总值氨氮排放量	2.12E-09	吨/万元	90.16	6
6	单位地区生产总值二氧化硫排放量	3.18E-08	吨/万元	90.31	11
7	单位地区生产总值氮氧化物排放量	7.42E-08	吨/万元	88.99	6
8	单位地区生产总值危险废物产生量	3.05E-03	吨/万元	92.19	4

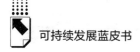

续表

序号	指标	分值	分值单位	分数	排名
9	可再生能源电力消纳占全社会用电量比重	51.40	%	72.25	5
	治理保护			66.06	27
1	财政性节能环保支出占地区生产总值比重	0.73	%	54.12	17
2	环境污染治理投资与固定资产投资比	0.85	%	49.00	15
3	城市污水处理率	97.20	%	74.33	9
4	一般工业固体废物综合利用率	70.88	%	75.71	9
5	危险废物处置率	94.77	%	79.31	12
6	生活垃圾无害化处理率	88.82	%	45.00	17
7	能源强度年下降率	2.21	%	70.46	21

（十）四川

四川省在可持续发展综合排名中位列第 10。四川省在消耗排放和资源环境方面排名靠前，分别排第 5 和第 8 名。经济发展和社会民生表现处于中等水平，分别排第 14 和第 15 名，但在治理保护方面相对落后，排名第 23（见表 17）。

四川省高技术产业发展较快，"高技术产业主营业务收入与工业增加值比例"排名第 8。社会民生方面部分指标表现突出，"万人公共文化机构数"排名第 3，"基本社会保障覆盖率"排名第 7。水资源保护方面治理成效明显，"全国河流流域一、二、三类水质断面占比"96.60%，排名第 4。

四川省老龄化问题突出，"劳动适龄人口占总人口比重"排名第 24，劳动人口教育水平也比较低，"劳动人口平均受教育年限"排名第 26。社会民生支出方面有待加强，"人均政府卫生支出"排名第 21，"人均社会保障财政支出"排名第 15。在治理保护方面还要进一步加大力度，"财政性节能环保支出占地区生产总值比重"排名第 23，"城市污水处理率"和"一般工业固体废物综合利用率"均排名第 25。

表17　四川省可持续发展指标分值与分数

四川　　　　　　　　　　　　　　　　　　　　　　　　　　　　　　　10th/30

序号	指标	分值	分值单位	分数	排名
	经济发展			56.50	14
1	R&D经费投入占地区生产总值比重	1.87	%	56.95	14
2	万人有效发明专利拥有量	7.19	件	46.95	14
3	高技术产业主营业务收入与工业增加值比例	58.07	%	65.44	8
4	电子商务额占地区生产总值比重	19.43	%	51.56	13
5	地区生产总值增长率	7.50	%	87.45	8
6	全员劳动生产率	9.53	万元/人	53.82	17
7	劳动适龄人口占总人口比重	67.85	%	52.01	24
8	人均实际利用外资额	149.01	美元/人	54.23	15
9	人均进出口总额	1246.54	美元/人	48.00	16
	社会民生			68.23	15
1	国家财政教育经费占地区生产总值比重	3.39	%	56.11	16
2	劳动人口平均受教育年限	9.59	年	53.38	26
3	万人公共文化机构数	0.62	个	74.99	3
4	基本社会保障覆盖率	87.68	%	84.92	7
5	人均社会保障财政支出	2104.24	元/人	57.75	15
6	人均政府卫生支出	1066.87	元/人	51.58	21
7	甲、乙类法定报告传染病总发病率	212.59	1/10万	81.87	14
8	每千人拥有卫生技术人员数	7.19	人	55.98	13
9	贫困发生率	0.70	%	79.09	3
10	城乡居民可支配收入比	2.46		74.80	15
	资源环境			74.43	8
1	人均森林面积	37.86	公顷/人	72.24	17
2	人均耕地面积	13.84	公顷/人	58.63	24
3	人均湿地面积	3.60	公顷/人	46.82	21
4	人均草原面积	41.93	公顷/人	75.34	5
5	人均水资源量	3288.94	立方米/人	55.70	7
6	全国河流流域一、二、三类水质断面占比	96.60	%	92.82	4
7	地级及以上城市空气质量达标天数比例	89.10	%	85.76	13

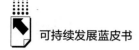
续表

序号	指标	分值	分值单位	分数	排名
	消耗排放			80.88	5
1	单位建设用地面积二、三产业增加值	14.59	亿元/平方公里	66.29	16
2	单位工业增加值水耗	28.36	立方米/万元	82.91	12
3	单位地区生产总值能耗	0.55	吨标准煤/万元	87.10	20
4	单位地区生产总值主要污染物排放（单位化学需氧量排放）	7.06E-08	吨/万元	82.19	21
5	单位地区生产总值氨氮排放量	7.29E-09	吨/万元	70.45	21
6	单位地区生产总值二氧化硫排放量	4.04E-08	吨/万元	89.02	13
7	单位地区生产总值氮氧化物排放量	1.04E-07	吨/万元	85.15	12
8	单位地区生产总值危险废物产生量	7.83E-03	吨/万元	86.50	15
9	可再生能源电力消纳占全社会用电量比重	81.80	%	93.02	2
	治理保护			68.83	23
1	财政性节能环保支出占地区生产总值比重	0.57	%	50.05	23
2	环境污染治理投资与固定资产投资比	0.90	%	49.37	14
3	城市污水处理率	95.30	%	61.67	25
4	一般工业固体废物综合利用率	40.76	%	54.69	25
5	危险废物处置率	95.69	%	79.91	9
6	生活垃圾无害化处理率	99.82	%	94.18	6
7	能源强度年下降率	2.84	%	72.85	18

（十一）海南

海南省在可持续发展综合排名中位列第 11。资源环境方面表现突出，排名全国第 5，其余一级指标均排名居中，社会民生、治理保护、消耗排放和经济发展分别排第 12、第 13、第 17 和第 18 名（见表 18）。

海南省在产业结构方面表现较好，"高技术产业主营业务收入与工业增加值比例"和"电子商务额占地区生产总值比重"分别排名第 9 和第 10。在社会民生方面，部分指标表现优秀，"国家财政教育经费占地区生产总值比重"排名第 5，"人均政府卫生支出"排名第 4。在资源环境方面相对靠前，"地级及以上城市空气质量达标天数比例"排名第4，"全国河流流域一、二、三类水质断面占比"排名第9。在控制危险物排放方面表现突出，"危险废物处置率"和"单位地区生产总值危险废物产生量"分别排名第1和第2。

海南省创新能力有待提高，"R&D经费投入占地区生产总值比重"排名第29，"万人有效发明专利拥有量"排名第23。在卫生健康方面也存在短板，"甲、乙类法定报告传染病总发病率"排名第28。在污染物排放方面还需加大控制力度，"单位地区生产总值主要污染物排放"和"单位地区生产总值氨氮排放量"均排名第24。

表18 海南省可持续发展指标分值与分数

海南   11th/30

序号	指标	分值	分值单位	分数	排名
	经济发展			54.38	18
1	R&D经费投入占地区生产总值比重	0.56	%	45.79	29
2	万人有效发明专利拥有量	3.33	件	45.46	23
3	高技术产业主营业务收入与工业增加值比例	43.90	%	60.20	9
4	电子商务额占地区生产总值比重	21.20	%	52.47	10
5	地区生产总值增长率	5.80	%	71.42	24
6	全员劳动生产率	9.06	万元/人	52.74	19
7	劳动适龄人口占总人口比重	71.18	%	65.97	17
8	人均实际利用外资额	159.91	美元/人	54.91	14
9	人均进出口总额	1817.37	美元/人	49.47	11
	社会民生			69.11	12
1	国家财政教育经费占地区生产总值比重	5.15	%	72.95	5
2	劳动人口平均受教育年限	10.58	年	62.99	12
3	万人公共文化机构数	0.34	个	56.48	21
4	基本社会保障覆盖率	79.71	%	71.53	20
5	人均社会保障财政支出	2348.21	元/人	61.52	12
6	人均政府卫生支出	1561.90	元/人	64.80	4
7	甲、乙类法定报告传染病总发病率	388.77	1/10万	57.92	28

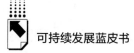
续表

序号	指标	分值	分值单位	分数	排名
8	每千人拥有卫生技术人员数	7.17	人	55.79	15
9	贫困发生率	0.00	%	95.00	1
10	城乡居民可支配收入比	2.38		77.51	13
	资源环境			77.37	5
1	人均森林面积	54.94	公顷/人	86.33	5
2	人均耕地面积	20.41	公顷/人	65.51	15
3	人均湿地面积	9.04	公顷/人	50.58	10
4	人均草原面积	26.83	公顷/人	63.31	14
5	人均水资源量	2685.47	立方米/人	53.70	10
6	全国河流流域一、二、三类水质断面占比	93.00	%	89.26	9
7	地级及以上城市空气质量达标天数比例	97.50	%	94.20	4
	消耗排放			74.55	17
1	单位建设用地面积二、三产业增加值	13.25	亿元/平方公里	63.02	19
2	单位工业增加值水耗	47.56	立方米/万元	71.62	21
3	单位地区生产总值能耗	0.48	吨标准煤/万元	88.84	14
4	单位地区生产总值主要污染物排放（单位化学需氧量排放）	8.48E-08	吨/万元	79.07	24
5	单位地区生产总值氨氮排放量	9.42E-09	吨/万元	62.35	24
6	单位地区生产总值二氧化硫排放量	1.30E-08	吨/万元	93.13	6
7	单位地区生产总值氮氧化物排放量	9.17E-08	吨/万元	86.71	10
8	单位地区生产总值危险废物产生量	9.29E-04	吨/万元	94.72	2
9	可再生能源电力消纳占全社会用电量比重	13.50	%	46.37	27
	治理保护			72.93	13
1	财政性节能环保支出占地区生产总值比重	1.22	%	66.62	8
2	环境污染治理投资与固定资产投资比	0.80	%	48.68	17
3	城市污水处理率	93.70	%	51.00	29
4	一般工业固体废物综合利用率	65.35	%	71.85	12
5	危险废物处置率	119.07	%	95.00	1
6	生活垃圾无害化处理率	100.00	%	95.00	1
7	能源强度年下降率	1.32	%	67.07	26

（十二）湖南

湖南省在可持续发展综合排名中位列第12。资源环境和治理保护排名第10，消耗排放和经济发展排名第15。社会民生比较靠后，排名第24（见表19）。

湖南省在引进外资方面成效显著，"人均实际利用外资额"排名第9。在水资源保护方面表现不错，"全国河流流域一、二、三类水质断面占比"排名第7。用地效率较高，"单位建设用地面积二、三产业增加值"排名第4。治理保护方面很多指标比较靠前，其中"能源强度年下降率"和"危险废物处置率"分别排名第6和第7。

湖南省老龄化问题比较突出，"劳动适龄人口占总人口比重"排名第28。电子商务发展相对落后，"电子商务额占地区生产总值比重"排名第20。在外贸方面仍有待加强，"人均进出口总额"排名第26。在卫生健康方面还存在短板，"甲、乙类法定报告传染病总发病率"排名第26，"人均政府卫生支出"排名第22；城乡收入差距比较突出，"城乡居民可支配收入比"排名第22；在控制污染物排放方面还需要进一步加大力度，"单位地区生产总值主要污染物排放"排名第23，"单位地区生产总值氨氮排放量"排名第22，"财政性节能环保支出占地区生产总值比重"排名第22，"环境污染治理投资与固定资产投资比"排名第30。

表 19　湖南省可持续发展指标分值与分数

湖南					12th/30
序号	指标	分值	分值单位	分数	排名
	经济发展			55.86	15
1	R&D 经费投入占地区生产总值比重	1.98	%	57.91	13
2	万人有效发明专利拥有量	6.76	件	46.78	15
3	高技术产业主营业务收入与工业增加值比例	34.53	%	56.73	13

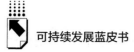

续表

序号	指标	分值	分值单位	分数	排名
4	电子商务额占地区生产总值比重	14.47	%	49.00	20
5	地区生产总值增长率	7.60	%	88.40	5
6	全员劳动生产率	10.84	万元/人	56.77	14
7	劳动适龄人口占总人口比重	66.87	%	47.92	28
8	人均实际利用外资额	261.65	美元/人	61.35	9
9	人均进出口总额	608.54	美元/人	46.36	26
	社会民生			64.81	24
1	国家财政教育经费占地区生产总值比重	3.19	%	54.28	21
2	劳动人口平均受教育年限	10.66	年	63.78	10
3	万人公共文化机构数	0.42	个	61.55	14
4	基本社会保障覆盖率	84.47	%	79.53	8
5	人均社会保障财政支出	1677.26	元/人	51.16	23
6	人均政府卫生支出	1009.53	元/人	50.05	22
7	甲、乙类法定报告传染病总发病率	293.11	1/10万	70.92	26
8	每千人拥有卫生技术人员数	7.26	人	56.46	12
9	贫困发生率	0.70	%	79.09	3
10	城乡居民可支配收入比	2.59		70.67	22
	资源环境			72.88	10
1	人均森林面积	49.70	公顷/人	82.01	8
2	人均耕地面积	19.60	公顷/人	64.66	16
3	人均湿地面积	4.81	公顷/人	47.66	18
4	人均草原面积	30.09	公顷/人	65.90	11
5	人均水资源量	3037.27	立方米/人	54.87	10
6	全国河流流域一、二、三类水质断面占比	95.40	%	91.63	7
7	地级及以上城市空气质量达标天数比例	83.70	%	80.34	18
	消耗排放			74.87	15
1	单位建设用地面积二、三产业增加值	20.54	亿元/平方公里	80.83	4
2	单位工业增加值水耗	78.07	立方米/万元	53.68	29
3	单位地区生产总值能耗	0.43	吨标准煤/万元	90.00	11
4	单位地区生产总值主要污染物排放（单位化学需氧量排放）	7.85E-08	吨/万元	80.45	23
5	单位地区生产总值氨氮排放量	7.55E-09	吨/万元	69.48	22

序号	指标	分值	分值单位	分数	排名
6	单位地区生产总值二氧化硫排放量	4.81E−08	吨/万元	87.85	16
7	单位地区生产总值氮氧化物排放量	9.33E−08	吨/万元	86.52	11
8	单位地区生产总值危险废物产生量	1.05E−02	吨/万元	83.34	19
9	可再生能源电力消纳占全社会用电量比重	47.10	%	69.32	6
	治理保护			75.17	10
1	财政性节能环保支出占地区生产总值比重	0.61	%	51.01	22
2	环境污染治理投资与固定资产投资比	0.29	%	45.00	30
3	城市污水处理率	97.10	%	73.67	11
4	一般工业固体废物综合利用率	69.32	%	74.62	10
5	危险废物处置率	98.09	%	81.45	7
6	生活垃圾无害化处理率	99.98	%	94.92	2
7	能源强度年下降率	4.29	%	78.36	6

（十三）江西

江西在可持续发展综合排名中位列第13。在资源环境方面表现十分突出，排名全国第3。经济发展排名第9，进入全国前10。在消耗排放和治理保护方面排名居中，分别排第20和第17名（见表20）。

江西省高技术产业发展和利用外资表现不错，"高技术产业主营业务收入与工业增加值比例"、"人均实际利用外资额"均排名第7。生态环境保护表现良好，"地级及以上城市空气质量达标天数比例""全国河流流域一、二、三类水质断面占比"分别排名第6和第8。能耗控制相对较好，"单位地区生产总值能耗"和"能源强度年下降率"均排名第9。环境污染治理投资相对靠前，"环境污染治理投资与固定资产投资比"排名第5。

江西省科技创新能力相对不足，"万人有效发明专利拥有量"排名第25，"R&D经费投入占地区生产总值比重"排名第17。劳动人口教育水平有待提高，"劳动人口平均受教育年限"排名第23。需要进一步加大卫生健康投入保障力度，"每千人拥有卫生技术人员数"排名第29，"甲、乙类法定报告传染病总发病率"排名第17。在控制污染物排放方面还存在薄弱环节，"单位地区生产总值主要污染物排放"和"单位地区生产总值氨氮排放量"均排名第28。"城市污水处理率"和"危险废物处置率"需要进一步加强，分别排名第24和第22。

表20　江西省可持续发展指标分值与分数

江西 13th/30

序号	指标	分值	分值单位	分数	排名
	经济发展			57.86	9
1	R&D经费投入占地区生产总值比重	1.55	%	54.25	17
2	万人有效发明专利拥有量	2.83	件	45.27	25
3	高技术产业主营业务收入与工业增加值比例	58.37	%	65.55	7
4	电子商务额占地区生产总值比重	17.52	%	50.57	14
5	地区生产总值增长率	8.00	%	92.17	3
6	全员劳动生产率	9.41	万元/人	53.53	18
7	劳动适龄人口占总人口比重	69.64	%	59.53	20
8	人均实际利用外资额	291.02	美元/人	63.20	7
9	人均进出口总额	950.56	美元/人	47.24	18
	社会民生			68.99	13
1	国家财政教育经费占地区生产总值比重	4.64	%	68.06	8
2	劳动人口平均受教育年限	9.87	年	56.14	23
3	万人公共文化机构数	0.47	个	65.16	11
4	基本社会保障覆盖率	83.24	%	77.46	12
5	人均社会保障财政支出	1752.58	元/人	52.32	21
6	人均政府卫生支出	1266.33	元/人	56.91	10
7	甲、乙类法定报告传染病总发病率	232.46	1/10万	79.17	17
8	每千人拥有卫生技术人员数	5.74	人	45.47	29
9	贫困发生率	0.00	%	95.00	1
10	城乡居民可支配收入比	2.31		79.83	9
	资源环境			77.70	3
1	人均森林面积	61.18	公顷/人	91.47	2
2	人均耕地面积	18.49	公顷/人	63.50	20

续表

序号	指标	分值	分值单位	分数	排名
3	人均湿地面积	5.45	公顷/人	48.10	14
4	人均草原面积	26.62	公顷/人	63.14	15
5	人均水资源量	4405.41	立方米/人	59.39	2
6	全国河流流域一、二、三类水质断面占比	94.70	%	90.94	8
7	地级及以上城市空气质量达标天数比例	94.70	%	91.39	6
	消耗排放			71.71	20
1	单位建设用地面积二、三产业增加值	14.83	亿元/平方公里	66.88	15
2	单位工业增加值水耗	66.25	立方米/万元	60.63	27
3	单位地区生产总值能耗	0.41	吨标准煤/万元	90.50	9
4	单位地区生产总值主要污染物排放（单位化学需氧量排放）	$1.30E-07$	吨/万元	69.14	28
5	单位地区生产总值氨氮排放量	$1.13E-08$	吨/万元	55.15	28
6	单位地区生产总值二氧化硫排放量	$9.17E-08$	吨/万元	81.30	20
7	单位地区生产总值氮氧化物排放量	$1.64E-07$	吨/万元	77.30	19
8	单位地区生产总值危险废物产生量	$8.48E-03$	吨/万元	85.71	18
9	可再生能源电力消纳占全社会用电量比重	25.20	%	54.36	14
	治理保护			71.12	17
1	财政性节能环保支出占地区生产总值比重	0.78	%	55.45	16
2	环境污染治理投资与固定资产投资比	1.37	%	52.70	5
3	城市污水处理率	95.40	%	62.33	24
4	一般工业固体废物综合利用率	53.40	%	63.51	18
5	危险废物处置率	89.83	%	76.10	22
6	生活垃圾无害化处理率	100.00	%	95.00	1
7	能源强度年下降率	3.59	%	75.70	9

（十四）安徽

安徽省在可持续发展综合排名中位列第14。在治理保护方面相对突出，排名第8。在消耗排放方面排名居中，排第19名。社会民生和资源环境相对落后，分别排名第21和第23（见表21）。

安徽省在创新驱动、产业转型升级和经济外向型发展方面都表现不错，"R&D 经费投入占单位地区生产总值比重"排名全国第 11，"万人有效发明专利拥有量"和"人均实际利用外资额"均排名第 8。在控制危险废物排放方面做得相对不错，"单位地区生产总值危险废物产生量"排名第 7。治理保护各项指标相对比较靠前，"环境污染治理投资与固定资产投资比"排名第 8，"一般工业固体废物综合利用率"排名第 5。

安徽省存在老龄化和劳动人口素质问题，"劳动适龄人口占总人口比重"排名第 26，"劳动人口平均受教育年限"排名第 27。在卫生健康方面存在短板，"每千人拥有卫生技术员数"排名第 30。在生态环境保护方面也面临着一定的压力，"地级及以上城市空气质量达标天数比例"排名第 23，"全国河流流域一、二、三类水质断面占比"排名第 18。在控制污染物排放方面也需要加大力度，"单位地区生产总值主要污染物排放"排名第 25，"单位地区生产总值氮氧化物排放量"排名第 18。

表 21 安徽省可持续发展指标分值与分数

安徽   14th/30

序号	指标	分值	分值单位	分数	排名
	经济发展			56.55	12
1	R&D 经费投入占地区生产总值比重	2.03	%	58.35	11
2	万人有效发明专利拥有量	11.75	件	48.70	8
3	高技术产业主营业务收入与工业增加值比例	35.22	%	56.99	12
4	电子商务额占地区生产总值比重	21.02	%	52.38	11
5	地区生产总值增长率	7.50	%	87.45	6
6	全员劳动生产率	8.47	万元/人	51.41	22
7	劳动适龄人口占总人口比重	67.38	%	50.08	26
8	人均实际利用外资额	281.81	美元/人	62.62	8
9	人均进出口总额	1001.85	美元/人	47.37	17
	社会民生			66.77	21
1	国家财政教育经费占地区生产总值比重	3.29	%	55.22	19
2	劳动人口平均受教育年限	9.53	年	52.81	27

续表

序号	指标	分值	分值单位	分数	排名
3	万人公共文化机构数	0.32	个	54.77	23
4	基本社会保障覆盖率	89.93	%	88.71	4
5	人均社会保障财政支出	1702.89	元/人	51.55	22
6	人均政府卫生支出	996.95	元/人	49.71	23
7	甲、乙类法定报告传染病总发病率	246.83	1/10万	77.21	21
8	每千人拥有卫生技术人员数	5.67	人	45.00	30
9	贫困发生率	0.00	%	95.00	1
10	城乡居民可支配收入比	2.44		75.78	14
	资源环境			64.17	23
1	人均森林面积	28.40	公顷/人	64.44	18
2	人均耕地面积	42.09	公顷/人	88.20	4
3	人均湿地面积	7.47	公顷/人	49.50	12
4	人均草原面积	11.93	公顷/人	51.44	27
5	人均水资源量	850.91	立方米/人	47.64	20
6	全国河流流域一、二、三类水质断面占比	77.40	%	73.81	18
7	地级及以上城市空气质量达标天数比例	71.80	%	68.39	23
	消耗排放			72.81	19
1	单位建设用地面积二、三产业增加值	15.79	亿元/平方公里	69.23	14
2	单位工业增加值水耗	74.38	立方米/万元	55.85	28
3	单位地区生产总值能耗	0.42	吨标准煤/万元	90.22	10
4	单位地区生产总值主要污染物排放（单位化学需氧量排放）	9.21E−08	吨/万元	77.45	25
5	单位地区生产总值氨氮排放量	5.39E−09	吨/万元	77.70	17
6	单位地区生产总值二氧化硫排放量	4.07E−08	吨/万元	88.97	14
7	单位地区生产总值氮氧化物排放量	1.54E−07	吨/万元	78.57	18
8	单位地区生产总值危险废物产生量	4.21E−03	吨/万元	90.81	7
9	可再生能源电力消纳占全社会用电量比重	17.50	%	49.10	23

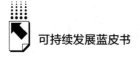
续表

序号	指标	分值	分值单位	分数	排名
	治理保护			76.07	8
1	财政性节能环保支出占地区生产总值比重	0.84	%	56.88	15
2	环境污染治理投资与固定资产投资比	1.02	%	50.21	8
3	城市污水处理率	97.10	%	73.67	10
4	一般工业固体废物综合利用率	79.84	%	81.96	5
5	危险废物处置率	94.50	%	79.10	14
6	生活垃圾无害化处理率	100.00	%	95.00	1
7	能源强度年下降率	2.91	%	73.12	15

（十五）陕西

陕西省在可持续发展综合排名中位列第 15。在消耗排放方面相对突出，排名第 10，经济发展和社会民生方面均排名第 11，但治理保护方面相对落后，排名第 25（见表 22）。

陕西省推进科技创新成绩明显，"R&D 经费投入占地区生产总值比重"和"万人有效发明专利拥有量"均排名第 7。在社会民生方面许多指标比较靠前，"基本社会保障覆盖率"排名第 6，"万人公共文化机构数"排名第 8，"每千人拥有卫生技术人员数"排名第 2。在用地和用水效率方面比较靠前，"单位工业增加值水耗"排名第 4，"单位建设用地面积二、三产业增加值"排名第 7。

陕西省部分指标低于预期，电子商务发展相对落后，"电子商务额占地区生产总值比重"排第 26 名。在社会民生方面，城乡收入差距较大，"城乡居民可支配收入比"排名第 26。空气质量问题比较突出，"地级及以上城市空气质量达标天数比例"排名第 21。在治理保护方面存在短板，"一般工业固体废物综合利用率"排名第 28，"城市污水处理率"排名第 23，"环境污染治理投资与固定资产投资比"排名第 22。

表22 陕西省可持续发展指标分值与分数

陕西　　　　　　　　　　　　　　　　　　　　　　　　　　　　　　　　　15th/30

序号	指标	分值	分值单位	分数	排名
	经济发展			57.23	11
1	R&D经费投入占地区生产总值比重	2.27	%	60.36	7
2	万人有效发明专利拥有量	11.92	件	48.77	7
3	高技术产业主营业务收入与工业增加值比例	33.57	%	56.38	14
4	电子商务额占地区生产总值比重	11.69	%	47.57	26
5	地区生产总值增长率	6.00	%	73.30	23
6	全员劳动生产率	12.45	万元/人	60.41	11
7	劳动适龄人口占总人口比重	73.40	%	75.26	10
8	人均实际利用外资额	199.41	美元/人	57.41	12
9	人均进出口总额	1266.09	美元/人	48.05	14
	社会民生			69.16	11
1	国家财政教育经费占地区生产总值比重	3.69	%	58.98	14
2	劳动人口平均受教育年限	10.65	年	63.66	11
3	万人公共文化机构数	0.52	个	68.43	8
4	基本社会保障覆盖率	87.81	%	85.14	6
5	人均社会保障财政支出	2202.10	元/人	59.26	13
6	人均政府卫生支出	1194.58	元/人	54.99	15
7	甲、乙类法定报告传染病总发病率	180.23	1/10万	86.27	12
8	每千人拥有卫生技术人员数	9.13	人	69.97	2
9	贫困发生率	0.60	%	81.36	2
10	城乡居民可支配收入比	2.93		59.30	26
	资源环境			65.17	20
1	人均森林面积	43.09	公顷/人	76.56	11
2	人均耕地面积	19.35	公顷/人	64.41	18
3	人均湿地面积	1.50	公顷/人	45.37	27
4	人均草原面积	25.30	公顷/人	62.09	18
5	人均水资源量	1279.84	立方米/人	49.06	17
6	全国河流流域一、二、三类水质断面占比	82.80	%	79.16	15
7	地级及以上城市空气质量达标天数比例	72.70	%	69.30	21

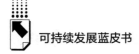
续表

序号	指标	分值	分值单位	分数	排名
	消耗排放			79.34	10
1	单位建设用地面积二、三产业增加值	17.88	亿元/平方公里	74.33	7
2	单位工业增加值水耗	15.40	立方米/万元	90.52	4
3	单位地区生产总值能耗	0.54	吨标准煤/万元	87.44	19
4	单位地区生产总值主要污染物排放（单位化学需氧量排放）	3.80E−08	吨/万元	89.33	7
5	单位地区生产总值氨氮排放量	3.49E−09	吨/万元	84.94	9
6	单位地区生产总值二氧化硫排放量	5.56E−08	吨/万元	86.74	17
7	单位地区生产总值氮氧化物排放量	1.28E−07	吨/万元	82.07	14
8	单位地区生产总值危险废物产生量	7.26E−03	吨/万元	87.18	14
9	可再生能源电力消纳占全社会用电量比重	24.90	%	54.15	15
	治理保护			67.65	25
1	财政性节能环保支出占地区生产总值比重	0.95	%	59.70	11
2	环境污染治理投资与固定资产投资比	0.69	%	47.90	22
3	城市污水处理率	95.50	%	63.00	23
4	一般工业固体废物综合利用率	36.45	%	51.68	28
5	危险废物处置率	90.26	%	76.40	21
6	生活垃圾无害化处理率	99.71	%	93.69	8
7	能源强度年下降率	1.39	%	67.34	24

（十六）山东

山东省在可持续发展综合排名中位列第16。资源环境仍是目前可持续发展的主要问题，排在第28名。治理保护排名相对靠前，排在第6名。经济发展、社会民生与消耗排放处于中游水平，分别排在第16、第19和第14名（见表23）。

山东省新动能发展有了一定的基础，"R&D经费投入占地区生产总值比重"、"电子商务额占地区生产总值比重"分别排第8、第5名。经济开放性发展表现较好，"人均进出口总额"排名第8。卫生健康表现相对较好，

"甲、乙类法定报告传染病总发病率"排第 6 名,"每千人拥有卫生技术人员数"排第 8 名。水耗和主要污染物控制相对较好,"单位工业增加值水耗"排第 3 名、"单位地区生产总值主要污染物排放"排第 8 名。在治理保护方面很多指标排名比较靠前,"危险废物处置率"排名第 2、"城市污水处理率"排名第 4、"一般工业固体废物综合利用率"排名第 6。

山东省老龄化和劳动人口素质问题比较突出,"劳动适龄人口占总人口比重"排第 29 名,"劳动人口平均受教育年限"排第 22 名。高技术产业发展相对不足,"高技术产业主营业务收入与工业增加值比例"排第 18 名。在社会民生支出力度方面需要进一步加大,"人均政府卫生支出和人均社会保障财政支出"分别排第 28、第 29 名。生态环境保护方面存在突出问题,"地级及以上城市空气质量达标天数比例"排第 29 名,"全国河流流域一、二、三类水质断面占比"排第 28 名。

表 23　山东省可持续发展指标分值与分数

山东　　　　　　　　　　　　　　　　　　　　　　　　　　　　　16th/30

序号	指标	分值	分值单位	分数	排名
	经济发展			55.14	16
1	R&D 经费投入占地区生产总值比重	2.10	%	58.96	8
2	万人有效发明专利拥有量	10.02	件	48.04	11
3	高技术产业主营业务收入与工业增加值比例	25.72	%	53.47	18
4	电子商务额占地区生产总值比重	29.33	%	56.67	5
5	地区生产总值增长率	5.50	%	68.58	26
6	全员劳动生产率	11.87	万元/人	59.08	12
7	劳动适龄人口占总人口比重	66.49	%	46.34	29
8	人均实际利用外资额	145.87	美元/人	54.03	16
9	人均进出口总额	3562.62	美元/人	53.96	8
	社会民生			67.48	19
1	国家财政教育经费占地区生产总值比重	3.03	%	52.74	23
2	劳动人口平均受教育年限	10.23	年	59.56	22
3	万人公共文化机构数	0.28	个	52.30	25

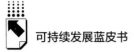

续表

序号	指标	分值	分值单位	分数	排名
4	基本社会保障覆盖率	84.40	%	79.41	9
5	人均社会保障财政支出	1434.59	元/人	47.41	29
6	人均政府卫生支出	910.72	元/人	47.41	28
7	甲、乙类法定报告传染病总发病率	163.44	1/10万	88.55	6
8	每千人拥有卫生技术人员数	7.77	人	60.14	8
9	贫困发生率	0.00	%	95.00	1
10	城乡居民可支配收入比	2.38		77.57	12
	资源环境			55.20	28
1	人均森林面积	16.87	公顷/人	54.93	23
2	人均耕地面积	48.04	公顷/人	94.43	2
3	人均湿地面积	11.00	公顷/人	51.93	5
4	人均草原面积	10.37	公顷/人	50.19	29
5	人均水资源量	194.06	立方米/人	45.47	25
6	全国河流流域一、二、三类水质断面占比	50.80	%	47.48	28
7	地级及以上城市空气质量达标天数比例	59.70	%	56.24	29
	消耗排放			75.61	14
1	单位建设用地面积二、三产业增加值	12.86	亿元/平方公里	62.05	22
2	单位工业增加值水耗	13.88	立方米/万元	91.42	3
3	单位地区生产总值能耗	0.49	吨标准煤/万元	88.59	15
4	单位地区生产总值主要污染物排放（单位化学需氧量排放）	3.88E-08	吨/万元	89.15	8
5	单位地区生产总值氨氮排放量	3.24E-09	吨/万元	85.90	7
6	单位地区生产总值二氧化硫排放量	3.96E-08	吨/万元	89.13	12
7	单位地区生产总值氮氧化物排放量	1.54E-07	吨/万元	78.66	17
8	单位地区生产总值危险废物产生量	1.39E-02	吨/万元	79.29	22
9	可再生能源电力消纳占全社会用电量比重	11.50	%	45.00	30
	治理保护			77.48	6
1	财政性节能环保支出占地区生产总值比重	0.43	%	46.45	28
2	环境污染治理投资与固定资产投资比	1.01	%	50.17	9
3	城市污水处理率	98.00	%	79.67	4
4	一般工业固体废物综合利用率	78.53	%	81.04	6
5	危险废物处置率	106.14	%	86.70	2
6	生活垃圾无害化处理率	99.94	%	94.74	4
7	能源强度年下降率	3.27	%	74.48	12

（十七）云南

云南在可持续发展综合排名中位列第17。消耗排放与资源环境排名相对较好，分别位于第6、第7名。治理保护、经济发展和社会民生指标得分较低，分别排在第19、第21和第30名（见表24）。

云南经济发展增速较快，"地区生产总值增长率"为8.10%，排在第2名。空气质量很好，"地级以上城市空气质量达标天数比例"为98.10%，排名第2。"生活垃圾无害化处理率"为99.77%，排名第7。在消耗排放部分指标比较靠前，"单位建设用地面积二、三产业增加值"排名第10，"单位地区生产总值主要污染物排放"排名第11。

尽管云南省经济增速较快，但经济发展质量还相对不高，在创新驱动、生产效率、产业结构、开放发展方面普遍落后，"R&D经费投入占地区生产总值比重"排第24名，"万人有效发明专利拥有量"排第26名，"全员劳动生产率"排第27名，"高技术产业主营业务收入与工业增加值比例"排第23名，"人均实际利用外资额"排第26名。劳动人口素质问题突出，"劳动人口平均受教育年限"排第29名。城乡收入差距较大，"城乡居民可支配收入比"排第28名。污染防治任务艰巨，"一般工业固体废物综合利用率"排第21名，"城市污水处理率"排第22名，"环境污染治理投资与固定资产投资比"排第25名。

表24 云南省可持续发展指标分值与分数

云南					17th/30
序号	指标	分值	分值单位	分数	排名
	经济发展			53.29	21
1	R&D经费投入占地区生产总值比重	0.95	%	49.10	24
2	万人有效发明专利拥有量	2.82	件	45.27	26
3	高技术产业主营业务收入与工业增加值比例	16.11	%	49.92	23
4	电子商务额占地区生产总值比重	12.47	%	47.97	23
5	地区生产总值增长率	8.10	%	93.11	2

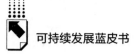

续表

序号	指标	分值	分值单位	分数	排名
6	全员劳动生产率	7.77	万元/人	49.83	27
7	劳动适龄人口占总人口比重	72.08	%	69.71	13
8	人均实际利用外资额	14.87	美元/人	45.74	26
9	人均进出口总额	688.33	美元/人	46.56	23
	社会民生			59.65	30
1	国家财政教育经费占地区生产总值比重	4.61	%	67.75	9
2	劳动人口平均受教育年限	8.99	年	47.65	29
3	万人公共文化机构数	0.40	个	60.33	16
4	基本社会保障覆盖率	78.15	%	68.91	22
5	人均社会保障财政支出	1883.49	元/人	54.34	18
6	人均政府卫生支出	1201.59	元/人	55.18	13
7	甲、乙类法定报告传染病总发病率	217.05	1/10万	81.26	16
8	每千人拥有卫生技术人员数	6.99	人	54.53	20
9	贫困发生率	1.80	%	54.09	8
10	城乡居民可支配收入比	3.04		55.43	28
	资源环境			76.29	7
1	人均森林面积	53.46	公顷/人	85.11	6
2	人均耕地面积	15.77	公顷/人	60.65	22
3	人均湿地面积	1.43	公顷/人	45.32	28
4	人均草原面积	38.85	公顷/人	72.89	6
5	人均水资源量	3166.39	立方米/人	55.29	8
6	全国河流域一、二、三类水质断面占比	84.50	%	80.84	14
7	地级及以上城市空气质量达标天数比例	98.10	%	94.80	2
	消耗排放			80.56	6
1	单位建设用地面积二、三产业增加值	16.91	亿元/平方公里	71.95	10
2	单位工业增加值水耗	39.23	立方米/万元	76.51	18
3	单位地区生产总值能耗	0.52	吨标准煤/万元	87.86	17
4	单位地区生产总值主要污染物排放（单位化学需氧量排放）	4.78E-08	吨/万元	87.18	11
5	单位地区生产总值氨氮排放量	5.60E-09	吨/万元	76.91	18
6	单位地区生产总值二氧化硫排放量	1.02E-07	吨/万元	79.83	22
7	单位地区生产总值氮氧化物排放量	1.42E-07	吨/万元	80.25	16

续表

序号	指标	分值	分值单位	分数	排名
8	单位地区生产总值危险废物产生量	1.59E-02	吨/万元	76.93	23
9	可再生能源电力消纳占全社会用电量比重	80.60	%	92.20	3
	治理保护			70.49	19
1	财政性节能环保支出占地区生产总值比重	0.88	%	57.96	13
2	环境污染治理投资与固定资产投资比	0.60	%	47.21	25
3	城市污水处理率	95.70	%	64.33	22
4	一般工业固体废物综合利用率	51.42	%	62.13	21
5	危险废物处置率	90.91	%	76.80	20
6	生活垃圾无害化处理率	99.77	%	93.98	7
7	能源强度年下降率	2.91	%	73.12	16

（十八）河南

河南在可持续发展综合排名中位列第 18。消耗排放与治理保护表现突出，排名均在前 10 名。经济发展与社会民生指标排名较为落后，分别为第 19 名和第 18 名。资源环境问题突出，排第 29 名（见表 25）。

河南省在产业结构、经济增速和引入外资方面表现相对较好，"高技术产业主营业务收入与工业增加值比例"排第 15 名，"地区生产总值增长率"排第 9 名，"人均实际利用外资额"排第 13 名。城乡收入差距相对较小，"城乡居民可支配收入比"为 2.26，排第 7 名。消耗排放各项指标整体排名靠前，"单位地区生产总值二氧化硫排放量"排第 7 名，"单位建设用地面积二、三产业增加值"和"单位地区生产总值危险废物产生量"均排第 8 名。在能源消耗方面表现较好，"单位地区生产总值能耗"和"能源强度年下降率"排名分别为第 13 和第 2。

河南省创新驱动力不足的问题凸显，"万人有效发明专利拥有量"得分较低，排第 20 名。生产效率和老龄化问题比较突出，"全员劳动生产率"排第 24 名，"劳动适龄人口占总人口比重"排第 27 名。政府社会民生支出

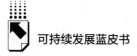

力度相对较弱，"人均社会保障财政支出"排第 27 名，"人均政府卫生支出"排第 26 名。空气污染问题严峻，"地级及以上城市空气质量达标天数比例"排第 30 名。治理保护方面存在短板，"一般工业固体废物综合利用率"为 47.97%，排第 22 名。

表25 河南省可持续发展指标分值与分数

河南				18th/30	
序号	指标	分值	分值单位	分数	排名
	经济发展			53.74	19
1	R&D 经费投入占地区生产总值比重	1.46	%	53.47	18
2	万人有效发明专利拥有量	3.87	件	45.67	20
3	高技术产业主营业务收入与工业增加值比例	33.23	%	56.25	15
4	电子商务额占地区生产总值比重	12.39	%	47.93	24
5	地区生产总值增长率	7.00	%	82.74	9
6	全员劳动生产率	8.27	万元/人	50.96	24
7	劳动适龄人口占总人口比重	67.34	%	49.88	27
8	人均实际利用外资额	194.27	美元/人	57.09	13
9	人均进出口总额	912.82	美元/人	47.14	19
	社会民生			67.93	18
1	国家财政教育经费占地区生产总值比重	3.34	%	55.64	17
2	劳动人口平均受教育年限	10.25	年	59.81	21
3	万人公共文化机构数	0.35	个	56.92	20
4	基本社会保障覆盖率	91.39	%	91.16	3
5	人均社会保障财政支出	1511.55	元/人	48.60	27
6	人均政府卫生支出	970.54	元/人	49.01	26
7	甲、乙类法定报告传染病总发病率	178.84	1/10 万	86.46	11
8	每千人拥有卫生技术人员数	6.78	人	53.02	24
9	贫困发生率	0.60	%	81.36	2
10	城乡居民可支配收入比	2.26		81.77	7
	资源环境			54.67	29
1	人均森林面积	24.14	公顷/人	60.93	20
2	人均耕地面积	48.58	公顷/人	95.00	1
3	人均湿地面积	3.76	公顷/人	46.93	20

续表

序号	指标	分值	分值单位	分数	排名
4	人均草原面积	26.55	公顷/人	63.08	16
5	人均水资源量	175.21	立方米/人	45.41	27
6	全国河流流域一、二、三类水质断面占比	63.10	%	59.65	23
7	地级及以上城市空气质量达标天数比例	48.50	%	45.00	30
	消耗排放			79.75	8
1	单位建设用地面积二、三产业增加值	17.82	亿元/平方公里	74.18	8
2	单位工业增加值水耗	24.55	立方米/万元	85.14	10
3	单位地区生产总值能耗	0.45	吨标准煤/万元	89.58	13
4	单位地区生产总值主要污染物排放（单位化学需氧量排放）	4.64E－08	吨/万元	87.48	9
5	单位地区生产总值氨氮排放量	3.87E－09	吨/万元	83.49	11
6	单位地区生产总值二氧化硫排放量	1.92E－08	吨/万元	92.19	7
7	单位地区生产总值氮氧化物排放量	1.12E－07	吨/万元	84.09	13
8	单位地区生产总值危险废物产生量	4.24E－03	吨/万元	90.77	8
9	可再生能源电力消纳占全社会用电量比重	21.60	%	51.90	18
	治理保护			75.36	9
1	财政性节能环保支出占地区生产总值比重	0.65	%	52.00	19
2	环境污染治理投资与固定资产投资比	1.01	%	50.17	10
3	城市污水处理率	97.70	%	77.67	6
4	一般工业固体废物综合利用率	47.97	%	59.72	22
5	危险废物处置率	92.53	%	77.90	17
6	生活垃圾无害化处理率	99.65	%	93.46	9
7	能源强度年下降率	7.98	%	92.38	2

（十九）河北

河北省在可持续发展综合排名中位列第19。治理保护方面相对靠前，排在第7名。消耗排放和社会民生处在中游水平，分别排第16、第17名。经济发展与资源环境相对薄弱，分别排第22、第26名（见表26）。

河北省在经济增速、创新驱动、引入外资方面表现相对较好，"地区生产总值增长率"排第 10 名，"人均进出口总额"排第 15 名，"R&D 经费投入占地区生产总值比重"排第 16 名。城乡收入差距较小，"城乡居民可支配收入比"为 2.32，排第 10 名。治理保护成效显著，"城市污染水处理率""能源强度年下降率""财政性节能环保支出占地区生产总值比重"均排全国前 5。

河北省产业结构偏重、劳动效率不高，"高技术产业营业务收入与工业增加值比例""全员劳动生产率"排名较为落后，分别排第 26 名和第 23 名。社会民生方面支出相对较少，"人均社会保障财政支出"排第 26 名，"人均政府卫生支出"排第 27 名。污染防治任重道远，空气质量问题凸显，"地级及以上城市空气质量达标天数比例"仅为 61.90%，排在第 27 名。

表 26　河北省可持续发展指标分值与分数

河北　　　　　　　　　　　　　　　　　　　　　　　　　　　　　19th/30

序号	指标	分值	分值单位	分数	排名
	经济发展			52.80	22
1	R&D 经费投入占地区生产总值比重	1.61	%	54.78	16
2	万人有效发明专利拥有量	3.80	件	45.64	22
3	高技术产业主营业务收入与工业增加值比例	13.70	%	49.02	26
4	电子商务额占地区生产总值比重	13.25	%	48.37	22
5	地区生产总值增长率	6.80	%	80.85	10
6	全员劳动生产率	8.39	万元/人	51.24	23
7	劳动适龄人口占总人口比重	68.03	%	52.77	21
8	人均实际利用外资额	135.41	美元/人	53.37	17
9	人均进出口总额	1247.70	美元/人	48.00	15
	社会民生			67.97	17
1	国家财政教育经费占地区生产总值比重	4.38	%	65.57	10
2	劳动人口平均受教育年限	10.33	年	60.56	18
3	万人公共文化机构数	0.38	个	58.78	19
4	基本社会保障覆盖率	79.80	%	71.67	19
5	人均社会保障财政支出	1617.42	元/人	50.23	26

续表

序号	指标	分值	分值单位	分数	排名
6	人均政府卫生支出	930.03	元/人	47.93	27
7	甲、乙类法定报告传染病总发病率	170.65	1/10 万	87.57	7
8	每千人拥有卫生技术人员数	6.46	人	50.64	27
9	贫困发生率	0.00	%	95.00	1
10	城乡居民可支配收入比	2.32		79.46	10
	资源环境			57.32	26
1	人均森林面积	26.63	公顷/人	62.98	19
2	人均耕地面积	34.53	公顷/人	80.29	7
3	人均湿地面积	4.99	公顷/人	47.78	17
4	人均草原面积	24.96	公顷/人	61.82	19
5	人均水资源量	149.85	立方米/人	45.32	28
6	全国河流流域一、二、三类水质断面占比	58.65	%	55.25	25
7	地级及以上城市空气质量达标天数比例	61.90	%	58.45	27
	消耗排放			74.55	16
1	单位建设用地面积二、三产业增加值	16.63	亿元/平方公里	71.27	12
2	单位工业增加值水耗	16.34	立方米/万元	89.97	5
3	单位地区生产总值能耗	0.95	吨标准煤/万元	77.27	25
4	单位地区生产总值主要污染物排放（单位化学需氧量排放）	6.38E−08	吨/万元	83.67	16
5	单位地区生产总值氨氮排放量	5.13E−09	吨/万元	78.70	16
6	单位地区生产总值二氧化硫排放量	8.17E−08	吨/万元	82.81	18
7	单位地区生产总值氮氧化物排放量	2.90E−07	吨/万元	61.05	27
8	单位地区生产总值危险废物产生量	8.10E−03	吨/万元	86.18	17
9	可再生能源电力消纳占全社会用电量比重	13.00	%	46.02	29
	治理保护			76.69	7
1	财政性节能环保支出占地区生产总值比重	1.43	%	71.90	5
2	环境污染治理投资与固定资产投资比	0.92	%	49.48	13
3	城市污水处理率	98.30	%	81.67	3
4	一般工业固体废物综合利用率	53.94	%	63.88	16
5	危险废物处置率	94.73	%	79.30	13
6	生活垃圾无害化处理率	99.43	%	92.47	10
7	能源强度年下降率	5.28	%	82.12	4

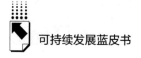

（二十）青海

青海省在可持续发展综合排名中位列第 20。资源环境与社会民生名列前茅，分别排第 1、第 3 名。经济发展、消耗排放、治理保护指标整体排名靠后，分别位于第 24、第 23、第 22 名（见表 27）。

青海省经济增速与人口结构排名相对较好，"地区生产总值增长率"和"劳动适龄人口占总人口比重"均排第 14 名。在社会民生方面许多指标表现突出，"国家财政教育经费占地区生产总值比重"和"万人公共文化机构数"均排在第 1 名，"人均社会保障财政支出"和"人均政府卫生支出"均排在第 2 名。生态保护成效显著，"全国河流流域一、二、三类水质断面占比"排第 3 名，"地级及以上城市空气质量达标天数比例"排第 5 名。能源强度下降相对较快，"能源强度年下降率"为 8.67%，排名第 1。

青海省在经济发展方面存在明显短板，创新驱动、引入外资和产业结构方面较为薄弱，"R&D 经费投入占地区生产总值比重"排第 28 名，"人均实际利用外资额"排第 29 名，"人均进出口总额"排第 30 名，"高技术产业主营业务收入与工业增加值比例"排第 24 名。医疗健康与城乡收入差距问题较为突出，"甲、乙类法定报告传染病总发病率"排第 29 名，"城乡居民可支配收入比"排第 27 名。消耗排放各项指标仍需加大控制力度，"单位地区生产总值危险废物产生量"排第 29 名，"单位地区生产总值能耗"和"单位地区生产总值二氧化硫排放量"均排第 27 名。治理效能仍需加大投入，"环境污染治理投资与固定资产投资比"排第 29 名，"城市污水处理率"排第 28 名。

表 27　青海省可持续发展指标分值与分数

青海					20th/30
序号	指标	分值	分值单位	分数	排名
	经济发展			51.69	24
1	R&D 经费投入占地区生产总值比重	0.69	%	46.90	28
2	万人有效发明专利拥有量	2.69	件	45.22	28

续表

序号	指标	分值	分值单位	分数	排名
3	高技术产业主营业务收入与工业增加值比例	16.07	%	49.90	24
4	电子商务额占地区生产总值比重	14.49	%	49.01	19
5	地区生产总值增长率	6.30	%	76.13	14
6	全员劳动生产率	8.98	万元/人	52.57	20
7	劳动适龄人口占总人口比重	71.96	%	69.23	14
8	人均实际利用外资额	11.14	美元/人	45.51	29
9	人均进出口总额	80.38	美元/人	45.00	30
	社会民生			73.36	3
1	国家财政教育经费占地区生产总值比重	7.46	%	95.00	1
2	劳动人口平均受教育年限	9.85	年	55.95	24
3	万人公共文化机构数	0.92	个	95.00	1
4	基本社会保障覆盖率	79.92	%	71.88	18
5	人均社会保障财政支出	4403.11	元/人	93.24	2
6	人均政府卫生支出	2329.11	元/人	85.29	2
7	甲、乙类法定报告传染病总发病率	438.02	1/10万	51.22	29
8	每千人拥有卫生技术人员数	7.79	人	60.31	7
9	贫困发生率	1.20	%	67.73	5
10	城乡居民可支配收入比	2.94		58.85	27
	资源环境			81.00	1
1	人均森林面积	5.81	公顷/人	45.81	29
2	人均耕地面积	0.82	公顷/人	45.00	30
3	人均湿地面积	11.27	公顷/人	52.13	4
4	人均草原面积	50.35	公顷/人	82.05	2
5	人均水资源量	15182.49	立方米/人	95.00	1
6	全国河流流域一、二、三类水质断面占比	96.70	%	92.92	3
7	地级及以上城市空气质量达标天数比例	96.10	%	92.79	5
	消耗排放			70.14	23
1	单位建设用地面积二、三产业增加值	13.16	亿元/平方公里	62.80	20
2	单位工业增加值水耗	34.25	立方米/万元	79.44	14
3	单位地区生产总值能耗	1.42	吨标准煤/万元	65.69	27
4	单位地区生产总值主要污染物排放（单位化学需氧量排放）	6.74E-08	吨/万元	82.88	19

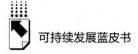

续表

序号	指标	分值	分值单位	分数	排名
5	单位地区生产总值氨氮排放量	1.01E-08	吨/万元	59.70	26
6	单位地区生产总值二氧化硫排放量	1.46E-07	吨/万元	73.21	27
7	单位地区生产总值氮氧化物排放量	2.57E-07	吨/万元	65.28	23
8	单位地区生产总值危险废物产生量	4.04E-02	吨/万元	47.63	29
9	可再生能源电力消纳占全社会用电量比重	84.70	%	95.00	1
	治理保护			69.07	22
1	财政性节能环保支出占地区生产总值比重	2.34	%	95.00	1
2	环境污染治理投资与固定资产投资比	0.46	%	46.22	29
3	城市污水处理率	95.10	%	60.33	28
4	一般工业固体废物综合利用率	55.66	%	65.09	14
5	危险废物处置率	41.62	%	45.00	30
6	生活垃圾无害化处理率	96.28	%	78.38	13
7	能源强度年下降率	8.67	%	95.00	1

(二十一)贵州

贵州省在可持续发展综合排名中位列第21。资源环境表现突出，排第4名。消耗排放处于中游水平，排第18名。治理保护相对落后，排第20名。经济发展和社会民生方面排名较低，均排第25名（见表28）。

贵州省经济快速增长，"地区生产总值增长率"为8.30%，排第1名。在社会民生教育与卫生支出方面表现相对较好，"国家财政教育经费占地区生产总值比重"为6.37%，排名第3，"人均政府卫生支出"为1340.30元，排名第8。生态环境治理成效明显，水环境与空气质量表现突出，"全国河流流域一、二、三类水质断面占比"位列第2名，"地级及以上城市空气质量达标天数比例"位列第3名。

尽管经济增速领先，但贵州省在创新驱动、电子商务发展和对外贸易方面仍有待加强，"R&D经费投入占地区生产总值比重"、"电子商务额占地区生产总值比重"和"人均实际利用外资额"均排在第25名。人口老龄化问题严重,"劳动适龄人口占总人口比重"为66.17%,排第30名。尽管教育、医疗领域投入较大,但社会民生发展任务依然艰巨,"劳动人口平均受教育年限"为8.72年,排在第30名,"甲、乙类法定报告传染病总发病率"排第22名。城乡收入差距问题突出,"城乡居民可支配收入比"为3.20,排第29名。污染物排放方面还需要加大控制力度,"单位地区生产总值氨氮排放量"排第25名,"单位地区生产总值二氧化硫排放量"排第26名。

表28 贵州省可持续发展指标分值与分数

贵州 21st/30

序号	指标	分值	分值单位	分数	排名
	经济发展			51.66	25
1	R&D经费投入占地区生产总值比重	0.86	%	48.35	25
2	万人有效发明专利拥有量	3.10	件	45.37	24
3	高技术产业主营业务收入与工业增加值比例	25.31	%	53.32	19
4	电子商务额占地区生产总值比重	12.09	%	47.77	25
5	地区生产总值增长率	8.30	%	95.00	1
6	全员劳动生产率	8.18	万元/人	50.77	25
7	劳动适龄人口占总人口比重	66.17	%	45.00	30
8	人均实际利用外资额	18.74	美元/人	45.99	25
9	人均进出口总额	191.26	美元/人	45.29	29
	社会民生			64.49	25
1	国家财政教育经费占地区生产总值比重	6.37	%	84.53	3
2	劳动人口平均受教育年限	8.72	年	45.00	30
3	万人公共文化机构数	0.53	个	68.79	7
4	基本社会保障覆盖率	92.74	%	93.43	2
5	人均社会保障财政支出	1625.81	元/人	50.36	25
6	人均政府卫生支出	1340.30	元/人	58.88	8
7	甲、乙类法定报告传染病总发病率	250.02	1/10万	76.78	22
8	每千人拥有卫生技术人员数	7.39	人	57.38	10
9	贫困发生率	1.50	%	60.91	6
10	城乡居民可支配收入比	3.20		50.29	29

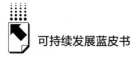

续表

序号	指标	分值	分值单位	分数	排名
	资源环境			77.66	4
1	人均森林面积	43.78	公顷/人	77.13	9
2	人均耕地面积	25.66	公顷/人	71.01	14
3	人均湿地面积	1.19	公顷/人	45.15	29
4	人均草原面积	24.35	公顷/人	61.33	20
5	人均水资源量	3092.90	立方米/人	55.05	9
6	全国河流流域一、二、三类水质断面占比	98.00	%	94.21	2
7	地级及以上城市空气质量达标天数比例	98.00	%	94.70	3
	消耗排放			73.67	18
1	单位建设用地面积二、三产业增加值	14.38	亿元/平方公里	65.77	17
2	单位工业增加值水耗	55.87	立方米/万元	66.73	22
3	单位地区生产总值能耗	0.69	吨标准煤/万元	83.72	21
4	单位地区生产总值主要污染物排放（单位化学需氧量排放）	$7.39E-08$	吨/万元	81.45	22
5	单位地区生产总值氨氮排放量	$9.54E-09$	吨/万元	61.88	25
6	单位地区生产总值二氧化硫排放量	$1.39E-07$	吨/万元	74.15	26
7	单位地区生产总值氮氧化物排放量	$1.38E-07$	吨/万元	80.71	15
8	单位地区生产总值危险废物产生量	$4.41E-03$	吨/万元	90.57	10
9	可再生能源电力消纳占全社会用电量比重	40.70	%	64.95	9
	治理保护			70.36	20
1	财政性节能环保支出占地区生产总值比重	1.12	%	64.09	10
2	环境污染治理投资与固定资产投资比	0.52	%	46.66	26
3	城市污水处理率	96.80	%	71.67	14
4	一般工业固体废物综合利用率	55.58	%	65.03	15
5	危险废物处置率	84.70	%	72.80	27
6	生活垃圾无害化处理率	96.59	%	79.76	12
7	能源强度年下降率	4.06	%	77.48	7

（二十二）辽宁

辽宁省在可持续发展综合排名中位列第22。社会民生与经济发展指标排名相对靠前,分别排在第 7 和第 13 名。资源环境得分较为落后,排第 19 名。消耗排放和治理保护方面仍需加强,分别排在第 22 和第 26 名(见表 29)。

辽宁省在创新能力、产业结构和电子商务发展方面相对较好,"R&D 经费投入占地区生产总值比重"排第 10 名,"万人有效发明专利拥有量"排第 13 名,"电子商务额占地区生产总值比重"排第 7 名。在对外贸易方面也有较好的基础,"人均进出口总额"排第 9 名。人口老龄化挑战相对较小,人口素质相对较高,"劳动适龄人口占总人口比重"为 73.88%,排第 7 名,"劳动人口平均受教育年限"为 10.69 年,排第 8 名。

辽宁省需要加大社会民生财政支出,"国家财政教育经费占地区生产总值比重"为 2.82%,排第 26 名,"人均政府卫生支出"排第 30 名。在生态环境水平方面需要不断加强,"全国河流流域一、二、三类水质断面占比"为 61.60%,排第 24 名,"地级及以上城市空气质量达标天数比例"排第 19 名。在用地用能效率方面相对薄弱,"单位建设用地面积二、三产业增加值"排第 27 名,"单位地区生产总值能耗"和"能源强度年下降率"分别排第 23 和第 28 名。在治理保护方面还需要进一步加大力度,"一般工业固体废物综合利用率"排第 23 名,"财政性节能环保支出占地区生产总值比重"排第 24 名,"危险废物处置率"排第 25 名。

表 29 辽宁省可持续发展指标分值与分数

辽宁					22nd/30
序号	指标	分值	分值单位	分数	排名
	经济发展			56.53	13
1	R&D 经费投入占地区生产总值比重	2.04	%	58.43	10
2	万人有效发明专利拥有量	9.72	件	47.92	13
3	高技术产业主营业务收入与工业增加值比例	23.63	%	52.70	20
4	电子商务额占地区生产总值比重	26.83	%	55.38	7
5	地区生产总值增长率	5.50	%	68.58	25
6	全员劳动生产率	11.13	万元/人	57.41	13

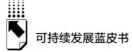

续表

序号	指标	分值	分值单位	分数	排名
7	劳动适龄人口占总人口比重	73.88	%	77.26	7
8	人均实际利用外资额	76.35	美元/人	49.63	20
9	人均进出口总额	3075.30	美元/人	52.71	9
	社会民生			69.89	7
1	国家财政教育经费占地区生产总值比重	2.82	%	50.70	26
2	劳动人口平均受教育年限	10.69	年	64.04	8
3	万人公共文化机构数	0.42	个	61.87	13
4	基本社会保障覆盖率	80.18	%	72.31	17
5	人均社会保障财政支出	3311.82	元/人	76.39	5
6	人均政府卫生支出	820.43	元/人	45.00	30
7	甲、乙类法定报告传染病总发病率	194.98	1/10万	84.26	13
8	每千人拥有卫生技术人员数	7.10	人	55.34	16
9	贫困发生率	0.00	%	95.00	1
10	城乡居民可支配收入比	2.47		74.63	16
	资源环境			65.20	19
1	人均森林面积	38.64	公顷/人	72.88	16
2	人均耕地面积	33.59	公顷/人	79.31	8
3	人均湿地面积	9.42	公顷/人	50.85	9
4	人均草原面积	22.90	公顷/人	60.17	22
5	人均水资源量	587.76	立方米/人	46.77	21
6	全国河流流域一、二、三类水质断面占比	61.60	%	58.17	24
7	地级及以上城市空气质量达标天数比例	80.70	%	77.33	19
	消耗排放			70.37	22
1	单位建设用地面积二、三产业增加值	8.21	亿元/平方公里	50.70	27
2	单位工业增加值水耗	22.41	立方米/万元	86.40	8
3	单位地区生产总值能耗	0.86	吨标准煤/万元	79.41	23
4	单位地区生产总值主要污染物排放（单位化学需氧量排放）	5.26E-08	吨/万元	86.13	12
5	单位地区生产总值氨氮排放量	4.01E-09	吨/万元	82.94	12
6	单位地区生产总值二氧化硫排放量	1.06E-07	吨/万元	79.22	23
7	单位地区生产总值氮氧化物排放量	2.82E-07	吨/万元	62.00	26
8	单位地区生产总值危险废物产生量	1.13E-02	吨/万元	82.30	20

续表

序号	指标	分值	分值单位	分数	排名
9	可再生能源电力消纳占全社会用电量比重	19.00	%	24.00	50.12
	治理保护			66.88	26
1	财政性节能环保支出占地区生产总值比重	0.52	%	48.73	24
2	环境污染治理投资与固定资产投资比	0.97	%	49.89	11
3	城市污水处理率	96.20	%	67.67	17
4	一般工业固体废物综合利用率	46.54	%	58.72	23
5	危险废物处置率	87.36	%	74.50	25
6	生活垃圾无害化处理率	99.42	%	92.39	11
7	能源强度年下降率	-0.90	%	58.64	28

（二十三）甘肃

甘肃省在可持续发展综合排名中位列第23。资源环境与治理保护排名靠前，分别位于第11和第14位。消耗排放、经济发展与社会民生排名相对靠后，分别位于第21、第27和第28名（见表30）。

甘肃省人口老龄化挑战相对较小，电子商务发展相对较好，"劳动适龄人口占总人口比重"为71.38%，排第15名，"电子商务额占地区生产总值比重"排第17名。社会民生部分指标表现突出，"国家财政教育经费占地区生产总值比重"为7.30%，排第2名，"万人公共文化机构数"为0.70个，排第2名。在卫生健康方面表现也相对较好，"基本社会保障覆盖率"排第11名，"人均社会保障财政支出"排第16名，"甲、乙类法定报告传染病总发病率"排第9名。在空气质量和水资源保护方面表现不错，"地级及以上城市空气质量达标天数比例"排第八名，"全国河流水域一、二、三类水质断面占比"排第6名。治理保护投入力度较大，"环境污染治理投资与固定资产投资比"为1.38%，排第4名，"财政性节能环保支出占地区生产总值比重"为1.22%，排第9名。

甘肃省产业结构和创新驱动发展还有待提升，"R&D经费投入占地区生产总值比重"排第 21 名，"万人有效发明专利拥有量"和"高技术产业主营业务收入与工业增加值比例"分别排第 27 和第 28 名。经济生产效率不高，全员劳动生产率仅为北京市的 1/5，排在最后。在外贸方面仍有待加强，"人均实际利用外资额"和"人均进出口总额"分别排第 30 和第 28 名。在社会民生方面，教育、卫生等公共服务水平较低，"劳动人口平均受教育年限"为 9.40 年，排第 28 名，"每千人拥有卫生技术人员数"排第 25 名。城乡收入差距问题突出，"城乡居民可支配收入比"排第 30 名。用能用地效率方面相对不足，污染防治任务较重，"单位建设用地面积二、三产业增加值"排第 26 名，"单位地区生产总值能耗"排第 24 名，"一般工业固体废物综合利用率"排第 27 名，"危险废物处置率"排第 28 名。

表 30 甘肃省可持续发展指标分值与分数

甘肃					23rd/30
序号	指标	分值	分值单位	分数	排名
	经济发展			51.23	27
1	R&D 经费投入占地区生产总值比重	1.26	%	51.79	21
2	万人有效发明专利拥有量	2.81	件	45.26	27
3	高技术产业主营业务收入与工业增加值比例	11.98	%	48.39	28
4	电子商务额占地区生产总值比重	15.39	%	49.48	17
5	地区生产总值增长率	6.20	%	75.19	17
6	全员劳动生产率	5.63	万元/人	45.00	30
7	劳动适龄人口占总人口比重	71.38	%	66.79	15
8	人均实际利用外资额	3.10	美元/人	45.00	30
9	人均进出口总额	203.24	美元/人	45.32	28
	社会民生			63.01	28
1	国家财政教育经费占地区生产总值比重	7.30	%	93.40	2
2	劳动人口平均受教育年限	9.40	年	51.58	28
3	万人公共文化机构数	0.70	个	80.64	2
4	基本社会保障覆盖率	83.39	%	77.72	11
5	人均社会保障财政支出	1999.02	元/人	56.13	16

续表

序号	指标	分值	分值单位	分数	排名
6	人均政府卫生支出	1201.47	元/人	55.18	14
7	甲、乙类法定报告传染病总发病率	176.30	1/10 万	86.80	9
8	每千人拥有卫生技术人员数	6.76	人	52.81	25
9	贫困发生率	2.20	%	45.00	9
10	城乡居民可支配收入比	3.36		45.00	30
	资源环境			72.61	11
1	人均森林面积	11.97	公顷/人	50.89	26
2	人均耕地面积	12.62	公顷/人	57.36	26
3	人均湿地面积	3.98	公顷/人	47.08	19
4	人均草原面积	42.04	公顷/人	75.42	4
5	人均水资源量	1233.54	立方米/人	48.90	18
6	全国河流流域一、二、三类水质断面占比	95.60	%	91.83	6
7	地级及以上城市空气质量达标天数比例	93.10	%	89.78	8
	消耗排放			71.51	21
1	单位建设用地面积二、三产业增加值	8.54	亿元/平方公里	51.50	26
2	单位工业增加值水耗	37.50	立方米/万元	77.53	17
3	单位地区生产总值能耗	0.91	吨标准煤/万元	78.16	24
4	单位地区生产总值主要污染物排放（单位化学需氧量排放）	6.88E-08	吨/万元	82.57	20
5	单位地区生产总值氨氮排放量	5.74E-09	吨/万元	76.38	19
6	单位地区生产总值二氧化硫排放量	1.29E-07	吨/万元	75.63	24
7	单位地区生产总值氮氧化物排放量	2.52E-07	吨/万元	65.92	22
8	单位地区生产总值危险废物产生量	2.04E-02	吨/万元	71.50	25
9	可再生能源电力消纳占全社会用电量比重	52.50	%	73.01	4
	治理保护			72.52	14
1	财政性节能环保支出占地区生产总值比重	1.22	%	66.57	9
2	环境污染治理投资与固定资产投资比	1.38	%	52.79	4
3	城市污水处理率	97.10	%	73.67	12
4	一般工业固体废物综合利用率	39.32	%	53.68	27
5	危险废物处置率	78.53	%	68.80	28
6	生活垃圾无害化处理率	100.00	%	95.00	1
7	能源强度年下降率	5.85	%	84.29	3

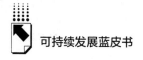

（二十四）广西

广西壮族自治区在可持续发展综合排名中位列第24。资源环境优势明显，排第6名。治理保护处于中游水平，排第16名。经济发展、社会民生和消耗排放相对落后，分别排第28、第29和第24名（见表31）。

广西在产业结构和对外贸易方面表现相对不错，“高技术产业主营业务收入与工业增加值比例”排第16名，“人均进出口总额”排第13名。生态保护成效明显，“全国河流流域一、二、三类水质断面占比”排第10名，“地级及以上城市空气质量达标天数比例”排第9名。治理保护部分指标表现突出，“生活垃圾无害化处理率”排名第1，“城市污水处理率”排名第7，“危险废物处置率”排名第11。

广西在创新驱动和生产效率方面相对薄弱，“R&D经费投入占地区生产总值比重”为0.79%，排第27名，“全员劳动生产率”排第29名。社会民生方面存在不少短板，“万人公共文化机构数”排第22名，“劳动人口平均受教育年限”和“甲、乙类法定报告传染病总发病率”均排第25名。在污染物排放方面应加大控制力度，“单位地区生产总值主要污染物排放”和“单位地区生产总值氨氮排放量”均排第29名。用地用水效率仍需提高，“单位建设用地面积二、三产业增加值”排第24名，“单位工业增加值水耗”排第30名。在治理保护方面还需加大投入，“财政性节能环保支出占地区生产总值比重”排第26名，“环境污染治理投资与固定资产投资比”排第28名。

表31　广西壮族自治区可持续发展指标分值与分数

广西　　　　$24^{th}/30$

序号	指标	分值	分值单位	分数	排名
	经济发展			51.02	28
1	R&D经费投入占地区生产总值比重	0.79	%	47.70	27
2	万人有效发明专利拥有量	4.51	件	45.91	19
3	高技术产业主营业务收入与工业增加值比例	29.10	%	54.72	16

续表

序号	指标	分值	分值单位	分数	排名
4	电子商务额占地区生产总值比重	13.85	%	48.68	21
5	地区生产总值增长率	6.00	%	73.30	22
6	全员劳动生产率	7.44	万元/人	49.10	29
7	劳动适龄人口占总人口比重	68.00	%	52.66	22
8	人均实际利用外资额	22.37	美元/人	46.22	23
9	人均进出口总额	1317.15	美元/人	48.18	13
	社会民生			62.96	29
1	国家财政教育经费占地区生产总值比重	4.78	%	69.37	7
2	劳动人口平均受教育年限	9.83	年	55.74	25
3	万人公共文化机构数	0.32	个	55.31	22
4	基本社会保障覆盖率	81.25	%	74.12	15
5	人均社会保障财政支出	1646.69	元/人	50.69	24
6	人均政府卫生支出	1117.16	元/人	52.92	17
7	甲、乙类法定报告传染病总发病率	290.90	1/10万	71.22	25
8	每千人拥有卫生技术人员数	6.88	人	53.74	22
9	贫困发生率	1.20	%	67.73	5
10	城乡居民可支配收入比	2.54		72.25	18
	资源环境			76.76	6
1	人均森林面积	60.17	公顷/人	90.65	3
2	人均耕地面积	18.47	公顷/人	63.48	21
3	人均湿地面积	3.17	公顷/人	46.52	22
4	人均草原面积	36.61	公顷/人	71.10	7
5	人均水资源量	4258.75	立方米/人	58.90	3
6	全国河流流域一、二、三类水质断面占比	92.80	%	89.06	10
7	地级及以上城市空气质量达标天数比例	91.70	%	88.37	9
	消耗排放			68.65	24
1	单位建设用地面积二、三产业增加值	11.95	亿元/平方公里	59.84	24
2	单位工业增加值水耗	92.85	立方米/万元	45.00	30
3	单位地区生产总值能耗	0.53	吨标准煤/万元	87.61	18
4	单位地区生产总值主要污染物排放（单位化学需氧量排放）	1.54E-07	吨/万元	63.89	29
5	单位地区生产总值氨氮排放量	1.18E-08	吨/万元	53.39	29

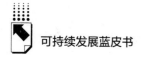

序号	指标	分值	分值单位	分数	排名
6	单位地区生产总值二氧化硫排放量	4.48E－08	吨/万元	88.36	15
7	单位地区生产总值氮氧化物排放量	1.72E－07	吨/万元	76.30	20
8	单位地区生产总值危险废物产生量	1.32E－02	吨/万元	80.14	21
9	可再生能源电力消纳占全社会用电量比重	43.30	%	66.72	7
	治理保护			71.55	16
1	财政性节能环保支出占地区生产总值比重	0.47	%	47.44	26
2	环境污染治理投资与固定资产投资比	0.49	%	46.45	28
3	城市污水处理率	97.50	%	76.33	7
4	一般工业固体废物综合利用率	52.62	%	62.96	20
5	危险废物处置率	95.04	%	79.50	11
6	生活垃圾无害化处理率	100.00	%	95.00	1
7	能源强度年下降率	1.72	%	68.59	22

（二十五）山西

山西省在可持续发展综合排名中位列第25。治理保护处于中游水平，排在第15名。经济发展、社会民生、资源环境和消耗排放相对落后，分别排第20、第22、第25和第24名（见表32）。

山西省人口老龄化挑战相对较小，电子商务发展相对较好，"劳动适龄人口占总人口比重"排第9名，"电子商务额占地区生产总值比重"排第12名。教育文化方面相对靠前，"国家财政教育经费占地区生产总值比重"排第12名，"劳动人口平均受教育年限"排第7名，"万人公共文化机构数"排第6名。在治理保护方面表现相对突出，"环境污染治理投资与固定资产投资比"排第2名，"财政性节能环保支出占地区生产总值比重"排第6名，"危险废物处置率"排第8名。

山西省创新驱动与产业结构相对落后，"R&D经费投入占地区生产总值比重"排第22名，"高技术产业主营业务收入与工业增加值比例"排第21名。在外贸方面仍有待加强，"人均实际利用外资额"排第21名，"人均进出口总额"排第 25 名。卫生健康方面存在短板，"人均政府卫生支出"排第 25 名，"甲、乙类法定报告传染病总发病率"排第 20 名。城乡收入差距问题突出，"城乡居民可支配收入比"为 2.58，排第 21 名。生态保护任务依然艰巨，"全国河流流域一、二、三类水质断面占比"排第 21 名，"地级及以上城市空气质量达标天数比例"排第 22 名。污染物排放方面还需加大控制力度，"单位地区生产总值危险废物产生量"排第 26 名，"单位地区生产总值氮氧化物排放量"排第 28 名。

表 32 山西省可持续发展指标分值与分数

山西   25th/30

序号	指标	分值	分值单位	分数	排名
	经济发展			53.61	20
1	R&D 经费投入占地区生产总值比重	1.12	%	50.58	22
2	万人有效发明专利拥有量	3.83	件	45.66	21
3	高技术产业主营业务收入与工业增加值比例	19.39	%	51.13	21
4	电子商务额占地区生产总值比重	20.44	%	52.08	12
5	地区生产总值增长率	6.20	%	75.19	15
6	全员劳动生产率	8.95	万元/人	52.50	21
7	劳动适龄人口占总人口比重	73.64	%	76.22	9
8	人均实际利用外资额	36.47	美元/人	47.11	21
9	人均进出口总额	612.98	美元/人	46.37	25
	社会民生			65.80	22
1	国家财政教育经费占地区生产总值比重	4.09	%	62.81	12
2	劳动人口平均受教育年限	10.79	年	65.03	7
3	万人公共文化机构数	0.53	个	68.83	6
4	基本社会保障覆盖率	77.31	%	67.49	23
5	人均社会保障财政支出	1907.58	元/人	54.71	17
6	人均政府卫生支出	978.36	元/人	49.22	25
7	甲、乙类法定报告传染病总发病率	241.92	1/10 万	77.88	20
8	每千人拥有卫生技术人员数	6.91	人	53.97	21
9	贫困发生率	0.60	%	81.36	2
10	城乡居民可支配收入比	2.58		71.01	21

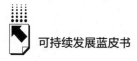

续表

序号	指标	分值	分值单位	分数	排名
	资源环境			60.69	25
1	人均森林面积	20.49	公顷/人	57.92	22
2	人均耕地面积	25.89	公顷/人	71.24	13
3	人均湿地面积	0.97	公顷/人	45.00	30
4	人均草原面积	29.05	公顷/人	65.07	13
5	人均水资源量	261.31	立方米/人	45.69	23
6	全国河流流域一、二、三类水质断面占比	65.30	%	61.83	21
7	地级及以上城市空气质量达标天数比例	71.90	%	68.49	22
	消耗排放			67.67	26
1	单位建设用地面积二、三产业增加值	12.21	亿元/平方公里	60.49	23
2	单位工业增加值水耗	20.55	立方米/万元	87.49	7
3	单位地区生产总值能耗	1.32	吨标准煤/万元	68.20	26
4	单位地区生产总值主要污染物排放（单位化学需氧量排放）	6.40E－08	吨/万元	83.62	17
5	单位地区生产总值氨氮排放量	6.46E－09	吨/万元	73.62	20
6	单位地区生产总值二氧化硫排放量	1.34E－07	吨/万元	74.92	25
7	单位地区生产总值氮氧化物排放量	3.38E－07	吨/万元	54.70	28
8	单位地区生产总值危险废物产生量	2.12E－02	吨/万元	70.58	26
9	可再生能源电力消纳占全社会用电量比重	18.80	%	49.99	22
	治理保护			72.24	15
1	财政性节能环保支出占地区生产总值比重	1.33	%	69.27	6
2	环境污染治理投资与固定资产投资比	3.55	%	68.26	2
3	城市污水处理率	95.80	%	65.00	21
4	一般工业固体废物综合利用率	35.44	%	50.97	29
5	危险废物处置率	97.85	%	81.30	8
6	生活垃圾无害化处理率	100.00	%	95.00	1
7	能源强度年下降率	2.72	%	72.39	19

（二十六）内蒙古

内蒙古自治区在可持续发展综合排名中位列第26。社会民生处于中游水平，排第 14 名。资源环境和经济发展相对较好，均排第 17 名。消耗排放和治理保护相对落后，分别排在第 29、第 28 名（见表 33）。

内蒙古人口老龄化挑战相对较小，生产效率优势明显，"劳动适龄人口占总人口比重"排第 3 名，"全员劳动生产率"排第 9 名。社会民生许多指标排名靠前，"万人公共文化机构数"排第 5 名，"人均社会保障财政支出"排第 7 名，"人均政府卫生支出"排第 9 名，"劳动人口平均受教育年限"排第 13 名。治理保护部分指标表现突出，"环境污染治理投资与固定资产投资比"排第 7 名，"城市污水处理率"排第 8 名，"财政性节能环保支出占地区生产总值比重"排第 12 名。

内蒙古产业结构相对薄弱，创新能力相对不足，"高技术产业主营业务收入与工业增加值比例"排第 29 名，"R&D 经费投入占地区生产总值比重"排第 26 名，"万人有效发明专利拥有量"排第 29 名。城乡收入差距突出，"城乡居民可支配收入比"为 2.67，排第 24 名。生态建设和污染防治任务十分艰巨，在消耗排放方面需加大控制力度，"单位地区生产总值危险废物产生量"排第 30 名，"单位地区生产总值氮氧化物排放量"和"单位地区生产总值二氧化硫排放量"均排第 29 名。在用地用能效率方面还有待提高，"单位建设用地面积二、三产业增加值"排第 21 名，"一般工业固体废物综合利用率"排第 30 名，"单位地区生产总值能耗"排第 28 名，"能源强度年下降率"不降反而提高了 4.5%，排第 30 名。

表 33　内蒙古自治区可持续发展指标分值与分数

内蒙古					26th/30
序号	指标	分值	分值单位	分数	排名
	经济发展			54.38	17
1	R&D 经费投入占地区生产总值比重	0.86	%	48.31	26
2	万人有效发明专利拥有量	2.32	件	45.07	29
3	高技术产业主营业务收入与工业增加值比例	6.60	%	46.40	29

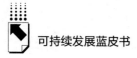
续表

序号	指标	分值	分值单位	分数	排名
4	电子商务额占地区生产总值比重	24.40	%	54.12	9
5	地区生产总值增长率	5.20	%	65.75	27
6	全员劳动生产率	12.93	万元/人	61.48	9
7	劳动适龄人口占总人口比重	76.77	%	89.35	3
8	人均实际利用外资额	81.14	美元/人	49.93	19
9	人均进出口总额	792.17	美元/人	46.83	21
	社会民生			68.65	14
1	国家财政教育经费占地区生产总值比重	3.54	%	57.61	15
2	劳动人口平均受教育年限	10.58	年	62.93	13
3	万人公共文化机构数	0.59	个	72.93	5
4	基本社会保障覆盖率	73.03	%	60.30	28
5	人均社会保障财政支出	2860.33	元/人	69.42	7
6	人均政府卫生支出	1278.11	元/人	57.22	9
7	甲、乙类法定报告传染病总发病率	269.25	1/10万	74.16	24
8	每千人拥有卫生技术人员数	7.73	人	59.89	9
9	贫困发生率	0.00	%	95.00	1
10	城乡居民可支配收入比	2.67		67.98	24
	资源环境			68.41	17
1	人均森林面积	22.10	公顷/人	59.25	21
2	人均耕地面积	7.84	公顷/人	52.35	28
3	人均湿地面积	5.08	公顷/人	47.84	16
4	人均草原面积	66.61	公顷/人	95.00	1
5	人均水资源量	1765.47	立方米/人	50.66	15
6	全国河流流域一、二、三类水质断面占比	63.50	%	60.05	22
7	地级及以上城市空气质量达标天数比例	89.60	%	86.27	11
	消耗排放			63.72	29
1	单位建设用地面积二、三产业增加值	13.11	亿元/平方公里	62.69	21
2	单位工业增加值水耗	26.48	立方米/万元	84.01	11
3	单位地区生产总值能耗	1.43	吨标准煤/万元	65.36	28
4	单位地区生产总值主要污染物排放（单位化学需氧量排放）	3.43E-08	吨/万元	90.15	6
5	单位地区生产总值氨氮排放量	1.74E-09	吨/万元	91.59	3

续表

序号	指标	分值	分值单位	分数	排名
6	单位地区生产总值二氧化硫排放量	2.05E－07	吨/万元	64.33	29
7	单位地区生产总值氮氧化物排放量	3.43E－07	吨/万元	54.16	29
8	单位地区生产总值危险废物产生量	4.26E－02	吨/万元	45.00	30
9	可再生能源电力消纳占全社会用电量比重	21.10	%	51.56	19
	治理保护			64.95	28
1	财政性节能环保支出占地区生产总值比重	0.90	%	58.32	12
2	环境污染治理投资与固定资产投资比	1.25	%	51.90	7
3	城市污水处理率	97.40	%	75.67	8
4	一般工业固体废物综合利用率	26.88	%	45.00	30
5	危险废物处置率	87.69	%	74.70	24
6	生活垃圾无害化处理率	99.81	%	94.15	6
7	能源强度年下降率	－4.49	%	45.00	30

（二十七）黑龙江

黑龙江省在可持续发展综合排名中位列第27。社会民生与资源环境处于中上水平，分别排在第9和第12位。经济发展、消耗排放和治理保护得分较低，分别排在第26、第27和第29名（见表34）。

黑龙江省人口老龄化挑战相对较小，"劳动适龄人口占总人口比重"排第4名。创新发展方面相对较好，"万人有效发明专利拥有量"排第16名。城乡收入差距较小，"城乡居民可支配收入比"为2.07，排第3名。教育文化方面排名相对靠前，"国家财政教育经费占地区生产总值比重"排第13名，"万人公共文化机构数"排第10名，"劳动人口平均受教育年限"排第16名。空气质量表现不错，"地级及以上城市空气质量达标天数比例"为93.30%，排第7名。

黑龙江产业结构薄弱，电子商务发展和对外贸易方面仍需进一步加强，"高技术产业主营业务收入与工业增加值比例"排第27名，"电子商务额占地区生产总值比重"排第30名，"人均实际利用外资额"排第27

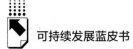
名,"人均进出口总额"排第 24 名。经济增速较慢,生产效率相对较低,"地区生产总值增长率"为 4.20%,排第 29 名,"全员劳动生产率"排第 28 名。社会民生卫生支出方面还需加大投入力度,"人均政府卫生支出"排第 29 名,"每千人拥有卫生技术人员数"排第 28 名。在用地用能方面仍需提高效率,"单位建设用地面积二、三产业增加值"排第 30 名,"单位地区生产总值能耗和能源强度年下降率"分别排第 22、第 20 名。污染防治任务较重,还需进一步加大力度,"单位地区生产总值氨氮排放量"排第 27 名,"城市污水处理率"排第 30 名,"危险废物处置率"排第 26 名。

表 34　黑龙江省可持续发展指标分值与分数

| 黑龙江 | | | | | 27th/30 |

序号	指标	分值	分值单位	分数	排名
	经济发展			51.44	26
1	R&D 经费投入占地区生产总值比重	1.08	%	50.18	23
2	万人有效发明专利拥有量	6.54	件	46.70	16
3	高技术产业主营业务收入与工业增加值比例	12.77	%	48.68	27
4	电子商务额占地区生产总值比重	6.71	%	45.00	30
5	地区生产总值增长率	4.20	%	56.32	29
6	全员劳动生产率	7.66	万元/人	49.59	28
7	劳动适龄人口占总人口比重	76.25	%	87.16	4
8	人均实际利用外资额	14.40	美元/人	45.71	27
9	人均进出口总额	663.17	美元/人	46.50	24
	社会民生			69.46	9
1	国家财政教育经费占地区生产总值比重	4.08	%	62.70	13
2	劳动人口平均受教育年限	10.42	年	61.40	16
3	万人公共文化机构数	0.48	个	65.66	10
4	基本社会保障覆盖率	68.23	%	52.23	29
5	人均社会保障财政支出	2967.92	元/人	71.08	6
6	人均政府卫生支出	821.91	元/人	45.04	29
7	甲、乙类法定报告传染病总发病率	157.70	1/10 万	89.33	5

序号	指标	分值	分值单位	分数	排名
8	每千人拥有卫生技术人员数	6.34	人	49.78	28
9	贫困发生率	0.00	%	95.00	1
10	城乡居民可支配收入比	2.07		88.12	3
	资源环境			71.90	12
1	人均森林面积	42.08	公顷/人	75.72	13
2	人均耕地面积	33.50	公顷/人	79.22	9
3	人均湿地面积	10.87	公顷/人	51.85	6
4	人均草原面积	15.92	公顷/人	54.62	25
5	人均水资源量	4017.54	立方米/人	58.10	4
6	全国河流流域一、二、三类水质断面占比	66.10	%	62.62	20
7	地级及以上城市空气质量达标天数比例	93.30	%	89.98	7
	消耗排放			66.00	27
1	单位建设用地面积二、三产业增加值	5.88	亿元/平方公里	45.00	30
2	单位工业增加值水耗	59.25	立方米/万元	64.75	24
3	单位地区生产总值能耗	0.75	吨标准煤/万元	82.26	22
4	单位地区生产总值主要污染物排放（单位化学需氧量排放）	$1.17E-07$	吨/万元	72.05	26
5	单位地区生产总值氨氮排放量	$1.03E-08$	吨/万元	59.05	27
6	单位地区生产总值二氧化硫排放量	$9.91E-08$	吨/万元	80.20	21
7	单位地区生产总值氮氧化物排放量	$2.71E-07$	吨/万元	63.50	25
8	单位地区生产总值危险废物产生量	$6.38E-03$	吨/万元	88.22	12
9	可再生能源电力消纳占全社会用电量比重	23.40	%	53.13	16
	治理保护			64.19	29
1	财政性节能环保支出占地区生产总值比重	1.55	%	74.93	3
2	环境污染治理投资与固定资产投资比	0.62	%	47.40	24
3	城市污水处理率	92.80	%	45.00	30
4	一般工业固体废物综合利用率	46.54	%	58.72	24
5	危险废物处置率	86.44	%	73.90	26
6	生活垃圾无害化处理率	95.49	%	74.81	15
7	能源强度年下降率	2.49	%	71.52	20

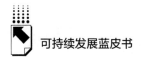

（二十八）吉林

　　吉林省在可持续发展综合排名中位列第 28。社会民生与资源环境表现相对靠前，分别排第 8 和第 14 名。消耗排放较为落后，排在第 25 名。经济发展和治理保护问题较为突出，排名分别为第 29 和第 30 名（见表 35）。

　　吉林省人口老龄化挑战相对较小，"劳动适龄人口占总人口比重"排第 6 名。城乡收入差距较小，"城乡居民可支配收入比"为 2.16，排第 4 名。教育文化方面排名相对靠前，"国家财政教育经费占地区生产总值比重"排第 11 名，"万人公共文化机构数"排第 12 名，"劳动人口平均受教育年限"排第 17 名。在卫生防疫方面表现不错，"甲、乙类法定报告传染病总发病率"排名第 2，"人均政府卫生支出"排名第 18。空气质量相对较好，"地级及以上城市空气质量达标天数比例"排第 12 名。

　　吉林省经济增速较缓，电子商务发展薄弱，产业结构调整任重道远，"地区生产总值增长率"仅为 3.00%，排第 30 名，"电子商务额占地区生产总值比重"排第 29 名，"高技术产业主营业务收入与工业增加值比例"排第 22 名。在污染物排放方面还需加大治理力度，"单位地区生产总值危险废物产生量"排第 27 名，"单位地区生产总值氮氧化物排放量"排第 21 名。在治理保护方面还需进一步加大投入力度，"城市污水处理率"排第 26 名，"环境污染治理投资与固定资产投资比"排第 27 名，"危险废物处置率"排第 29 名。

表 35　吉林省可持续发展指标分值与分数

吉林　　　　　　　　　　　　　　　　　　　　　　　　　　　　28ᵗʰ/30

序号	指标	分值	分值单位	分数	排名
	经济发展			50.64	29
1	R&D 经费投入占地区生产总值比重	1.27	%	51.79	20
2	万人有效发明专利拥有量	5.46	件	46.28	17
3	高技术产业主营业务收入与工业增加值比例	18.42	%	50.77	22

续表

序号	指标	分值	分值单位	分数	排名
4	电子商务额占地区生产总值比重	7.55	%	45.43	29
5	地区生产总值增长率	3.00	%	45.00	30
6	全员劳动生产率	8.05	万元/人	50.47	26
7	劳动适龄人口占总人口比重	74.94	%	81.69	6
8	人均实际利用外资额	19.88	美元/人	46.06	24
9	人均进出口总额	715.16	美元/人	46.63	22
	社会民生			69.80	8
1	国家财政教育经费占地区生产总值比重	4.27	%	64.52	11
2	劳动人口平均受教育年限	10.34	年	60.61	17
3	万人公共文化机构数	0.45	个	64.04	12
4	基本社会保障覆盖率	76.78	%	66.60	24
5	人均社会保障财政支出	2555.86	元/人	64.72	10
6	人均政府卫生支出	1111.93	元/人	52.79	18
7	甲、乙类法定报告传染病总发病率	118.21	1/10万	94.70	2
8	每千人拥有卫生技术人员数	7.01	人	54.63	19
9	贫困发生率	0.60	%	81.36	2
10	城乡居民可支配收入比	2.16		84.88	4
	资源环境			71.17	14
1	人均森林面积	41.88	公顷/人	75.56	14
2	人均耕地面积	37.28	公顷/人	83.18	5
3	人均湿地面积	5.32	公顷/人	48.01	15
4	人均草原面积	31.17	公顷/人	66.77	10
5	人均水资源量	1876.18	立方米/人	51.03	13
6	全国河流流域一、二、三类水质断面占比	70.80	%	67.28	19
7	地级及以上城市空气质量达标天数比例	89.30	%	85.96	12
	消耗排放			68.21	25
1	单位建设用地面积二、三产业增加值	7.00	亿元/平方公里	47.75	29
2	单位工业增加值水耗	42.12	立方米/万元	74.82	19
3	单位地区生产总值能耗	0.52	吨标准煤/万元	87.93	16
4	单位地区生产总值主要污染物排放（单位化学需氧量排放）	6.57E－08	吨/万元	83.26	18
5	单位地区生产总值氨氮排放量	4.26E－09	吨/万元	81.99	14

续表

序号	指标	分值	分值单位	分数	排名
6	单位地区生产总值二氧化硫排放量	8.39E-08	吨/万元	82.48	19
7	单位地区生产总值氮氧化物排放量	2.09E-07	吨/万元	71.49	21
8	单位地区生产总值危险废物产生量	2.30E-02	吨/万元	68.39	27
9	可再生能源电力消纳占全社会用电量比重	30.30	%	57.84	12
	治理保护			58.86	30
1	财政性节能环保支出占地区生产总值比重	1.26	%	67.58	7
2	环境污染治理投资与固定资产投资比	0.51	%	46.58	27
3	城市污水处理率	95.20	%	61.00	26
4	一般工业固体废物综合利用率	53.80	%	63.79	17
5	危险废物处置率	55.47	%	53.90	29
6	生活垃圾无害化处理率	90.24	%	51.35	16
7	能源强度年下降率	1.04	%	66.01	27

（二十九）新疆

新疆维吾尔自治区在可持续发展综合排名中位列第29。资源环境方面相对靠前，排第18名。治理保护较为落后，排第21名。经济发展、社会民生和消耗排放问题相对突出，排名分别为第30名、第27名和第28名（见表36）。

新疆对外贸易表现相对较好，"人均进出口总额"排第12名。生产效率和经济增速相对较好，"全员劳动生产率"排第15名，"地区生产总值增长率"排第18名。社会民生部分指标排名靠前，"国家财政教育经费占地区生产总值比重"和"万人公共文化机构数"均排第4名，"劳动人口平均受教育年限"为10.68年，排第9名。水资源保护方面表现不错，"全国河流流域一、二、三类水质断面占比"排第1名。治理保护部分指标表现相对较好，"城市污水处理率"排第5名，"环境污染治理投资与固定资产投资比"排第6名，"危险废物处置率"排第15名。

新疆创新能力不足，产业结构与电子商务发展薄弱，"R&D 经费投入占地区生产总值比重"、"万人有效发明专利拥有量"和"高技术产业主营业务收入与工业增加值比例"均排第 30 名，"电子商务额占地区生产总值比重"排第 28 名。城乡收入差距问题突出，"城乡居民可支配收入比"为 2.64，排第 23 名。尽管政府卫生支出排名相对靠前，但仍需进一步加大卫生健康保障力度，"甲、乙类法定报告传染病总发病率"最高，排第 30 名。空气质量、污染物排放方面还需加大治理控制力度，"地级及以上城市空气质量达标天数比例"排第 25 名，"单位地区生产总值二氧化硫排放量"排第 28 名，"单位地区生产总值氨氮排放量"排第 30 名。用地用能效率方面仍有待提高，"单位建设用地面积二、三产业增加值"排第 25 名，"单位地区生产总值能耗"和"能源强度年下降率"分别排第 29 和第 23 名。

表36 新疆维吾尔自治区可持续发展指标分值与分数

新疆					29th/30
序号	指标	分值	分值单位	分数	排名
	经济发展			49.74	30
1	R&D 经费投入占地区生产总值比重	0.47	%	45.00	30
2	万人有效发明专利拥有量	2.13	件	45.00	30
3	高技术产业主营业务收入与工业增加值比例	2.82	%	45.00	30
4	电子商务额占地区生产总值比重	10.91	%	47.17	28
5	地区生产总值增长率	6.20	%	75.19	18
6	全员劳动生产率	10.22	万元/人	55.37	15
7	劳动适龄人口占总人口比重	67.79	%	51.78	25
8	人均实际利用外资额	13.12	美元/人	45.63	28
9	人均进出口总额	1477.57	美元/人	48.60	12
	社会民生			63.33	27
1	国家财政教育经费占地区生产总值比重	6.35	%	84.35	4
2	劳动人口平均受教育年限	10.68	年	63.94	9
3	万人公共文化机构数	0.60	个	73.83	4
4	基本社会保障覆盖率	74.74	%	63.18	26
5	人均社会保障财政支出	2404.74	元/人	62.39	11

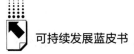

续表

序号	指标	分值	分值单位	分数	排名
6	人均政府卫生支出	1358.90	元/人	59.38	7
7	甲、乙类法定报告传染病总发病率	483.78	1/10万	45.00	30
8	每千人拥有卫生技术人员数	7.37	人	57.25	11
9	贫困发生率	1.70	%	56.36	7
10	城乡居民可支配收入比	2.64		68.88	23
	资源环境			65.20	18
1	人均森林面积	4.83	公顷/人	45.00	30
2	人均耕地面积	3.16	公顷/人	47.45	29
3	人均湿地面积	2.38	公顷/人	45.97	26
4	人均草原面积	34.49	公顷/人	69.41	8
5	人均水资源量	3473.45	立方米/人	56.31	5
6	全国河流流域一、二、三类水质断面占比	98.80	%	95.00	1
7	地级及以上城市空气质量达标天数比例	71.40	%	67.99	25
	消耗排放			64.24	28
1	单位建设用地面积二、三产业增加值	8.78	亿元/平方公里	52.09	25
2	单位工业增加值水耗	29.78	立方米/万元	82.07	13
3	单位地区生产总值能耗	1.51	吨标准煤/万元	63.48	29
4	单位地区生产总值主要污染物排放（单位化学需氧量排放）	1.21E－07	吨/万元	71.05	27
5	单位地区生产总值氨氮排放量	1.40E－08	吨/万元	45.00	30
6	单位地区生产总值二氧化硫排放量	1.75E－07	吨/万元	68.73	28
7	单位地区生产总值氮氧化物排放量	2.58E－07	吨/万元	65.08	24
8	单位地区生产总值危险废物产生量	0.02	吨/万元	72.12	24
9	可再生能源电力消纳占全社会用电量比重	20.54	%	51.17	17
	治理保护			69.82	21
1	财政性节能环保支出占地区生产总值比重	0.65	%	51.92	20
2	环境污染治理投资与固定资产投资比	1.29	%	52.17	6
3	城市污水处理率	97.90	%	79.00	5
4	一般工业固体废物综合利用率	53.10	%	63.30	19
5	危险废物处置率	93.20	%	78.30	15
6	生活垃圾无害化处理率	96.26	%	78.27	14
7	能源强度年下降率	1.56	%	67.99	23

（三十）宁夏

宁夏回族自治区在可持续发展综合排名中位列第30。可持续发展的明显短板是资源环境承载能力较弱，消耗排放排在第30名。社会民生指标表现突出，排在第16名。资源环境、经济发展和治理保护排名较为落后，分别排在第22、第23和第24名（见表37）。

宁夏经济增速相对较快，"地区生产总值增长率"为6.50%，排第12名。在卫生健康方面表现良好，"每千人拥有卫生技术人员数"排名第5，"人均政府卫生支出"排名第5。在社会保障支出方面表现相对突出，"国家财政教育经费占地区生产总值比重"排名第6，"人均社会保障财政支出"排名第九。在治理保护方面投入力度较大，"财政性节能环保支出占地区生产总值比重"排名第4，"环境污染治理投资与固定资产投资比"排名第12。

宁夏创新驱动能力不强，高新技术产业发展不够充分，"高技术产业主营业务收入与工业增加值比例"排名第25，"电子商务额占地区生产总值比重"排名第27。在开放发展方面相对落后，"人均实际利用外资额"排名第22，"人均进出口总额"排名第27。在水资源保护方面任务艰巨，"全国河流流域一、二、三类水质断面占比"排名第26。在消耗排放方面有明显短板，"单位建设用地面积二、三产业增加值"排名第28，"单位地区生产总值能耗"、"单位地区生产总值主要污染物排放"、"单位地区生产总值二氧化硫排放量"和"单位地区生产总值氮氧化物排放量"均排名第30。治理保护方面也需要加大力度，"一般工业固体废物综合利用率"排名第26，"能源强度年下降率"排名第29。

表37　宁夏回族自治区可持续发展指标分值与分数

宁夏				30th/30	
序号	指标	分值	分值单位	分数	排名
	经济发展			52. 19	23
1	R&D 经费投入占地区生产总值比重	1. 45	%	53. 41	19
2	万人有效发明专利拥有量	4. 61	件	45. 95	18

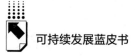

续表

序号	指标	分值	分值单位	分数	排名
3	高技术产业主营业务收入与工业增加值比例	14.33	%	49.26	25
4	电子商务额占地区生产总值比重	11.08	%	47.25	27
5	地区生产总值增长率	6.50	%	78.02	12
6	全员劳动生产率	9.73	万元/人	54.26	16
7	劳动适龄人口占总人口比重	69.76	%	60.03	19
8	人均实际利用外资额	36.15	美元/人	47.09	22
9	人均进出口总额	603.43	美元/人	46.35	27
	社会民生			67.99	16
1	国家财政教育经费占地区生产总值比重	4.78	%	69.44	6
2	劳动人口平均受教育年限	10.55	年	62.72	14
3	万人公共文化机构数	0.51	个	67.98	9
4	基本社会保障覆盖率	75.90	%	65.12	25
5	人均社会保障财政支出	2669.59	元/人	66.48	9
6	人均政府卫生支出	1559.42	元/人	64.74	5
7	甲、乙类法定报告传染病总发病率	214.08	1/10万	81.66	15
8	每千人拥有卫生技术人员数	7.98	人	61.64	5
9	贫困发生率	1.00	%	72.27	4
10	城乡居民可支配收入比	2.67		67.94	25
	资源环境			64.45	22
1	人均森林面积	9.88	公顷/人	49.16	28
2	人均耕地面积	19.43	公顷/人	64.48	17
3	人均湿地面积	3.12	公顷/人	46.49	23
4	人均草原面积	45.39	公顷/人	78.09	3
5	人均水资源量	182.21	立方米/人	45.43	26
6	全国河流流域一、二、三类水质断面占比	56.40	%	53.02	26
7	地级及以上城市空气质量达标天数比例	87.90	%	84.56	15
	消耗排放			57.68	30
1	单位建设用地面积二、三产业增加值	7.78	亿元/平方公里	49.64	28
2	单位工业增加值水耗	34.65	立方米/万元	79.21	16
3	单位地区生产总值能耗	2.26	吨标准煤/万元	45.00	30
4	单位地区生产总值主要污染物排放（单位化学需氧量排放）	2.40E－07	吨/万元	45.00	30

续表

序号	指标	分值	分值单位	分数	排名
5	单位地区生产总值氨氮排放量	8.00E－09	吨/万元	67.74	23
6	单位地区生产总值二氧化硫排放量	3.33E－07	吨/万元	45.00	30
7	单位地区生产总值氮氧化物排放量	4.13E－07	吨/万元	45.00	30
8	单位地区生产总值危险废物产生量	2.39E－02	吨/万元	67.34	28
9	可再生能源电力消纳占全社会用电量比重	26.70	%	55.38	13
	治理保护			68.35	24
1	财政性节能环保支出占地区生产总值比重	1.44	%	72.16	4
2	环境污染治理投资与固定资产投资比	0.95	%	49.72	12
3	城市污水处理率	95.90	%	65.67	20
4	一般工业固体废物综合利用率	39.73	%	53.97	26
5	危险废物处置率	91.93	%	77.50	18
6	生活垃圾无害化处理率	99.89	%	94.51	5
7	能源强度年下降率	－1.19	%	57.54	29

参考文献

2014～2020年度《中国统计年鉴》。

2014～2020年度《中国科技统计年鉴》。

2014～2019年度《中国环境统计年鉴》。

2019年度《中国城市建设统计年鉴》。

2014～2019年度《中国能源统计年鉴》。2014～2020年度30个省、自治区、直辖市的统计年鉴。

2015～2019年度30个省、自治区、直辖市的分省（区、市）万元地区生产总值能耗降低率等指标公报。

Apergis, Nicholas, and Ilhan Ozturk. "Testing environmental Kuznets curve hypothesis in Asian countries." Ecological Indicators 52 （2015）: 16 – 22. Arcadis. （2015）. Sustainable Cities Index 2015. Retrieved from https://s3. amazonaws. com/arcadis – whitepaper/arcadis – sustainable – cities – indexreport. pdf.

Chen, H. , Jia, B. , & Lau, S. S. Y. （2008）. Sustainable urban form for Chinese

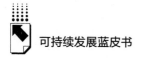

compact cities: Challenges of a rapid urbanized economy. Habitat international, 32 (1), 28 – 40.

Duan, H. , et al. (2008). Hazardous waste generation and management in China: A review. Journal of Hazardous Materials, 158 (2), 221 – 227.

Gregg, Jay S. , Robert J. Andres, and Gregg Marland (2008). "China: Emissions pattern of the world leader in CO2 emissions from fossil fuel consumption and cement production." Geophysical Research Letters 35. 8.

He, W. , et al. (2006). WEEE recovery strategies and the WEEE treatment status in China. Journal of Hazardous Materials, 136 (3), 502 – 512.

International Labour Office (ILO). 2015. Universal Pension Coverage: People's Republic of China. Retrieved from http: //www. social – protection. org/gimi/gess/RessourcePDF. action? ressource. ressourceId = 51765.

Jiang, X. (Ed). (2004). Service Industry in China: Growth and Structure. Beijing: Social Sciences Documentation Publishing House.

Lee, V. , Mikkelsen, L. , Srikantharajah, J. & Cohen, L. (2012). "Strategies for Enhancing the Built Environment to Support Healthy Eating and Active Living". Prevention Institute. Retrieved 29 April 2012.

Liu, Tingting, et al. "Urban household solid waste generation and collection in Beijing, China. " Resources, Conservation and Recycling, 104 (2015): 31 – 37.

Steemers, Koen. "Energy and the city: density, buildings and transport. " Energy and buildings 35. 1 (2003): 3 – 14.

Tamazian, A. , Chousa, J. P. , &Vadlamannati, K. C. (2009). Does higher economic and financial development lead to environmental degradation: evidence from BRIC countries. Energy Policy, 37 (1), 246 – 253.

United Nations. (2007). Indicators of Sustainable Development: Guidelines and Methodologies. Third Edition.

United Nations. (2017). Sustainable Development Knowledge Platform. Retrieved from UN Website https: //sustainabledevelopment. un. org/sdgs.

Zhang, D. , K. Aunan, H. Martin Seip, S. Larssen, J. Liu and D. Zhang (2010). "The assessment of health damage caused by air pollution and its implication for policy making in Taiyuan, Shanxi, China. " Energy Policy 38 (1): 491 – 502.

B.4
中国100座大中城市可持续发展指标体系数据验证分析

郭栋　王佳　王安逸　柴森*

摘　要： 本报告详细评价了本年度中国100座大中城市的可持续发展情况，依据指标体系数据验证分析表明，排名前十位的城市包括：杭州、珠海、广州、北京、无锡、深圳、苏州、武汉、南京、郑州。杭州首次在全国城市可持续发展综合排名第一，同时排名靠前的是珠海、广州、北京及东部沿海城市。基于经济发展、社会民生、资源环境、消耗排放及治理保护等指标体系,城市可持续发展水平具有显著不均衡性。

关键词： 城市可持续发展　评价指标体系　城市可持续发展排名
　　　　　城市可持续发展均衡度

可持续发展不仅关系人类的命运，是全球追求的目标，也关系一个国家乃至一个区域的未来，是各个国家和各个区域共同追求的目标。近年来，习近平主席在多次重要讲话中论述了可持续发展的意义，提出"中国将继续

---

* 郭栋，美国哥伦比亚大学可持续发展政策与管理研究中心副主任，研究员，博士，研究方向为可持续城市、可持续金融、可持续机构管理、可持续政策及可持续教育等；王佳，国家开放大学研究实习员；王安逸，美国哥伦比亚大学可持续发展政策与管理研究中心副研究员，博士，研究方向为可持续教育、环境支付意愿、环保行为；柴森，河南大学经济学院博士生，研究方向为环境经济学。感谢哥伦比亚大学石天傑教授的指导及河南大学硕士生李萍、沈君玲对项目开展做出的贡献。

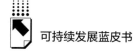
促进可持续发展，秉持人类命运共同体理念。中国将全面落实联合国《2030年可持续发展议程》，将继续做出艰苦卓绝努力，提高国家自主贡献力度，采取更加有力的政策和措施，二氧化碳排放力争于2030年前达到峰值，努力争取2060年前实现碳中和"。同时强调"可持续发展是破解当前全球性问题的'金钥匙'，同构建人类命运共同体目标相近、理念相通，都将造福全人类、惠及全世界"。

可持续发展战略重要性不言而喻，而可持续发展战略的实施应该落脚到城市层面。从地域上看，城市是特征居民聚居地；从经济上来看，城市聚集的工业和服务业是经济增长、创新发展、创造就业的来源；从生态环境上看，城市是很多方面以及全球生态、环境问题的起源。因此可持续发展战略的落实便要从城市本身入手，从城市的角度看待可持续性。分析城市可持续发展现状，全方位、多角度地来考量城市的发展程度，通过指标体系的测量引导城市更加可持续发展。中国的大中城市可持续发展程度越高，中国也就越可持续发展。

2018年起，国务院先后批复深圳、太原、桂林、郴州、临沧、承德六座城市建设国家可持续发展议程创新示范区，分别从创新引领超大型城市可持续发展、资源型城市转型升级、景观资源可持续利用、水资源可持续利用与绿色发展、边疆多民族欠发达地区创新驱动发展、城市群水源涵养功能区可持续发展等不同的方面，探索城市可持续发展问题的系统解决方案，为全球可持续发展提供中国经验。2020年中国提出要实现碳达峰、碳中和，这既是中国实现可持续发展和高质量发展的内在要求，也是推动构建人类命运共同体的重大抉择。中国作为最大的发展中国家，发展不平衡、不协调、不充分等问题仍然突出，但随着全国碳排放权交易市场7月正式开市，发电行业成为首个纳入全国碳市场的行业，未来将启动更多行业纳入全国碳市场交易，这必将为低碳发展领域提供有效路径，也为碳达峰、碳中和目标如期实现提供有力抓手，也是中国践行可持续发展议程的重要举措。

可持续发展理念在中国已深入人心，但是相关指标的应用还有待进一步加强。在这方面，与美国的情况有些类似，由于对可持续发展指标的数量和适用性缺乏明确的界定，政府、企业和社会组织在选择指标时具有很强的随机性，不利于可持续发展指标客观的比较。这样，决策者将越来越难以评估和比较不同组织的可持续发展绩效，因而需要一套标准化且成熟的可持续发展指标及监管框架来跟踪、衡量及报告，提供明确的标准化政策。

可持续发展概念提出以来，其内涵不断丰富，一些大学、智库以及相关社会组织都根据自己的观点，建立可持续发展指标体系。如果可持续发展指标的定义广泛，决策者在确定如何衡量、管理和改善可持续绩效时将面临许多困难。我们希望将可持续发展指标纳入地方政府的绩效考核体系。

根据前面的中国可持续发展指标体系，我们设计了一套城市指标框架和指标集来比较中国城市可持续发展的绩效。指标按照主题范围分类，同时考虑各领域之间的相互关系，包括了城市可持续发展的经济、环境、社会和制度等领域。同时，还对中国与世界现有框架的研究和比较分析，并构建了由经济发展、社会民生、资源环境、消耗排放、治理保护五大主题组成的框架。

在前几年已确定的指标体系的基础上，伴随着中国对可持续发展越发重视以及近年来发生的一些包括新型冠状病毒大流行在内的重大事件，今年课题组进行一轮补充研究遗漏变量和更新最新数据公布口径，使得指标体系更加符合当今及未来发展趋势。今年指标体系中：增加了城市公共卫生资源供给能力的表现指标，用以体现城市现存卫生资源应对突发卫生事件的能力；增加了人口结构指标用以表现城市未来劳动力人口和人力资本存量；用师生比替代教育投入的指标，从微观层面对比城市教育资源；以及在考核空气质量状况用更为准确的 AQI 替换了优良天数指标。在科学论证后，使用调整后的指标体系，重新搜集最新五年（2015～2019 年）的中国 100 座大中城市数据，依据最新五年的数据重新运算确定权重。并依据这些类别中的 24 个指标，对中国 100 座大中型城市的可持续发展表现进行排名。

一方面，中国可持续发展指标体系（CSDIS）的构建可以支撑中国落实全球可持续发展的国际承诺，为更好地参与全球环境治理提供决策支撑，并客观反映中国落实《2030 年可持续发展议程》的具体情况，供其他国家借

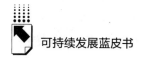

鉴。另一方面，可以检验和评估中国宏观经济发展的可持续性，为宏观经济政策和战略规划提供决策支持。

一　中国城市可持续发展指标
体系数据分析方法

依据 100 座大中型城市的可持续发展表现，采用中国可持续发展指标体系——CSDIS，对其进行排序。指标体系框架包含可持续发展五大领域：（1）经济发展；（2）社会民生；（3）资源环境；（4）消耗排放；（5）治理保护，以及 24 个分项指标。

指标体系的设计过程严格遵循以下原则。

第一，数据的公开性与透明性。所有指标数据均是基于公开发布的官方或研究机构统计数据，并沿用科学、严谨的方法对相应指标名称、指标来源及加权方法进行记录。

第二，数据可靠性与完整性。使用统计分析的方法检验所有源数据是否存在数据波动异常。将异常波动的数值视为缺失值，与其他数据完整性存在问题的指标一同使用多重补差给予修正与替代。

第三，基于指标稳定性的权重分配。各指标的相应权重取决于其五年内的纵向稳定性。不同年份之间城市排名相对稳定的指标分配较高权重，城市排名浮动较大甚至相对随机的指标赋予较低权重。这种权重分配的方法一方面确保了数据的可靠性与指标排名的纵向可比性，减少了因指标本身统计方法或口径的变化甚至数据错误导致的城市排名的大幅波动。另一方面，其突出了可持续发展表现其本身也应当是一个持续、稳健的增长过程，而非基于短期、临时性的政策因素或其他偶然因素。

第四，以排名衡量综合可持续发展表现。数据分析的最终结果直接以各城市的相对排名呈现，而非综合得分。这样做可以避免读者基于得分对各市可持续发展程度的差别进行缺乏科学依据的推断，因为可持续发展的进步未必是如得分一样线性增长的。

第五，非参数法。在缺乏系统的理论依据的情况下，非参数法不需要对指标联合分布做严密的假设。

（一）框架建立

CSDIS 城市可持续发展指标框架的建立借鉴了国际上多种可持续发展表现指标框架的成功经验，并尽量避免了它们在应用中所反映出的弊端。

现有的众多可持续发展指标框架间存在较大差异，主要体现在各框架对可持续发展衡量的侧重点以及对各类别指标权重的分配上。同时许多指标体系的权重也缺乏赋值依据。除了排名本身之外，许多指标体系还对城市进行评分，进而有意或无意中客观暗示了城市间可持续差异的距离度量。例如两座综合得分分别为 1500 和 1000 的城市，其分值暗示了前者的可持续发展表现比后者高出 50%。然而这一推论并不科学。一方面，得分本身容易受到所选指数横向分布情况以及异常值的影响。横向分布较大且分布不均匀（例如有个别极端值）的指标其得分会压缩非极值个体之间的差距；横向分布较小（数值相对集中）的指标，其得分又会放大个体的距离。因此，各城市得分的差距更多取决于打分算法，并不能精确反映可持续发展程度的实际差距。另一方面，可持续发展上的进步来源于经济、社会，以及环境、科技创新等多方面的整体提升，因而会呈现一个阶梯或螺旋的发展态势。这种发展的态势是线性的得分无法体现的。例如，上文提到的 1000 分的城市，其与 1500 分的城市间或许隔着某些环境资源或社会分配方面的壁垒，跨越这些壁垒所需要的资源以及政策上的努力或许远高过那 50% 分差所暗示的。

在指标权重分配上，一些指标框架倡导均衡权重。这种方法虽避免了主观的人为因素，但对指标类别的选取和划分赋予均衡权重，并无任何科学依据。此外，个别指标框架仅仅简单披露了组成指标及其类别，而并未具体列出各指标的相应权重。

在建立本框架所采用的指标类别时，我们首先从现有成熟体系中被广泛使用的经济、社会与环境三大分类开始。在此基础上，鉴于中国迅速发展中所面临的严峻环境问题，了解可利用资源量、资源流向及其资源消耗、排放

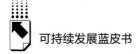

所产生的影响也是尤为重要的。此外，中国在制定环境保护宏观目标、应对环境恶化等问题上，付出了巨大努力，由此我们将环境治理这一指标纳入本框架。据此，本指标框架包含五大类别：经济发展、社会民生、资源环境、消耗排放与治理保护。

（二）数据收集

本套数据的收集始于2016年，延续至今。其具体时间节点如下：2016年，采纳87个代表可持续发展常用候选指标。2017年，收集来自国家统计局和其他省、市统计年鉴中的70座大中型城市2012～2015年的统计数据，这些城市的人口规模从75万到3016万人不等。2018年，将城市数量增加至100座，并获取了百城各指标的2016年数据；2019年至今，每年更新最新一年的100座大中型城市数据。①

指标数据以政府官方公布为主，主要来源是各类统计年鉴、各类统计公报、水资源公报、环境状况公报、财政决算报告等，此外各市房价数据来自中国指数研究院、高峰拥堵延时指数来自高德地图（详见附录指标说明）。

在原有指标体系（五年未调整）的基础上，2021年进行了广泛的专家论证，对CSDIS进行一轮补充研究遗漏变量和更新最新数据公布口径，新增或调整四个指标：（1）受到疫情的影响，各城市医疗卫生资源供给能力越发显得重要，因此在社会民生指标中添加了"每千人医疗卫生机构床位数"的考核指标；（2）随着第七次全国人口普查数据公布，中国人口结构问题越发引人关注，出生率下降、过低的出生率必然影响着城市未来劳动力人口和人力资本存量，因此在社会民生指标中添加了"0～14岁常住人口占比"；（3）在社会民生教育发展方面，用"中小学师生人数比"替换"财政性教育支出占GDP比重"，以产出指标，如师生比，替代教育支出类投入指标，能够更加准确地反映城市基础教育规模的大小、人力资源利用效率以及城市的基础教育

---

① 每年度的最终排名均是以最新公布的数据为基础，数据发布通常有一年半到两年的滞后（例如：2021年度报告的排名是基于2020年鉴中提供的数据。而2020年鉴中的数据通常是2019年的数据，反映了2019年各地实际情况）。

资源状况和水平；（4）资源环境方面，在考核空气质量状况时，由于近两年各地、市公布"空气质量指数优良天数"不尽全面，因此使用生态环境部每月公布的城市空气质量状况月报，用"年均 AQI 指数"替换优良天数指标，能够更加准确地反映各城市空气质量现状。同时，卫生技术人员数指标的统计为了与全国统计口径保持一致，由每万人拥有卫生技术人员数调整到每千人拥有卫生技术人员数。以及通过和阿里研究院及高德地图的进一步合作，延续以往引入基于高德地图大数据的 100 座城市的高峰拥堵延时指数数据，用于对衡量交通状况的指标"人均道路面积"进行修正与补充。

（三）数据合成

在 2016 年完成第一轮的数据收集工作之后，首先对 87 个候选指标进行筛选和提炼。其目的是建立一套具有内在一致性的指标体系，并确保指标数据的完整、可靠。同时，根据自然灾害与经济危机等外部环境因素，对该指标体系进行相应调整。在此过程中，我们还广泛征求了专家的意见并对指标体系进行相应调整，包括增添关于环境恶化程度、环境承载能力、交通拥堵状况等一些反映城市发展过程中常见问题的指标。

最终，该框架采用 24 项评价指标，可将其分为五大类：（1）经济发展；（2）社会民生；（3）资源环境；（4）消耗排放；（5）治理保护，如表 1 所示。附录 3 包含各项指标的具体定义、资料来源、计算方法和政策相关性。

表 1 CSDIS 城市指标集

类别	指标*	
经济发展	· 人均 GDP	· 第三产业增加值占 GDP 比重
	· 城镇登记失业率	· 财政性科学技术支出占 GDP 比重
	· GDP 增长率	
社会民生	· 房价 – 人均 GDP 比	· 每千人拥有卫生技术人员数
	· 每千人医疗卫生机构床位数	· 人均社会保障和就业财政支出
	· 中小学师生人数比	· 人均城市道路面积 + 高峰拥堵延时指数
	· 0 ~ 14 岁常住人口占比	

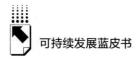

续表

类别	指标*	
资源环境	·人均水资源量	·每万人城市绿地面积
	·年均 AQI 指数	
消耗排放	·单位 GDP 水耗	·单位 GDP 能耗
	·单位二、三产业增加值所占建成区面积	·单位工业总产值二氧化硫排放量
	·单位工业总产值废水排放量	
治理保护	·污水处理厂集中处理率	·财政性节能环保支出占 GDP 比重
	·一般工业固体废物综合利用率	·生活垃圾无害化处理率

针对 100 座城市建立其综合数据库，包括收集 2016～2020 年统计年鉴中 24 项指标的相关数据。为进一步检验数据的可靠性以及异常波动情况，我们对数值差异超出上年 50% 以上的数据，在第二轮数据收集过程中进行了再次验证；如果不同资料来源的报告产生差异，则对该数据源进行适当调整。

（四）加权策略

城市指标的权重分配取决于该指标排名的纵向稳定性。具体而言，五年之内，城市排名标准差越小的指标，其权重越高。选取指标的排名，而非其原始值或通过其他方式标准化后的数值来计算其标准差，可以最大限度地降低指标极端值对权重赋值的影响。此外，通过指标的纵向稳定性来衡量权重能够进一步确保数据的可靠性，对存在小幅误差而导致排名波动的指标减低权重，以及对最终结果的影响。最后，本方法使各城市之间的纵向排名更具可比性，同时更能代表城市长期的可持续发展程度。

指标权重的具体计算方法如下。首先根据五年内（2015～2019 年）24 个指标中的每个单项指标 X_i（其中，$i = 1, 2, \cdots, 24$）对 100 座城市进行初步排名，按照下列公式计算得出每项指标排名的标准差：

$$\sigma_{ci} = \sqrt{\frac{\sum_{j=1}^{5}(R_{cij} - \mu_{ci})^2}{5}}$$

其中，σ_{ci} 表示城市 c 在指标 i 上的五年排名标准差（$c = 1$，2，…，100），R_{cij} 表示城市 c 的指标 i 在年度 j 的排名（$j = 1$，2，…，5）；μ_{ci} 表示五年内城市 c 指标 i 的平均排名。

然后利用如下公式计算得出该指标在 100 个城市中的平均五年标准差 σ_i：

$$\sigma_i = \frac{\sum_{c=1}^{100} \sigma_{ci}}{100}$$

如果 σ_i 的数值较大，表示此指标排名在这些年份内数据波动较大。

最后，用所有指标标准差的倒数，按下列公式得出每个指标的权重（其中，W_i 表示指标 i 的权重）：

$$W_i = \frac{1/\sigma_i}{\sum_{i=1}^{24} 1/\sigma_i}$$

表 2 详细罗列了我们今年计算出的 24 个指标的权重，以及各大类的总权重。

表 2　CSDIS 城市指标集与权重

类别	序号	指标	权重（%）
经济发展 （21.66%）	1	人均 GDP	7.21
	2	第三产业增加值占 GDP 比重	4.85
	3	城镇登记失业率	3.64
	4	财政性科学技术支出占 GDP 比重	3.92
	5	GDP 增长率	2.04
社会民生 （31.45%）	6	房价 – 人均 GDP 比	4.91
	7	每千人拥有卫生技术人员数	5.74
	8	每千人医疗卫生机构床位数	4.99
	9	人均社会保障和就业财政支出	3.92
	10	中小学师生人数比	4.13
	11	人均城市道路面积 + 高峰拥堵延时指数	3.27
	12	0～14 岁常住人口占比	4.49

续表

类别	序号	指标	权重(%)
资源环境 (15.05%)	13	人均水资源量	4.54
	14	每万人城市绿地面积	6.24
	15	空气质量指数优良天数	4.27
消耗排放 (23.78%)	16	单位 GDP 水耗	7.22
	17	单位 GDP 能耗	4.88
	18	单位二、三产业增加值占建成区面积	5.78
	19	单位工业总产值二氧化硫排放量	3.61
	20	单位工业总产值废水排放量	2.29
治理保护 (8.06%)	21	污水处理厂集中处理率	2.34
	22	财政性节能环保支出占 GDP 比重	2.61
	23	一般工业固体废物综合利用率	2.16
	24	生活垃圾无害化处理率	0.95

(五)评分方法

在确定指标权重后,将其进行标准化,将不同单位的指标标准化成统一尺度的得分。

目前比较普遍的标准化方法是对各个指标用其原始数据减去该指标平均值,然后除以标准差,将各个数值转化为 Z – 分数(z-score)。这样计量单位不同的各个指标可以通过 z-score,也就是与平均值的单位距离进行比较。但此方法也存在一定的缺陷,例如原始数值与转化后的 z-score 之间可能存在非线性关系。原始数值在平均值附近相对较小的差异,转化成 z-score 后会被放大;相应的,远离平均值的较大变化,反映在 z-score 上的变化却相对微小。这种分布不均会对城市的可持续发展排名产生影响。

另外一种常用的方法为极差标准化(Minimax)。极差标准化通过用原始数据减去最小值,再用该差值除以最大与最小值之差,对原始数据进行转化。但这一标准化方式,对异常值和极端值非常敏感。仅当原始数据呈正态化分布时,其影响较小。然而在本套数据集中,存在一些指标的分布不均现象,例如污水排放量等。

鉴于以上几点，本研究采用各指标原始值的排名进行标准化。具体计算方法如下文公式。用 R_{ci} 表示 c 城市第 i 个指标在 100 个城市中的排名。W_i 为指标 i 所对应的权重。总分为 S_c 即为 c 城市 24 个指标排名的加权算术平均值。

$$S_c = \sum_{i=1}^{24} (W_i * R_{ci})$$

最后，我们对 100 个城市的加权平均排名，S_c 进行排序即得到各城市的最终排名。因此，所有指标平均排名越高的城市，最终排名越靠前，其可持续发展水平就越高；反之，则代表其可持续发展水平越低。

二　城市排名

（一）100座城市排名

2021 年可持续发展综合排名中，位列前十名的城市分别是：杭州、珠海、广州、北京、无锡、深圳、苏州、武汉、南京、郑州。杭州首次上升至全国可持续发展第一位。作为中国经济最发达的地区，珠三角地区的珠海、广州和深圳以及首都北京及长三角地区的部分城市，其可持续发展综合水平依然较高。

表 3 为 2020 年和 2021 年中国 100 座城市的可持续发展综合排名结果。杭州较上年上升三位，成为全国 100 座城市中可持续发展最好的城市；广州由去年第 5 位上升至第 3 位，同时苏州、郑州分从第 15 位、第 17 位首次进入前十。而珠海、北京均较上年度分别下降 1 位和 2 位，首次退居次席和第四位；青岛、上海、厦门则跌出了前十。成都、南宁、绵阳、郴州、铜仁、遵义、赣州、黄石、宜宾和乐山排名变化显著，皆上升了十位以上；南通、天津、徐州、扬州、包头、呼和浩特、石家庄、秦皇岛、洛阳、济宁、临沂、吉林和保定则下降了十位以上。

表3 2020和2021年中国城市可持续发展综合排名①

城市	2020 年排名	2021 年排名
杭州	4	1
珠海	1	2
广州	5	3
北京	2	4
无锡	7	5
深圳	3	6
苏州	15	7
武汉	11	8
南京	8	9
郑州	17	10
长沙	12	11
青岛	6	12
宁波	13	13
厦门	10	14
合肥	19	15
上海	9	16
拉萨	14	17
济南	18	18
三亚	16	19
成都	33	20
乌鲁木齐	25	21
西安	26	22
福州	29	23
太原	27	24
烟台	21	25
大连	30	26
昆明	34	27
贵阳	28	28
温州	24	29

① 当年度的排名是以上一年度公布的统计年鉴中公布的数据(数据发布通常有一年半到两年的滞后。例如,2021年度报告的排名是基于2020年底至2021年初发布的2020年鉴中提供的数据。而2020年鉴中是2019年的数据,反映了2019年各地实际情况)。

续表

城市	2020 年排名	2021 年排名
南昌	23	30
海口	35	31
南通	20	32
金华	39	33
克拉玛依	32	34
天津	22	35
宜昌	43	36
常德	46	37
南宁	53	38
芜湖	40	39
泉州	42	40
惠州	37	41
徐州	31	42
沈阳	52	43
绵阳	56	44
榆林	50	45
西宁	45	46
重庆	48	47
北海	44	48
长春	49	49
潍坊	47	50
扬州	36	51
包头	41	52
九江	59	53
兰州	58	54
呼和浩特	38	55
郴州	72	56
唐山	55	57
怀化	68	58
铜仁	74	59
银川	61	60
哈尔滨	63	61
遵义	75	62
蚌埠	60	63
襄阳	64	64

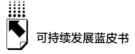

续表

城市	2020 年排名	2021 年排名
石家庄	51	65
赣州	79	66
岳阳	73	67
黄石	82	68
韶关	70	69
秦皇岛	54	70
洛阳	57	71
桂林	62	72
泸州	83	73
许昌	65	74
宜宾	87	75
牡丹江	76	76
固原	81	77
乐山	89	78
济宁	66	79
安庆	71	80
汕头	84	81
临沂	69	82
大同	80	83
吉林	67	84
开封	77	85
曲靖	95	86
平顶山	90	87
湛江	92	88
大理	88	89
邯郸	86	90
南充	94	91
保定	78	92
天水	93	93
锦州	98	94
南阳	85	95
海东	96	96
渭南	99	97
丹东	91	98
齐齐哈尔	97	99
运城	100	100

（二）城市可持续发展水平均衡程度

从经济发展、社会民生、资源环境、消耗排放和治理保护五大类指标来看，类似于省级可持续发展水平的均衡程度，城市的可持续发展水平同样存在显著不均衡性。如图1所示，依据各市五大类指标的排名极值，大部分城市的可持续发展水平都还不是很高，有待于提高的空间依然很大。

可持续发展综合水平排名第一的杭州市，虽然在经济发展和消耗排放方面优势明显均排第四位，但是在环境治理方面存在明显短板（排第48位），在均衡程度方面不如排名第二的珠海市，珠海市其五大类发展水平整体较为均衡，同时珠海也是可持续发展综合排名前十的城市中发展水平最为均衡的城市。广州市在经济发展和消耗排放方面具有较好的表现（分别排第3、第8位）；北京市虽在经济发展与消耗排放中居于首位，但在环境治理和资源环境两方面存在明显短板（分别排在第61、第67位）；深圳在经济发展、消耗排放和治理保护中均排位靠前（分别排在第5、第5、第6位），但在社会民生方面存在明显劣势（排第97位）；南京在经济发展方面表现良好（排第2位），但是不均衡也异常显著，其在治理保护方面处于明显劣势（排第100位）。

以各城市一级指标中排名最大值与最小值之差的绝对值衡量其不均衡程度：其中不均衡度最大的是南京市（综合排名第9位），差值为98；不均衡度最小的是临沂（综合排名第82位），差值为15。可持续发展综合排名前十城市中，珠海发展较为均衡，差值为25。

（三）各城市五大类中一级指标现状

1. 经济发展

在2021年排名中经济发展质量领先的城市与上一年的城市大致相同，首都北京在经济发展方面一直名列前茅（见表4），上年度的排名中经济发展也是排在首位，在"第三产业增加值占GDP比重"等四项单项

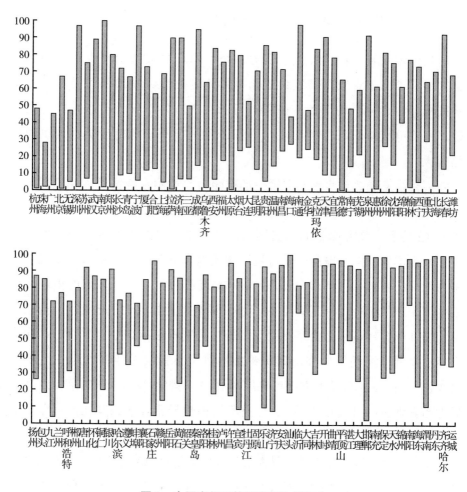

图1 中国市级可持续发展均衡程度

指标排在前十位。中国东部沿海的主要城市在经济发展方面表现依旧最佳。南京的经济类指标排名较均衡，不存在明显短板，近年来经济发展排名上升，较去年再次上升一位。三亚、宁波首次进入经济发展领先城市，三亚主要是由于"财政性科学技术支出占 GDP 比重"、"第三产业增加值占 GDP 比重"和"城镇登记失业率"表现突出，分别排全国第1、第3、第4位。宁波在"城镇登记失业率"和"财政性科学技术支出占 GDP 比重"等方面排位靠前。

2. 社会民生

在2021年排名中，内陆地区在社会民生方面普遍靠前（见表5）。除武汉和南京外，其他在社会民生领域排名靠前的城市，经济发展方面都排在十名之后。这说明经济发展与社会民生的发展并不是同步的，也表明了很多城市虽然在经济发展方面走在前面，但是实际上也有很多民生问题亟待解决。这一定程度上反映了当前中国经济与社会发展的不平衡、不协调问题。无锡、济南、南京、长沙、宜昌在2021年排名中跻身社会民生保障领先城市，长沙、无锡、宜昌、榆林在"房价－人均GDP比"单项排名靠前，武汉在"人均社会保障和就业财政支出"单项排位靠前，乌鲁木齐在"人均城市道路面积和高峰拥堵延时指数"单项排位靠前。

表4　2021年排名中经济发展质量领先城市

排名	城市	排名	城市
1	北京	6	武汉
2	南京	7	三亚
3	广州	8	珠海
4	杭州	9	苏州
5	深圳	10	宁波

表5　2021年排名中社会民生保障领先城市

排名	城市	排名	城市
1	太原	6	西宁
2	乌鲁木齐	7	济南
3	榆林	8	南京
4	武汉	9	长沙
5	无锡	10	宜昌

3. 资源环境

在2021年排名中资源环境发展较好的城市依然主要集中在广东、贵州等南部省份。这些城市自然景观丰富、生态环境优良，且人均水资源量和年均AQI指数空气质量较高。拉萨由于人口较其他城市更为稀少，环境条件优异，各单项指标排名较为靠前，拉高了其生态环境分类排名，并连续两年在资源环境中排第一位。惠州的资源环境指标较为均衡，仅次于拉萨，不存在明显短板，排名较去年再次上升 2 位。怀化、韶关、牡丹江三座城市在"人均水资源量"单项指标表现突出，北海、乐山两座城市是首次进入生态环境宜居领先城市，泉州自上年度由于指标排名稍微落后，本年度再次进入生态环境宜居领先城市（见表6）。

表6　2021 年排名中生态环境宜居领先城市

排名	城市	排名	城市
1	拉萨	6	贵阳
2	惠州	7	怀化
3	牡丹江	8	珠海
4	北海	9	泉州
5	韶关	10	乐山

4. 消耗排放

在 2021 年排名中节能减排效率领先城市与上一年的城市大致相同，仅苏州为新跻身的城市。与往年情况类似，拥有重要经济活动的一、二线城市在人均资源稀缺的压力下，重视资源节约，并配置更为先进的排污防控技术，因而在单位 GDP 水耗、能耗、单位工业总产值二氧化硫排放量及废水排放量等指标表现突出，并且大多数一、二线城市持续将高污染物排放的企业转移出本市。

北京的节能减排指标排名较均衡，不存在明显短板，各单项指标排名均在前十位，尤其是"单位 GDP 能耗"排第一。深圳在"单位工业总产值二氧化硫排放量""单位二、三产业增加值占建成区面积""单位工业总产值废水排放量"三个单项指标中分别排第 1、第 2、第 2 位，节能减排均衡度仅次于北京。上海在"单位二、三产业增加值占建成区面积"单项指标中具有较好表现，排第 1 位，苏州在"单位 GDP 能耗"单项指标具有较好表现，因而新晋节能减排效率领先城市（见表7）。

表7 2021年排名中节能减排效率领先城市

排名	城市	排名	城市
1	北京	6	宁波
2	深圳	7	西安
3	珠海	8	广州
4	杭州	9	苏州
5	上海	10	青岛

5. 治理保护

在2021年排名中环境治理领先城市与上年度相比变化较为明显，加入了九江、深圳、珠海、济宁和天津等城市；而惠州、许昌、北海、唐山和秦皇岛则跌出环境治理领先城市。在2019年排名中环境治理领先的城市依旧包括以自然风光而闻名的常德、九江等，以及环保尤其是空气质量面对较大压力的中部城市郑州、邯郸、石家庄等，这些城市在工业转型、空气治理等节能环保方面普遍加大投入，因此排名靠前（见表8）。

常德市连续两年位居环境治理领先城市第一位，在"污水处理厂集中处理率""一般工业固体废物综合利用率"两个分项指标中具有良好表现，分别排第2、第5位。石家庄由于"一般工业固体废物综合利用率"单项指标下降明显，由去年环境治理领先城市第二位下降到第五位。天津由于"财政性节能环保支出占GDP比重""一般工业固体废物综合利用率"两个单项指标表现突出，分别排第4、第8位，因而新晋环境治理领先城市。

表8 2021年排名中环境治理领先城市

排名	城市	排名	城市
1	常德	6	深圳
2	郑州	7	珠海
3	邯郸	8	济宁
4	九江	9	宜宾
5	石家庄	10	天津

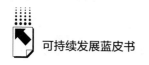

三 推进中国城市可持续发展、 实现可持续治理的政策建议

各城市应设立符合自身长远可持续发展的指标体系，并纳入政府绩效考核体系。加强市一级的宏观顶层设计，依据自身发展规律，依托可持续发展指标体系，建立健全城市可持续发展评测评估方案，统筹解决可持续发展建设工作中的重大问题。彻底抛弃以追求经济总量与速度为核心的评价体系，与城市高质量发展评价相结合，更多融合社会民生、资源环境、消耗排放、社会治理等多方面指标，实施由可持续发展指标为导向的全面反映经济社会发展质量的政府绩效考核体系。

各城市应尽快制定碳达峰、碳中和的行动方案。随着各地市"十四五"的陆续公布，碳达峰、碳中和各项工作已成为未来一段时期政府部门重点推进的工作，现阶段更多的行动方案还没有具体落实，应尽快制定详细的任务分解和推进计划，实施市一级的碳排放管控机制，遵从国家制定的重点行业碳排放强度标准，并主动将碳排放强度超标的建设项目纳入行业准入负面清单，积极主动地融入碳达峰、碳中和国家发展大战略中。

加快完善生态文明制度体系建设，健全法律法规和制度标准。进一步完善环境治理和生态修复制度，加强市一级的环境监测力度，完善自然保护地、生态保护红线等监管制度。市级政府应积极主动地开展具有针对性的生态修复工程、生态廊道网络建设等，形成全市通盘的生态文明综合评价体系和绩效考核制度。同时通过健全省级法律法规和市级工作制度标准，建立更加完善的生态环境治理体系。

贯彻绿色发展理念，大力发展绿色经济。地方政府应坚持以资源节约、环境友好的方式获得经济增长，以绿色创新、技术进步替代传统发展模式，确立清洁低碳安全高效发展战略，构建绿色低碳循环发展的现代产业体系。通过建立健全科技、统计、信息等支撑体系，深入推进节能降耗，强化约束性指标管理，大力发展节能环保产业和循环经济，倡导绿色低碳经济理念。

倡导公众积极参与城市的可持续发展，树立可持续发展是解决全球问题的"金钥匙"理念。鼓励社会公众、私营部门、非营利性组织等利益攸关方发挥更大作用，调动更多社会资本参与到可持续发展中来。综合运用传统媒体和多种新媒体，提高公众对于可持续发展的认可与参与，营造全社会积极参与城市可持续发展的浓厚氛围。

鼓励城市谋划符合自身特色的可持续发展战略，加强国际合作，落实联合国《2030年可持续发展议程》。鼓励城市通过运用可持续发展理念，谋划符合发展规律、自身特色的城市可持续发展战略。同时，地方政府应通过积极参与《2030年可持续发展议程》的国际合作，逐步增强中国在国际可持续发展中的影响力。推进国家层面的2030年可持续发展评估进程与全球评估进程紧密合作，深入推进南南合作、南北合作，加快构建国际合作平台，逐渐形成中国特色可持续发展路径，供全球借鉴。

四 城市说明

本部分详述 CSDIS 指标体系中百座城市在不同可持续发展领域中的具体表现，做如下详述。

（一）杭州

杭州市的整体可持续发展水平排在第一位，在各单项指标排名中，前20名的指标数最多，达14项。杭州在经济发展和消耗排放方面表现突出，在五大类一级指标排名中均排第4名。在单项指标方面，在"每千人拥有卫生技术人员数""单位二、三产业增加值占建成区面积""单位 GDP 能耗"三方面排位靠前，分别位列第4、第5与第7名。但在"单位工业总产值废水排放量"、"0~14岁常住人口占比"和"财政性节能环保支出占GDP 比重"三方面排名较低，分别位列第61、第81与第86名。

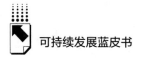

（二）珠海

珠海市的整体可持续发展水平排在第二位，在各单项指标排名中，前50位的指标数最多，达21项，是排位靠前的城市中发展水平最均衡的城市。珠海在消耗排放、治理保护、经济发展和资源环境方面表现突出，在五大类一级指标排名中都排在前十，分别为第3、第7、第8、第8名。在单项指标方面，在"财政性科学技术支出占GDP比重""人均社会保障和就业财政支出""人均城市道路面积+高峰拥堵延时指数"三方面排名较高，均位列第3名。但在"0～14岁常住人口占比"、"中小学师生人数比"和"每千人医疗卫生机构床位数"三方面排名较低，分别位列第58、第81与第82名。

（三）广州

广州市的整体可持续发展水平排在第三位，在各单项指标排名中，前50名的指标数达20项，大多数可持续发展指标均排名靠前。广州市在经济发展和消耗排放方面表现较好，在五大类一级指标排名中分别为第3、第8名。在单项指标方面，在"每万人城市绿地面积"、"单位工业总产值二氧化硫排放量"和"第三产业增加值占GDP比重"三方面排名靠前，分别位列第3、第5与第6名。但在"中小学师生人数比"、"0～14岁常住人口占比"以及"财政性节能环保支出占GDP比重"三方面排名较低，分别位列第62、第76与第79名。

（四）北京

北京市的整体可持续发展水平排在第四位，在各单项指标排名中前10名的指标数最多，达12项。北京市在经济发展和消耗排放两个方面发展最为突出，在五大类一级指标中均排第1名。在单项指标方面，在"第三产业增加值占GDP比重"、"人均社会保障和就业财政支出"和"单位GDP能耗"三个方面排名最高，同样都排全国大中城市第1名。但在"0～14岁常住人口占比"、"人均水资源量"和"人均城市道路面积＋高峰拥堵延时指数"三方面排名较低，分别位列第90、第92与第99名，可持续发展不均衡情况显著。

（五）无锡

无锡市的整体可持续发展水平排在第五位，是经济发展和社会治理相对发达的地区中社会民生表现较好的城市，在五大类一级指标中，社会民生排名靠前排第5名，同时经济发展、消耗排放和治理保护均排在前20名以内。在单项指标方面，在"人均GDP"、"房价－人均GDP比"和"城镇登记失业率"三方面排名较高，分别位列第3、第4和第6名。但在"财政性节能环保支出占GDP比重"、"年均AQI指数"和"0～14岁常住人口占比"三方面排名较低，分别位列第68、第69与第83名。

（六）深圳

深圳市的整体可持续发展水平排在第六位，是经济发展、消耗排放和社会治理相对发达的地区，但是社会民生相对较差的城市，在五大类一级指标中，消耗排放、经济发展和治理保护分别排全国大中城市第2、第5、第6名，但社会民生排第97名，是排位靠前的城市中发展水平显著不均衡的城市。在单项指标方面，在"单位工业总产值二氧化硫排放量""人均GDP""财政性科学技术支出占GDP比重"等多达6项单项指标排全国前2名，但在"房价－人均GDP比"和"每千人医疗卫生机构床位数"两方面排名靠后，分别位列第90与第94名。

（七）苏州

苏州市的整体可持续发展水平排在第七位，首次跃居可持续发展领先城市。在经济发展和消耗排放两个方面表现较好，在五大类一级指标中均排第9名，治理保护相对落后，排第75名。在单项指标方面，在"人均GDP"、"单位GDP能耗"和"城镇登记失业率"三方面排名较高，分别位列第4、第4

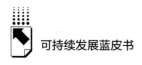
和第 6 名。但在"0～14 岁常住人口占比"、"GDP 增长率"和"财政性节能环保支出占 GDP 比重"三方面排名较低，分别位列第 79、第 82 与第 84 名。

（八）武汉

武汉市的整体可持续发展水平排在第八位，是经济发展和社会民生表现较好的地区，但是资源环境相对落后的城市，在五大类一级指标中，社会民生和经济发展分别排第 4、第 6 名，但资源环境排第 89 名。在单项指标方面，在"财政性科学技术支出占 GDP 比重"、"人均社会保障和就业财政支出"和"单位二、三产业增加值占建成区面积"三方面排名较高，且均位列第 7 名。但在"年均 AQI 指数"、"每万人城市绿地面积"和"0～14 岁常住人口占比"三方面排名较低，分别位列第 77、第 82 与第 82 名。

（九）南京

南京市的整体可持续发展水平排在第九位，是排位靠前的城市中发展水平最不均衡的城市。在经济发展和社会民生方面表现较好，但也是所有城市中治理保护表现最差的城市，在五大类一级指标中，经济发展和社会民生排名靠前，分别排第 2、第 8 名，但治理保护排第 100 名。在单项指标方面，在"每万人城市绿地面积"、"人均 GDP"和"城镇登记失业率"三方面排名较高，分别位列第 5、第 6 和第 6 名。但在"财政性节能环保支出占 GDP 比重"、"人均水资源量"和"污水处理厂集中处理率"三方面排名较低，分别位列第 77、第 93 与第 96 名。

（十）郑州

郑州市的整体可持续发展水平排在第十位，首次跃居可持续发展领先城市，在各单项指标排名中，前 50 名的指标数达 20 项，大多数可持续发展指标均排名相对靠前。在治理保护方面表现突出，经济发展、消耗排放和社会民生相对优异，但在资源环境方面表现较差，在五大类一级指标中，治理保护排名靠前，排第 2 名，但资源环境排名靠后，排第 80 名。在单项指标方面，在"每千人拥有卫生技术人员数"、"单位 GDP 水耗"和"城镇登记失业率"三方面排名较高，分别位列第 8、第 15 和第 16 名。但在"中小学师生人数比"、"人均水资源量"和"年均 AQI 指数"三方面排名较低，分别位列第 85、第 97 与第 97 名。

（十一）长沙

长沙市的整体可持续发展水平排在第十一位，在社会民生、消耗排放和经济发展方面具有较好表现，资源环境方面相对落后，在五大类一级指标中，社会民生排名靠前，排第 9 名，同时经济发展和消耗排放均排在前 20 名以内。在单项指标方面，在"每千人医疗卫生机构床位数"、"房价 - 人均 GDP 比"和"单位工业总产值废水排放量"三方面排名较高，分别位列第 1、第 2 和第 7 名。但在"年均 AQI 指数"、"每万人城市绿地面积"和"人均城市道路面积 + 高峰拥堵延时指数"三方面排名较低，分别位列第 70、第 72 与第 75 名。

（十二）青岛

青岛市的整体可持续发展水平排在第十二位，在消耗排放、社会民生和经济发展方面具有较好表现，在五大类一级指标中，消耗排放排名靠前，排第 10 名，同时社会民生和经济发展均排在前 20 名以内。在单项指标方面，在"单位 GDP 水耗"和"单位工业总产值二氧化硫排放量"两方面排名较高，分别位列第 5 和第 10 名。但在"财政性节能环保支出占 GDP 比重"和"人均水资源量"两方面排名较低，分别位列第 97 与第 99 名。

（十三）宁波

宁波市的整体可持续发展水平排在第十三位，是排位相对靠前的城市中发展水平高度不均衡的城市。在经济发展和消耗排放方面表现较好，但治理保护表现较差，在五大类一级指标中，消耗排放和经济发展排名靠前，分别为第 6、第 10 名，但治理保护排第 97 名。在单项指标方面，在"城镇登记

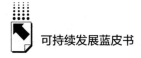

失业率"、"单位二、三产业增加值占建成区面积"、"财政性科学技术支出占GDP 比重"三方面排名较高,分别列第 5、第 6 和第 8 名。但在"生活垃圾无害化处理率"、"0~14 岁常住人口占比"和"污水处理厂集中处理率"三方面排名较低,分别列第 83、第 85 与第 98 名。

(十四)厦门

厦门市的整体可持续发展水平排在第十四位,在资源环境、消耗排放和经济发展方面表现较好,在五大类一级指标中均排在前 20 名以内,分别位列第 12、第 12、第 16 名。在单项指标方面,在"单位工业总产值二氧化硫排放量"、"单位 GDP 水耗"和"年均 AQI 指数"三方面排名较高,分别位列第 3、第 7 和第 9 名。但在"中小学师生人数比"、"每千人医疗卫生机构床位数"和"单位工业总产值废水排放量"三方面排名较低,分别位列第 86、第 88 与第 94 名。

(十五)合肥

合肥市的整体可持续发展水平排在第十五位,可持续发展较为均衡,在经济发展和消耗排放方面具有较好表现,在五大类一级指标中分别排第 13、第 16 名,一级指标不均衡程度差值为 44,在排位相对靠前的城市中仅次于珠海、无锡和广州。在单项指标方面,在"单位 GDP 能耗"和"财政性科学技术支出占 GDP 比重"两方面排名较高,分别位列第 3 和第 5 名。但在"人均水资源量"、"年均 AQI 指数"和"人均社会保障和就业财政支出"三方面排名较低,分别位列第 70、第 73 与第 82 名。

(十六)上海

上海市的整体可持续发展水平排在第十六位,在可持续发展各个方面中将近 1/3 多的单项指标排到全国前列,各单项指标排名在全国排前 10 名的指标数较多,达 9 项,仅次于北京;但是也存在 4 个单项指标在全国城市排名后十位,是排位相对靠前的城市中最多的。上海的消耗排放方面表现较好，在五大类一级指标中排第 5 名，其余一级指标内部的各单项指标均有排名靠前也存在排名靠后，表明上海可持续发展均衡度存在较为严重的不均衡性。在单项指标方面，在"单位二、三产业增加值占建成区面积"、"人均社会保障和就业财政支出"、"第三产业增加值占 GDP 比重"和"单位工业总产值二氧化硫排放量"四方面排名较高，分别位列第 1、第 2、第 4 和第 6 名。但在"城镇登记失业率"、"人均城市道路面积 + 高峰拥堵延时指数"、"房价 – 人均 GDP 比"和"0 ~ 14 岁常住人口占比"四方面排名较低，分别位列第 91、第 91、第 96 与第 100 名。

（十七）拉萨

拉萨市的整体可持续发展水平排在第十七位，是资源环境方面表现最好的城市，在五大类一级指标中排第 1 名，社会民生和经济发展排位也相对靠前，排第 14 和第 21 名。在单项指标方面，在"年均 AQI 指数"、"人均城市道路面积 + 高峰拥堵延时指数"、"每万人城市绿地面积"和"人均水资源量"四方面排名较高，分别位列第 6、第 7、第 8 和第 9 名。但在"单位二、三产业增加值占建成区面积""生活垃圾无害化处理率""一般工业固体废物综合利用率"三方面排名较低，分别位列第 83、第 86 与第 100 名。

（十八）济南

济南市的整体可持续发展水平排在第十八位，在单项指标中没有较为突出的指标，但前 50 名的单项指标数达 18 项，多数可持续发展单项指标均排名相对靠前。社会民生和经济发展方面表现较好，在五大类一级指标中排名靠前，分别为第 7、第 12 名，但在资源环境方面表现较差，排第 90 名。在单项指标方面，在"每千人拥有卫生技术人员数"、"城镇登记失业率"和"单位 GDP 水耗"三方面排名较高，分别位列第 15、第 18 和第 20 名。但在"人均城市道路面积 + 高峰拥堵延时指数"、"人均水资源量"和"年均 AQI 指数"三方面排名较低，分别位列第 80、第 81 与第 91 名。

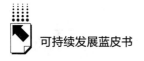

（十九）三亚

三亚市的整体可持续发展水平第十九位，在经济发展和治理保护方面具有较好表现，在五大类一级指标中分别排第7、第13名，且五大类一级指标排名均在前50以内，可持续发展较为均衡，均衡程度差值为43。在单项指标方面，在"年均AQI指数"和"财政性科学技术支出占GDP比重"两方面表现最好，均在全国大中城市中排名第一，同时在"第三产业增加值占GDP比重"、"城镇登记失业率"和"一般工业固体废物综合利用率"三方面排名较高，分别位列第3、第4和第6名。但在"污水处理厂集中处理率"、"房价－人均GDP比"和"单位工业总产值废水排放量"三方面排名较低，分别位列第92、第92与第96名。

（二十）成都

成都市的整体可持续发展水平排在第二十位，在消耗排放、经济发展和社会民生方面表现尚佳，在五大类一级指标中排名第15、第18和第23名，但在治理保护方面表现较差，排第95名。在单项指标方面，医疗资源较为丰富，"每千人医疗卫生机构床位数"、"每千人拥有卫生技术人员数"分别位列第6和第10名，在"第三产业增加值占GDP比重"和"单位工业总产值二氧化硫排放量"两方面排名也较高，排第11、第12名。但在"城镇登记失业率"、"人均社会保障和就业财政支出"和"财政性节能环保支出占GDP比重"三方面排名较低，分别位列第81、第81与第93名。

（二十一）乌鲁木齐

乌鲁木齐市的整体可持续发展水平排在第二十一位，各单项指标排名在全国排前10名的指标数较多，达8项。乌鲁木齐也是全国大中城市中社会民生表现次好的城市，在五大类一级指标中，社会民生排名靠前，排第2名，同时经济发展和治理保护表现尚佳，排在20名左右。在单项指标方面，在"人均城市道路面积+高峰拥堵延时指数"、"每千人医疗卫生机构床位数"和"每万人城市绿地面积"三方面排名较高，分别位列第2、第3和第4名。但在"年均AQI指数"、"中小学师生人数比"和"财政性节能环保支出占GDP比重"三方面排名较低，分别位列第79、第80与第95名。

（二十二）西安

西安市的整体可持续发展水平排在第二十二位，在消耗排放方面具有较好表现，在五大类一级指标中，消耗排放排名靠前，排第7名，但资源环境方面表现较差，排第84名。在单项指标方面，在"单位工业总产值二氧化硫排放量"、"每千人拥有卫生技术人员数"和"单位GDP能耗"三方面排名较高，分别位列第9、第12和第14名。但在"人均城市道路面积+高峰拥堵延时指数"、"年均AQI指数"和"生活垃圾无害化处理率"三方面排名较低，分别位列第84、第86与第89名。

（二十三）福州

福州市的整体可持续发展水平排在第二十三位，在消耗排放、经济发展、资源环境方面表现尚佳，在五大类一级指标中排位分别为第18、第20、第27名，但在社会民生和治理保护方面表现较差。在单项指标方面，在"单位二、三产业增加值占建成区面积"、"年均AQI指数"和"单位工业总产值废水排放量"三方面排名较高，分别位列第11、第12和第16名。但在"每千人医疗卫生机构床位数"、"中小学师生人数比"和"财政性节能环保支出占GDP比重"三方面排名较低，分别位列第80、第84与第90名。

（二十四）太原

太原市的整体可持续发展水平排在第二十四位，是全国大中城市社会民生表现最好的城市，在五大类一级指标中，社会民生排名第1，但在资源环境和治理保护方面表现较差，分别排第82、第83名。在单项指标方面，在"每千人拥有卫生技术人员数"、"每千人医疗卫生机构床位数"和"人均城

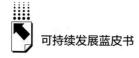

市道路面积＋高峰拥堵延时指数"三方面排名较高，分别位列第1、第7和第21名。但在"单位GDP能耗"、"年均AQI指数"和"人均水资源量"三方面排名较低，分别位列第85、第85与第87名。

（二十五）烟台

烟台市的整体可持续发展水平排在第二十五位，在消耗排放和社会民生方面表现尚佳，在五大类一级指标中分别排第24、第26名。在单项指标方面，在"中小学师生人数比"、"房价－人均GDP比"和"城市单位GDP水耗"三方面排名较高，分别位列第7、第9和第9名。但在"0~14岁常住人口占比"、"人均水资源量"和"财政性节能环保支出占GDP比重"三方面排名较低，分别位列第87、第91与第92名。

（二十六）大连

大连市的整体可持续发展水平排在第二十六位，在单项指标中没有较为突出的指标，前20名的指标数只有2项，但前50名达18项，多数可持续发展单项指标均排名处于相对靠前的位置。可持续发展较为均衡，一级指标不均衡程度差值为25，在消耗排放方面表现尚佳，在五大类一级指标中排第28名。在单项指标方面，在"人均社会保障和就业财政支出"方面排名较高，位列第5名。但在"0~14岁常住人口占比"和"人均城市道路面积＋高峰拥堵延时指数"两方面排名较低，分别位列第91与第93名。

（二十七）昆明

昆明市的整体可持续发展水平排在第二十七位，在社会民生和资源环境方面表现较好，在五大类一级指标中分别排第13、第18名。在单项指标方面，医疗卫生资源较为丰富，表现在"每千人拥有卫生技术人员数"和"每千人医疗卫生机构床位数"两方面排名较高，分别位列第3和第5名，"年均AQI指数"表现也较高，位列第10名。但在"单位工业总产值二氧化硫排放量"、"单位工业总产值废水排放量"和"一般工业固体废物综合利用率"三方面表现较差，排名均位列第98名。

（二十八）贵阳

贵阳市的整体可持续发展水平排在第二十八位，在资源环境方面表现突出，在五大类一级指标中排第6名，社会民生和经济发展表现尚佳，在五大类一级指标中排第25和第27名。在单项指标方面，在"年均AQI指数"和"房价-人均GDP比"两方面排名较高，分别位列第5和第12名，医疗资源拥有量表现较好，"每千人医疗卫生机构床位数"和"每千人拥有卫生技术人员数"分别位列第13和第14名。但在"一般工业固体废物综合利用率"、"人均城市道路面积+高峰拥堵延时指数"和"生活垃圾无害化处理率"三方面排名较低，分别位列第91、第92与第92名。

（二十九）温州

温州市的整体可持续发展水平排在第二十九位，在资源环境和消耗排放方面表现较好，在五大类一级指标中分别排第15、第21名，社会民生表现较差，排第82名。在单项指标方面，在"一般工业固体废物综合利用率"、"单位GDP能耗"和"GDP增长率"三方面排名较高，分别位列第7、第9和第9名。但在"房价-人均GDP比"、"每千人医疗卫生机构床位数"和"财政性节能环保支出占GDP比重"三方面排名较低，分别位列第84、第91与第91名。

（三十）南昌

南昌市的整体可持续发展水平排在第三十位，在各单项指标排名中，没有特别差的指标，排名后20位指标数仅1项。在经济发展和消耗排放方面表现尚佳，在五大类一级指标中分别排第24、第26名。在单项指标方面，在"单位GDP能耗"、"单位工业总产值废水排放量"和"GDP增长率"三方面排名较高，分别位列第2、第11和第16名。但在"中小学师生人数

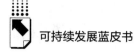

比"、"人均社会保障和就业财政支出"和"污水处理厂集中处理率"三方面排名较低，分别位列第75、第76与第83名。

（三十一）海口

海口市的整体可持续发展水平排在第三十一位，可持续发展较为均衡，一级指标不均衡程度差值为16，是排名相对靠前的城市中最低的。在五大类一级指标中经济发展、社会民生、资源环境、治理保护等各方面都有尚佳表现，排位都在30名左右，只有消耗排放排名相对靠后一些，排第44名。在单项指标方面，各单项指标排名在全国排前10名的指标数较多，达6项，在"第三产业增加值占GDP比重"、"年均AQI指数"和"单位工业总产值二氧化硫排放量"三方面排名较高，分别位列第2、第4和第4名。但在"财政性节能环保支出占GDP比重"、"人均城市道路面积＋高峰拥堵延时指数"和"财政性科学技术支出占GDP比重"三方面排名较低，分别位列第80、第85与第87名。

（三十二）南通

南通市的整体可持续发展水平排在第三十二位，在消耗排放方面具有较好表现，在五大类一级指标中排第20名，但治理保护表现较差，排第98名。在单项指标方面，在全国排前20名指标数较多，达8项，在"单位GDP能耗"、"城镇登记失业率"和"人均城市道路面积＋高峰拥堵延时指数"三方面排名较高，分别位列第5、第6和第15名。但在"污水处理厂集中处理率"、"财政性节能环保支出占GDP比重"和"0～14岁常住人口占比"三方面排名较低，分别位列第91、第94与第94名。

（三十三）金华

金华市的整体可持续发展水平排在第三十三位，在各单项指标排名中，没有特别差的指标，排名后20位指标数仅1项。可持续发展较为均衡，一级指标不均衡程度差值为23，经济发展和资源环境方面表现尚佳，在五大类一级指标中排第25、第28名。在单项指标方面，在"人均城市道路面积

+高峰拥堵延时指数"、"城镇登记失业率"和"一般工业固体废物综合利用率"三方面排名较高,分别位列第6、第13和第13名。但在"每千人医疗卫生机构床位数"、"单位工业总产值废水排放量"和"财政性节能环保支出占GDP比重"三方面排名较低,分别位列第76、第77与第82名。

（三十四）克拉玛依

克拉玛依市的整体可持续发展水平排在第三十四位,可持续发展处于不均衡状态,在各单项指标排名中,有6项排在全国前十以内,同时也有4项排在全国最后十位。社会民生方面表现较好,在五大类一级指标中排第19名,而治理保护方面相对较差,排第84位。在单项指标方面,有四项指标排全国第1名,分别是"人均GDP"、"房价-人均GDP比"、"人均城市道路面积+高峰拥堵延时指数"和"每万人城市绿地面积"。但在"人均水资源量"、"财政性节能环保支出占GDP比重"和"第三产业增加值占GDP比重"三方面排名较低,分别位列第95、第98与第99名。

（三十五）天津

天津市的整体可持续发展水平排在第三十五位,在各单项指标排名中,在全国排前20名的指标数较多,达9项。天津是治理保护和消耗排放相对发达、资源环境表现较差的城市,在五大类一级指标中,治理保护和消耗排放排位靠前,分别为第10、第11名,但资源环境排第91名。在单项指标方面,在"财政性节能环保支出占GDP比重"、"人均社会保障和就业财政支出"和"单位工业总产值废水排放量"三方面排名较高,分别位列第4、第4和第6名。但在"城镇登记失业率"、"每千人医疗卫生机构床位数"和"人均水资源量"三方面排名较低,分别位列第86、第89与第98名。

（三十六）宜昌

宜昌市的整体可持续发展水平排在第三十六位,在各单项指标排名中,在全国排前50名的指标数较多,达16项。宜昌在社会民生方面表现比较好,

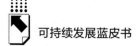

在五大类一级指标中排名靠前,排第 10 名。在单项指标方面,在"房价 - 人均 GDP 比"、"GDP 增长率"和"人均城市道路面积 + 高峰拥堵延时指数"三方面排名较高,分别位列第 6、第 11 和第 18 名。但在"0 ~ 14 岁常住人口占比"、"单位 GDP 能耗"、"单位工业总产值废水排放量"和"一般工业固体废物综合利用率"四方面排名较低,分别位列第 88、第 88、第 89 与第 90 名。

(三十七)常德

常德市的整体可持续发展水平排在第三十七位,是全国治理保护表现最好的城市,在五大类一级指标中排第 1 名。在各单项指标排名中,在全国排前 10 名的指标数较多,达 6 项。在"单位工业总产值废水排放量"、"污水处理厂集中处理率"和"一般工业固体废物综合利用率"三方面排名较高,分别位列第 1、第 2 和第 5 名。但在"第三产业增加值占 GDP 比重"、"每万人城市绿地面积"和"单位 GDP 水耗"三方面排名较低,分别位列第 69、第 86 与第 95 名。

(三十八)南宁

南宁市的整体可持续发展水平排在第三十八位,在五大类一级指标中经济发展、社会民生、资源环境、消耗排放、治理保护五方面排位都在前 50 名以内,其中在治理保护方面表现较好,排第 15 名。在单项指标方面,在"年均 AQI 指数"、"单位 GDP 能耗"和"第三产业增加值占 GDP 比重"三方面排名较高,分别位列第 10、第 12 和第 12 名。但在"中小学师生人数比"、"单位 GDP 水耗"和"GDP 增长率"三方面排名较低,分别位列第 83、第 85 与第 86 名。

(三十九)芜湖

芜湖市的整体可持续发展水平排在第三十九位,在经济发展方面表现尚佳,在五大类一级指标中排第 22 名。在单项指标方面,在"财政性科学技术支出占 GDP 比重"、"人均城市道路面积 + 高峰拥堵延时指数"和"GDP

增长率"三方面排名较高，分别位列第4、第5和第7名。但在"单位GDP水耗"和"生活垃圾无害化处理率"两方面排名较低，分别位列第81、第84名，另外，在医院资源方面也表现较差，"每千人拥有卫生技术人员数"和"每千人医疗卫生机构床位数"分别位列第82与第85名。

（四十）泉州

泉州市的整体可持续发展水平排在第四十位，是资源环境表现比较好的城市，在五大类一级指标中排第9名，但社会民生和治理保护表现较差，排第84和第92名。泉州市可持续发展呈现高度不均衡，在各单项指标排名中，前20名的指标数较多，达9项，同时后10名的指标数也多，达7项。在单项指标方面，在"城镇登记失业率"、"人均城市道路面积+高峰拥堵延时指数"和"房价－人均GDP比"三方面排名较高，分别位列第1、第4和第8名。但在"财政性节能环保支出占GDP比重"和"人均社会保障和就业财政支出"均排全国大中城市中第100名，此外在"污水处理厂集中处理率"、"第三产业增加值占GDP比重"和"中小学师生人数比"三方面也排名较低，分别位列第94、第98和第99名。

（四十一）惠州

惠州市的整体可持续发展水平排在第四十一位，在资源环境方面表现较好，在五大类一级指标中排第2名，仅次于排名第一的拉萨市。在治理保护方面也有较好表现，排第16名，但在社会民生方面略显落后，排第62名。在单项指标方面，在"人均水资源量"、"人均城市道路面积+高峰拥堵延时指数"和"年均AQI指数"三方面排名较高，分别位列第12、第13、第15名。但在"第三产业增加值占GDP比重"、"GDP增长率"和"中小学师生人数比"三方面排名较低，分别位列第89、第89与第93名。

（四十二）徐州

徐州市的整体可持续发展水平排在第四十二位，在社会民生和消耗排放

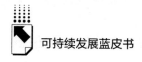

方面表现尚佳，在五大类一级指标排名中分别位列第27、第34名，而在资源环境和治理保护两方面有些落后，分别排第71、第82名。在单项指标方面，在"城镇登记失业率"、"一般工业固体废物综合利用率"和"0~14岁常住人口占比"三方面排名较高，分别位列第6、第10和第16名。但在"人均社会保障和就业财政支出"、"财政性节能环保支出占GDP比重"和"污水处理厂集中处理率"三方面排名较低，分别位列第84、第87与第95名。

（四十三）沈阳

沈阳市的整体可持续发展水平排在第四十三位，在社会民生方面表现较好，在五大类一级指标排名中位列第16名，而在资源环境方面略显落后，排第76名。在单项指标方面，在"人均社会保障和就业财政支出"和"每千人医疗卫生机构床位数"两方面排名较高，分别位列第6、第8名。但在"人均城市道路面积＋高峰拥堵延时指数"、"GDP增长率"以及"0~14岁常住人口占比"三方面排名较低，分别位列第83、第92与第92名。

（四十四）绵阳

绵阳市的整体可持续发展水平排在列第四十四位，可持续发展较为均衡，一级指标不均衡程度差值为21。在五大类一级指标排名中，经济发展、社会民生、资源环境和消耗排放均处于40名附近，而在治理保护方面略显落后，排第62名。在单项指标方面，仅一项指标排全国后20名，在"GDP增长率"、"每千人医疗卫生机构床位数"和"人均水资源量"三方面排名较高，分别位列第11、第11和第16名。但在"每万人城市绿地面积"和"财政性节能环保支出占GDP比重"两方面排名较低，分别位列第74、第85名。

（四十五）榆林

榆林市的整体可持续发展水平排在第四十五位，在社会民生方面表现突出，在五大类一级指标排名中位列第3名，而在经济发展和治理保护方面有些落后，分别排第70、第78名，可持续发展存在较为严重的不均衡性。在单项指标方面，在"房价－人均GDP比"和"人均GDP"两方面排名靠前，分别位列第7、第18名。但在"财政性科学技术支出占GDP比重"、"一般工业固体废物综合利用率"和"第三产业增加值占GDP比重"三方面排名较低，分别位列第96、第99和第100名。

（四十六）西宁

西宁市的整体可持续发展水平排在第四十六位，在社会民生方面表现突出，在五大类一级指标排名中位列第6名，在经济发展和治理保护方面表现居中，分别排名第40、第49名，而在消耗排放方面略显落后，排第74名。在单项指标方面，在"每千人医疗卫生机构床位数"、"每千人拥有卫生技术人员数"和"第三产业增加值占GDP比重"三方面排名靠前，分别位列第4、第7和第10名，但在"单位工业总产值二氧化硫排放量"、"生活垃圾无害化处理率"和"单位GDP能耗"三方面排名较低，分别位列第93、第97和第98名。

（四十七）重庆

重庆市的整体可持续发展水平排在第四十七位，在消耗排放方面表现相对较好，在五大类一级指标排名中位列第30名，在经济发展、社会民生、资源环境和治理保护方面表现居中，均处于50名左右。在单项指标方面，在"人均社会保障和就业财政支出""单位二、三产业增加值占建成区面积""每千人医疗卫生机构床位数"三方面排名相对靠前，分别位列第9、第23和第26名，但在"每万人城市绿地面积"、"人均城市道路面积＋高峰拥堵延时指数"和"生活垃圾无害化处理率"三方面排名较低，分别位列第91、第100和第100名。

（四十八）北海

北海市的整体可持续发展水平排在第四十八位，基于丰富的旅游资源和优良的生态环境，北海市在资源环境方面表现突出，在五大类一级指标排名

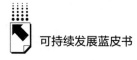
中位列第 4 名，而在社会民生和经济发展方面略显落后，排第 66 和第 71 名。在各单项指标排名中，前 20 名指标数较多达 9 项。在单项指标方面，在"年均 AQI 指数"、"单位工业总产值废水排放量"和"污水处理厂集中处理率"三方面排名靠前，分别位列第 7、第 8、第 9 名，但在"第三产业增加值占 GDP 比重"、"中小学师生人数比"和"财政性节能环保支出占GDP 比重"三方面排名较低，分别位列第 94、第 94 和第 99 名。

（四十九）长春

长春市的整体可持续发展水平排在第四十九位，在资源环境和社会民生方面表现较好，在五大类一级指标排名中分别位列第 14、第 29 名，而在治理保护方面表现较差，排第 93 名，可持续发展均衡度存在较为严重的不均衡性。在单项指标方面，在"单位工业总产值废水排放量"、"中小学师生人数比"和"每万人城市绿地面积"三方面排名靠前，分别位列第 3、第 10 和第 10 名，但在"人均城市道路面积＋高峰拥堵延时指数"、"生活垃圾无害化处理率"和"GDP 增长率"三方面排名较低，分别位列第 87、第 95 和第 96 名。

（五十）潍坊

潍坊市的整体可持续发展水平排在第五十位，在社会民生和治理保护方面表现尚佳，在五大类一级指标排名中分别位列第 22、第 34 名，而在经济发展和资源环境方面略显落后，分别排第 64、第 69 名。在单项指标方面，在"中小学师生人数比"、"人均城市道路面积＋高峰拥堵延时指数"和"房价－人均 GDP 比"三方面排名相对靠前，分别位列第 13、第 22 和第 22 名，但在"年均 AQI 指数"、"人均社会保障和就业财政支出"和"GDP 增长率"三方面排名较低，分别位列第 84、第 85 和第 95 名。

（五十一）扬州

扬州市的整体可持续发展水平排在第五十一位，在经济发展和消耗排放两方面表现尚佳，在五大类一级指标排名中分别位列第 26、第 36 名，而在资源环境方面有些落后，排第87名。在单项指标方面，在"城镇登记失业率""单位二、三产业增加值占建成区面积""人均GDP"三方面排名靠前，分别位列第6、第9和第15名，但在"人均水资源量"、"污水处理厂集中处理率"和"0～14岁常住人口占比"三方面排名较低，分别位列第88、第89和第89名。

（五十二）包头

包头市的整体可持续发展水平排在第五十二位，在社会民生方面表现较好，在五大类一级指标排名中位列第18名，而在治理保护方面表现较差，排第85名，可持续发展均衡度存在不均衡性。在单项指标方面，既有三项指标排到全国城市前十名，也有五项指标排在全国城市后十名，在"房价－人均GDP比"和"人均社会保障和就业财政支出"两方面排名较高，分别位列第3、第8名，但在"单位GDP能耗"、"单位工业总产值二氧化硫排放量"、"人均城市道路面积＋高峰拥堵延时指数"、"一般工业固体废物综合利用率"和"城镇登记失业率"五方面排名较低，分别位列第94、第94、第94、第96与第97名。

（五十三）九江

九江市的整体可持续发展水平排在第五十三位，在治理保护和资源环境两方面表现相对突出，在五大类一级指标排名中分别位列第4、第11名，而在消耗排放和社会民生方面表现略显落后，分别排第69、第72名。在单项指标方面，在"一般工业固体废物综合利用率"、"GDP增长率"和"人均水资源量"三方面排名较高，分别位列第3、第6、第15名，但在"第三产业增加值占GDP比重"、"每千人拥有卫生技术人员数"和"中小学师生人数比"三方面排名相对较低，分别位列第85、第85和第88名。

（五十四）兰州

兰州市的整体可持续发展水平排在第五十四位，在社会民生方面表现相对较好，在五大类一级指标排名中位列第21名，其次是治理保护和经济发

展，而在资源环境方面表现相对落后，排第 77 名。在单项指标方面，在
"每千人医疗卫生机构床位数"、"第三产业增加值占 GDP 比重"和"每千
人拥有卫生技术人员数"三方面排名靠前，分别位列第 10、第 13 和第 16
名，但在"城镇登记失业率"、"人均水资源量"和"财政性节能环保支出
占 GDP 比重"三方面排名较低，分别位列第 83、第 86 和第 96 名。

（五十五）呼和浩特

呼和浩特市的整体可持续发展水平排在第五十五位，在资源环境和经济
发展两方面表现尚佳，在五大类一级指标排名中分别位列第 31、第 42 名，
而在消耗排放方面略显落后，排第 72 名。在单项指标方面，在"每万人城
市绿地面积"、"第三产业增加值占 GDP 比重"和"污水处理厂集中处理
率"三方面排名较高，分别位列第 7、第 8 和第 12 名，但在"单位工业总
产值二氧化硫排放量"、"中小学师生人数比"和"城镇登记失业率"三方
面排名较低，分别位列第 89、第 90 和第 92 名。

（五十六）郴州

郴州市的整体可持续发展水平排在第五十六位，作为国家可持续发展议
程创新示范区，郴州市围绕水资源可持续利用与绿色发展探索可持续发展路
径。分析其各方面可持续发展表现，郴州市在资源环境方面表现相对较好，
在五大类一级指标排名中位列第 21 名，而在消耗排放方面有些落后，排第
80 名。在单项指标方面，有 3 项排在全国城市前十名，没有指标排在全国
城市后十名，在"人均水资源量"、"0 ~ 14 岁常住人口占比"和"每千人
医疗卫生机构床位数"三方面排名较高，分别位列第 6、第 9 和第 16 名，
但在"中小学师生人数比"、"一般工业固体废物综合利用率"和"单位
GDP 水耗"三方面排名较低，分别位列第 87、第 87 和第 88 名。

（五十七）唐山

唐山市的整体可持续发展水平排在第五十七位，在治理保护方面表现相

对突出，在五大类一级指标排名中位列第 12 名，其次是消耗排放表现尚佳排第 32 名，资源环境方面表现较差排第 92 名，可持续发展均衡度存在较为严重的不均衡性。在单项指标方面，"单位 GDP 水耗"较为突出位列第 1 名，在"污水处理厂集中处理率"和"房价－人均 GDP 比"两方面排名也较高，分别位列第 7 和第 14 名，但在"每万人城市绿地面积"、"第三产业增加值占 GDP 比重"和"单位 GDP 能耗"三方面排名较低，分别位列第 87、第 96 和第 99 名。

（五十八）怀化

怀化市的整体可持续发展水平排在第五十八位，在资源环境方面表现突出，在五大类一级指标排名中位列第 7 名，其次是治理保护方面表现较好排第 27 名，而在消耗排放方面有些落后排第 87 名。在单项指标方面，在"人均水资源量"、"GDP 增长率"和"每千人医疗卫生机构床位数"三方面排名较高，分别位列第 3、第 14 和第 21 名，但在"人均 GDP"、"房价－人均 GDP 比"和"单位 GDP 水耗"三方面排名较低，均位列第 94 名。

（五十九）铜仁

铜仁市的整体可持续发展水平排在第五十九位，在资源环境和社会民生两方面表现较好，在五大类一级指标排名中分别位列第 20 和第 36 名，而在消耗排放方面有些落后，排第 85 名。在单项指标方面，在"0～14 岁常住人口占比"、"人均水资源量"和"财政性节能环保支出占 GDP 比重"三方面排名较高，分别位列第 6、第 7、第 9 名，但在"生活垃圾无害化处理率"、"单位二、三产业增加值占建成区面积"和"一般工业固体废物综合利用率"三方面排名较低，分别位列第 91、第 95、第 95 名。

（六十）银川

银川市的整体可持续发展水平排在第六十位，在社会民生方面表现相对突出，在五大类一级指标排名中位列第 11 名，而在治理保护和消耗排放两

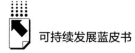

方面表现有些落后，分别排第 89、第 91 名。在单项指标方面，在"房价 –人均 GDP 比"、"每千人拥有卫生技术人员数"和"每万人城市绿地面积"三方面排名较高，分别位列第 5、第 9、第 12 名，但在"一般工业固体废物综合利用率"、"城镇登记失业率"和"人均水资源量"三方面排名较低，分别位列第 97、第 98、第 100 名。

（六十一）哈尔滨

哈尔滨市的整体可持续发展水平排在第六十一位，在社会民生方面表现相对较好，在五大类一级指标排名中位列第 41 名，经济发展、资源环境和消耗排放三方面排 60 名左右，而在治理保护方面略显落后，排第 73 名，可持续发展较为均衡，一级指标不均衡程度差值为 32。在单项指标方面，排前 20 名指标数相对较多达 6 项，在"每千人医疗卫生机构床位数"、"第三产业增加值占 GDP 比重"和"人均社会保障和就业财政支出"三方面排名较高，分别位列第 2、第 7、第 10 名，但在"每万人城市绿地面积"、"0 ~14 岁常住人口占比"和"人均城市道路面积＋高峰拥堵延时指数"三方面排名较低，分别位列第 90、第 96、第 98 名。

（六十二）遵义

遵义市的整体可持续发展水平排在第六十二位，在资源环境和社会民生两方面表现尚佳，在五大类一级指标排名中分别位列第 35、第 39 名，而在经济发展和消耗排放两方面略显落后，分别排第 74、第 77 名。在单项指标方面，"GDP 增长率"较为突出位列第 1 名，在"年均 AQI 指数"和"人均水资源量"两方面排名靠前，分别位列第 3、第 11 名，但在"人均城市道路面积＋高峰拥堵延时指数"、"单位工业总产值二氧化硫排放量"和"第三产业增加值占 GDP 比重"三方面排名较低，分别位列第 88、第 91、第 92 名。

（六十三）蚌埠

蚌埠市的整体可持续发展水平排在第六十三位，在治理保护方面表现尚佳，在五大类一级指标排名中位列第 46 名，而在社会民生方面略显落后，排第 71 名，可持续发展较为均衡，一级指标不均衡程度差值为 25。在单项指标方面，在"一般工业固体废物综合利用率"、"单位 GDP 能耗"和"财政性科学技术支出占 GDP 比重"三方面排名较高，分别位列第 2、第 6、第 13 名，但在"中小学师生人数比"、"每千人拥有卫生技术人员数"和"GDP 增长率"三方面排名较低，分别位列第 78、第 79、第 85 名。

（六十四）襄阳

襄阳市的整体可持续发展水平排在第六十四位，在消耗排放、经济发展和社会民生三方面表现居中，在五大类一级指标排名中分别位列第 50、第 52、第 54 名，而在资源环境方面有些落后，排第 85 名。在单项指标方面，在"单位工业总产值废水排放量"、"GDP 增长率"和"单位工业总产值二氧化硫排放量"三方面排名相对较高，分别位列第 13、第 23、第 24 名，但在"每万人城市绿地面积"、"单位 GDP 能耗"和"第三产业增加值占 GDP 比重"三方面排名较低，分别位列第 81、第 82、第 90 名。

（六十五）石家庄

石家庄市的整体可持续发展水平排在第六十五位，是治理保护方面较为突出的城市，在五大类一级指标排名中位列第 5 名，消耗排放方面也表现相对较好，排第 25 名，但在资源环境方面表现较差，排第 96 名，可持续发展均衡度存在较为严重的不均衡性，一级指标不均衡程度差值达 91。在单项指标方面，在"污水处理厂集中处理率"、"单位 GDP 水耗"和"财政性节能环保支出占 GDP 比重"三方面排名较高，分别位列第 1、第 6、第 8 名，但在"人均社会保障和就业财政支出"、"人均水资源量"和"年均 AQI 指数"三方面排名较低，分别位列第 92、第 94、第 99 名。

（六十六）赣州

赣州市的整体可持续发展水平排在第六十六位，在治理保护和资源环境两

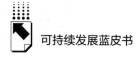

方面表现较好，在五大类一级指标排名中分别位列第 14、第 17 名，而在消耗排放和社会民生方面表现较差，排第 76、第 83 名。在各单项指标排名中，前 20 名指标数较多，达 7 项，在"GDP 增长率"、"人均水资源量"和"0～14 岁常住人口占比"三方面排名较高，分别位列第 5、第 5、第 8 名，但在"中小学师生人数比"、"单位 GDP 水耗"、"每千人拥有卫生技术人员数"和"污水处理厂集中处理率"四方面排名较低，分别位列第 89、第 89、第 92 和第 93 名。

（六十七）岳阳

岳阳市的整体可持续发展水平排在第六十七位，在资源环境和经济发展两方面表现尚佳，在五大类一级指标排名中分别位列第 41、第 47 名，而在社会民生和治理保护方面表现较差，分别排第 89、第 91 名。在单项指标方面，在"GDP 增长率""单位二、三产业增加值占建成区面积""人均水资源量"三方面排名较高，分别位列第 15、第 21、第 31 名，但在"单位 GDP 水耗"、"人均城市道路面积 + 高峰拥堵延时指数"和"污水处理厂集中处理率"三方面排名较低，分别位列第 86、第 90、第 97 名。

（六十八）黄石

黄石市的整体可持续发展水平排在第六十八位，在社会民生和资源环境两方面表现较好，在五大类一级指标排名中分别位列第 24、第 44 名，而在消耗排放方面表现较差排第 86 名。在单项指标方面，在"GDP 增长率"、"0～14 岁常住人口占比"和"人均社会保障和就业财政支出"三方面排名较高，分别位列第 8、第 19、第 23 名，但在"单位 GDP 水耗"、"单位 GDP 能耗"和"中小学师生人数比"三方面排名较低，分别位列第 93、第 93、第 98 名。

（六十九）韶关

韶关市的整体可持续发展水平排在第六十九位，是资源环境方面表现较为突出的城市，在五大类一级指标排名中位列第 5 名，同时也是消耗排放方面表现较差的城市，排第 99 名，可持续发展均衡度存在较为严重的不均衡性，一级指标不均衡程度差值达94。在各单项指标排名中，前20名指标数相对较多，达7项，在"人均水资源量"、"财政性节能环保支出占GDP比重"和"年均AQI指数"三方面排名较高，分别位列第2、第2、第16名，但在"单位GDP能耗"、"单位工业总产值废水排放量"和"单位GDP水耗"三方面排名较低，分别位列第95、第97、第98名。

（七十）秦皇岛

秦皇岛市的整体可持续发展水平排在第七十位，在治理保护方面表现尚佳，在五大类一级指标排名中位列第39名，而在资源环境方面表现落后，排第70名，整体可持续发展较为均衡，一级指标不均衡程度差值为31。在单项指标方面，在"单位GDP水耗"、"中小学师生人数比"和"人均城市道路面积＋高峰拥堵延时指数"三方面排名较高，分别位列第11、第14、第34名，但在"人均社会保障和就业财政支出"、"单位工业总产值二氧化硫排放量"和"单位二、三产业增加值占建成区面积"三方面排名较低，分别位列第77、第79、第92名。

（七十一）洛阳

洛阳市的整体可持续发展水平排在第七十一位，在消耗排放和经济发展两方面表现相对居中，在五大类一级指标排名中分别位列第46、第58名，而在资源环境方面表现较差，排第88名。在单项指标方面，在"污水处理厂集中处理率"、"14岁常住人口占比"和"GDP增长率"三方面排名较高，分别位列第3、第24、第26名，但在"每千人医疗卫生机构床位数"、"城镇登记失业率"和"年均AQI指数"三方面排名较低，分别位列第95、第96、第98名。

（七十二）桂林

桂林市的整体可持续发展水平排在第七十二位，作为国家可持续发展议程创新示范区，围绕景观资源可持续利用探索可持续发展路径，分析其各方面可持续表现，在治理保护和资源环境两方面表现较好，在五大类一级指标

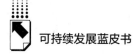

排名中分别位列第 18、第 25 名，而在经济发展方面有些落后，排第 81 名，可持续发展均衡度存在不均衡性。在单项指标方面，"人均水资源量"较为突出位列第 1 名，在"污水处理厂集中处理率"和"单位工业总产值废水排放量"两方面排名较高，分别位列第 10、第 14 名，但在"每千人医疗卫生机构床位数"、"财政性科学技术支出占 GDP 比重"和"单位 GDP 水耗"三方面排名较低，分别位列第 84、第 89、第 100 名。

（七十三）泸州

泸州市的整体可持续发展水平排在第七十三位，在资源环境和治理保护两方面表现较好，在五大类一级指标排名中分别位列第 23、第 25 名，而在消耗排放方面表现较差，排第 82 名。在单项指标方面，在"每千人医疗卫生机构床位数"、"GDP 增长率"和"一般工业固体废物综合利用率"三方面排名较高，分别位列第 15、第 16、第 16 名，但在"污水处理厂集中处理率"、"第三产业增加值占 GDP 比重"和"中小学师生人数比"三方面排名较低，分别位列第 89、第 95、第 100 名。

（七十四）许昌

许昌市的整体可持续发展水平排在第七十四位，在治理保护和消耗排放两方面表现较好，在五大类一级指标排名中分别位列第 17、第 31 名，而在资源环境方面表现较差，排第 95 名。在单项指标方面，在"GDP 增长率"、"单位工业总产值废水排放量"和"14 岁常住人口占比"三方面排名较高，分别位列第 3、第 12、第 15 名，但在"年均 AQI 指数"、"第三产业增加值占 GDP 比重"、"人均社会保障和就业财政支出"和"每千人医疗卫生机构床位数"四方面排名较低，分别位列第 93、第 93、第 94、第 99 名。

（七十五）宜宾

宜宾市的整体可持续发展水平排在第七十五位，在治理保护方面表现突出，在五大类一级指标排名中位列第 9 名，而在经济发展方面有些落后，排第86名。在单项指标方面，在"GDP 增长率"、"每千人医疗卫生机构床位数"和"人均水资源量"三方面排名较高，分别位列第4、第19、第24名，但在"单位工业总产值废水排放量"、"每万人城市绿地面积"和"第三产业增加值占 GDP 比重"三方面排名较低，分别位列第85、第96、第97名。

（七十六）牡丹江

牡丹江市的整体可持续发展水平排在第七十六位，是资源环境方面表现突出的城市，在五大类一级指标排名中位列第3名，但在消耗排放、经济发展和治理保护方面表现较差，均排 90 名以后，可持续发展均衡度存在较为严重的不均衡性，一级指标不均衡程度差值为93。在单项指标方面，排全国后二十位的指标数较多，达 10 项，在"人均水资源量"、"中小学师生人数比"和"人均社会保障和就业财政支出"三方面排名较高，分别位列第4、第8、第13名，但在"14 岁常住人口占比""单位二、三产业增加值占建成区面积""污水处理厂集中处理率"三方面排名较低，分别位列第97、第99、第99名。

（七十七）固原

固原市的整体可持续发展水平排在第七十七位，在各单项指标排名中，前 20 名指标数相对较多达 7 项。固原市在治理保护、社会民生和资源环境三方面表现居中，在五大类一级指标排名中分别位列第43、第56、第57名，而在消耗排放方面表现有些落后，排第 83 名。在单项指标方面，在"财政性节能环保支出占 GDP 比重"、"0～14 岁常住人口占比"和"单位工业总产值废水排放量"三方面排名较高，分别位列第1、第4、第9名，但在"房价－人均 GDP 比"、"人均 GDP"和"单位二、三产业增加值占建成区面积"三方面排名较低，分别位列第98、第98、第100名。

（七十八）乐山

乐山市的整体可持续发展水平排在第七十八位，是资源环境方面表现突出的城市，在五大类一级指标排名中位列第 10 名，而在消耗排放和经济发展方面

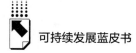

表现较差，分别排第 88、第 93 名，可持续发展均衡度存在较为严重的不均衡性。在单项指标方面，在"人均水资源量"、"财政性节能环保支出占 GDP 比重"和"每千人医疗卫生机构床位数"三方面排名较高，分别位列第 8、第 16、第 17 名，但在"单位工业总产值废水排放量"、"单位 GDP 能耗"和"财政性科学技术支出占 GDP 比重"三方面排名较低，分别位列第 90、第 92、第 99 名。

（七十九）济宁

济宁市的整体可持续发展水平排在第七十九位，在治理保护方面表现突出，在五大类一级指标排名中位列第 8 名，而在消耗排放、资源环境和经济发展方面表现较差，分别排第 78、第 81 和第 89 名。在单项指标方面，在"人均城市道路面积＋高峰拥堵延时指数"、"污水处理厂集中处理率"和"0～14 岁常住人口占比"三方面排名较高，分别位列第 17、第 19、第 26 名，但在"人均社会保障和就业财政支出"、"单位工业总产值废水排放量"和"GDP 增长率"三方面排名较低，分别位列第 93、第 93、第 94 名。

（八十）安庆

安庆市的整体可持续发展水平排在第八十位，在资源环境方面表现相对较好，在五大类一级指标排名中位列第 29 名，而在社会民生和治理保护方面有些落后，分别排第 87、第 94 名。在单项指标方面，在"每万人城市绿地面积"、"中小学师生人数比"和"人均城市道路面积＋高峰拥堵延时指数"三方面排名较高，分别位列第 18、第 19、第 19 名，但在"每千人医疗卫生机构床位数"和"每千人拥有卫生技术人员数"表现较差，排名分别位列第 93、第 97 位，同时在"单位 GDP 水耗"和"单位二、三产业增加值占建成区面积"两方面排名较低，分别位列第 90、第 90 名。

（八十一）汕头

汕头市的整体可持续发展水平排在第八十一位，在治理保护和消耗排放两方面表现良好，在五大类一级指标排名中分别位列第 19、第 35 名，而在社会民生方面表现较差，排第100名，可持续发展均衡度存在较为严重的不均衡性。在单项指标方面，在"0～14岁常住人口占比"、"年均AQI指数"和"单位GDP能耗"三方面排名较高，分别位列第14、第17、第20名，但在"每千人医疗卫生机构床位数"和"每千人拥有卫生技术人员数"表现较差，排名第96、第99位，同时在"人均社会保障和就业财政支出"和"每万人城市绿地面积"两方面排名也较低，分别位列第98、第99名。

（八十二）临沂

临沂市的整体可持续发展水平排在第八十二位，是所有城市可持续发展不均衡度最小的城市，一级指标不均衡程度差值为15，但经济发展、社会民生、资源环境、消耗排放和治理保护五大方面一级指标排名均在70名左右。在单项指标方面，在"0～14岁常住人口占比"、"城镇登记失业率"和"人均城市道路面积＋高峰拥堵延时指数"三方面排名较高，分别位列第10、第22、第35名，但在"中小学师生人数比"、"财政性科学技术支出占GDP比重"、"GDP增长率"和"人均社会保障和就业财政支出"四方面排名较低，分别位列第91、第91、第96、第96名。

（八十三）大同

大同市的整体可持续发展水平排在第八十三位，在治理保护和社会民生两方面表现居中，在五大类一级指标排名中分别位列第52和第63名，而在资源环境和消耗排放方面表现有些落后，分别排第83、第84名。在单项指标方面，排名前50名指标数仅7项，在"中小学师生人数比"、"财政性节能环保支出占GDP比重"和"第三产业增加值占GDP比重"三方面排名较高，分别位列第3、第14、第34名，但在"人均GDP"、"污水处理厂集中处理率"和"单位GDP能耗"三方面排名较低，分别位列第86、第86、第97名。

（八十四）吉林

吉林市的整体可持续发展水平排在第八十四位，在社会民生和资源环境

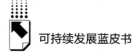

方面表现较好,在五大类一级指标排名中分别位列第30、第32名,但在经济发展和消耗排放方面表现较差,分别排第97、第98名,可持续发展存在不均衡性。在单项指标方面,排全国后十名的指标数较多达9项,在"中小学师生人数比"、"人均水资源量"和"人均社会保障和就业财政支出"三方面排名较高,分别位列第6、第10、第12名,但在"人均城市道路面积+高峰拥堵延时指数"、"单位GDP水耗"和"GDP增长率"三方面排名较低,分别位列第96、第99、第100名。

(八十五)开封

开封市的整体可持续发展水平排在第八十五位,在各单项指标排名中,前50名指标数仅8项。开封市在治理保护和消耗排放两方面表现尚佳,在五大类一级指标排名中分别位列第36、54名,而在资源环境方面表现较差,排第94名。在单项指标方面,在"0~14岁常住人口占比"、"单位工业总产值二氧化硫排放量"和"单位GDP能耗"三方面排名较高,分别位列第7、第16、第19名,但在"中小学师生人数比"、"年均AQI指数"和"每千人医疗卫生机构床位数"三方面排名较低,分别位列第92、第96、第97名。

(八十六)曲靖

曲靖市的整体可持续发展水平排在第八十六位,在治理保护、资源环境方面表现尚佳,在五大类一级指标排名中位列第42和第50名,而在经济发展和社会民生方面表现较差,排第85和第95名。在单项指标方面,"GDP增长率"表现突出位列第2名,在"年均AQI指数"和"污水处理厂集中处理率"两方面排名较高,均位列第8名,但在"财政性科学技术支出占GDP比重"、"单位工业总产值废水排放量"和"单位工业总产值二氧化硫排放量"三方面排名较低,分别位列第98、第99、第100名。

(八十七)平顶山

平顶山市的整体可持续发展水平排在第八十七位,在治理保护和消耗排放两方面表现尚佳，在五大类一级指标排名中分别位列第37、第52名，而在社会民生和资源环境方面表现较差，分别排第96、第97名。在单项指标方面，在"0~14岁常住人口占比"、"污水处理厂集中处理率"和"城镇登记失业率"三方面排名较高，分别位列第5、第14、第28名，但在"人均社会保障和就业财政支出"、"中小学师生人数比"和"每千人医疗卫生机构床位数"三方面排名较低，分别位列第95、第97、第98名。

（八十八）湛江

湛江市的整体可持续发展水平排在第八十八位，湛江市在治理保护和资源环境两方面表现居中，在五大类一级指标排名中分别位列第50、第59名，而在社会民生方面表现较差，排第94名。在单项指标方面，在"0~14岁常住人口占比"、"年均 AQI 指数"和"一般工业固体废物综合利用率"三方面排名较高，分别位列第2、第14、第18名，但在"每万人城市绿地面积"、"GDP 增长率"和"每千人拥有卫生技术人员数"三方面排名较低，分别位列第92、第93、第93名。

（八十九）大理

大理市的整体可持续发展水平排在第八十九位，在治理保护和资源环境两方面表现尚佳，在五大类一级指标排名中分别位列第26、第40名，而在经济发展和消耗排放两方面表现较差，均排第92名。在单项指标方面，在"年均 AQI 指数"、"财政性节能环保支出占 GDP 比重"和"人均水资源量"三方面排名较高，分别位列第2、第3、第23名，但在"一般工业固体废物综合利用率"、"单位工业总产值二氧化硫排放量"和"单位工业总产值废水排放量"三方面排名较低，分别位列第93、第99、第100名。

（九十）邯郸

邯郸市的整体可持续发展水平排在第九十位，在治理保护方面表现突出，在五大类一级指标排名中位列第3名，但在经济发展和资源环境方面表

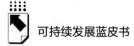

现较差，分别排第 95、第 100 名，可持续发展均衡度存在极为严重的不均衡性，一级指标不均衡程度差值为 97。在单项指标方面，排名前 20 名指标数相对较多达 6 项，同时排名全国后 20 名的指标数也多，达 11 项，在"0～14 岁常住人口占比"、"单位 GDP 水耗"和"单位工业总产值废水排放量"三方面排名较高，分别位列第 3、第 3、第 4 名，但在"人均社会保障和就业财政支出"、"每万人城市绿地面积"和"年均 AQI 指数"三方面排名较低，分别位列第 97、第 98、第 100 名。

（九十一）南充

南充市的整体可持续发展水平排在第 91 位，在五大类一级指标排名中，均排在 60 名之后，其中经济发展和治理保护表现较差，排第 98、第 99 名。在单项指标方面，在"单位工业总产值废水排放量"、"GDP 增长率"和"年均 AQI 指数"三方面排名较高，分别位列第 10、第 16、第 32 名，但在"城镇登记失业率""单位二、三产业增加值占建成区面积""财政性科学技术支出占 GDP 比重"三方面排名较低，分别位列第 94、第 94、第 97 名。

（九十二）保定

保定市的整体可持续发展水平排在第九十二位，在治理保护和消耗排放两方面表现相对较好，在五大类一级指标排名中分别位列第 28、第 33 名，但在社会民生和资源环境方面表现较差，均排在第 99 名，可持续发展均衡度存在较为严重的不均衡性。在单项指标方面，"一般工业固体废物综合利用率"表现突出位列第 1 名，在"单位 GDP 水耗"和"财政性节能环保支出占 GDP 比重"两方面排名较高，分别位列第 2、第 6 名，但在"城镇登记失业率"、"人均 GDP"、"生活垃圾无害化处理率"和"人均社会保障和就业财政支出"四方面排名较低，分别位列第 95、第 96、第 98 和第 99 名。

（九十三）天水

天水市的整体可持续发展水平排在第九十三位，在治理保护方面表现尚佳，在五大类一级指标排名中位列第 31 名，但在消耗排放和社会民生方面表现稍显落后，分别排在第 89、第 90 名。在单项指标方面，排名前 50 名指标数仅 6 项，在"中小学师生人数比"、"财政性节能环保支出占 GDP 比重"和"0～14 岁常住人口占比"三方面排名较高，分别位列第 20、第 20、第 22 名，但在"人均 GDP"、"房价－人均 GDP 比"和"每万人城市绿地面积"三方面排名较低，均位列第 100 名。

（九十四）锦州

锦州市的整体可持续发展水平中排在第九十四位，在治理保护方面表现尚佳，在五大类一级指标排名中位列第 40 名，而在消耗排放和社会民生方面表现较差，分别排在第 90、第 93 名。在单项指标方面，在"中小学师生人数比"、"人均社会保障和就业财政支出"和"财政性科学技术支出占 GDP 比重"三方面排名较高，分别位列第 11、第 14、第 37 名，但在"GDP 增长率"、"每千人拥有卫生技术人员数"、"城镇登记失业率"和"0～14 岁常住人口占比"四方面排名较低，分别位列第 98、第 98、第 99 和第 99 名。

（九十五）南阳

南阳市的整体可持续发展水平排在第九十五位，在五大类一级指标排名中均排在 70 名以后，其中社会民生方面表现较差，排在第 98 名。在单项指标方面，排名前 50 名指标数仅 5 项，"0～14 岁常住人口占比"在全国城市排名中表现最好，位列第 1 名，"污水处理厂集中处理率"和"单位 GDP 能耗"两方面排名较高，分别位列第 4、第 15 名，但在"年均 AQI 指数"、"单位工业总产值废水排放量"、"中小学师生人数比"和"每千人医疗卫生机构床位数"四方面排名较低，分别位列第 92、第 92、第 96 和第 100 名。

（九十六）海东

海东市的整体可持续发展水平中排在第九十六位，在治理保护方面表现相对较好，在五大类一级指标排名中位列第 23 位，而在消耗排放和经济发展方面表现较差，排第95、第96名。在单项指标方面，在"财政性节能环保支出占 GDP 比重"、"人均城市道路面积＋高峰拥堵延时指数"和"0～14 岁常住人口占比"三方面排名较高，分别位列第5、第9、第11名，但在"单位工业总产值二氧化硫排放量"、"每万人城市绿地面积"和"每千人拥有卫生技术人员数"三方面排名较低，分别位列第95、第97、第100名。

（九十七）渭南

渭南市的整体可持续发展水平排在第九十七位，在治理保护方面表现突出，在五大类一级指标排名中位列第11名，其次社会民生方面表现尚佳排第45名，但在消耗排放和资源环境方面表现较差，分别排第97、第98名，可持续发展均衡度存在较为严重的不均衡性。在单项指标方面，在"一般工业固体废物综合利用率"、"人均城市道路面积＋高峰拥堵延时指数"和"中小学师生人数比"三方面排名较高，分别位列第3、第11、第12名，但在"每万人城市绿地面积"、"单位 GDP 能耗"和"单位工业总产值二氧化硫排放量"三方面排名较低，分别位列第95、第96、第96名。

（九十八）丹东

丹东市的整体可持续发展水平排在第九十八位，在资源环境方面表现相对较好，在五大类一级指标排名中位列第24名，而在经济发展和消耗排放方面表现较差，分别排第99、第100名，可持续发展均衡度存在不均衡性。在单项指标方面，"中小学师生人数比"表现突出排第1名，"人均社会保障和就业财政支出"及"人均水资源量"两方面排名较高，分别位列第11、第19名，但排名全国后十名指标数较多，达10项，其中"城镇登记失业率"、"财政性科学技术支出占 GDP 比重"和"污水处理厂集中处理率"三方面排名最低，均位列第100名。

（九十九）齐齐哈尔

齐齐哈尔市的整体可持续发展水平排在第九十九位，在资源环境方面表现尚佳，在五大类一级指标排名中排在第 36 名，但在经济发展、社会民生、消耗排放和治理保护方面均表现较差，治理保护排第 88 名，其余三方面均在 90 名以后。在单项指标方面，在"年均 AQI 指数"、"中小学师生人数比"和"财政性节能环保支出占 GDP 比重"三方面排名较高，分别位列第 13、第 15、第 18 名，但在"人均 GDP"、"房价－人均 GDP 比"和"生活垃圾无害化处理率"三方面排名较低，均位列第 99 名。

（一百）运城

运城市的整体可持续发展水平排在第一百位，在治理保护方面表现尚佳，在五大类一级指标排名中位列第 35 名，但在经济发展、社会民生、消耗排放和治理保护方面均表现较差，经济发展排第 84 名，其余三方面均在 90 名以后。在单项指标方面，排名前 50 名指标数仅 5 项，在"城镇登记失业率"和"中小学师生人数比"两方面表现突出，均位列第 2 名，"财政性节能环保支出占 GDP 比重"方面排名也较高，位列第 19 名，但在"人均GDP"、"房价－人均 GDP 比"和"单位 GDP 能耗"三方面排名较低，分别位列第 97、第 97、第 100 名。

参考文献

习近平：《在第七十五届联合国大会一般性辩论上的讲话》，《中华人民共和国国务院公报》2020 年 9 月 22 日。

习近平：《坚持可持续发展 共创繁荣美好世界——在第二十三届圣彼得堡国际经济论坛全会上的致辞》，《中华人民共和国国务院公报》2019 年 6 月 7 日。

2013～2020 年度《中国统计年鉴》。

2013～2020 年 30 个省、自治区、直辖市的统计年鉴以及部分城市的统计年鉴。

2013～2020 年《中国城市统计年鉴》。

2012～2019 年《中国城市建设统计年鉴》。

2012～2019 年 100 座城市的国民经济和社会发展统计公报。

2012～2019 年 100 座城市的财政决算报告。

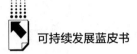
2012～2019 年 30 个省、自治区、直辖市的水资源公报以及部分城市的水资源公报。

2015～2019 年生态环境部每月公布的城市空气质量状况月报。

第六次、第七次全国人口普查。

《2019、2020 年度中国主要城市交通分析报告》高德地图。

Chen, H., Jia, B., & Lau, S. S. Y. (2008). Sustainable urban form for Chinese compact cities: Challenges of a rapid urbanized economy. *Habitat international*, 32 (1), 28 – 40.

Duan, H., et al. (2008). Hazardous waste generation and management in China: A review. *Journal of Hazardous Materials*, 158 (2), 221 – 227.

He, W., et al. (2006). WEEE recovery strategies and the WEEE treatment status in China. *Journal of Hazardous Materials*, 136 (3), 502 – 512.

Huang, Jikun, et al. Biotechnology boosts to crop productivity in China: trade and welfare implications. *Journal of Development Economics* 75. 1 (2004): 27 – 54.

International Labour Office (ILO). 2015. Universal Pension Coverage: People's Republic of China.

Li, X., & Pan, J. (Eds.) (2012). *China Green Development Index Report 2012*. Springer Current Chinese Economic Report Series.

Tamazian, A., Chousa, J. P., & Vadlamannati, K. C. (2009). Does higher economic and financial development lead to environmental degradation: evidence from BRIC countries. *Energy Policy*, 37 (1), 246 – 253.

United Nations. (2007). Indicators of Sustainable Development: Guidelines and Methodologies. Third Edition.

United Nations. (2017). Sustainable Development Knowledge Platform. Retrieved from UN Website: https://sustainabledevelopment.un.org/sdgs.

B.5
中国卫生健康可持续发展
指标体系数据验证分析

孙珮　崔璨　张焕波*

摘　要：　卫生健康可持续发展是可持续发展议程的重要内容之一，也是
　　　　　持续推进健康中国战略的基础。本报告介绍了中国卫生健康可
　　　　　持续发展指标的设计理念和框架体系，并依据指标对31个省、
　　　　　自治区、直辖市进行了测算和排名。北京、上海、浙江、天
　　　　　津、江苏等省市综合卫生健康水平较高，排名为全国前5位。卫
　　　　　生健康指标框架由卫生健康投入、卫生健康资源、卫生健康管
　　　　　理、疾病防控和卫生健康水平5个一级指标组成,从各一级指标
　　　　　分项排名来看，大部分省区市在不同的卫生健康领域各有优
　　　　　势，也在一些领域存在短板，地域之间呈现不均衡性的特点。

关键词：　卫生健康　可持续发展　指标体系　健康中国

　　党中央、国务院高度重视人民健康。党的十八大以来，以习近平同志为
核心的党中央坚持以人民为中心，把人民健康放在优先发展的战略地位，树
立"大健康、大卫生"理念，提出了新时期卫生健康工作方针，发布了

---

* 孙珮，中国国际经济交流中心美欧所助理研究员，博士，研究方向为公共经济学、健康经济
　学、可持续发展；崔璨，中国国际经济交流中心经济研究部副研究员，博士，研究方向为宏
　观经济学、公共经济学；张焕波，中国国际经济交流中心美欧所副所长，研究员，博士，研
　究方向为可持续发展、中美经贸关系。

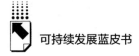

《"健康中国2030"规划纲要》，将健康中国上升为战略。坚持促进人民健康与经济社会协调发展，强调卫生与健康事业发展是国民经济和社会发展的必要条件，是我国实现社会主义现代化强国的重要基础。卫生健康发展也是可持续发展的重要内容，是联合国《2030年可持续发展议程》的重要目标。2020年新冠肺炎疫情突发，党中央团结带领全国各族人民，付出巨大努力，取得抗击新冠肺炎疫情斗争重大战略成果。在取得疫情防控胜利的同时，我们也看到，建立保障公共卫生安全和人民健康的防控体系、完善卫生健康体系建设、统筹经济社会与卫生健康可持续发展是至关重要的。

设计卫生健康指标体系，是秉持可监测、可衡量、可统计的原则，旨在更加合理量化和综合客观评价地区公共卫生体系和健康发展状况，发挥监测、评估、比较和引导功能。同时，通过客观评价省级层面卫生与健康发展情况，进行综合分析，为地方公共卫生与健康可持续发展提供依据。

一　指标设计

（一）卫生健康发展指标理念

体现了"以人民健康为中心"的"大健康"思想。2016年，习近平总书记在全国卫生与健康大会上提出要"树立大卫生、大健康的观念，把以治病为中心转变为以人民健康为中心"，树立了现代意义上的大健康观念。卫生健康发展指标体系既包含了医疗卫生资源指标，又纳入了养老和公共急救设施资源指标，既拥有医疗卫生管理指标，又涵盖了疾病防控、健康管理的相关内容，体现了"以人民健康为中心"的"大健康"思想。

体现了"人人享有健康"，促进健康可及性思想。"人人享有健康"是公共卫生发展遵循的基本战略思想，它一方面强调提高卫生资源服务整体的可及性，另一方面突出了初级卫生保健广覆盖的重要性。在"卫生健康发展指标体系"框架下，卫生健康投入、卫生健康资源以及卫生健康管理等相关指标在设立的时候，更多地考虑不同资源以及服务在一个地区的覆盖情况，更多地考虑人均水平，比如每千万人三级医院数、每千人医疗卫生机构床位数等。

体现了卫生健康发展"公平性"思想。缩小城乡、地区、人群间基本健康服务和健康水平的差异是建设现代化社会主义强国的重要任务，是我国加强卫生健康体系公平性建设的重要体现。卫生健康发展指标体系把城乡均衡发展纳入考量范围，在城乡差距较大的相关指标采取城市和乡村两个维度的指标进行测算，体现了重视城乡医疗卫生均衡发展的公平性思想。

体现"预防为主、防治结合"方针。公共卫生的核心功能之一是监测人群健康状况，实施疾病预防。随着我国人口老龄化加剧，以人民健康为中心的理念不断推进，在对妇幼健康档案管理的同时，加强对老年人的健康监测，同时逐步推进全民健康管理，深化预防为主的卫生政策，加强对重点传染病、慢性病的监测，提高全民健康水平，这也是构建卫生健康管理相关指标的主要思想。

推动医疗卫生工作重心下移，引导卫生资源下沉。基层医疗是健康卫生系统的基础，加强基层医疗水平建设和基层医疗能力培养，是我国促进卫生健康资源可及性，推进卫生体制改革保基本、强基层的重要内容。卫生健康指标设计中加强了对基层医疗服务资源和管理能力的指标选取。每千万人社区卫生服务中心（站）数、每万人基层医疗机构诊疗次数以及每万人全科医生数都是引导卫生资源下沉、推动卫生健康可持续发展的重要指标。

（二）指标框架

卫生健康发展指标体系是在卫生健康可持续发展的理念下，在研究WHO等机构和各国的公共卫生效果评价体系的基础上，参考联合国《2030可持续发展议程》健康与福祉目标下相关指标，结合我国实际情况，融合健康中国建设框架下的相关指标而形成的。

该指标体系共设有五个一级指标，按照进行卫生健康投入，形成卫生健康资源，进行卫生健康管理和疾病防控，提高卫生健康水平，构成"投入-过程-结果"的逻辑关系，形成卫生健康指标逻辑框架（见图1）。每个一级指标又由不同的二级指标和具体的三级指标组成，卫生健康发展指标体系共有27个三级指标组成（见表1）。

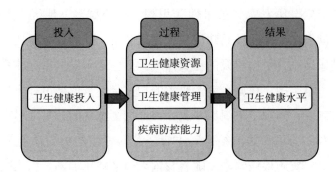

图1 卫生健康指标逻辑框架

表1 卫生健康指标体系

一级指标（权重）	二级指标	三级指标	单位	占一级指标权重	序号
卫生健康投入（0.2）	卫生费用	人均政府卫生支出	元	0.2	1
		人均卫生总费用	元	0.2	2
	医疗保健	城镇居民人均医疗保健支出	元	0.3	3
		农村居民人均医疗保健支出	元	0.3	4
卫生健康资源（0.2）	机构资源	每千万人医疗卫生机构数	个数	0.1	5
		每千万人三甲医院数	个数	0.1	6
		每千万人社区卫生服务中心（站）数	个数	0.1	7
	设施资源	每千人医疗卫生机构床位数	个数	0.15	8
		每千名老人拥有养老机构床位数	个数	0.15	9
	人力资源	城市每千人卫生技术人员数	人数	0.15	10
		农村每千人卫生技术人员数	人数	0.15	11
		每万人健康照护师数*	人数	0	12
		每万人全科医生数	人数	0.1	13
卫生健康管理（0.25）	妇幼管理	7岁以下儿童健康管理率	百分比	0.25	14
		孕产妇系统管理率	百分比	0.25	15
	养老管理	老年人健康管理率*	百分比	0	16
	医疗服务	居民平均就诊次数	次数	0.25	17
		每万人基层医疗机构诊疗次数	次数	0.25	18
		二级以上医院提供线上服务比例*	百分比	0	19

续表

一级指标 （权重）	二级指标	三级指标	单位	占一级指标 权重	序号
疾病防控能力 （0.1）	疾控卫生机构	每万人疾控中心人员数	人数	0.1	20
		每万人卫生监督所人员数	人数	0.1	
	传染病控制	国家免疫规划疫苗接种率*	百分比	0	21
		甲、乙类法定报告传染病总发病率	1/10万	0.4	22
		甲、乙类法定报告传染病总死亡率	1/10万	0.4	22
卫生健康水平 （0.25）	生育健康	孕产妇死亡率	1/10万	0.25	23
		婴儿死亡率	1/10万	0.25	24
	生命健康	人口平均预期寿命	岁	0.25	25
		重大慢性病过早死亡率*	千分比	0	26
		5岁以下低体重患病率	百分比	0.25	27

注：＊指纳入指标体系但未纳入计算。重大慢性病包括心脑血管疾病、癌症、慢性呼吸系统疾病和糖尿病。

（三）卫生健康投入

卫生健康投入体现了一个地区卫生健康发展的经费情况和筹资能力，是卫生健康可持续发展、人民福祉提升的基础和保障。卫生健康投入包括卫生费用和医疗保健两个方面。卫生费用包含人均政府卫生支出和人均卫生总费用两个指标，前者测重政府卫生支出，后者考察包括个人在内的整个社会的卫生健康投入，也反映了卫生健康发展的规模。医疗保健则从城镇居民人均医疗保健支出和农村居民人均医疗保健支出两个方面，体现了除政府、社会外，城乡居民在医疗卫生以及健康方面的支出以及对医疗资源的需求变化。

（四）卫生健康资源

卫生健康资源板块包括了机构资源、设施资源和人力资源三个二级指标，其中机构资源中的每千万人医疗卫生机构数、每千万人三甲医院数体现了该地区优质医疗资源供给情况，每千万人社区卫生服务中心（站）数则体现了一个地区基层服务机构供给数量。设施资源则包括每千人医疗卫生机构床位数和每千名老人拥有养老机构床位数。人力资源指标则分别考察了一

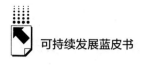

个地区卫生健康基层医疗人员和优质医疗人力资源的供给情况，以及城市和乡村的卫生人员是否均衡的情况。

（五）卫生健康管理

卫生健康管理则从三个二级指标来体现，分别是妇幼管理、养老管理和医疗服务。选取 7 岁以下儿童健康管理率和孕产妇系统管理率来体现一个地区孕产妇管理能力。老年人健康管理率被认为是应对人口老龄化，加强老年人健康管理的重要一部分。选取居民平均就诊次数、每万人基层医疗机构诊疗次数、二级以上医院提供线上服务比例指标作为评价一个地区不同层次医疗卫生服务质量的重要指标。

（六）疾病防控能力

疾病防控能力板块包含了两部分，一个是疾控卫生机构，选取每万人疾控中心人员数、每万人卫生监督所人员数来评估一个地区疾控和卫生监督资源情况。另一个是传染病控制，其中包含 3 个三级指标，国家免疫规划疫苗接种率是体现一个地区对于当下免疫规划重点传染病的疫苗接种情况。甲、乙类法定报告传染病总计发病率为某一地区每 10 万人中甲、乙类法定报告传染病的发病人数，包括病毒型肝炎、肺结核、猩红热等 30 余种传染病，是评估某一地区疾病防控水平的指标。甲、乙类法定报告传染病总死亡率则是对一个地区疾病防控结果的评估。

（七）卫生健康水平

卫生健康水平部分主要衡量一个地区通过卫生健康投入和服务过程得到的健康促进结果。人均预期寿命提高是卫生健康体系的根本目标。生育健康维度下，孕产妇和婴儿死亡率是否降低，反映了一个地区医疗卫生水平；5岁以下儿童死亡率是卫生健康发展程度的体现。重大慢性病是威胁人类健康的关注重点，因此选取重大慢性病过早死亡率纳入指标体系，来评估一个地区整体慢性病管理的健康结果。

二 指标测算

（一）资料来源与计算

1. 资料来源

各地区资料来源包括 2020 年相关统计年鉴、部委网站统计数据和各省统计公报等，除经费投入分项为 2018 年数据外，卫生健康资源和健康管理均为 2019 年末数据。北京地区农村每千人卫生技术人员数自 2016 年以来没有统计数据，2019 年该数据按照近四年全国平均增长水平测算。天津和上海 2019 年该数据也缺失，该数据在 2018 年基础上根据 2019 年全国平均增长率测算。此外，在指标测算中涉及的一个地区人口数采用的是常住人口数。

在卫生健康发展指标体系中，老年人健康管理率、二级以上医院提供线上服务比例、国家免疫规划疫苗接种率以及重大慢性病过早死亡率，还未有全国省级统一口径统计数据，暂时不纳入计算过程。但这些指标都是代表一个地区卫生健康发展指标的重要方面，为了指标体系的完整性，依然保留了这些指标。

2. 数据计算

由于指标体系中数据涉及个数、比例、费用等不同量纲，在计算时先通过"极值标准化"方法将不同量纲转换为可比较的指标。之后，通过线性变换将标准化后的指标分值分布于 [55，95] 这一区间中，以便进行比较，最终得分为各指标分别乘权重后加总得出。指标权重通过专家打分形式得出，具体见表 1。计算公式如下，

正向指标：

$$Y_{it} = \frac{x_{it} - \text{Min} X_{it}}{\text{Max} X_{it} - \text{Min} X_{it}} \times 40 + 55$$

逆向指标：

$$Y_{it} = \frac{\text{Max} X_{it} - x_{it}}{\text{Max} X_{it} - \text{Min} X_{it}} \times 40 + 55$$

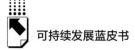

卫生健康发展指标的计算公式:

$$\sum_{i=1}^{n} w_i Y_{it}$$

(二)省级地区卫生健康发展排名

根据以上方法与数据对 31 个省、自治区和直辖市进行测算,得到卫生健康发展总排名(见表 2),排在前十名的是北京、上海、浙江、天津、江苏、山东、陕西、吉林、湖北和内蒙古。

表 2　省级地区卫生健康发展排名

总排名	省份	总分值
1	北京	90.68
2	上海	87.62
3	浙江	85.24
4	天津	81.99
5	江苏	81.25
6	山东	78.20
7	陕西	78.14
8	吉林	77.99
9	湖北	77.90
10	内蒙古	77.72
11	辽宁	77.30
12	四川	77.29
13	宁夏	77.04
14	黑龙江	76.75
15	广东	76.45
16	湖南	75.96
17	重庆	75.90
18	河南	75.90
19	河北	75.80
20	福建	75.70
21	甘肃	74.99
22	安徽	74.83

续表

总排名	省份	总分值
23	青海	74.60
24	山西	74.53
25	江西	73.75
26	海南	73.22
27	新疆	73.20
28	贵州	72.83
29	云南	72.05
30	广西	70.63
31	西藏	63.54

需要说明的是，每项指标分数为标准化计算后用以横向比较的分数，只体现排名和相对差距，不体现该指标绝对发展水平。

（三）各地区卫生健康发展分项排名情况

对省级区域卫生健康一级指标卫生健康投入、卫生健康资源、卫生健康管理、疾病防控能力和卫生保健水平等进行了分项排名，结果见表3、表4、表5、表6和表7。

排在卫生健康投入前5名地区是北京、上海、天津、青海和黑龙江；卫生健康资源前5名的是北京、浙江、上海、新疆和内蒙古；卫生健康管理前5名是浙江、上海、北京、广东和江苏；卫生疾病防控前5名是吉林、北京、江苏、天津和陕西；卫生健康水平排名前5名是上海、北京、浙江、天津和江苏。

表3　各地区卫生健康投入排名

卫生健康投入排名	省份	卫生健康投入分值
1	北京	93.37
2	上海	86.35
3	天津	80.21
4	青海	76.17
5	黑龙江	74.35

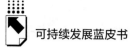
续表

卫生健康投入排名	省份	卫生健康投入分值
6	浙江	73.99
7	江苏	72.78
8	辽宁	72.54
9	吉林	72.35
10	宁夏	71.83
11	内蒙古	71.55
12	湖北	71.39
13	陕西	70.46
14	新疆	69.91
15	湖南	69.08
16	广东	68.64
17	重庆	68.45
18	甘肃	68.44
19	四川	68.34
20	山东	67.63
21	河南	66.96
22	山西	66.86
23	河北	66.76
24	广西	65.47
25	海南	65.14
26	云南	64.97
27	西藏	64.63
28	福建	64.13
29	贵州	63.36
30	安徽	63.29
31	江西	61.49

表4 各地区卫生健康资源排名

卫生健康资源排名	省份	卫生健康资源分值
1	北京	87.11
2	浙江	78.59
3	上海	76.48
4	新疆	75.33
5	内蒙古	74.46

续表

卫生健康资源排名	省份	卫生健康资源分值
6	江苏	74.26
7	青海	72.50
8	吉林	71.45
9	天津	71.36
10	辽宁	71.30
11	黑龙江	71.17
12	湖南	70.77
13	陕西	70.73
14	湖北	70.51
15	四川	70.41
16	山东	69.02
17	宁夏	68.62
18	山西	68.50
19	云南	68.46
20	重庆	68.37
21	贵州	68.21
22	河南	67.78
23	甘肃	66.88
24	江西	66.10
25	西藏	65.89
26	河北	65.80
27	海南	65.19
28	广东	65.13
29	安徽	64.59
30	福建	64.54
31	广西	63.05

表5 各地区卫生健康管理排名

卫生健康管理排名	省份	卫生健康管理分值
1	浙江	94.23
2	上海	90.71
3	北京	88.92
4	广东	83.34
5	江苏	83.11

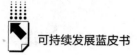

续表

卫生健康管理排名	省份	卫生健康管理分值
6	天津	82.53
7	四川	82.43
8	山东	81.52
9	福建	80.34
10	湖北	79.37
11	陕西	78.28
12	河北	78.21
13	宁夏	78.00
14	重庆	77.91
15	广西	77.45
16	河南	77.27
17	安徽	77.07
18	海南	77.03
19	江西	76.98
20	甘肃	76.29
21	贵州	76.07
22	湖南	75.97
23	新疆	75.63
24	辽宁	75.56
25	内蒙古	75.13
26	吉林	74.51
27	云南	74.11
28	青海	73.81
29	黑龙江	71.78
30	山西	70.56
31	西藏	60.17

表6 各地区疾病防控能力排名

疾病防控能力排名	省份	疾病防控能力分值
1	吉林	89.59
2	北京	88.91
3	江苏	88.55
4	天津	87.88
5	陕西	87.42

续表

疾病防控能力排名	省份	疾病防控能力分值
6	甘肃	87.40
7	河北	87.01
8	黑龙江	86.99
9	上海	86.51
10	山东	86.31
11	河南	85.95
12	山西	85.90
13	宁夏	85.57
14	浙江	85.30
15	内蒙古	85.25
16	湖北	82.89
17	辽宁	82.85
18	江西	82.05
19	福建	81.79
20	安徽	81.70
21	湖南	78.33
22	西藏	78.31
23	广东	77.84
24	青海	76.11
25	云南	75.92
26	四川	75.53
27	海南	75.28
28	贵州	74.60
29	重庆	74.20
30	广西	65.95
31	新疆	61.82

表7 各地区卫生健康水平排名

卫生健康水平排名	省份	卫生健康水平分值
1	上海	94.92
2	北京	93.86
3	浙江	90.55
4	天津	89.02
5	江苏	88.86

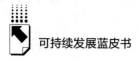

续表

卫生健康水平排名	省份	卫生健康水平分值
6	山东	87.43
7	安徽	87.26
8	福建	86.83
9	吉林	86.57
10	重庆	86.55
11	陕西	86.37
12	湖北	85.56
13	四川	85.51
14	辽宁	85.43
15	山西	84.89
16	内蒙古	84.84
17	湖南	84.67
18	广东	84.28
19	河南	84.16
20	河北	84.14
21	黑龙江	84.01
22	宁夏	83.57
23	江西	83.12
24	海南	81.48
25	甘肃	80.46
26	贵州	80.16
27	云南	77.00
28	新疆	76.26
29	广西	75.86
30	青海	75.21
31	西藏	58.24

三　总结与分析

（一）经济发展水平与卫生健康发展水平有一定的相关性，但匹配程度并不是很高

在评价指数总得分中，北京、上海、浙江、江苏等地均居前列，基本与

当地的经济发展水平一致。但少数地区卫生健康发展水平与经济发展水平不匹配，例如广东省卫生健康发展总得分为76.45分，位列31个省级地区的15位。主要有两个原因，一是广东人口相对较密集，尽管医疗资源总量丰富，但是一些指标人均水平相对较低。二是广东地区区域差距较大，西北部等地区发展水平还比较落后，这也体现在卫生健康资源方面。另外，广东省在每万人疾控中心数，甲、乙类法定报告传染病总发病率指标相对处于较低水平，对广东省整体卫生健康发展得分有一定影响。比较有代表性的还有福建省，福建省的卫生健康发展指标得分为75.7，排名全国第20。福建省2019年人均地区生产总值为全国前5，相对来说，福建的卫生健康发展并不均衡。从一级指标来看，虽然福建的卫生健康管理和卫生健康水平相对处于全国较高水平，但是福建省在卫生健康投入和卫生健康资源板块得分偏低，分别为64.13分和64.54分，排在了全国第28位和第30位，导致其整体排名不高。

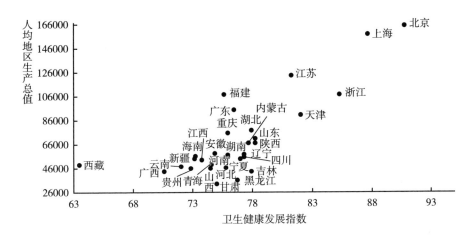

图2　地区卫生健康发展指数与人均地区生产总值

从图2来看，尽管吉林、黑龙江和甘肃的人均地区生产总值相对靠后，但是对医疗卫生事业高度重视，卫生健康发展水平相对不错。其中，吉林的卫生健康发展指数排名为第8位，吉林在疾病防控能力板块表现突出，排名第1，在卫生健康水平和卫生健康投入板块都较为领先，均排名第9。黑龙江则是在卫生健康投入、卫生健康资源以及疾病防控能力方面都排名较为靠前。甘肃则是在疾病防控能力板块得分较高。

（二）全国公共卫生发展水平呈现一定区域化特征

从整体得分来看，除了排名前 5 的省市总得分在 80 分以上、西藏地区 63.54 分以外，大部分省、自治区、直辖市得分集中在 70～80 分，彼此之间变化较为平缓。

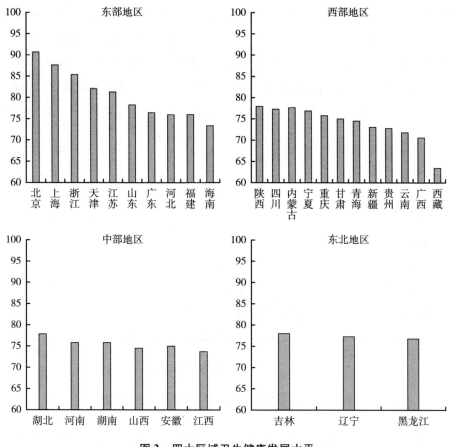

图3　四大区域卫生健康发展水平

从区域来看，北京、上海、浙江、天津、江苏、山东等东部省市位列全国前 6 位。东北三省黑吉辽分列第 8、第 11 和第 14 位，呈现一定区域化特征。从四大板块总体平均分来看，东部地区得分最高，大部分省市卫生健康发展水平较高，西部地区发展水平最低，东北地区和中部地区处于中间层次。

东部地区。北京、上海等东部省市领跑全国卫生健康发展。北京市卫生健康发展水平位居全国第一，尤其是在卫生健康投入和卫生健康资源一级指标上，显著高于全国其他地区。北京和上海的人均政府卫生支出的数值，高出很多省份一倍左右。值得一提的是，北京和上海的人均卫生总费用基本是其他省份的两倍或以上，可以看到北京和上海的社会卫生支出以及个人卫生支出也是全国最高的。东部地区整体的卫生健康管理水平较为突出，各省市的这一指标都处于全国中高水平，更是有 8 个省市排在了全国前 10 位。

表8　四大区域卫生健康发展指数均值

区域	卫生健康发展指数均值	区域	卫生健康发展指数均值
东部地区	80.62	中部地区	75.48
东北地区	77.35	西部地区	73.99

东北地区。黑龙江、吉林与辽宁三省在全国各省市卫生健康发展排序中相对排位比较靠前。从一级指标来看，东北三省在卫生健康投入和卫生健康资源中排位相对靠前，尤其是城镇居民人均医疗保健支出位列全国第4、5、6 名，普遍较高，在农村居民人均医疗保健支出中也处在全国前 10 位。卫生健康管理指标的得分相对较低，尤其是居民平均就诊次数与每万人基层医疗机构诊疗次数指标得分较低，卫生健康管理水平相对不足。东北三省在疾病防控能力中得分和排名各有不同，差距较大，其中吉林位居第1，黑龙江第8，辽宁处于第17。卫生健康水平方面与其他地区持平。

中部地区。中部地区各省份普遍在卫生健康投入、卫生健康资源，以及卫生健康管理指标上处于中低水平。原因之一是人口较多，人均医疗资源发展水平跟不上经济发展速度，在人均指标较多的卫生健康投入水平和卫生健康资源水平排位上不占优势，另外整体的卫生健康管理水平有待加强。中部地区在疾病防控能力和卫生健康水平指标上，表现较为均衡，均处于全国中等水平。

西部地区。从一级指标来看，西部地区各省、自治区、直辖市之间差距较大，水平各有不同。但在卫生健康管理、疾病防控能力和卫生健康水平板块中，处于中低水平的省（区、市）较为集中。相对来说，在卫生健康投入和卫生健康资源板块表现较好。虽然西部地区整体的卫生健康发展水平在四大区域对比中较为靠后，但自西部大开发以来，西部地区获得政府转移支付较大，很大一部分资源投入卫生健康领域。在近年来的国家脱贫攻坚战中，西部地区也是政策倾斜的重要地区，一些卫生健康资源也随之增加，比如在人均政府卫生支出指标中，西藏、青海、宁夏、新疆、贵州和内蒙古等西部省份均排到全国前10以内。加之西部地区人口相对较少，从人均水平来看，卫生健康仍然取得了较大发展。

（三）各地区公共卫生均衡发展有待增

从总体排名和得分情况来看，总得分排名仅反映各省市公共卫生相对发展水平。从分项数据来看，各省市在公共卫生发展方面侧重点是不同的，不同省市发展水平差异较为明显。一些省市在特定数据中得分较高，反映了当地在此类事项中的发展特色和优势。

新疆整体得分虽然为73.2分，位列全国第27，但在卫生健康资源上占有优势，排名较为靠前，居第4位。青海、内蒙古等西部省份也存在这类情况，说明这些省份在卫生健康体系的构建中对医疗硬件建设方面有所侧重。吉林、陕西、甘肃等省份在疾病防控能力指标中表现突出，水平较全国内处于前列，但是在卫生健康资源和卫生健康投入上得分较低。山东、福建、安徽等地区在卫生健康投入和卫生健康资源上也存在短板。卫生健康管理板块得分较高的广东、四川等地区，在疾病防控能力板块存在短板。内蒙古、黑龙江虽然整体排名靠前，但是在卫生健康管理上相对较弱。

总体来看，各地公共卫生发展各有亮点，总得分排序仅反映相对排名，各地公共卫生均衡发展还有较长的路要走，未来更多需要做好补短板工作，推动公共卫生服务供给水平与需求相匹配，坚持人民生命健康至上理念，满足人民群众对美好生活向往的需要。

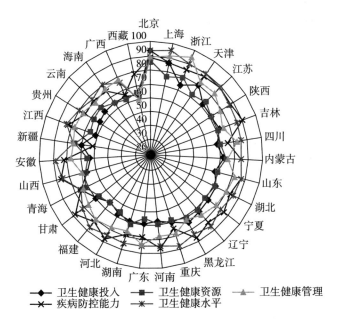

图4　省级地区1级指标差异

参考文献

王冠中：《百年来中国共产党保障人民健康的伟大成就与基本经验》，《岭南学刊》2021年5月25日。

卢文云：《习近平总书记关于全民健身的重要论述研究》，《北京体育大学学报》2020年11月15日。

于学军：《健康中国行动计划解读》，《健康中国观察》2019年11月15日。

B.6
县域数字乡村指数

黄季焜　易红梅　吕志彬　左臣明*

摘　要：　本研究首次从乡村数字基础设施、乡村经济数字化、乡村治
理数字化和乡村生活数字化四个方面，建立了更为契合"三
农"实际的县域数字乡村指标体系，并以1880个县或县级市
为基本单元（不包括市辖区或特区），汇集国家宏观统计数
据、行业数据和互联网人数据，实证测算了2018年我国县域
数字乡村指数。研究发现：我国县域数字乡村建设处于起步
阶段，代表较高发展水平的百强县呈现"一强多元"的区域
分布格局，接近一半省份有至少一个县入围百强县。县域数
字乡村发展南北差异不大，但呈现"东部发展较快、中部次
之、东北和西部发展滞后"的现象。乡村数字基础设施发展水
平相对较高，乡村经济数字化和治理数字化发展相对较慢。乡
村数字基础设施指数、乡村经济数字化指数和乡村生活数字化
指数的区域差异相对较小，但乡村治理数字化的区域差异较
大。贫困县与非贫困县数字乡村发展水平的差距小于两者农村
居民可支配收入的差距，数字基础设施为贫困县数字乡村发展
带来"换道超车"的机会。据此，本研究从完善体制机制设
计、补齐县域数字乡村发展短板、注重区域均衡发展、加大对

---

* 黄季焜，北京大学新农村发展研究院院长，教授，博士生导师；易红梅，北京大学新农村发
展研究院副院长，副教授，博士生导师；吕志彬，阿里研究院新消费研究中心主任，高级专
家；左臣明，阿里研究院高级专家，阿里新乡村研究中心秘书长，博士。该课题由黄季焜和
高红冰主持，参与此课题研究的成员还有：苏岚岚、张航宇、盛誉、温馨、周锦秀、张慧
媛、郑斌、孟晔、张博、彭科、蒋正伟、李远芳、赵楠。

相对贫困地区的政策倾斜等方面提出政策建议。

关键词：县域数字乡村　乡村数字经济　数字治理　基础设施　数字
鸿沟

一　研究背景

当今世界，新一代信息技术与实体经济深度融合，数字经济蓬勃发展，为加快传统产业数字化和智能化、拓展经济发展新空间和驱动世界经济可持续增长提供了强劲的引擎。发展数字经济、推动经济社会转型、培育经济增长新动能逐渐成为全球共识。随着我国数字经济的加快发展，推进数字乡村建设成为乡村振兴和农业农村现代化发展的战略重点和优先发展方向。

系统构建县域数字乡村指标体系是客观、准确把握我国数字乡村发展水平及特征的现实需要。本研究突破已有的以城市或者地区为主要评价对象的数字经济指数评价模式，首次以县域为基本单元，聚焦乡村发展实际，全面梳理乡村基础设施、乡村经济、乡村生活、乡村治理等方面的数字化内容及具体表征，兼顾生产者和消费者系统构建具体的表征指标，并充分考虑当前乡村发展中新出现的数字化现象，系统构建县域数字乡村指标体系。在此基础上，汇集国家宏观统计数据、行业数据和互联网大数据，全面评估了我国1880 个县（不包括市辖区和特区）数字乡村发展实际水平，明确发展短板和制约因素，为持续推进县域数字乡村建设的政策优化提供决策参考。

本研究有益于丰富数字经济、数字乡村的理论探讨，拓展信息技术的经济效应、社会效应和生态效应等相关的评估框架，为国内外相关领域学者深化数字乡村指标体系构建、进展评估及特征分析等方面的研究奠定重要基础；同时为政策制定者和相关产业领域的从业人员更加全面地了解中国县域数字乡村的发展现状提供重要参考，也为其他发展中国家因地制宜地推进数字乡村建设提供有益借鉴。

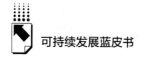

二 文献综述

（一）数字经济的定义与测度研究

国内外有关数字经济的研究为数字乡村理论的形成与实践的推进奠定了基础。二十国集团（G20）指出，数字经济是指以使用数字化的知识和信息作为关键生产要素、以现代信息网络作为重要载体、以信息通信技术的有效使用作为效率提升和经济结构优化的重要推动力的一系列经济活动。经济合作与发展组织（以下简称OECD）基于包容性发展视角将数字经济界定为经济社会发展的数字化转型，强调数字化和互连性两大技术支柱对传统生产成本和组织模式的影响，并充分发挥数字经济对于创新发展和包容性增长的驱动力。国外相关机构构建了各有侧重的测度指标体系。如欧盟从宽带接入、人力资本、互联网应用、数字技术应用和公共服务数字化程度5个主要方面构建了包含31项二级指标的数字经济与社会指数指标体系。美国商务部数字经济咨询委员会提出了包含各经济领域的数字化程度、经济活动和产出中数字化的影响、实际国内生产总值和生产率等经济指标的复合影响、新兴的数字化领域4个部分的数字经济衡量框架。OECD从投资智能化基础设施、创新能力、赋权社会、信息通信技术促进经济增长与增加就业4个方面构建了包括38个具体指标的数字经济指标体系。

国内相关机构和学者也对数字经济的内涵界定做出诸多尝试。中国信息通信研究院认为数字经济是以数字化的知识和信息为关键生产要素，以数字技术创新为核心驱动力，以现代信息网络为重要载体，通过数字技术与实体经济深度融合，不断提高传统产业数字化、智能化水平，加速重构经济发展与政府治理模式的新型经济形态。赛迪顾问认为数字经济是以数据资源为重要生产要素，以现代信息网络为主要载体，以信息通信技术融合应用、全要素数字化转型为重要推动力，促进公平与效率更加统一的新经济形态。基于对数字经济内涵认识的不断推进，国内相关机构对数字经济的测度进行了诸多各具特色的探索。① 如中国信息通信研究院运用对比法提出由先行指标、一致指标和滞后指标 3 类指标构成的数字经济指数；赛迪顾问构建了包括基础型、资源型、技术型、融合型、服务型 5 个维度的数字经济指数体系；腾讯构建了包括基础、产业、创新创业、智慧民生四大分指数的"互联网+"数字经济指数。

(二) 数字乡村的定义与测度研究

随着数字经济的发展，智慧乡村、数字乡村等理念在国内外乡村发展实践和理论研究中越来越受到重视。Somwanshi et al. 指出智慧乡村的基本理念是从各方面整合社区的资源和力量，并与信息技术相结合，以高效快捷的方式为农村社区提供安全、交通、卫生、资源管理、社会治理等方面的服务。②Sutriadi 定义智慧乡村为在国家发展规划体系下，以信息技术运用促进各经济部门的高效率发展，实现城乡可持续联系的创新发展形态。③欧盟将智慧乡村定义为在现有优势和资产基础上，利用新的增值机会，通过数字通信技术、创新性地利用知识增强传统网络和新网络，从而造福农村地区。德国构建了一个由社会（居民、商业、机构等）、特定领域服务（当地供应、通信、政府、教育、医疗等）、技术平台（基础平台服务、数据管理、链接特定领域服务等）、基础设施（5G、无线网络等）和组织生态系统（合作伙伴、商业模式、数字化路线图等）5 个层次组成的智慧乡村生态系统。

国内学者也在智慧乡村的定义与测度方面做了一些探索。已有研究多

① 徐清源、单志广、马潮江：《国内外数字经济测度指标体系研究综述》，《调研世界》2018年第 11 期。

② Somwanshi R., Shindepatil U., Tule D., Mankar A., Ingle N., "Study and Development of Village as a Smart Village," *International Journal of Scientific & Engineering Research*, 7 (2016): pp. 395 – 408.

③ Sutriadi, R., "Defining Smart City, Smart Region, Smart Village, and Technopolis as an Innovative Concept in Indonesia's Urban and Regional Development Themes to Reach Sustainability," *IOP Conference Series: Earth and Environmental Science*, 202 (2018): 012047.

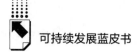

借鉴智慧城市的理念，定义智慧乡村为以物联网、云计算、大数据和移动互联等新兴信息技术为依托，通过在农村产业经营、乡村治理、居民生活、资源环境等多领域的智慧化应用，充分发挥人的智慧全面服务于乡村振兴和可持续发展的创新发展形态①②③。《数字乡村发展战略纲要》将数字乡村定义为伴随网络化、信息化和数字化在农业农村经济社会发展中的应用，以及农民现代信息技能的提高而内生的农业农村现代化发展和转型进程。

相关学者针对农村信息化、智慧乡村所构建的评价指标体系为数字乡村发展水平评估提供有益借鉴。如王素贞等从农村信息化基础设施指数、农业信息资源指数、农村信息化人力资源指数、农村应用支撑条件指数等方面构建了包括 6 个一级指标和 52 个二级指标的农村信息化指标体系。④ 常倩和李瑾从能力类指标（信息资源、保障体系、智能设施、应用基础）和成效类指标（惠民服务、精准治理、产业经营、社会反响、特色指标）两个方面构建了包含 9 个一级指标和 31 个二级指标的智慧乡村评价指标体系。⑤农业农村部信息中心以县域为基本单元，设计了包括发展环境、基础支撑、信息消费、生产信息化、经营信息化、乡村治理信息化、服务信息化 7 个一级指标、13 个二级指标和 13 个三级指标的数字农业农村发展水平评价指标体系，测度表明全国县域数字农业农村发展总体水平为 33%。

（三）文献评述

国外关于数字经济、智慧乡村等相关的研究起步较早，但近年来国内的相关研究也逐渐升温，不同组织和学者构建的相关指数各具特色，为本研究

① 常倩、李瑾：《乡村振兴背景下智慧乡村的实践与评价》，《华南农业大学学报》（社会科学版）2019 年第 3 期。
② 周广竹：《城乡一体化背景下"智慧农村"建设》，《智慧中国》2016 年第 6 期。
③ 李先军：《智慧农村：新时期中国农村发展的重要战略选择》，《经济问题探索》2017 年第 6 期。
④ 王素贞、张霞、杨承霖：《农村信息化水平测度方法研究》，《世界农业》2014 年第 7 期。
⑤ 常倩、李瑾：《乡村振兴背景下智慧乡村的实践与评价》，《华南农业大学学报》（社会科学版）2019 年第 3 期。

提供有益借鉴。但已有研究还存在如下不足：一是多以国家整体、省级或市级行政区域为基本单元，鲜有研究以县域为基本单元，构建与农业农村农民实际相契合的数字乡村指标体系。二是所选取指标多反映宏观范畴和整体规模水平，难以反映微观层面的人均差异、区域差异等，且既有指标不够全面，对近年来兴起的农村电商、直播销售、支付宝和微信等公众服务使用、文娱教育类 App 在线使用、在线医疗等新的数字化现象的刻画不够充分。三是部分指数较多依赖互联网企业用户数据，资料来源较单一，且受限于相关企业的市场份额和业务类型，对数字经济整体水平的代表性有待商榷；部分指标的资料来源具有一定的不稳定性，不利于长期观测。

鉴于此，本研究的主要贡献体现如下：一是以县级行政区域为基本单元，首次从乡村数字基础设施、乡村经济数字化、乡村治理数字化、乡村生活数字化等方面架构更为契合我国"三农"实际的县域数字乡村指标体系，并凸显乡村数字化中具有时代特征的特色表现形式。二是立足农民生产生活所涉及的各领域各环节，兼顾生产者和消费者系统构建具体的表征指标，并充分考虑当前乡村发展中新出现的数字化现象；且在人均层面使指标体系的刻画更为微观，更具有横向和纵向可比性。三是综合采用国家宏观统计数据及反映市场活力的行业数据和整理的互联网大数据，并建立在有效评估相关指标数据的代表性和长期观测的可持续性基础上，充分发挥阿里巴巴长期关注农村市场所形成的业务优势和大数据优势。

三　县域数字乡村指数的构建与测度

依据《中共中央、国务院关于实施乡村振兴战略的意见》《乡村振兴战略规划（2018～2022 年）》《国家信息化发展战略纲要》《数字乡村发展战略纲要》《数字农业农村发展规划（2019～2025）》中有关数字乡村建设的总体要求、重点任务和具体措施，并结合国内外有关数字经济、数字乡村的文献梳理，本研究定义数字乡村为以物联网、云计算、大数据和移动互联等新兴信息技术为依托，促进数字化与农业农村农民的生产和生活各领域全面

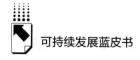

深度融合，以乡村经济社会数字化转型助推乡村振兴的创新发展新形态。本研究从乡村数字基础设施、乡村经济数字化、乡村治理数字化、乡村生活数字化四个方面界定数字乡村内涵和外延，从理论层面构建县域数字乡村指数的框架体系（见表1）。

（一）指标体系构建原则

1. 体现国家战略和社会对数字乡村发展的需求

县域数字乡村指标体系的构建必须建立在深刻领会国家数字化战略的基础上，遵循数字乡村发展战略的基本方向，以保证指标体系的科学性和前瞻性。同时，县域数字乡村指标体系的构建还需充分考虑广大农民对数字乡村建设的内在需求。

2. 综合考虑数字化发展的广度和深度

乡村数字化发展广度的提升有助于发挥信息技术普惠作用，推动区域更多农户在更广泛的领域采用信息技术、跨越数字鸿沟；而乡村数字化深度的改善有助于将最新的数字化技术与最丰富的行业发展经验深度融合，促进相关行业的转型升级。

表1　县域数字乡村指标体系及数据可得性

一级指标	二级指标	具体指标	2018 年	2019 年
乡村数字基础设施指数（0.27）	信息基础设施指数（0.30）	每万人的移动设备接入数		√
		每万人的5G基站数		
	数字金融基础设施指数（0.30）	数字金融基础设施覆盖广度	√	
		数字金融基础设施使用深度	√	
	数字商业地标指数（0.20）	单位面积抓取的商业地标POI总数中线上自主注册的商业地标POI数占比		√
	农产品终端服务平台指数	益农信息社村级覆盖率		
	基础数据资源体系指数（0.20）	县域数据中心/数据中台		
		动态监测与反应系统应用		√

续表

一级指标	二级指标	具体指标	2018 年	2019 年
乡村经济 数字化指数 (0.40)	数字化生产指数(0.40)	国家现代农业示范项目建设	√	
		国家新型工业化示范基地建设	√	
		所有行政村中淘宝村占比	√	
	数字化供应链指数 (0.30)	每万人所拥有的物流网点数	√	
		接收包裹的物流时效	√	
		物流仓库数		
	数字化营销指数(0.20)	每亿元第一产业增加值中农产品电商销售额	√	
		有无直播销售	√	
		是否为电子商务进农村综合示范县	√	
		每万人中的网商数	√	
		每万人中的农产品电商高级别卖家数		
		每万人中的批发平台的商家数		
	数字化金融指数(0.10)	普惠金融的数字化程度	√	
乡村治理 数字化指数 (0.14)	治理手段指数(1.00)	每万人支付宝实名用户中政务业务使用用户数	√	
		所有乡镇中开通微信公众服务平台的乡镇占比		√
		生态保护监管数字化水平		
乡村生活 数字化指数 (0.19)	数字消费指数(0.28)	每亿元社会消费品零售总额中线上消费金额	√	
		每亿元 GDP 中电商销售额	√	
		每亿元线上商品消费额中智能消费金额		
	数字文旅教卫指数(0.52)	人均排名前 100 娱乐视频类 App 使用量		√
		每台已安装 App 设备的排名前 100 娱乐视频类 App 平均使用时长		√

续表

一级指标	二级指标	具体指标	2018 年	2019 年
乡村生活数字化指数（0.19）	数字文旅教卫指数（0.52）	人均排名前 100 教育培训类 App 使用量		√
		每台已安装 App 设备的排名前 100 教育培训类 App 平均使用时长		√
		每万人的线上旅游平台记录景点数		√
		每万人的线上旅游平台记录景点累积评论总数		√
		每万人网络医疗平台注册的来自该县域的医生数		√
	数字生活服务指数（0.20）	每万人支付宝用户中使用线上生活服务的人数	√	
		人均线上生活消费订单数	√	
		人均线上生活消费金额	√	
		每万人的网络约车人次		
		每万人的数字地图使用人次		

注：打勾表示相应指标已经纳入了 2018 年县域数字乡村指数的计算。由于本指数的构建开始于 2019 年底，部分 2018 年的时点数据已经不可获得，计算中用 2019 年的时点数据进行填补。如果两年数据均不可得，则该指标不被纳入 2018 年县域数字乡村指数的计算。未来年份在测算该指数时将根据数据可得性逐步加入。

3. 强调数字技术在乡村生产、生活和治理中的作用

"产业兴旺、生态宜居、乡风文明、治理有效、生活富裕"是我国实施乡村振兴战略的总要求，因而对乡村数字化发展水平的衡量需重视生产、生活和治理之间既相互制约又相互促进的统一关系。数字生产是数字乡村的核心，数字生活是数字乡村的根本，数字治理是数字乡村的重要保障。

4. 兼顾指标选取的代表性与数据的可获取性

本研究充分发挥阿里巴巴长期关注农村市场形成的大数据优势，提

取乡村治理、数字文化与数字教育等相关业务指标数据。同时，通过查阅统计年鉴获取县域人口、乡镇数、第一产业增加值、社会消费品零售总额等官方统计数据，通过网络整理乡镇微信公众服务平台使用、线上旅游、网络医疗等相关公开数据，进一步增强了数据的可获取性和代表性。

（二）县域数字乡村指数的测度方法

1. 县域定义及研究样本选取

根据 2018 年国家统计局资料，县级行政区域包括市辖区、县级市、县、自治县等共计 2851 个。本研究评估的县级行政单位仅包括全国县级行政区划中的 1880 个县级市、县、自治县等，不包括市辖区和特区。

2. 数据标准化处理方法及数据可得性

为缓解极端值的影响，避免指数出现过快增长，保持指数平稳性，本研究主要采取对数型功效函数法对相关数据进行标准化处理。基于数据可得性，本研究评估 2018 年县域数字乡村指数。

3. 指标权重确定方法

为科学合理确定指标体系的权重，本研究咨询了来自农业经济管理、农业信息化、农业产业政策、农村组织与制度、农村电子商务、数字金融等专业领域的 16 位专家，并依据专家打分汇总计算各级指标的权重。

四 县域数字乡村指数评估结果

（一）县域数字乡村整体发展水平及区域差异

我国县域数字乡村建设处于起步阶段。全国参评县县域数字乡村指数平均值为 50。其中，处于高水平（≥80）、较高水平（60~80）、中等水平（40~60）、较低水平（20~40）和低水平阶段（＜20）的比例分

别为 0.7%、16.9%、64.0%、16.0% 和 2.4%。浙江省分别有 80.8% 和
15.4% 的参评县域进入数字乡村发展较高水平和高水平阶段,江苏省上
述比例分别为 61.0% 和 12.2%,河南省、福建省和江西省分别有
50.9%、39.3% 和 32.4% 的参评县处于数字乡村发展较高水平阶段(见
图 1)。

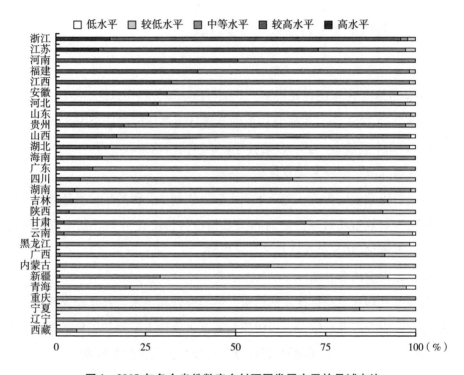

图 1　2018 年各个省份数字乡村不同发展水平的县域占比

　　代表县域数字乡村发展较高水平的百强县呈现"一强多元"的区域分
布格局,接近一半省份有至少一个县入围百强县。县域数字乡村指数排名
百强县在东部、中部、西部和东北地区的分布比例分别为 70%、24%、
5% 和 1%,且上述地区入选百强县占相应区域参评县的比例分别为 17%、
5%、1% 和 1%。从省份来看(见图 2),入选百强县数量最多的前五个省
份分别为浙江省(39)、福建省(14)、江苏省(10)、河南省(9)和河
北省(8)。

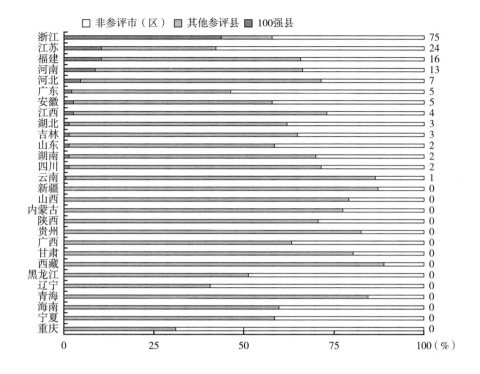

图2　2018年进入县域数字乡村指数排名前100县占该省参评县的比例分布

全国县域数字乡村百强县（指数均值74）和后100县（指数均值19）的数字乡村发展水平存在较大差距，且差距主要由乡村治理数字化导致。四大分指数差距排序依次为乡村治理数字化（81∶11）、乡村数字基础设施（93∶24）、乡村经济数字化（60∶17）和乡村生活数字化（69∶23）（见图3）。

县域数字乡村发展水平南北差异不大，但存在明显的东西差异，呈现"东部发展较快、中部次之、东北和西部发展滞后"的现象。具体表现（见表2）为：南方和北方地区县域数字乡村指数平均值分别为53.7和47.2，差异较小。东部地区发展水平最高（总指数均值为59.1），中部地区（56.6）接近东部地区，但西部地区（42.2）及东北地区（43.7）和东部地区差异较大。

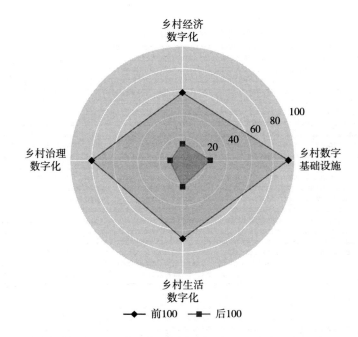

图3　县域数字乡村发展百强县和后100县四大分指数的比较

表2　2018年县域数字乡村四大分指数的区域差异

地区	数字乡村指数	四大分指数			
		乡村数字 基础设施指数	乡村经济 数字化指数	乡村治理 数字化指数	乡村生活 数字化指数
全国	49.8	70.9	40.3	42.7	45.2
划分一					
东部	59.1	78.6	48.8	55.3	56.1
中部	56.6	78.7	45.2	51.3	53.0
东北	43.7	61.7	39.6	26.5	39.8
西部	42.2	64.0	33.1	34.1	36.0
划分二					
北方	47.2	69.5	37.5	37.4	43.0
南方	53.7	72.9	44.4	50.5	48.3

　　注：表中数值为相应区域的指数均值。东西中部和东北地区划分方法参照国家统计局，南北地区划分按照秦岭－淮河线。

（二）县域数字乡村分维度发展水平及区域差异

从四大分指数发展水平看（见表2），县域乡村数字基础设施发展水平相对较高，乡村经济数字化和乡村治理数字化发展相对较慢。县域乡村数字基础设施指数（均值为70.9）整体进入较高水平发展阶段，而乡村生活数字化指数（45.2）、乡村治理数字化指数（42.7）和乡村经济数字化指数（40.3）均成功跨过中等发展水平门槛。无论基于东部、中部、西部、东北，还是北方、南方的单一地理分区内，相较于乡村数字基础设施和乡村生活数字化，乡村经济数字化和乡村治理数字化的发展均相对滞后。

从四大分指数的区域差异看，县域乡村数字基础设施、乡村经济数字化、乡村生活数字化的区域差异相对较小，乡村治理数字化的区域差异较大。东部、中部、西部和东北地区的县域乡村生活数字化指数（56.1:53.0:36.0:39.8）、乡村经济数字化指数（48.8:45.2:33.1:39.6）和乡村数字基础设施指数（78.6:78.7:64.0:61.7）的极值比分别为1.6、1.5和1.3，差距较小，而县域乡村治理数字化指数（55.3:51.3:34.1:26.5）的极值比为2.0，差距相对较大。

（三）贫困县与非贫困县数字乡村发展水平比较

贫困县与非贫困县数字乡村发展水平的差距小于两者农村居民可支配收入的差距。数字基础设施为贫困县数字乡村发展带来"换道超车"的机会。虽然贫困县数字乡村发展总体水平（指数均值为44）仍然较低，但贫困县数字乡村指数位于40分位及以上的县域比例（42%）明显高于农村居民可支配收入处于40分位及以上的县域比例（33%）。同期，非贫困县在数字乡村指数和农村居民可支配收入位于40分位及以上的县域占比分别为73%和79%。非贫困县和贫困县在数字乡村指数位于40分位及以上的县域占比之比（73%:42%）低于两者农村居民可支配收入处于

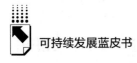

40分位及以上的县域占比之比（79%：33%）（见图4）。贫困县和非贫困县在乡村数字基础设施指数（66：75）、乡村生活数字化指数（40：49）和乡村经济数字化指数（36：44）方面差距较小，但在乡村治理数字化（35：48）方面差异较大（见图5）。

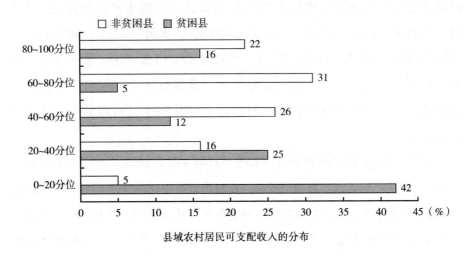

县域农村居民可支配收入的分布

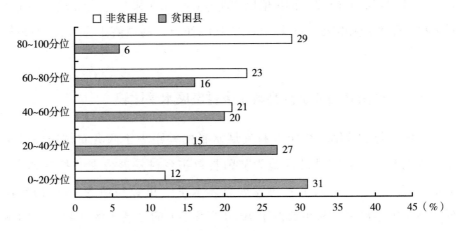

县域数字乡村指数的分布

图4　2018年贫困县、非贫困县数字乡村指数与农村居民可支配收入分布的对比

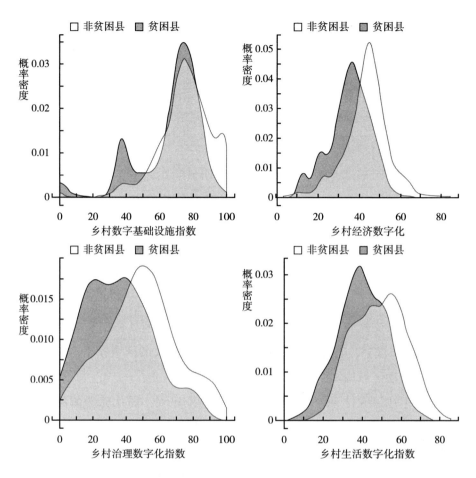

图 5　贫困县与非贫困县数字乡村四大分指数的比较

五　主要研究结论及政策建议

本文立足我国数字乡村发展现状和未来趋势，首次从乡村数字基础设施、乡村经济数字化、乡村治理数字化和乡村生活数字化四个方面构建了县域数字乡村指标体系，综合采用国内最具代表性的数字经济领军企业之一——阿里巴巴集团及旗下业务和生态伙伴提供的数据、整理网络公开数据及宏观统计数据评估了 1880 个县级行政单位（不包括市辖区和特区）2018

年的县域数字乡村指数，全面呈现了县域数字乡村发展的总体特征及分指数特征，基于发展短板和区域发展差距，提出深入推进我国县域数字乡村建设、促进区域均衡发展的重点方向和有效策略。

本研究得出如下主要结论：（1）整体上我国县域数字乡村建设处于起步发展阶段。（2）代表县域数字乡村发展较高水平的百强县呈现"一强多元"的区域分布格局，接近一半省份有至少一个县入围百强县。（3）县域数字乡村发展水平南北差异不大，但存在明显的东西差距，总体呈现"东部发展较快、中部次之、东北和西部发展滞后"的现象。（4）县域乡村数字基础设施发展水平较高，其次为乡村生活数字化，而乡村经济数字化和乡村治理数字化发展相对较慢。（5）县域乡村数字基础设施指数、乡村经济数字化指数和乡村生活数字化指数的区域差异相对较小，而乡村治理数字化的区域差异较大。（6）贫困县与非贫困县数字乡村发展水平的差距小于两者农村居民可支配收入的差距。数字基础设施为贫困县数字乡村发展带来"换道超车"机会，但县域数字乡村发展仍存在较大的区域差距，需加大政策倾斜、推动区域均衡发展。

基于上述研究结论，本研究提出以下政策建议：需从完善体制机制设计、推进《数字农业农村发展规划》实施等层面加大县域数字乡村发展的支持力度，提高县域数字乡村发展速度；完善县域数字基础设施建设的同时，也需着重提高县域乡村治理数字化和乡村经济数字化水平，补齐县域数字乡村发展的短板、实现数字乡村不同领域的协同发展；注重区域均衡发展，在促进东部地区县域数字乡村发展的同时，也应协调促进中部、东北和西部地区县域数字乡村的发展；相对贫困地区需充分利用数字基础设施发展带来的红利机会，加大对区域数字技术与乡村治理、乡村优势产业融合发展的政策倾斜，以取得机会实现"换道超车"。

六　研究展望

囿于县域层面数字乡村相关表征数据可得性极为有限，研究样本范围与数据多元化方面需要在未来研究中进一步改善。例如，此次参评县域不包含市辖区和特区，可能导致个别以"区"为主要行政单元的省份的参评县域对该省农村区域的代表性有限。同时，由于数字经济发展迅速，但限于数据可得性，本文所构建的县域数字乡村指标体系难以充分展现乡村经济社会数字化转型的方方面面。

基于本研究的局限性，后续研究中，课题组拟以更合理的标准扩大研究的区县范围，优化对研究样本的定义，在此基础上，对县级市、市辖区、县等不同县级行政单位的数字乡村发展水平进行比较研究；依托更多具有代表性的行业数据、网络大数据和遥感数据，拓展资料来源，数据可得性将持续改善。此外，课题组将根据数字乡村发展阶段、内容和形式的变化，持续拓展和深化现有评估指标体系，以期更全面准确地反映我国县域数字乡村动态发展实际。

随着我国数字乡村建设的深入推进，数字技术的发展尤其是数字基础设施的持续改善使得县域生产与消费市场更加紧密的连接，有望通过数字技术红利驱动县域农业及工业产业高质量发展，不断提升农村就业质量和农民收入水平，启动县域小循环助力国内大循环。

参考文献

农业农村部信息中心：《2019 全国县域数字农业农村发展水平评价报告》，http：// www. agri. cn／。

V20／ztzl ＿ 1／sznync/gzdt/201904/P020190419608214653715. pdf，最后检索时间：2021 年 6 月 26 日。

赛迪顾问：《中国数字经济指数（DEDI）》，https：//www. ccidgroup. com/gzdt/10463. htm，最后检索时间：2021 年 6 月 26 日。

腾讯研究院：《中国"互联网＋"数字经济指数（2017）》，https：//tech. qq. com/ a/20170420/027101. htm，最后检索时间：2021 年 6 月 26 日。

中国信息通信研究院：《中国数字经济发展白皮书（2017 年）》，http：//www. caict. ac. cn/kxyj/qwfb/bps/201804/P020170713408029202449. pdf，最后检索时间：2021 年 6 月 26 日。

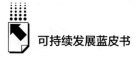

中共中央国务院:《数字乡村发展战略纲要》,http://www.gov.cn/zhengce/2019 - 05/16/Content_ 5392269. htm,最后检索时间:2021 年 6 月 26 日。

Barefoot K. , Curtis D. , Jolliff W. , Nicholson J. R. , Omohundro R. , "Defining and Measuring the Digital Economy," BEA Working paper (2018).

European Commission. DESI 2015: Digital Economy and Society Index Methodological note, http://ec. europa. eu/digital - agenda/en/digital - economy - and society - index - desi. 2015.

European Commission. EU Action for Smart Villages, https://ec. europa. eu/agriculture/ sites/agriculture/files/rural - development - 2014 - 2020/looking - ahead/rur - dev - small - villages_ en. pdf. 2017.

G20. G20 Digital Economy Development and Cooperation Initiative. http://www. g20chn. org/hywj/dncgwj/201609/t20160920_ 3474. html. 2016.

OECD. OECD Digital Economy Outlook 2017. https://www. oecd. org/internet/oecd - digital - economy - outlook - 2017 - 9789264276284 - en. htm. 2017.

The Ministry of Internal Affairs and Sports Rhineland - Palatinate. Digital Villages Germany, https://enrd. ec. europa. eu/sites/enrd/files/tg_ smart - villages_ case - study_ de. pdf. 2019.

专 题 篇
Special Reports

B.7
如何构建以新能源为主体的新型电力系统

仇保兴*

摘　要：　习总书记指出要"构建以新能源为主体的全新电力系统"，
意味着全新的概念和颠覆性的电网转型。新型电网是虚实结
合的一个新生态系统，通过智能的反馈回路，高渗透率接纳
可再生能源，通过电网的分层结构使电网的调峰更加灵活、
智能。本文详细介绍了如何构建新能源为主体的新型电力系
统，研究了新型电力系统减碳、有效性、产能过剩和公平竞
争等相关问题，并给出了相关对策。

关键词：　新型电力系统　新能源　"双碳"　减碳

2021 年 3 月习总书记主持召开的中央财经工作委员会第九次会议提出要

---

* 仇保兴，国务院参事，中国城市科学研究会理事长，住房和城乡建设部原副部长。

"构建以新能源为主体的全新电力系统"。相对于基于化石能源并有两百年历史的传统电力系统来说，"新能源为主体"意味着全新的概念和颠覆性的电网转型。那么这张全新的电力系统网络将是什么样子，又该如何构建？本文主要从八个方面来改进构建新能源为主体的新型电力系统的特征、问题与对策。

一 新型电力系统的主要特征

新型电网是虚实结合的一个新生态系统。从"实"的方面来看，它是一个能量的网络；从"虚"的方面来看，它又包含着调节这个网络所需要的众多反馈回路，通过智能的反馈回路，使电网能够高渗透率接纳可再生能源，因此新型电力系统的本质是"虚实结合"的。同时新型电力系统也是分层次的，首先是配电端，输配电一定要逐步实现分离。配电这一块将来会成为一个独立的单元。虽然任何一座住宅所产生的太阳能或其他可再生能源与电网进行双向交流的能量是非常弱小的，但这个单体可以把其他不同的可再生能源进行集合，在社区层面将整个社区内的住宅和可再生能源结合建立一个微输电环节。假设一个社区有 10 万人，通过加装太阳能光伏、风电等可再生能源设施使得每一座建筑都能成为发电单元，以该社区的 10 万人作为一个组团，在这个组团内可以将多种可再生能源联合上网，例如屋顶上的光伏，还有风电、生物质发电、电梯下降时的势能发电等，每座住宅的可再生能源发电量都可以接入这个小区微电网并实现产用储一体化。当这个配电小区有多余的电时可卖给电网，不够时则向电网买电，双方呈现一种互相买卖的双向输电新关系。更重要的是，到 2030 年，我国估计有 5000 万～1 亿辆电动车，如此庞大的电动车数量意味着现有电网中 1/5 的电力都能储存在电动车中。有了电动车作为储能装置后，在用电高峰时，为了维持供需平衡，保持系统频率稳定，就可以利用电动车内储存的电反馈一部分给微电网用于大电网调峰，而在当日的 23：00 至次日 08：00 的用电低谷阶段，鼓励电动车在这个阶段进行充电，如此一来，通过电网的分层结构，就能使电网的调峰更加灵活、智能。其次是区域性的电网，它可能整合一个或几个临近城市的各种可再生能源的时空互补能力，逐步实现资源富余区的电力向负荷出集区的大容量中远距离输送。最后是跨区域的电网，它以超高压电力网络形式将能源远距离调配整合。它负责将风光资源极其丰富的我国青藏高原、新疆和内蒙古可再生能源与当地丰富水力调峰和绿氢（绿甲醇、绿氨等）转化存储调峰组合协同，再以超高压直流输电形式向东南沿海高负荷区域输电。

二 以新模式建设水力调峰电站

国家能源局日前发布《抽水蓄能中长期发展规划（2021－2035年）》。规划提出，到2025年，抽水蓄能投产总规模较"十三五"翻一番，达到6200万千瓦以上；到2030年，抽水蓄能投产总规模较"十四五"再翻一番，达到1.2亿千瓦左右。对此，有行业观察指出，从"十一五"开始，我国曾连续提出抽水蓄能建设的中长期规划目标，但完成情况一直不太理想：2008年发布的《可再生能源发展"十一五"规划》曾提出2000万千瓦的抽水蓄能发展目标，到2010年时目标并没有完成；2012年发布的《可再生能源发展"十二五"规划》再次提出，2015年抽水蓄能电站装机容量要达到3000万千瓦、开工4000万千瓦的目标，但到2015年底，抽水蓄能电站装机仅为2303万千瓦，开工规模只有1697万千瓦，不到规划目标的一半。除了公认的抽水蓄能项目选址条件苛刻，制约了大规模建设之外，业内专家还表示，关键还在于抽水蓄能项目一直没能形成较为稳定稳健的营收模式。抽水蓄能是一个特殊的电源，效率损失在25%～30%。因此当将其放进电网中运行时，可以在低谷期将水抽上去，再在高峰期放水发电。这类项目一般白天抽水，晚上放电，但因抽水所需电远远超过晚上能发的电，如果不把峰谷电价拉高的话，实际上它是很难盈利的。我认为其还应该把部分注意力放在传统的水库改建为调峰水电站，因为现在建设一个储能电站周期很长，需要先找到合适的地形，然后要办理征地手续，又要拆迁移民，再建造，整个过程没有十年下不来。但是我国现存的水库大大小小加起来已经有近十万座了，这近十万座中肯定有1/10是适应电力调峰储能的，要把这些利用起来。关键是要冲破体制障碍，将这些现成资源利用起来。例如缺电的经济大省浙江，70%的面积属于山区，60年代以来建了很多的水电站，利用这些电站实进抽水蓄能最快最省钱。还有一些大江大河上面的梯级电站，对其进行简单的抽水蓄能改造就能利用，通过对现有水电站进行简单改造，而不是建立新的专用于抽水蓄能的电站，可以"多快好省"地对超大规模的可再生能源进行蓄能调节。

需要指出的是，但凡只要提及"储能"，首先想到的就只有"水能"，但除了"水能"之外，我们还可以考虑"电动车储能"。电动车的数量目前还有极大的增长空间，按照一次充满500公里路程来计算，每辆电动车一次可充满50度电，相较于市面上每公斤只能储能0.2度的储能电池的储能成本，利用电动车作为储能器具有更大的优势。储存50度电需要一个重达几百公斤的储能电池，而电动车不仅能作为储能器，而且其储电效率更高。随着电动车数量的提升，必须要在储能调峰体系中将电动车摆到更重要的位置上，电动车储能量是非常大的，而且是现成的，不需要额外投入大量成本就能获得收益。

如果在青藏高原沙漠地区建立超大规模的可再生能源基地，靠现有的近十万座小水电是远远不够的，我们就需要通过新办法将可再生能源变成氢能，但是氢的运输成本比生产成本还高，而且非常危险。因此需要将氢就地转化为氨或甲醇，氨和甲醇可以进行大量储能。众所周知氨水是基本的化工原料和农用化肥，因此氢在转换成氨以后就能非常安全、非常容易地进行运输和储存。

并且，现在许多电厂是纯燃煤发电的，如果用20%的氨来代替燃煤，到2030年后可以用50%氨代替燃煤，甚至到2050年那时候使其达到70%、80%用氨替代率。通过这种方式的减碳效果将远高于一般降碳方法，仅仅是将用煤的比例下降，就能使煤电站作为稳定的清洁能源供给来源。如果遇到特殊情况，在应急时可以回到"多用煤，少用氨"状态，尽可能尽快地满足应急状态下的能源需求，这样就使能源系统在"灰色"和"绿色"之间能够实现平稳过渡和安全转换。

对国家电网而言，电网公司是"碳中和"的主力军，从基层需求来看，"电老大"要带领一群中小电网往前走，此外，还需要为保障电力供应应急兜底。这就需要把社会主体参与组建的微电网积极性调动起来。要想调动社会主体的积极性，就需要进行"输配电分离"改革。如何理解"输配电分离"呢？举个例子，我们每个人都有自己的住宅，目前的物业服务包含了清洁、绿化、安保，但是如果将社区内的电力管理也纳入物业服务，即把所有的可再生能源电力接入电网，把配电公司变成这样一个特殊的"电力物业公司"。而如果在每家每户屋顶加装光伏板发电以及生物质发电等可再生能源，对社区内生产的电力优先"自发自用"，这样就能实现"创收"，极大提升居民的积极性把所有的可再生能源接入，然后和区域电网组成友好型的能源组团。如此一来，大电网企业的调峰压力也将大大减轻。如果不进行输配电改革，那么国家电网公司就很容易把降碳压力全部包揽是难以完成新型电力系统构建的。从战略性来考虑，超大规模的可再生能源发电站的接入，更需要王牌军、主力军，这方面就需要国家电网来施展它的举国体制优势了。如果将现有500多亿平方米的老百姓住宅进行"输配电分离"，用电力物业来进行千百万种技术创新，那么我们"双碳"目标的实施将带动广大主体的自主创新性与积极性。

三　构建新型电力系统能否仅发电侧减碳？

"仅仅依靠发电侧来减碳"的这个观点武断地认为"双碳"目标，仅需电网公司跟那些发电厂就可以把这个任务完成了，这实际上是很糟糕的，这一武断的观点已经给人类带来的教训——2021年美国德州能源危机事件。美国的德州是一个工业经济非常发达的州，在过去十多年的时间内，为实现绿色转型，德州对能源供给侧进行了例如提升可再生能源比例等一系列改革，据ERCOT资料，2020年德州电力有40%来自天然气发电厂、23%来自风力发电厂、18%来自火力发电厂、11%来自核能发电厂，但在2021年2月由于突发寒潮，能源供应危机爆发，造成了400万人断电。

据当地华人介绍，德州在经历暴雪后，处于断电、断水和断粮的状态，温度低至零下 20 摄氏度。原来德州绝大部分家庭是有保留多种能源消费方式的，例如传统燃烧木材的壁炉、做饭用的天然气，等等，但是由于政府对能源供给侧进行改革，德州的电能已经基本实现全部"绿电"。为了倡导居民使用低碳能源，政府通过相关补助政策，鼓励居民实行全电气化，因此许多家庭的壁炉、天然气管道等都被电气化取代。结果在今年的暴风雪中，天然气发电停止、风力发电受阻、太阳能发电板被大雪覆盖，原本政府推崇的可再生能源设施在此次危机中集体失灵，而民众又一时没有"能源备胎"，这种过度依赖单一的"能源供给侧"改革模式造成了德州 170 多人死亡，数百万民众受灾。

另外，德州能源系统虽已联网，但是能源连接通道只有供应量的 5%，而根据实际需求，联网能源应该提升至 30% ~ 50% 才能保证外部能源及时补充救援。从地理位置上看，德州并不属于美国的最北部，但是在此次危机中北部地区各州可再生能源依旧能够正常运转，而地处南部的德州反而失灵，这完全是因为德州对于这些能源设施没有加装防冻措施，再加上一些企业片面追求效益，忽略掉这些必要的安全保证措施，使得德州的能源系统根本不具备韧性。由此可见，我国未来的新型电力系统必须是一个韧性的系统，在消费侧必然也是一个多样化的能源系统，整个能源系统韧性的增强需要"供应侧"与"需求侧"两侧协同作用。

"双碳"为何需要"双创"？习近平总书记在 4 月 30 日的讲话中指出："各级党委和政府要拿出抓铁有痕、踏石留印的劲头，明确时间表、路线图、施工图，推动经济社会发展建立在资源高效利用和绿色低碳发展的基础之上。"这也说明"双碳"并不是国家发改委一家或者电网一家的事，而是每一个城市的职责。浙江省最近出台了一个政策叫"十百千"试点，即在"十四五"期间，推动 10 个县成为"碳中和县"、100 个镇成为"碳中和镇"，1000 个村成为"碳中和村"。这个"十百千"试点如果在"十四五"获得成效，那么浙江省可以率先一步，可能在 2050 年就可以碳中和。这个试点方案工作重点还是在地方政府，各级政府应该在管辖范围内把各种各样的可再生能源发掘利用好。对国家电网公司实际上是一个"兜底"主力军，而且是个总调度，更多的是需要靠其他主体各司其职，不能片面地只关注"电力系统脱碳"。

四 新型电力系统有效性的五个判据

新型的电力系统本身尚处于"进行时概念"，因为我们到现在为止还没有给新型的电力系统赋予一个"盖棺定论"的定义，但显然它的内涵是需要不断演化充实的。但对于如何评判电力系统的好坏，我们有相关的判据。第一个判据，安全、韧性，经得起极端气候或者灾害甚至是局部的袭击。第二个判据，技术成本可承受，而且成本随着时间的推移是趋降的。第三个判据，技术的组合可靠性越来越高，不能把不成熟的技术加入其中。第四个判据，能够使"灰色系统"和"绿色系统"二者之间平稳、快速、顺利转换，倘若遇到紧急情况可以使今天的绿色系统，明天就能立马转换到更具保障性的传统发电模式，二者之间能够快速平稳的进行切换。第五个判据，进口替代性，现在我国是世界上最大的天然气进口大国、世界上最大的石油进口大国，如果能将这个帽子摘掉的话，国家能源安全就能实实在在地掌握在自己手里。只有符合这五个判据的，才是真正使得人民群众满意，同时又能加速"双碳"目标的实现，这样的新型电力系统才是一个好的电力系统。

不论是从理论上还是从其他国家的实践上，都已经证明在新型的电力系统中可再生能源的比例即使达到70%、75%，这个电网也是能稳定可靠运行的。前段时间在与欧盟专家交流时，欧盟专家开玩笑称："你们中国搞了那么多智慧城市，搞得花里胡哨的，很多东西很先进，但是不一定很实用，但是对于我们德国的智慧城市建设，很多城市就是一个目标，即使得城市的电网能够容纳75%以上的风电和光电。当风电和太阳能光电比率达到75%以上时，电网负荷起伏会很大，但是通过智慧电力系统也能够使其合理调度，这才是真正的智慧城市。"德州是美国最南端的州之一，但是丹麦、挪威，它们的冬天比德州要冷得多，并且丹麦、挪威的可再生能源比例是世界

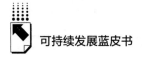

上第一的，已经达到70%比例的风电和太阳能了，我们从这些先行者的角度来看，只要满足以上五个判据，构建以可再生能源为主体的新型电力系统是完全可行的。

五　资源依赖型城市或地区如何构建新型电力系统

新能源的使用占比决定着我们新型电力系统的落地和它是否能够真正实现。但是不少人有一个这样的担忧：在一些矿产资源禀赋比较好的地方，人们会不会更容易倾向于利用就近的火电资源，因为有良好自然资源禀赋条件，所以也就失去了去发展新能源的动力。

从实际情况来看，这个问题显然是存在的，我们也称之为"资源的魔咒"。哪个地区某一种资源非常丰富，它的发展思维就被锁定了。举个例子，我曾经担任过温州乐清县的县委书记，乐清过去是很穷的地方，但是现在是温州最富有的地区，乐清没有任何自然资源，靠的就是温州人"敢闯敢冒"的精神。如果说乐清当地石油和煤储藏量很丰富，那么温州人可能很难发展到现在的景象，因为发展思路被锁定了，只能在煤和油上面动脑筋，这样的话温州人的想象力就发挥不出来了。但是我国山西、内蒙古这些传统能源富集的地方有着空旷的沙漠、戈壁、盐碱地，这些沙漠、戈壁、盐碱地是长不出一棵草来的，但是在这类地区进行大面积太阳能光伏板铺装条件更优越，在这类地区铺装的太阳能光伏板产生的发电量要比在浙江的光伏板发电量多出1/3左右。

由于干旱缺水，依靠种树产生的碳汇进行减碳是肯定不行的，在缺水地区进行种树基本上是高碳的行为。所以国务院办公厅刚刚发了文件，要求年降雨量400毫米以下的地方就不要种树了，在这种地区种树是得不补失的。大自然几亿年的进化都长不出一棵树来，依靠人工种树挑战自然得不偿失，现有树苗成活基本都是靠抽取地下水，本来原有的地下水还能使一些本地树种存活，一旦过分进行抽取地下水人工种树，过不了几年地下水水位到50米、100米时，不仅人工种植的树枯死了，还把千年的胡杨林也搞死了，所以在这类地区进行抽取地下水人工种树其实是一种破坏生态的行为。

通过实践可以发现，在这类地区铺装太阳能光伏板有三大好处。第一大好处，安装太阳能板的那些地方，因为它昼夜的温差很大，它就会结露，就是冷凝效应，就像早上树叶上会结露水一样，一旦太阳能板结露，露水会滴落到土里，所以被太阳能光伏板铺装地方的牧草可以长得非常好。实践中还发现在这些地区，因为太阳能光伏板下面的牧草长得太高结果把太阳能板挡住了，还要让当地的牧民把羊放进来吃，这一有趣的现象恰恰证明在沙漠戈壁滩等干旱地区建设太阳能光伏发电基地对生态是有明显好处的。

第二大好处，太阳能板铺装后，可以使地表水分的蒸发量减少，使原来仅存的少量水分得以保住。更重要的是，学过植物学的人都知道，通过叶绿素将太阳能转换成能够固碳的木质纤维素，这个过程的转换效率约为1%。但是太阳能光伏板的转换效率是18%，而且20%也是很容易达到。对二者进行比较，如果在1亩地铺装太阳能光伏板，理论上光伏板的脱碳效果就相当于20亩的森林。

第三大好处，太阳能光伏发电具有明显的成本趋降性。在2008年时，由于国际上爆发金融危机，造成了我国许多太阳能企业破产。当时我国太阳能板生产企业，不论是生产多晶硅光伏板还是单晶硅光伏板，最终都是以出口方式销往国外，国内订单极少，但是受全球金融危机影响，原来需要太阳能光伏板的发达国家在此时都停止了进口。在了解到这一情况后，我以个人名义向财政部提出建议报告，与财政部一起发起了一个屋顶太阳能计划。当时财政部非常认可我的这个报告建议。早在十几年前，我便有了我国太阳能产业会成为全球第一的大胆猜想，事实也确实如此。

在"屋顶太阳能计划"后，过了两年后才由国家发改委、科技部牵头推出"金太阳工程"，那时候财政部给它的补贴达到每一瓦13元钱。根据后来的跟踪调查，结果发现十三年来太阳能光伏的发电成本降到原来的1/10以上，陆上的风电成本降了一半，海上的风电降到原来的37%。这些原来认为成本高昂的可再生能源技术的成本都在持续下降，其中光伏发电的成本下降最快，这完全是因为技术上实现了突破。十几年前很多原料都是依赖进口的，例如单晶硅，最贵的时候达到 400 美元一公斤，而自我国也具备生产技术和规模后，单晶硅的成本最便宜是 20 元人民币一公斤，整个成本急剧下降。

除此以外，我们还需要在体制改革方面压缩成本。在中亚的阿布扎比、南美等地区，太阳能发电成本实际上是每度电一角人民币不到，并且也都是通过中国生产的太阳能板、中国的公司投资、中国的技术人员产生的数据，为什么采用同样的材料、同样的技术、同样的单位国外发出来的太阳能电力的成本却比我国的光伏发电成本还便宜？原因是在我国建设太阳能光伏板，需要具备的行政审批条件过于复杂，第一是需要将用地属性改变，要改成建设用地；第二是每平方米需要收取土地使用费，根据我国的《土地法》，每平方米的年土地使用费在 1 ~ 20 元。原来一毛不拔的戈壁滩，一旦你决定要在这个戈壁滩上建设光伏发电站，那么这片戈壁滩的土地属性在当地政府的运作下可能会变成耕地性质，只要是耕地，政府需要收取的费用就能尽量提高，地方政府难免急功近利，所以我们需要针对可再生能源大发展的"放管服"专项改革，力图将一些僵化的体制规则进行打破，使我们的新能源发展更加顺利。

六　新能源巨大的投资风口会否造成大量的过剩产能？

从改革开放 40 多年的历史看，我国原有十大专业部，如机电部、纺织部、轻工部等，在朱镕基任总理时把这些专业部都撤除了，原因是什么？市场经济的特点就是投资者能够对自己的投资负责。从历史经验来看，我国过去对任何一个产业，例如纺织品、电冰箱、洗衣机等这些物资都是严加控制的，只能有许可证的单位才能生产。只能由国家政府、央企来投资，这就很容易造成"刮风"式运动，也很容易造成产能过剩产品积压，最后只能用行政力量去产能。但是改革开放这 40 多年来我们有一个非常明确的历史经验，这个经验就是不论对任何一个产业，只要取消管制，允许民营企业可以百分百参加的时候，这个产业所造成的风口很快就能实现自我调节。以

"去产能"为例，前几年去产能是以去钢铁、煤炭、化工的产能为主，又因为钢铁、煤炭、化工等都以国企为主，民企很难参与，凡是民企参与主导的都不需要去产能。在这个市场经济的各种周期性波动过程中造成了许多风口，但是民营企业家一关一关都过来了，虽然破产了一批民营企业家，但是也诞生出一批新型的民营企业家，有着"前浪推后浪"的趋势，不需要国家花大力气"去产能"，这是改革开放以来体制改制所获得的成果。

无论是新能源也好，还是任何一项高新技术也好，只要是民营企业能广泛参与的，它的风险一般是良性的，不会是恶性的，因为它不可能造成"刮风"式运动。因为民营企业需要对自己的投资行为负责，这源于民营企业能够自我决定什么时候加速、什么时候踩刹车。但如果这个产业只能由政府投资，踩刹车的只能是政府，再加上政府体制的特点，地方领导的任职一般不会长期担任，这就造成了地方领导更多时候仅能考虑到近期任职两三年内的事情，这时候以"刮风"式形成的风口是很危险的，最后还得中央下令运动式去产能，其损失就会很大。

七　构建新型电力系统如何关注公平竞争问题？

关注"公平竞争"的问题十分重要，以最近国家能源局综合司正式下发的《关于报送整县（市、区）屋顶分布式光伏开发试点方案的通知》政策为例，虽然太阳能屋顶计划是十三年前由我们发起的，但是现在仍然有许多的省份都错误地理解了这个政策，他们错误地理解为，既然是整县推进，就必须由规模大的那些央企和大集团参与，至于规模较小的民企就不要参与了。待到这个县进行招标时，由哪一个央企、大国企或当地自己组建一个大国企，这个时候太阳能的投资就可能会大幅度萎缩，实际上这是对这个文件一个错误的理解。只有浙江省委、省政府关注到这个问题了，由此浙江省能源局下发文件指出：整县推进不得以任何借口中止民营企业投资、民营企业建光伏屋顶。浙江省作为民营经济最发达的省份，省委、省政府自然能注意到这个问题，但其他很多地方都理解错了。

对于任何一个风口而言，如果是由千百万家民营企业参与"双创"兴起的，这个风口哪怕再大，它也有内在的调控余地，因为每个市场主体都会对自己的投资负责，都会宜时踩刹车。但如果说这是一个行政推动的，是一个运动式的，是一个"刮风"式的行政动员模式去构建的风口则将是很危险的。所以我们希望更多的省份正确地理解整县推进这个含义，要调动所有的积极性来解决这一类问题。对央企特别是国网而言，他们所承担任务的艰巨性、先锋性是一般民企难以企及的。所以央企和国网要为千百万民企开路，做它们的平台，为它们兜底，如此一来，依靠多种所有制的主体的参与，各类经济体取长补短，共同前进才能顺利构建新型电力系统。

现代电网作为一个网络型的生态系统，与大自然的生态系统有相似之处。保护大自然有两个目标，一是"减碳"，二是"生物多样性"。作为国家电网，可以通过新型电力系统的构建，在其中担任"主力军"，主要工作实际上就是构建一个新型的电力的生态系统框架，提供一个多样化的电力供给和电力消费平台。多样性越丰富，系统的韧性就更高，这与大自然强调"生物多样性"是一样的道理。因此，保护大自然需要强调提高物种多样性，对新型电力系统的构建也是要提高多样性，在这个过程中实现共赢共生。

从共生的角度来看，我国在建立新能源体系或者"双碳"战略的过程中，每一个城市都靠自己的力量来实现碳中和是有困难的。特别像温州人多地少，不可能把所有的土地拿出来搞太阳能、风能，随着电力消费量的提高，将来也会更加困难，怎么办呢？其实温州在四川的对口支援单位恰恰是太阳能和风能最好的地方，这个地方叫阿坝州。阿坝这个地区目前和温州属于对口支援扶贫关系。这个地区面积有浙江省那么大，近10万平方公里，平均海拔为3500米，是一类太阳能地区，同样一块光伏板装在温州市与装在阿坝州，发电量相差接近一倍。因此，可以在阿坝地区建立一个温州太阳能光伏园区。只需在阿坝地区10万平方公里取一小块，例如取300平方公里，就可通过太阳能光伏发出一个三峡电站的年发电量。一个三峡的年发电量对温州市来讲，不仅是现在绰绰有余，未来也是够用的。这时候就可以通过国家可靠的电网输送到温州，将阿坝发出来的可再生能源电力算在温州减碳。温州建设用地紧缺，经常要到别的省去调剂，进行建设用地"增减挂钩"，这个范围大一点，其实温州的地可以种两季半，但是在新疆只能种单季，而如果这个土地都是用来建设光伏发电基地，那么产生的减碳效益则是一样的。最后都通过国家电网的输电网络顺畅传输，对这个电网的共生是有利的，对壮大我国电网也是有利的，如此才能实现共赢。

八　新型电力系统对国民未来生产生活的影响

新型电力系统的建立实际上与我们每一个人的生活，包括每一座城市都会带来一些出乎意料、难以想象的变化。

第一个变化，是对于未来城市的建设。实际上应该是以新型的电力系统为基础的新能源的体系，首先应该以"零碳"为目标。众所周知，倘若能使能源供应实现"低碳"或者"零碳"，那么空气中的污染就可以实现归零，以能源供应的"零碳化"为基础，打造绿色的、健康的城市生活环境将触手可及。

第二个变化，新能源与互联网紧密结合。互联网与新能源一旦结合，将对每一个人的生活产生巨大的影响。例如现在比较健康的锻炼方法就是骑自行车上班，如果能使这种绿色的交通方式通过互联网产生绿色效益，在你的支付宝或者你的微信每采用一次绿色出行方式就会增加几元钱的绿币，这种绿币可以像人民币一样通用，将你为大自然所做的贡献、为下一代所做的贡献、为脱碳所做的贡献都及时纳入其中并进行统计，这样不仅能增加收入，但更多的是能增加每一个居民的参与感和成就感。

第三个变化，"双碳"时代需要靠"双创"行动。从经济的总量来看，预计到2060年需要对新能源方面的投资是150多万亿元。2008年金融危机的时候我们中国才发行了4万亿元，仅仅是4万亿元到如今仍然饱受争议，但是现在面临的是150万亿元的投资机会。这样一个投资机会几乎相当于财富的重新分配。对于任何个人来说你的敏感性越强，知识学习越快，就越能

参与其中，正像乔布斯所说的那种精神境界， "Stay　foolish，Stay
hungry"，实际上它真正的含义不是字面上讲的，而是说"学无止境，求知
若渴"。当每个人都能做到学无止境、求知若渴，努力丰富自己知识体系的
时候，那么这个由新型电力系统带动社会进步的新时代将更快、更好地
到来。

B.8
同一健康：应对人类健康挑战新策略

陆家海 赵白鸽*

摘　要：　自20世纪以来，以全球健康安全为核心的生物安全风险逐渐加剧，以传染病为主的重大公共卫生危机不断，人口老龄化、慢性非传染性疾病危害增大，抗生素耐药形势严峻，全球环境变化影响持续，空气污染严重等问题使得人类健康风险与日俱增。人类、动物与环境三者是一个密不可分的整体，单一学科或组织已无法应对和处理如此复杂的公共卫生问题。近年来，同一健康（One Health）已经成为国际上公认的解决重大和复杂人类健康问题的关键策略，它倡导跨学科、跨部门、跨地区（国家）的合作与交流，通过有效整合医疗、兽医、环境、疾病控制等部门的资源力量来保障人类、动物和环境的健康。目前全球已经有许多成功的同一健康实践案例，新冠肺炎疫情的全球大流行以及中国成功控制疫情的实践使人们进一步认识到同一健康策略的重要性，也是实现人类卫生健康共同体目标的具体策略。

关键词：　人类健康共同体　同一健康　公共卫生

---

* 陆家海：中山大学公共卫生学院 One Health 研究中心主任；赵白鸽：中国社会科学院"一带一路"国际智库专家委员会主席、蓝迪国际智库专家委员会主席。

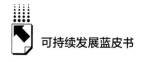

一 同一健康的历史发展

同一健康的起源可以追溯到公元前 460 年，人们在那时候逐渐认识到环境因素可以影响人类健康，以及人类、动物和环境存在相互联系。直到 18 世纪晚期到 20 世纪初，随着兽医专业的发展，人们注意到动物疾病与人类健康之间的新联系。德国的著名病理学家鲁道夫·魏尔啸（Rudolf Virchow）认为人类医学和兽医医学之间没有也不应该有明确的界限，并首次提出了"人兽共患病"一词。到 20 世纪，随着公共卫生学科的发展，同一健康概念逐渐兴起。卡尔文·施瓦布（Calvin Schwabe）提出"同一医学"（One Medicine），该术语反映了动物医学和人类医学之间的相似之处，强调通过兽医和临床医生之间的合作来解决人类健康问题。2004 年，野生动物保护协会组织"同一世界，同一健康"（One Word, One Health）研讨会，讨论了当时传染性疾病的潜在危害，提出只有通过打破机构、个体、专业、行业壁垒，才能创造出新技术和新方法，迎接严峻挑战，会议同时提出 12 条建议，制定了"曼哈顿原则"。到 2008 年，越来越多的机构开始以同一健康理念为核心进行合作交流，如世界卫生组织（WHO）、世界银行（IBRD）、联合国粮食及农业组织（FAO）、联合国儿童基金会（UNICEF）和世界动物卫生组织（OIE）等。2010 年，世界卫生组织、世界动物卫生组织和联合国粮食及农业组织以同一健康为基础合作制定了联合战略框架，为预防和应对不断变化的新发和再发传染病，促成了重大动物疾病的全球早期预警系统（Global Early Warning System, GLEWS）。之后同一健康理念开始在全球推广，并成为各国政府政策和研究的重要组成部分。

目前全球很多高校都建立了同一健康专业或正在开展相关的培训项目，比如爱丁堡大学，设立同一健康项目，开启硕士学位课程，美国弗罗里达大学发起"同一健康倡议"（One Health Initiative），同时在全球设立首个该领域的博士培养项目。从 2016 年起将每年的 11 月 3 日确定为国际同一健康日（one health Day），国际上推出 One Health 学术期刊，柳叶刀杂志也成立"One Health"委员会，旨在促进同一健康理论、方法研究和成功实践模式的推广应用，为应对现代复杂的全球健康挑战提供解决方案。

我国的鼠疫防控是践行同一健康策略的典范，从鼠疫防控管理、措施落实到宣传教育的各个方面，由卫生部（现为卫生健康委员会）负责总体部署和法规制定，疾病预防控制部门（地方疾控中心、防疫站、鼠防所等）负责野生动物鼠疫的监测、防控与宣传教育，以鼠疫防控为核心目标，打破了部门利益，快速完全地控制了鼠疫的传播。联防联控机制在应对SARS、埃博拉和禽流感、布鲁氏菌病等人兽共患病发挥着重要作用，是同一健康理念的具体有效实践。新冠肺炎疫情发生后，党中央和国务院迅速决策部署，中央政府把人民的生命健康放在第一位，下定决心采取一切措施防控疫情，从顶层设计保证了政策的制定和措施的落实；中央政府统一领导，全面协调，调动全国之力投入抗疫；联防联控工作机制，明确职责，分工协作，形成防控疫情的有效合力。我国在较短时间内由疫情初期的被动应对转变为主动控制，也是同一健康理念控制传染病的一次伟大的成功实践。

国内一些机构与学者近年来积极投身于倡导和推动同一健康理念在中国的发展。中山大学公共卫生学院成立了国内第一家One Health研究中心，并于2014年、2019年在广州分别举办两届One Health研究国际论坛，该论坛汇聚多位国内外跨学科知名专家，从人类健康、动物健康和环境健康角度，立足人类和谐发展战略，为我国推行同一健康理念和策略奠定基础。2021年4月以"同一健康与人类健康"为主题的第697次香山科学会议在北京召开，来自全国各科研单位、高校和相关管理部门的四十多名专家学者出席了此次会议。专家们围绕新发传染病的防控、抗生素耐药和环境健康等议题进行深入讨论，并呼吁利用同一健康策略共同应对人类健康面临的新挑战。香山科学会议的成功举行表明中国学术界和管理部门对同一健康策略的认可与支持，具有里程碑意义，未来同一健康策略必将在实践中得到更为广泛的应用。

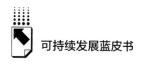

二　同一健康的全球实践

（一）同一健康理念应对新发传染病

广义上新发传染病主要包括新发现、新出现和重新出现（或流行）的传染病，也是目前传染病全球防控共同面临的难题。自20世纪70年代以来，全世界新发传染病已有40余种，其中70%以上来源于动物或媒介生物，其暴发频率呈快速上升趋势。同一健康策略是当前国际上公认的应对新发传染病的有效途径，它强调人、动物和环境的整体健康，通过加强对动物、职业暴露人群和环境的监控，实现新发传染病防控的关口前移，进而解决当前公共卫生安全领域面临的难题。

卡塔尔控制中东呼吸综合征正是同一健康策略应对新发传染病的一个成功案例，它体现了多部门合作在病原体溯源和快速有效防控疾病传播的重要性。2012年，卡塔尔首次报道出现中东呼吸综合征，当时卡塔尔对这种病毒的传播方式和速度并不了解，其高致死率也给卡塔尔的医疗卫生系统带来了巨大挑战。但卡塔尔通过多部门合作进行实地调查和监测，使人们迅速发现该病毒的宿主以及传播途径，各部门的数据共享及多学科的科研合作促使人们能够在最短时间内填补对该疾病了解的空白，从而有效防控疾病的流行。

其他国家和地区的"同一健康"实践为该策略在中国的落地，并运用于预防、发现和应对未来的传染病疾病提供了借鉴。我国的体制优势也为同一健康策略的实施提供了保障。在同一健康名称正式出现之前，我国早已采用该策略来应对出现的各种健康挑战。血吸虫病曾经是中国南方的首要健康威胁，20世纪五六十年代，中国采取了多部门干预的措施消除了血吸虫病的流行。中国香港地区在1997年经历H5N1禽流感之后，将相关管理部门、卫生机构和高校等机构紧密地联系在一起，建立了禽流感专家工作组等，这些都是同一健康理念防控传染病的成功实践。

践行同一健康原则，通过在动物中开展疾病的哨点监测、密切监测气候变化信息来预测传染病暴发的风险，不仅能有效控制新发、突发传染病，具有极高的成本效益。据统计，在 1997 年至 2009 年，禽流感、SARS、猪口蹄疫、疯牛病、尼帕病毒病、霍乱等六种新发传染病所造成的经济损失高达 800 亿美元，有研究表明，如果采用"同一健康"策略，每年在公共卫生疾病预防控制领域投资 19 亿~34 亿美元，每年将减少约 370 亿美元的经济损失，也就是每年可以净节省 340 亿美元，这些成本效益分析研究也充分体现同一健康策略在降低新发传染病所带来风险的经济价值。

当前新发传染病层出不穷、国际合作交流越发频繁、人—动物—环境一体化关系越来越密切的现实情况下，更应该利用同一健康策略，联合多部门力量采取更加广泛的综合措施。新发、突发传染病多为人畜共患病，这需要开发新的监测手段，改变过往从医院监测发现传染病的被动应对模式，在人—动物—环境交界面开展主动监测，实现从被动应对向积极主动转变，建立传染病疫情主动监测与预防体系，从而从源头上解决问题，实现传染病防控的关口前移。

同一健康理念要求跨学科、跨地区、跨部门之间的交流与合作应贯穿于传染病防控的全过程。在新发传染病发生前，多学科、多部门间的合作有利于推进技术和制度创新，提高突发公共卫生事件的应对能力。未来需要打破原有部门信息障碍，完善数据管理体系，畅通数据通路，形成共享机制；围绕医学、兽医学和环境科学之间的"交叉点"、"盲点"和"难点"开展科学研究；加快以疾病为中心向以健康为中心的人才培养体系转变，开展同一健康学科专业建设，打破学科壁垒，培养出新型的复合型专业人才。

（二）同一健康理念应对抗生素耐药

抗生素的长期滥用导致了细菌耐药性增强，抗生素耐药性（Antimicrobial Resistance，AMR）问题是当前全球公共卫生面临的最复杂的威胁。据统计，全球每年有约 70 万人因 AMR 而导致死亡；而到 2050 年，这个数字将增加到 1000 万人，也会造成近 100 万亿美元经济损失。抗生素

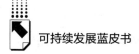

耐药是一个长期的问题。新的抗生素研发的速度远比不上耐药出现的速度，如果继续滥用抗生素，未来将导致人们无药可用。因此需要采取措施来延缓耐药发展的速度，寻求用药与耐药的一个平衡点，实现经济与健康效应的平衡。遏制抗生素耐药离不开各行业、各领域的共同合作，当前的国际共识是应对 AMR 问题，必须遵循同一健康原则，所有利益相关方协同合作，共同减少抗菌药物在人、动物、食品、环境的使用。

英国控制 AMR 的措施无疑是同一健康策略在抗生素控制方面一个典型的成功范例，英国自 2000 年开始关注 AMR，从立法层面成立了抗生素耐药专家咨询委员会，为各行业合理使用抗生素提供了规范，并积极修订抗生素的临床使用指南，建立了多种抗生素耐药菌的临床感染监测系统。在欧盟宣布实施全面应对抗生素耐药的五年行动计划后，英国于 2013 年开始实施应对 AMR 的五年国家战略计划，并成立了一个跨部门、跨学科的高级专家指导小组，负责各个部门之间的组织、协调和沟通。这一系列措施极大地提高了公众和卫生专业人员对抗生素耐药问题的认识，有利于推动新型抗生素和新诊疗方法的创新，大大降低了抗生素在人、动物和环境中的使用。

在当今全球化不断深入的趋势下，人、动物与环境的联系也日益紧密，仅靠一个国家或部门几乎不可能解决如此复杂的抗生素耐药问题，这需要全球各国从同一健康的角度出发，抓住抗生素耐药的关键问题，共同协作应对 AMR。各国应在防控早期就切实加强合作与交流，而不是仅在口头上互相支持，并整合模块分割化的国家监测体系，构建协同平台，坚持同一健康理念，这样才能保证抗生素耐药防控措施的有效落实。

（三）同一健康理念应对环境健康问题

当前全球生态环境恶化，存在土地荒漠化、耐药菌泛滥、生活垃圾污染等问题。在这样的全球背景下，我国生态环境形势同样十分严峻，主要体现在大气细颗粒物污染水平远超全球平均水平；人均水资源短缺，水源污染严重；土壤中铅、镉、汞、砷等重金属污染趋势从根本上尚未得到扭转，持久性有机物和其他新型污染存在潜在威胁；全球气候变化背景下，我国气温连续多年升高，多类型极端天气事件频发，海洋酸化等生态环境恶化问题。

我国高度重视生态文明建设和污染治理工作。特别是党的十八大以来，随着生态文明建设持续推进，国家对首要环境污染问题的重锤治理，生态环境得到改善。但防治和治理工作仍需进一步加强，从理念上应从保护人群健康的角度去制定防治策略和措施；同步推动的爱国卫生运动和健康城市建设的行动，多部门协同、从"人—社会—环境"系统地促进健康，但未纳入动植物健康，其全局性、精细化仍需要强化。

面对我国错综复杂的生态环境问题及其引发的环境公共卫生问题，需要强化"同一健康"理念，将生态环境、人类健康及动植物健康视为整体，以跨学科和多部门协作的方式，全面理解人类、动植物及其共享环境之间的相互联系，启用部门协同、监测协同、措施协同等新策略，从地方、区域、国家等多层面解决这一整体中产生的健康问题，免受重大经济损失。在治理决策方面，需要制定及实施国家级应对策略和应急响应计划，配套设立相关法律法规，将被动监测转变为主动监测，开展生态、人群和动植物健康风险的协同评估，并据此实施具体的行动措施，依托科技部重大研究计划设立"同一健康"与人类健康重点专项，促进跨领域、多科学合作研究，提升科研创新、科技支撑和政策决策的能力和水平。

三　中国公共卫生挑战及其应对策略

新中国成立之后，我国公共卫生可分为四个阶段。第一阶段是公共卫生建立期，建立了以环境卫生、劳动卫生、食品卫生、放射卫生、学校卫生等五大卫生为核心的公共卫生体系；第二阶段是公共卫生调整期，改革开放之后，计划经济逐步向市场经济转变，公共卫生机构已从全额财政拨款机构演变为企业管理模式，并开始以创收为目标，公共卫生机构的盈利导向导致具有公共物品特征的公共卫生服务相对短缺；第三阶段是公共卫生发展期，2002 年中国疾病预防控制中心（CDC）成立，四级疾病预防控制体系初步形成，在传统五大卫生范畴之外，慢性病调查、妇幼保健、营养健康、老龄

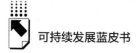

健康、社区管理等新职能被赋予各级疾病预防控制机构。2003 年 SARS 疫情暴发后，公共卫生被提到国家安全层面，资金投入与机构建设力度进一步加强，四级疾病预防控制体系得到完善；第四阶段是公共卫生改革期，在2009 年新医改正式拉开序幕后，我国政府开始强调基本公共卫生服务的可及性，以城乡均等化和公益化为目标，大力推进覆盖城乡居民的国家基本公共卫生服务项目，逐步取消疾病预防控制机构的营利性项目，公益性色彩日益浓厚。

中国十年医改过程中，医疗服务体系建设已成为国家和行业关注的焦点，公共卫生服务体系战略地位快速下降，医疗改革极大地弱化了核心公共卫生机构的职能，改革关注的焦点始终是医疗服务，也就是治病，而不是防病。在此次新冠肺炎疫情中，我国公共卫生体系也暴露出许多问题，如在疫情突发初期缺乏科学的防控计划；重大公共卫生疫情向公众报告不及时；防治结合不紧密；疾病防控体系难以应对重大突发公共卫生事件；应对舆情和引导舆论的能力不足等。此次新冠肺炎疫情的突发也让我们深刻意识到，完善国家公共卫生应急管理体制，构筑强大的公共卫生体系，提高我国各部门应对重大突发公共卫生事件的能力和水平，已刻不容缓。

除了上述问题外，由于人口老龄化、工业化、城镇化以及生态环境、生活方式和疾病谱等的不断变化，当前我国居民健康呈现多种健康影响因素交织、多种疾病威胁并存的复杂局面。目前任何一个单独的学科、机构、组织、国家都无法解决当前复杂的公共卫生问题。只有坚持同一健康理念，将人类健康、动物健康、环境健康三者统一为有机整体，才能真正实现人类卫生健康共同体这一目标。作为系统性思考和研究人类、动物、环境健康的新方法、新策略和新学科，同一健康强调跨学科、跨部门、跨地区的合作和交流，以共同改善人与动物的生存和生活质量为目的，打破陈旧观念，实现人类、动物和自然平衡相处、和谐统一。在我国实施"同一健康"策略，对于提升我国公共卫生体系水平、降低新发健康威胁风险具有重要作用。

四　同一健康的未来愿景

目前同一健康理念已经被越来越多的国家和国际组织在健康治理过程中实践和应用，为全球健康问题提供了创造性的解决方案，特别是自新冠肺炎疫情突发以来，同一健康在全球已经呈现加速发展的趋势，国际上很多机构都基于同一健康理念在病原微生物本底调查、病毒溯源、传染病疫情监测等方面开展了相关科学研究。相较于国际上已经设立的诸多同一健康组织、教育与研究机构、研究基金项目等，我国同一健康行动还急需从多个层次进一步加强。目前我国在健康治理方面仍存在条块分割、部门间各自为政、信息难以共享等问题，因此在我国开展同一健康理论与实践研究具有迫切性和必要性，须得到政府及社会的广泛重视与资源投入。同一健康从"人类—动物—环境"健康的整体视角解决复杂健康问题，是应对人类健康挑战的新策略。它强调跨学科、跨部门、跨地区（国家）的联合沟通协作，是实现习近平总书记关于构建人类卫生健康共同体目标的重要策略。在未来，不断探索与开展同一健康实践，应包括以下几个方面。

（一）成立"同一健康"专业委员会和专业学会

致力于多学科交叉和数据驱动的多单位合作、多部门协同，统筹医疗卫生、动物防疫、环境科学、生物学、信息工程等相关领域的力量，共同推进"同一健康"理念指导下人类卫生健康共同体建设。

（二）启动基于"同一健康"多学科交叉的重大研究计划

加强"同一健康"多学科协同性理论研究，提升基于生物技术与信息技术融合的关键核心技术；加强公共卫生领域的战略科技力量建设，开展我国野生动物病原本底调查和资源库建设；基于同一健康策略，从人—动物—环境交界面出发，开展持续监测与早期预警，实现疫病防控关口前移。

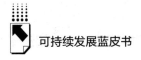
（三）设立符合"同一健康"理念的新学科和专业研究机构

在大学设立以"同一健康"命名的新学科，培养符合未来"去中心化和全球化"趋势的复合型人才；成立"同一健康"专业研究机构，将"同一健康"融入公共卫生体系，推进以"主动健康"为目标的疫病防控体系建设。

（四）运行联防联控公共卫生数据开放共享机制

建立基于基层传染病信息数据自动发送的扁平化传输网络，避免关键数据人为干预和遗漏，形成卫生、农业、林业、海关和应急等机构与地方政府联防联控、群防群治的常态化工作机制；整合和挖掘人、动物、环境等健康相关量化数据，加强各部门信息和数据的共享共用，提升基于量化数据的公共卫生服务水准。

参考文献

Choudri B. S., Al-Nasiri N., Charabi Y., et al., Ecological and human health risk assessment [J]. Water Environ Res. 2020, 92 (10)：1440 – 1446.

Dellarco M., Gutschmidt K., Kjellstrom T., Summary report the Joint WHO/IOMEH Workshop on Human Exposure Assessment in Environmental Health Decision-Making. Sosnowiec, Poland, 19 – 23 November 1996 [J]. Cent Eur J Public Health. 1998, 6 (1)：71 – 73.

Mello S., Tan A. S., Who's Responsible? Media Framing of Pediatric Environmental Health and Mothers' Perceptions of Accountability [J]. J Health Commun. 2016, 21 (12)：1217 – 1226.

National environmental health programmes：their planning, organization, and administration. Report of a WHO Expert Committee [J]. World Health Organ Tech Rep Ser. 1970, 439：1 – 56.

Niu J., Qu Q., Li J., et al., Improving Knowledge about Children's Environmental Health in Northwest China [J]. Int J Environ Res Public Health. 2015, 13 (1)：80.

The WHO Environmental Health Criteria Program [J]. Vet Hum Toxicol. 1979, 21

（2）：115 – 116.

刘跃华、韩萌、朱留宝等：《英国应对抗生素耐药性问题的国家治理战略及启示》，《卫生经济研究》2018 年第 8 期。

李志慧、李芊璘、王子晨等：《基于"One Health"理念的新型冠状病毒肺炎防控策略》，《暨南大学学报》（自然科学与医学版）2020 年第 2 期。

聂恩琼、夏尧、汪涛等：《One Health——应对新发传染病的新理念》，《微生物与感染》2016 年第 1 期。

胡欢、陆家海：《对 2019 年新型冠状病毒肺炎疫情防控的思考》，《传染病信息》2020 年第 3 期。

B.9
加快构建新发展格局是推动
中国可持续发展的必由之路

王 军[*]

摘　要：　构建新发展格局是我国实现可持续发展的必由之路。目前，
畅通国内国际双循环、推动可持续发展面临着许多困难和障
碍：经济复苏呈现非均衡态势，企业短期经营困难和中长期
产业转型升级困难并存，居民收入增长缓慢、收入差距过大
及杠杆率偏高导致有效需求不足，海外疫情反复与全球经济
恢复不确定性可能冲击中国外需，中美间的战略博弈和摩擦
加剧，实现碳达峰、碳中和目标挑战巨大，少子化与老龄化
日益严重。为推动中国可持续发展，建议顺势而为淡化增长
目标，进一步聚焦高质量发展和可持续发展；将共同富裕上
升为国家优先发展战略；把统筹发展与安全摆在突出的位
置、贯穿国家发展各领域和全过程；持续推动经济结构优化
升级；加快落实"双碳"战略，推动经济、产业、能源结构
转型升级；以自主创新实现科技自立自强，解决关键领域核
心技术存在的"卡脖子"问题；以人口的均衡可持续发展实
现经济社会的均衡可持续发展。

关键词：　新发展格局　双循环　共同富裕　碳达峰、碳中和　可持续
发展

---

* 王军：中原银行首席经济学家，研究员，博士，研究方向为宏观经济，可持续发展。实习生
王墨麟在资料收集、数据整理和文字校对等方面对此文亦有贡献。

一 构建新发展格局是实现
可持续发展的必然之举

2020年4月10日，习近平总书记在中央财经委员会第七次会议上做重要讲话时首次指出："国内循环越顺畅，越能形成对全球资源要素的引力场，越有利于构建以国内大循环为主体、国内国际双循环相互促进的新发展格局，越有利于形成参与国际竞争和合作新优势"，2020年5月14日，中共中央政治局常委会首次提出，"逐步形成以国内大循环为主体、国内国际双循环相互促进的新发展格局"；之后在5月23日，在全国"两会"期间的联组会上，习近平总书记看望参加政协会议的经济界委员时对此做了进一步的解释；7月21日，习总书记主持召开企业家座谈会并发表重要讲话，对"双循环"新发展格局做了更为明确的阐述；7月30日，中共中央政治局更进一步强调，"当前经济形势仍然复杂严峻，不稳定性不确定性较大，我们遇到的很多问题是中长期的，必须从持久战的角度加以认识，加快形成以国内大循环为主体、国内国际双循环相互促进的新发展格局"。

加快构建新发展格局是中央面对当前国际政治环境和国内经济形势变化做出的重大判断，是中国面向"十四五"和2035年的重大发展战略，其背后的逻辑链条为：基于大变局，面向中长期，立足持久战，形成"双循环"，既解决内循环不通畅的问题，也希望通过更大力度、深度和广度的开放和自主创新，来解决关键领域核心技术的"卡脖子"问题。

新发展格局这一重要概念的提出，主要是四个方面的原因或背景①。

第一，新冠肺炎疫情对世界经济产生了巨大的冲击，使我国经济发展面

---

① 王军：《面向"十四五"的双循环新发展格局意味着什么》，《清华金融评论》2020年第12期。

临更多的不确定性。新冠肺炎疫情大流行初期，曾导致全球经济在 2020 年一度陷入深度衰退。国际交往被迫阻断，国际金融市场大幅动荡，国际贸易投资急剧萎缩，全球供应链、价值链的迁移和重构加剧。经济全球化遭遇逆流，一些国家奉行保护主义和单边主义政策。疫情以及之前的中美贸易冲突，使我国未来将在一个更加不稳定、不确定的环境及国际大循环可能受阻的背景下谋求经济发展。因成功的疫情防控，中国成为全球最早走出疫情的主要经济体，自 2020 年下半年以来中国经济实现了强劲"V"形反弹，以 2.3％的全年优异表现在全球主要经济体当中一枝独秀，取得了疫情防控和经济恢复两场重大战役的重大战略成果。2021 年上半年，中国继续保持恢复性增长，GDP 实现了 12.7％的较快复苏，体现了中国经济的十足韧性。

第二，中美战略博弈日益加剧。过去几年，中美两国围绕经贸投资、技术创新、地缘政治等展开了全方位的长期竞争和博弈，且既聚焦于长期战略利益，如地缘政治、国家安全、意识形态、政治体制等方面，也博弈于短期商业利益，如贸易、科技、金融等。新冠肺炎疫情以来，美国对中国的"遏制"呈步步紧逼、层层加码之势，不断以维护国家安全为借口，滥用国家力量，打压中国高科技企业，以图恶化中国发展环境、增加中国发展成本。近期虽有所缓和，但中美战略竞争的基本态势不会发生改变。

第三，中国经济中长期面临转型升级和可持续发展等困难。尽管我们已顺利实现全面小康的历史性任务，但不可否认，中国的经济结构缺陷明显，经济大而不强，高端产业弱而少、创新能力不足、核心科技缺乏；区域发展不均衡、收入分配差距较大、房价泡沫过大、社会保障体系有待完善等问题还很突出；资源环境承载能力仍有较大短板，生态环保问题仍较为突出，碳达峰、碳中和战略给全社会带来巨大挑战和紧迫压力；传统意义上的"城市化红利"与"人口红利"正在消退，经济增速中长期下行压力仍然较大，部分企业经营困难甚至亏损；部分企业、地方政府及居民三大部门去杠杆任务任重道远；人口少子化和老龄化日趋严重，未富先老、高龄少子同时到来。

从基本内涵来看，笔者认为，所谓"新发展格局"有如下三大特征①。

一是构建国内大循环需要立足扩大内需。国内大循环是"双循环"的主体，是国际大循环的基础和保证，是在国际大循环遇阻环境下的自我巩固和提升，着重于解决中长期的经济安全问题。一般而言，经济循环包含了生产、分配、交换、消费等四大环节，畅通国内大循环意味着要打通收入分配和流通交换中间的连接机制，将生产与消费有机结合起来，既要通过强大生产能力来支撑国内巨大市场的需求，也要通过国内巨大市场的体量来反哺生产的转型升级，还要通过收入分配改革和推动共同富裕，发展社会生产力、提高劳动生产率，激发市场活力。同时，强调以国内大循环为主，需要集中力量办好自己的事，充分发挥中国自身超大规模市场优势，优先提振国内需求，加快关键领域核心技术的攻关，以解决技术"卡脖子"问题，提升中国的科技水平和产业链现代化水平。

二是国际大循环需要以国内大循环为主推动。国际大循环是国内大循环的外延和补充，起到的是一种带动和优化的作用。改革开放以来，我国先后深度融入东亚经济体系和全球经济体系，参与全球经济的程度稳步提升，已成为全球主要经济体价值循环的联通枢纽。迄今为止，全球 1/3 到 2/3 的经济体通过最终消费品和中间品贸易与中国紧密联系在一起。因此，中国不仅要坚持扩大内需，还要进一步扩大高水平的对外开放，要进一步从商品和要素流动型开放走向制度型开放，进一步强化与全球经济的联系，以国内大循环推动和引领国际大循环，将全球价值链的重构与中国内经济结构调整和转型升级相结合。

三是新发展格局需要加快形成国内国际双循环相互促进的良性机制。这种良性机制意味着，国内国际"双循环"要有助于改革与开放的相互促进，要有助于"内循环"对"外循环"的支撑，"外循环"对"内循环"的带动。随着去全球化趋势和疫情负面影响持续，全球产业链、供应链都显露出

---

① 王军：《面向"十四五"的双循环新发展格局意味着什么》，《清华金融评论》2020 年第 12 期。

产供销脱节、上下游不同步等问题，体现出世界生产体系的不安全性、不稳定性和脆弱性。因此，我国迫切需要充分发挥自身超大规模的加工制造体系和内需市场潜力，立足国内生产和消费两大优势，逐步构建优势互补、相互促进的国内国际双循环机制。

为全面理解新发展格局，需要破除三大误解。[①]

第一，"国内大循环"为主体不意味着主动"脱钩"、闭关锁国、经济内卷化，更不意味着一味只强调自给自足、自力更生，而排斥开放、闭门造车、泛化举国体制、百业追求全面自主化。需警惕过度鼓吹经济内循环、认为关起门来也能发展得很好的错误论调。

第二，"国内大循环"并不简单等于"扩大内需"。把"内循环"简单理解为扩大内需很容易走进政策误区，例如搞大水漫灌、加杠杆和强刺激。畅通国内经济循环是一项系统工程，不只是刺激内需。从效率角度看，由于非贸易部门如石油石化、金融、房地产、煤炭、电力及公用事业等制度性垄断行业等，其生产率通常低于贸易部门，如电子元器件、通信设备、家电、计算机、医药及医疗器械等制造企业，如果将"内循环"狭义理解为扩大内需，它将使中国经济丧失了一个提升循环质量和经济效率的重要源泉。

第三，"国内大循环"为主体也不意味着不重视"国际大循环"。在全球化背景下，我国已深度融入经济全球化和国际分工体系，即使是扩大内需也需要国际产业链供应链的协同配合，技术进步也需要国际合作与竞争，封闭起来搞建设、搞创新将脱离世界主流，拉大与国际先进水平的差距。

总之，虽然中国成为全球最早走出疫情的经济体，但未来的复苏之路并不顺畅。我们面对的形势不仅仅是复杂严峻和中长期的，关键还在于"不确定性"和"可持续性"，这不仅仅是指疫情的发展演化态势，还包括国内外经济金融环境和外部政治环境。尤其是中美之间的矛盾，从开始的经贸冲突迅速扩展到现在的科技、地缘等领域，成为中国经济发展道路上最大的不

[①]　王军：《面向"十四五"的双循环新发展格局意味着什么》，《清华金融评论》2020年第12期。

确定因素。正是在这样的大背景下，"加快形成以国内大循环为主体、国内国际双循环相互促进的新发展格局"作为中国实现可持续发展的"药方"被正式提出，并且作为面向"十四五"和 2035 年的重大发展战略被正式写进中国的"十四五"规划中。

因此，新发展格局可以看作是对"百年未有之大变局"的正式回应和全面应对之策，也是应对中美在科技、经贸领域局部竞争的核心之举，更是落实联合国《2030 年可持续发展议程》的重要举措。新发展格局的内涵与可持续发展"既能满足当代人的需求，又不损害后代人满足其需要的能力"的基本要求完全一致，构建新发展格局是实现可持续发展的大势所趋和必然之举。

二 畅通国内国际双循环、推动可持续发展面临的主要障碍

"构建新发展格局的关键在于经济循环的畅通无阻。[1]" "经济活动需要各种生产要素的组合在生产、分配、流通、消费各环节有机衔接，从而实现循环流转。在正常情况下，如果经济循环顺畅，物质产品会增加，社会财富会积聚，人民福祉会增进，国家实力会增强，从而形成一个螺旋式上升的发展过程[2]"。显然，畅通国内国际双循环可以让经济社会发展更可持续，而双循环不畅则制约可持续发展。目前来看，构建新发展格局、畅通国内国际双循环至少面临以下七个方面的制约或障碍需要尽快破解。

一是经济结构失衡，经济复苏呈现非均衡态势。上半年中国经济在保持强劲复苏的同时，多项经济指标继续呈明显分化走势。

例如，生产与需求的分化：生产保持高位运行，工业增加值同比增速略微强劲，两年平均增速 7%，而需求端恢复相对较慢，消费和投资两年平均

---

① 习近平：《把握新发展阶段，贯彻新发展理念，构建新发展格局》，《求是》2021 年第 9 期。
② 习近平：《把握新发展阶段，贯彻新发展理念，构建新发展格局》，《求是》2021 年第 9 期。

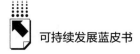

增速分别为 4.4% 和 4.4% 。

大企业与中小企业的分化：6 月 PMI 显示，不同规模企业生产经营状况均有所改善，大、中、小型企业 PMI 分别为 51.7%、50.8% 和 49.1%，但小型企业的景气水平却显著低于大中型企业。

传统产业与新兴产业、高新技术产业的分化：上半年高技术制造业增加值的两年平均增速为 13.2%，而制造业增加值两年平均增速仅为 7.5%；高技术产业、高技术制造业和高技术服务业投资两年平均增速分别为 14.6%、17.1% 和 9.5%，而制造业投资两年平均增速仅为 2.0%。

投资内部结构的分化：上半年基建投资和房地产投资两年平均增速分别为 2.4% 和 8.2%，而制造业两年平均增速仅为 2.0%，民间投资两年平均增速为 3.8%。

房地产与消费复苏的分化：房地产与消费在过往的经济复苏中，一般是同升同降，但本轮房地产复苏、销售快速恢复正常却并没有带动消费同步回到正常水平。商品房销售额两年平均增长 14.7%，而消费只有 4.4% 的增长。背后是什么原因？非常值得深思。消费的表现依然偏弱，这是本轮经济复苏和以往最大的不同，所以本轮 PPI 的回升更多反映的是房地产所带动的回暖，叠加大宗商品上涨的输入性影响，而非终端需求的全面回暖。

城镇居民与农村居民收入和消费的分化：上半年城镇居民人均可支配收入实际增长 10.7%，农村居民人均可支配收入实际增长 14.1%，增速差继续扩大；城镇消费品零售额两年平均增速 4.4%，乡村消费品零售额两年平均增速 4.0%。收入农村增长快于城镇，但消费却正好相反，乡村振兴潜力巨大。

价格的上游与下游的分化：6 月 CPI 同比增长 1.1%，比上月稍有回落，环比出现下跌 0.4%，整体依然保持温和，扣除食品和能源价格的核心 CPI 同比上涨 0.9%，与上月持平，基本符合预期。前 6 个月，核心 CPI 累计同比增长 0.4%，较 2020 年同期还低 0.8 个百分点。6 月工业品价格 PPI 继续在高位整固，收涨 8.8%，并未有明显回落，环比 0.3% 略有回落。这主要和 6 月原油价格出现新一轮补涨有关。从内部结来看，PPI 也出现了结构性分化：生产资料价格上涨 11.8%，涨幅回落 0.2 个百分点；生活资料价格上涨 0.3%，回落 0.2 个百分点，二者增速差达 11.5%，是 1996 年有数据以来的最大值；耐用消费品价格负增长 0.6%，采掘工业和原材料工业价格同比 35.1% 和 18%，均明显高于加工工业价格 7.4% 的同比增速。因此，我国当前面临的是结构性通胀，主要体现在 PPI 的通胀，与消费相关的指标都呈现通缩态势。这是中国经济当前及未来一个时期最为突出的问题。CPI 与 PPI "剪刀差" 的扩大，意味着国内各部门经济复苏的不均衡、全球经济复苏的不均衡，二者的背离会加大宏观调控的难度和复杂性。

二是企业中长期产业转型升级困难并存。这主要表现在，一些关键领域技术和产业链核心环节存在短板，有已经被 "卡脖子" 或可能被 "卡脖子" 的产业和技术，例如半导体、航空发动机等产业。

三是收入增长缓慢、收入差距过大及杠杆率偏高导致有效需求不足[①]。在经济循环的生产、分配、流通、消费四个环节中，最大的瓶颈是分配、消费及其背后的收入。随着经济下行压力不断加大，居民收入增长越发缓慢；以基尼系数为代表的居民收入差距日益拉大，绝大多数人的收入水平仍然偏低，中国有 90% 的人月收入低于 5000 元，62% 的人月收入低于 2000 元，这将极大地制约消费的扩张与升级；高房价带给居民消费的挤出效应十分显著，使居民杠杆率居高不下。这三大问题导致消费后劲不足、消费复苏迟缓，已成为制约中国经济实现国内大循环为主体、国际国内双循环相互促进的最大障碍。

四是海外疫情反复与全球经济恢复不确定性可能冲击中国外需。当前海外疫情仍未得到有效缓解，截至 2021 年 10 月 13 日，全球确诊病例已超过 2.38 亿人，逾 486 万人死亡[②]。疫苗的整体接种情况也不理想，截至 2021 年 10 月 13 日，全球疫苗接种总数为 48 亿剂次，且呈现极度不均衡状况[③]。

---

① 王军：《透视 "双循环"》，《经济要参》2020 年第 43 期。

② https：//coronavirus. jhu. edu/? utm_ source = jhu_ properties&utm_ medium = dig_ link&utm_ content = ow_ jhuhomepage&utm_ campaign = jh20.

③ https：//vacs. live/.

尤其令人忧虑的是，以印度为代表的部分发展中国家的疫情仍在持续扩散和攀升，且变异后的新毒株相继扩散到其他国家，而且炎热的季节也未能阻挡病毒的传播与扩散，人类似乎要与这种狡猾的病毒长期共存，疫情发展的新形势、新特征，都为全球生产生活秩序恢复正常和经济复苏走上正轨带来极大的不确定性，对未来持续、强劲的经济复苏节奏构成现实威胁，也直接对中国未来外需的稳定构成威胁。国际货币基金组织在其 2021 年 4 月底题为《实现可持续发展目标需要各方做出非凡的努力》的研究报告中指出，新冠肺炎疫情无疑给《2030 年可持续发展议程》带来沉重一击。"疫情也使世界经济陷入严重衰退，导致低收入发展中国家与发达经济体之间的收入趋同趋势出现倒退"①。报告还警告说，"如果疫情给经济造成永久性创伤，那么倒退的程度将更大。封锁措施导致经济活动大大减缓，人们无法正常工作获得收入，儿童也无法正常上学。我们估计，一国人力资本若遭受长期损失，其经济增长潜力将因此遭受长期损失，这可能导致其每年的发展融资需求再增加 GDP 的 1.7 个百分点"②。

五是中美战略博弈已成为常态化并将旷日持久。新中国成立以来，我们用了三十年时间基本解决了"挨打"的问题；改革开放以来，我们用了四十多年的时间基本解决了"挨饿"的问题；那么，后面我们大概需要用三十年到六十年的时间，来彻底解决"挨骂"的问题。目前来看，随着中国经济实力与影响力的进一步增加，中美两国在经贸、产业和科技方面的有限"脱钩"趋势仍将缓慢持续下去。虽然产业链"脱钩"难度很大、成本很高，但并非完全不可能，在高技术领域尤其如此。美国新政府的上台已经使两国可能产生潜在冲突的领域有所泛化，如信息安全、意识形态、地缘政治等，中国承受的外部压力并未较之前有明显缓解。2021 年 4 月 21 日，由多名美国参议员联手推出的"2021 年战略竞争法案"在美国参议院外交关系

---

① https：//www.imf.org/zh/News/Articles/2021/04/29/blog – achieving – the – sustainable – development – goals.

② https：//www.imf.org/zh/News/Articles/2021/04/29/blog – achieving – the – sustainable – development – goals.

委员会获得表决通过。这一法案旨在要求拜登政府采取与中国进行全面"战略竞争"政策，美国将动员所有战略、经济和外交工具抗衡中国。这一法案核心内容包括：强化美国应对中国威胁的外交战略，对抗中国"掠夺性的国际经济行为"，扩大美国外国投资委员会的管辖范围，加强与盟国在军控方面的协调与合作。以面对中国军事现代化和"军事扩张"。以此为标志，这部法案将拉开未来几十年中美新一轮竞争的序幕，将成为指导中美关系未来走向的重要文件。

六是实现碳达峰、碳中和目标挑战巨大。2030 年前实现碳达峰，2060 年前实现碳中和，是中国政府着眼于未来可持续发展的重大战略决策，也是中国进入新发展阶段、贯彻新发展理念、建设现代化经济体系和构建新发展格局的重要抓手之一，将对经济、社会、环境产生广泛而深远的重大影响，对中国可持续发展意义重大。虽然中国碳排放的增速已出现拐点，且人均碳排放低于美国和欧盟、单位 GDP 碳排放也呈下降趋势，但中国碳排放总量占世界的比重较大，且呈上升趋势。2019 年《BP 世界能源统计年鉴》数据显示，中国经济活动的碳排放量为 98.3 亿吨，占全球碳排放总量的 28.8%。中国二氧化碳排放的主要来源包括电力、工业、建筑和交通领域，四大部门碳排放量占中国的 90% 以上。据清华大学气候变化与可持续发展研究院测算，要在 2060 年前实现"碳中和"目标，中国需要推进工业、交通、建筑、电力等领域去碳化，那么核能的装机容量将是现在的 5 倍，风电的装机容量将是现在的 12 倍，而太阳能装机容量将是现在的 70 倍。这意味着，中国要如期甚至提前实现"双碳"战略目标，挑战和压力将是巨大的，其过程将是异常艰苦的，将面临推动经济、产业和能源结构转型升级的紧迫任务。

七是少子化与老龄化日益严重。人口是国家发展的基础性、战略性、全局性要素，也是大国兴衰成败的关键性因素，是一个民族和社会可持续发展的宝贵财富，而绝不是可持续发展的负担。从第七次全国人口普查数据看，在总人口保持低速增长、劳动年龄人口减少了 4000 多万的同时，中国当前还存在明显的生育率下降、少子化和老龄化加剧现象。2020 年我国新生人口为 1200 万，明显低于 2017～2019 年的 1723 万、1523 和 1465 万；当年育齢妇女总和生育率为 1.3，也明显低于 2017～2019 年的 1.58、1.495、1.486，已显著低于国际上公认的 1.5 左右的"高度敏感警戒线"，更是远低于国际认可的人口均衡所需的正常更替率 2.1，中国事实上已经跌入"低生育率陷阱"。另外，65 岁及以上人口已超过 1.9 亿，占比 13.50%，比"六普"上升 4.63 个百分点。人口老龄化程度已高于世界平均水平（9.3%），但低于发达国家平均水平（19.3%），中国已进入中度老龄化社会，并即将在"十四五"期间进入深度老龄化。

总之，未来将继续受到育龄妇女数量持续减少和"二孩"效应逐步减弱的影响，我国人口可能在未来五年左右实现总量达峰后逐步开始缓慢下降，人口负增长即将成为现实。在人口数量红利进入尾声并加速向"人才红利"转变的同时，人口老龄化逐步加速。人口不仅是消费者，还是生产者，更是创新者。人口红利的减弱和老龄化的到来，一方面使储蓄率逐步降低、投资率高位回落，我国经济将遭遇严重的需求侧冲击，中长期经济增长动能将有所削弱；另一方面老龄化社会的社会抚养比上升、养老负担加重、社保压力上升、政府债务上升、社会创新创业活力下降等问题也会日益突出。这些日益严峻的形势均对我国的可持续发展产生重大而深远的影响。

三 加快构建新发展格局、推动中国可持续发展的政策建议

1. 顺势而为淡化增长目标，进一步聚焦高质量发展和可持续发展

基于疫情冲击和统计上高基数的原因，2021 年非常亮丽的同比数据大概率不会成为未来五年的常态，制定过高的经济增速调控目标对于"十四五"的高质量发展和地方政绩考核可能并不适合。国家"十四五"规划纲要中关于未来五年经济发展目标采取了"以定性表述为主、蕴含定量的方式"，这本身就是一个巨大的进步和变化，体现了更加重视质量、结构和效益。"十四五"规划纲要中有三个最主要的量化指标：一是全员劳动生产率增长要比国内生产总值增长快，二是居民可支配收入增长要与国内生产总值

增长基本匹配，三是保持制造业比重基本稳定，但不像之前五年规划提出的经济增长目标，都属于没有硬性约束的预期性指标。从中可以看出：中国确实在弱化经济增速目标，也在逐步接受日益放缓的经济增速，确实在追求高质量增长。习近平总书记2021年4月再次强调："不再简单以国内生产总值增长率论英雄。"①

2021年的经济发展预期目标就采取了定量与定性相结合的方式，既包含经济增速目标（6%以上的表述可以看作是今年经济增长的底线和合理区间的下限），也包含就业（城镇新增就业1100万人以上，城镇调查失业率5.5%左右，兼顾了经济恢复和就业难度）、物价（3%左右的目标可以看作是合理区间的上限，表明政府对物价走势不会失控、不会出现明显通胀有较强信心）和单位GDP能耗（落实碳达峰、碳中和的具体体现）、主要污染物排放量、粮食产量指标（首次在报告中提出1.3万亿斤以上的具体目标，凸显了粮食安全的重要性），兼顾经济社会发展与环境资源能耗等可持续发展指标，全面、科学、系统，有利于引导全社会预期，既符合实际又留有较大余地，符合高质量发展的要求，在政治上能起到加油鼓劲和稳定预期的作用，也更容易使各部门特别是地方政府安排工作。正如2020年是受到疫情冲击的特殊一年，2021年也是疫情过后恢复性增长的特殊一年，之后的经济运行将逐步回归正常、完成均值回归，这将意味着未来五年中的每一年未必都需要制定一个预期目标或调控目标。

因此，在新发展阶段，继续发布经济增长预期目标不利于正确引导科学的政绩观的形成，不利于新发展理念的贯彻，并增加宏观调控与运行的成本。同时，也容易导致各级地方政府跟随性加码而采取不必要的刺激性政策，进而产生债务杠杆攀升、债务违约增多、产能过剩加剧、僵尸企业普遍等副产品，降低资产配置效率，影响中国经济高质量发展和新发展格局的构建。

总而言之，是时候把目光和注意力从一个简单、直观但显然有诸多缺陷

---

① 习近平：《把握新发展阶段，贯彻新发展理念，构建新发展格局》，《求是》2021年第9期。

又不全面的指标上移开了。在"十四五"规划纲要中，中央再次强调了新发展理念作为经济发展指挥棒的作用。处于转型升级历史关键期的中国，应把稳定就业、提高收入和控制通货膨胀作为宏观政策最主要的目标，把重点解决发展中不平衡不充分的问题作为经济工作的主题和主线，应追求高质量、去水分、有效益的经济增长，追求暖人心、惠民生、补短板的经济增长，追求绿色化、"低碳+"、可持续的经济增长。

为此建议，今后可尝试不再发布或公布年度的经济增长预期调控目标，而将其交由研究机构或市场机构等非政府组织去预测、分析和发布。如果一定要公布，可考虑以公布预测值的形式引导市场预期，而不是具体的、一定要确保实现的某个目标。预测值是一个预测性和参考性的目标，不是一定要完成的目标。这样做，长期来看比较主动，也比较符合国际惯例。

2. 将共同富裕上升为新发展阶段国家优先发展战略

中长期看，从根本上释放消费潜力、推动可持续发展，需要回到初心、回到社会主义的本质特征上来，即致力于追求和实现全体人民的共同富裕。实现共同富裕是社会主义区别于其他政治制度最大、最鲜明的特征，也是实现可持续发展最坚实的基础。"十四五"规划纲要明确提出，要"制定促进共同富裕行动纲要，自觉主动缩小地区、城乡和收入差距，让发展成果更多更公平惠及全体人民"[1]。2021年4月30日召开的中央政治局会议也再次强调，"制定促进共同富裕行动纲要，以城乡居民收入普遍增长支撑内需持续扩大"[2]。

实现共同富裕对新发展阶段中国经济成功转型、形成新发展格局、实现高质量发展具有重大战略意义，这既是满足"人民日益增长的美好生活需要"、让人民群众充分共享改革开放成果的需要，也是成功跨越"中等收入

---

① 《中华人民共和国国民经济和社会发展第十四个五年规划和2035年远景目标纲要》，新华社，2021年3月14日，http://www.xinhuanet.com/politics/2021lh/2021 - 03/14/c_ 1127209103. htm。

② 《中共中央政治局召开会议 习近平主持》，http://www.xinhuanet.com/politics/leaders/2021 - 04/30/c_ 1127398723. htm。

陷阱"并顺利迈向中等发达国家的重要条件,更是扩大内需、激活消费、加快形成以国内大循环为主体、国内国际双循环相互促进的新发展格局、持续推动经济发展的关键。

"十四五"时期,实现共同富裕的一个重要举措和抓手是"制定促进共同富裕行动纲要",其关键与核心是:既要努力增加居民收入,又要解决好收入分配问题,即一手抓做大蛋糕、一手抓分配好蛋糕。

在做大蛋糕这一方面,应采取各种强有力的政策措施,努力增加全体人民的实际可支配收入。一是真正落实五大发展理念,淡化以 GDP 为核心的、不切实际的高速、粗放、低效的增长观、发展观,努力实现稳定健康可持续的经济增长。既要通过深化供给侧结构性改革,持续释放经济新活力,培育经济新动能;也要重视需求侧管理,不断激发内需的巨大潜力,尤其是有效激发民间资本的发展活力,提高全社会资金形成和配置效率。二是加快实施创新驱动战略,大力提高劳动生产率和全要素生产率,为实现共同富裕奠定牢固的经济基础。三是通过深化改革释放收入增长潜力,采取加快城乡一体化进程、全面推进乡村振兴、促进区域协调发展、加大教育投资促进教育公平等有效措施,为形成合理的收入分配关系提供必要的条件和有利的环境,将收入增长的潜力释放出来。

在分配好蛋糕这一方面,要通过加快推进收入分配体制改革,调整收入分配结构,逐步解决我国收入分配差距拉大问题。坚持"调高、扩中、保底"的改革思路,以市场为主导规范初次分配体系,充分发挥政府的宏观调控作用,完善再分配体系,缩小居民收入差距,争取实现居民收入增长和经济发展同步、劳动报酬增长和劳动生产率提高同步,不断提高居民收入在国民收入分配中的比重,提高劳动报酬占初次分配中的比重,使改革开放所取得的成果由全体人民共享。

具体来看,第一,规范初次分配体系。建立工资的正常增长机制,提高劳动者报酬的比重,规范发展资本市场和房地产市场,逐步增加居民的财产性收入,加强对垄断行业收入分配的调节和监督。第二,加强并完善政府再分配调节。强化税收制度调节收入分配的功能,构建全国统一的社会保障体

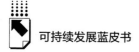

系，规范政府转移支付制度，加强对灰色收入与非法收入的管理和规范。第三，有效发挥第三次分配作用。适度降低基金会"准入"门槛，增强慈善组织公信力；完善慈善税收减免政策，发挥税收对社会慈善捐赠的激励作用；推动慈善文化建设，培育中国传统文化的慈善理念。

3. 统筹发展与安全是构建新发展格局、实现可持续发展的基本遵循和重要内涵

"十四五"规划纲要贯穿始终的一个总体基调是统筹发展和安全。一如之前的所有五年计划和规划，"十四五"规划首先是一个面向未来、强调发展的规划，"发展是硬道理"是改革开放以来中国各阶层亿万民众的共同心愿和凝聚全民族共同前进、追逐伟大复兴梦想的最大公约数。与以往最大不同的是，虽然和平与发展仍然是时代主题，但全球化的黄金时代已经基本上过去了，当今世界正经历百年未有之大变局，世界经济重心在变、世界政治格局在变、全球化进程在变、科技与产业在变、全球治理也在变，国际力量对比深刻调整，国际环境日趋复杂，不稳定性不确定性明显增加，世界进入动荡变革期。加之我国社会主要矛盾也在发生变化，使得我国发展面临的内外部风险空前上升、发展环境更加复杂困难。

因此，"十四五"规划把安全问题摆在非常突出的位置，强调要把安全发展贯穿国家发展各领域和全过程。这就要求中国在发展的同时，必须更加注重"安全"。新发展阶段强调安全，更多的是从政治的角度、从可持续发展的角度，而非完全是经济角度，强调安全不一定符合资源配置最优、不一定符合比较优势理论、不一定符合效率与市场原则，但它符合我国的战略利益和长远利益，有利于维护国家整体安全、有利于实现可持续发展。

这里所指的"安全"，既涵盖传统的政治、经济、军事、科技、文化、社会安全，还包括网络、数据、数字生态、生物、生态、物流、信息基础设施等非传统安全领域，更突出强调了政权、制度和意识形态安全。反映在"十四五"经济社会发展主要指标中，从分类看，过去的规划一般包括经济增长、创新发展、资源环境、民生福祉等四大类，此次专门增加了一大类"安全保障"，即是突出强调"统筹发展和安全"的重要体现。总之，随着

国家越来越重视全面的国家安全，说明中国已经做好了最充足的准备和最坏的打算，准备打"持久战"，来全力应对未来可能到来的各种惊涛骇浪和不测风云。

从实现可持续发展的角度而言，必须重视编织国家安全、经济安全、科技安全、社会安全、生态安全等一系列的安全保障网。在经济领域，经济运行要防止大起大落，经济政策要避免急转弯、急刹车，产业链供应链要确保稳定安全，粮食、能源、重要资源上要确保供给安全，资金市场要确保流动性合理充裕，资本市场要防止外资大进大出，投资领域要防止资本无序扩张、野蛮生长，科技领域要避免被"卡脖子"。

在社会领域，要防止大规模失业风险，加强公共卫生安全，有效化解各类群体性事件，要重视解决民众在生命健康、医疗养老、教育培训、社会保障、分配公平等方面的现实需求，实施积极应对人口老龄化国家战略，尽力稳定总和生育率，避免人口总量过早过快萎缩。

在生态环保领域，要确保生态环境安全，抓好安全生产、环境保护和污染防治工作，确保碳达峰、碳中和目标如期实现。

4. 推动经济结构优化升级

随着中国经济逐渐步入一个存量代替增量、存量经济主导的时代，需求、产业、区域、城乡、居民收入等多重结构不断分化与集聚、调整与收缩，产业和人口向优势区域集中成为无法阻挡的客观经济规律。

坚持扩大内需这个战略基点，充分挖掘国内市场潜力。扩大内需是构建双循环新发展格局的重要内容。当前，中国经济恢复的基础尚不牢固，经济复苏仍不平衡，还面临很多挑战和不确定性，仍需坚持扩大内需这个战略基点，使生产、分配、流通、消费各环节主要依托国内大市场实现良性循环。首先，要"紧紧围绕改善民生拓展需求，促进消费与投资有效结合，实现供需更高水平动态平衡"，而不是简单地刺激需求，搞大水漫灌、加杠杆和强刺激。要通过提高居民收入、缓解收入差距来解决"能消费"的问题，通过扩大优质产品供给和改善教育、医疗、养老等服务供给来解决"愿消费"的问题，通过改善社会保障体系、构建高质量的教育、医疗、养老、健康、住房体系来解决"敢消费"的问题。其次，扩大内需的重点是扩大消费需求，扩大消费的重点是多渠道增加居民收入，这是促进双循环、实现可持续发展的牛鼻子和关键点。从消费升级角度看，应重视扩大以教育、医疗健康、信息技术、商务服务、专业服务和个人娱乐休闲等为代表的服务消费，由都市圈和城市群建设带动的升级型消费。最后，在扩大有效投资方面，加快推进"两新一重"建设，实施一批交通、能源、水利等重大工程项目，建设信息网络等新型基础设施，发展现代物流体系，推动城镇老旧小区更新改造。

以大都市圈和城市群为主轴，推动形成优势互补、高质量发展的区域经济发展战略布局。区域经济一体化及新型城镇化是扩大内需、实现高质量发展的重要增长点和推动力。发挥各地区的比较优势，消除市场间壁垒，促进生产要素的合理流动和高效集聚，加强传统基础设施和新型基础设施投资，打造若干世界级创新平台和增长极，增强中心城市和城市群等优势区域的综合承载能力，提升其辐射带动作用；健全区域协同发展机制，补齐困难地区和农村地区在公共服务、基础设施、社会保障等方面的短板，促进发达地区和欠发达地区共同发展。

逐步提高制造业的投资回报，推动制造业转型升级，稳定产业链、供应链，促进制造业投资尽快恢复。现代产业体系建设的核心是制造业，制造业转型升级是构筑我国战略发展优势、实现可持续发展的重要支撑。"十四五"规划一改过去四个五年规划中对于"提升服务业占比"的追求，转而开始要求"保持制造业比重基本稳定"，"战略性新兴产业增加值占 GDP 比重超过 17%"，并配套有用地、融资等倾斜举措。稳定制造业比重，关键是要提高制造业的资本回报率，从根本上解决资金的"脱实向虚"问题。为此，应尽快出台振兴制造业的长期战略规划，努力提高劳动生产率和投资回报率，推动制造业结构优化、产业升级，促进投资增加；继续简政放权，提升政府效率，消除行政垄断，为民间资本释放更多投资机会；进一步减轻企业税负负担，逐步降低企业融资成本、土地成本、用能成本、物流成本以及降低制度性交易成本。

站在民族复兴的战略全局全面实施乡村振兴。当前，我国"三农"工作的重心已从脱贫攻坚向全面推进乡村振兴进行着历史性转移。与脱贫攻坚战相比，全面推进乡村振兴无论是范围、规模，还是目标、标准，其深度、广度、难度都不亚于脱贫攻坚，是一场时间跨度更长、涉及范围更广、承载任务更重、实施难度更大的持久战，需要汇聚更强大力量、更丰富的资源，采取更有力的举措全面推进，建立脱贫攻坚成果巩固长效机制，实现巩固拓展脱贫攻坚成果同乡村振兴的有效衔接，推动农业农村现代化迈好"十四五"的第一步。

　　5. 加快落实"双碳"战略，推动经济、产业、能源结构转型升级

　　"十四五"期间是碳达峰的关键期、窗口期，应重点做好以下几项工作，以引领中国经济的绿色转型和可持续发展。

　　加快调整产业结构，逐步降低高污染、高能耗、高碳排放产业和高含碳产业占经济的比重。持续推动产业结构优化升级，加速实现经济绿色低碳转型，发展绿色、低碳经济，重点发展高质量制造业、绿色低碳制造业、现代服务业等，实施重点行业领域减污降碳行动，不断提高产业绿色低碳发展水平。控制钢铁、化工、有色、建材等偏向上游的高耗能工业部门的产能和产量，推动城市公交和物流配送车辆电动化、既有铁路电气化改造，大力引进国际上先进的低碳、零碳技术，降低设备能耗，提升终端用能部门的电气化率，推动各类工业制造的绿色节能改造和低碳转型。在建筑领域，尽快大规模实施超低能耗建筑标准和近零排放建筑标准，对零碳建筑提供更大力度的财政和金融支持。在交通领域，加快形成绿色低碳运输方式。

　　加快能源供给侧改革，构建低碳清洁高效安全的能源体系。加快能源结构调整步伐，控制化石能源总量，尤其是合理控制煤电建设规模和发展节奏，大幅降低化石能源生产和消费的比重，提高清洁、零碳或低碳能源等非化石能源生产和消费的比重。实施可再生能源替代行动，深化电力体制改革，提高光伏、风力发电、生物质能源和核电的比例，加快电力部门脱碳，构建以新能源为主体的新型电力系统。推进新能源汽车对传统燃油汽车的替代，明确支持有条件的地方宣布停止燃油车销售的时间表，继续保持对新能

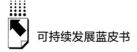
源汽车的补贴和支持力度，大规模进行充电桩等相关基础设施的投资和部署，引导生产生活方式低碳转型。在建筑、制造和生活消费领域加大节能力度，着力提高利用效能。

加强绿色技术创新，推动绿色低碳技术实现重大突破。所谓绿色低碳技术，是指区别于传统技术的，具有高技术含量、高生产率、低排放或零排放、低成本或高竞争力特点的新技术。抓紧部署绿色低碳前沿技术研究，加快推广应用减污降碳技术，建立完善绿色低碳技术评估、交易体系和科技创新服务平台，支持绿色低碳技术创新成果转化。加快光伏风力发电、生物质能源和核电等相关材料技术、氢燃料技术、储能技术、微电网技术等领域的研发突破和商业推广，提高转化效率。着手布局和推进关键零碳和负碳技术发展，重点关注发电、工业、交通等相关领域零碳和负碳技术的创新发展，争取从产业链和技术上走在世界前列。推动并加速碳捕捉封存等相关技术研发应用，减少碳释放。用更有效的激励机制鼓励各类用能主体加大节能技术开发和推广应用，提高国家整体的能效水平。

推动并加速碳汇规模化建设，增强碳吸收能力，为碳中和提供能力支撑。积极开展生态系统保护、恢复和可持续管理，构建更有激励性的生态资产价值的市场化实现机制和交易机制。制定碳汇林业发展规划，加大森林碳汇的建设，提高国土绿化率和质量，提升区域储碳量与增汇能力。

完善绿色低碳政策和市场体系。中央应明确要求各地方政府和相关部委拿出落实碳中和目标的规划和实施路线图，鼓励有条件的地区和行业制定零碳发展规划，尽早实现碳达峰、碳中和，并尽可能将具体目标纳入相关地区和行业的"十四五"规划。完善有利于绿色低碳发展的财税、价格、金融、土地、政府采购等政策，在促进城乡融合发展、全面实施乡村振兴过程中，坚持用碳中和理念来规划设计城乡建设和运营。培育和发展碳市场，加快推进碳排放权交易，积极发展绿色金融，让碳成为未来经济发展、产业布局的刚性约束，将有限的碳资源向高效率部门和地区配置。从电力、钢铁、建材等高排放行业起步，逐步向全行业推开，在此基础上完善碳交易制度和碳金融制度，形成正向的碳排放激励机制。

加强应对气候变化的国际合作。积极倡导气候变化应对的全球化，在应对气候变化的基础上增强国际交流与合作，提升中国的国际影响力。可通过贸易全球化实现不同国家之间在节能减排、低碳、零碳以及负碳等相关技术上的互补，最终实现互惠互利、合作共赢。推进绿色产业发展和应对气候变化的国际规则、标准的制定，建设绿色丝绸之路，参与和引领全球气候和生态环境治理。

6. 通过自主创新，实现科技自立自强，解决关键核心技术"卡脖子"问题

科技创新是引领发展的第一动力。与发达国家相比，现阶段中国研发投入仍显不足，研发占 GDP 比重目前在 2.2% 左右，较美国的 2.8%、日本的 3.3% 和德国的 3.1% 仍有明显的提升空间，同时我国的科技成果转化率还较低，芯片、新材料等领域的核心技术仍存在被国外"卡脖子"的问题。其背后，反映了市场机制在推动创新驱动中的作用不足、财税政策等市场化手段对企业科技创新投入的激励作用有限、企业并没有真正成为科技创新的主体等原因。对此，习近平总书记指出，"科技自立自强成为决定我国生存和发展的基础能力，存在诸多'卡脖子'问题[1]"，"构建新发展格局最本质的特征是实现高水平的自立自强[2]"。

"十四五"规划明确了科技创新在未来五年发展过程中的第一地位，强调"坚持创新在我国现代化建设全局中的核心地位，把科技自立自强作为国家发展的战略支撑，面向世界科技前沿、面向经济主战场、面向国家重大需求、面向人民生命健康，深入实施科教兴国战略、人才强国战略、创新驱动发展战略，完善国家创新体系，加快建设科技强国[3]"。

为此，应加快科技创新，提高创新能力，不断强化科技战略支撑，以创新驱动可持续发展。具体来看，需要强化国家战略科技力量，完善科技创新

① 习近平：《把握新发展阶段，贯彻新发展理念，构建新发展格局》，《求是》2021 年第 9 期。
② 习近平：《把握新发展阶段，贯彻新发展理念，构建新发展格局》，《求是》2021 年第 9 期。
③ 《中华人民共和国国民经济和社会发展第十四个五年规划和 2035 年远景目标纲要》，新华社，2021 年 3 月 14 日，http://www.xinhuanet.com/politics/2021lh/2021-03/14/c_1127209103.htm。

体制机制，提升企业技术创新能力，激发人才创新活力，加强创新链和产业链对接，坚持运用市场化机制激励企业创新，用税收优惠机制激励企业加大研发投入，激发创新驱动的内生动力，着力推动企业以创新引领可持续发展。为逐步解决关键核心技术"卡脖子"问题，应加快技术攻关和创新步伐，培育壮大供应链中的关键企业，提高产业链中关键环节的技术水平，维护产业链、供应链安全，巩固和提升中国制造业在全球产业链中的主导地位。

7. 以人口的均衡可持续发展实现经济社会的均衡可持续发展

当前中国人口议题的核心已从人口规模转向人口结构和人口素质，从"人口数量红利"转向"人力资本红利"，因而有必要全面检讨中国的人口政策并制定科学合理的未来人口发展战略，真正发挥"集中力量办大事"的体制优势，逐步将生育率提升至能维持民族正常繁衍的更替水平，积极应对人口老龄化，使人口发展与经济社会可持续发展相匹配。

首先，为解除迫在眉睫的低生育率危机，在当前"三孩"政策的基础上，应尽快增强生育政策包容性，尽早全面放开生育限制，并实行自主生育及强有力的鼓励生育政策，尽力稳定总和生育率，促进人口长期均衡发展。为此，应加快构建生育支撑体系。提高优生优育服务水平，发展普惠托育服务体系，提高托育服务的供给、质量和可得性，增加孕产假、育儿假，完善女性就业权益保障，保障非婚生育的平等权利，加大政府在幼儿养育、教育、照护、医疗等方面的支出，探索建立对有孩家庭进行差异化的税收减免、个税抵扣和经济补贴等长效激励制度，在教育、医疗、就业等各方面增加优质资源供给、切实减轻养育家庭的负担，全面降低婚嫁、生育、养育、教育成本，力争做到生育免费、养育补贴、教育支持，消除年轻家庭对养育子女的长期顾虑和现实负担，让普通家庭愿意生、敢于生、乐于生、生得起、养得起、养得好。因为人力资本投资属于长期投资，可以通过发行"人力资本投资专项国债"的方式，筹集鼓励生育的资金来源。

其次，加大教育投入，全面提升人口整体素质，提高劳动生产率。坚持向人才要红利，推动人口红利向人才红利转变。加快完善高质量的国民教育体系，提高人力资源素质，实现人力资源的加速积累和深度开发。培养具有国际竞争力的创新型、复合型、应用型、技能型人才和高素质劳动者；构建终身学习体系和终身职业技能培训制度，保证劳动生产率的不断提高。推进人力资源开发利用。加快完善统一开放、竞争有序的人力资源市场，深化户籍、社保、土地等制度改革，加大就业灵活性；创造老有所为的就业环境，充分调动老年人参与就业创业的积极性，鼓励老年人在乡村就业创业；构建服务老年人的人力资源队伍，培养养老护理员队伍，壮大老龄产业从业人员队伍。

最后，加快实施积极应对人口老龄化的国家战略。构建普惠性和兜底性的社会养老保障制度。建立覆盖全民、城乡统筹、权责清晰、保障适度、可持续的多层次养老保险制度，大力促进商业保险和企业年金发展，加强养老金的运营管理，推动更大规模的养老金入市，以实现养老金的保值增值。建立健全老有所医的医疗保障制度。建立多层次长期照护保障制度，实施兜底性长期照护服务保障行动计划。完善社会福利和社会救助体系。

打造高质量的为老、适老产品和服务体系，建设老年友好型社会。加快推进国资划转社保补充缺口，推动社保全国统筹，发挥养老保障体系中第二、三支柱的重要作用；构建老有所学的终身学习体系，提高老年人力资本水平，鼓励企业留用和雇佣年长劳动力；打造高质量的为老、适老服务和产品供给体系，加快构建以居家为基础、社区为依托、机构充分发展、医养有机结合的多层次养老服务体系；建设老年友好型社会，弘扬尊老文化，构建养老、孝老、敬老的社会环境，补齐老年出行困难和参与社会的公共服务短板。

适应人口结构变化趋势，改革现行退休制度，推行灵活退休政策，渐进式延迟法定退休年龄，推迟劳动力缺口出现的时间，缓解养老金体系的支付压力。适应需求结构变化趋势，加快以养老服务为重点的服务业市场开放，适应多元化、个性化养老服务需求的全面快速增长且不断升级的大趋势，进一步打破养老服务相关的市场壁垒，深化公办养老机构改革。

应对老龄化挑战还需要政府、社会与企业合力的发挥。充分调动社区积

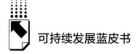
极性，大力发展社区养老服务业，发挥社区在应对老龄化挑战和释放消费需求的支柱作用。充分调动企业积极性，发挥企业在应对老龄化挑战中的重要作用。吸引更多的社会资本和外资投资养老机构，使之成为养老服务供给的重要力量。同时，将政府购买公共服务作为调动企业积极性的重大举措，通过购买服务、发放养老券、税收抵免等多种方式优化民营养老机构发展的政策环境。

参考文献

《中华人民共和国国民经济和社会发展第十四个五年规划和2035年远景目标纲要》，新华社，http：//www. xinhuanet. com/politics/2021lh/2021 - 03/14/c＿1127209103. htm，最后检索时间：2021年6月16日。

陈冲、王军：《碳达峰、碳中和背景下商业银行的转型策略》，《银行家》2021年第6期。

陈浩、徐瑞慧、唐滔、高宏：《关于我国人口转型的认识和应对之策》，中国人民银行工作论文，最后检索时间：2021年6月16日。

范思立：《中国实现碳达峰碳中和是一项系统性工程》，《中国经济时报》2021年4月29日。

冯其予：《用好超大规模市场优势——访中原银行首席经济学家王军》，《经济日报》2021年3月29日。

清华大学气候变化与可持续发展研究院：《中国长期低碳发展战略与转型路径研究》，《中国人口·资源与环境》2020年第11期。

国家统计局、国务院第七次全国人口普查领导小组办公室：《第七次全国人口普查主要数据情况》，http：//www. stats. gov. cn/tjsj/zxfb/202105/t20210510＿1817177. html，最后检索时间：2021年6月16日。

王军：《全面改善居民收入》，《瞭望》2017年第21期。

王军：《面向"十四五"的双循环新发展格局意味着什么》，《清华金融评论》2020年第12期。

王军：《收缩与分化："十四五"中国经济关键词》，《财经》2020年第25期。

王军：《透视"双循环"》，《经济要参》2020年第43期。

王军：《从2021两会看中国经济复苏》，财经网，https：//news. caijingmobile. com/article/detail/431240，最后检索时间：2021年6月16日。

王军:《理解"十四五"规划的八个要点》,一财网,https://www. yicai. com/news/100990708. html,最后检索时间:2021 年 6 月 16 日。

王军:《一季度中国经济的复苏与分化》,中宏网,https://www. zhonghongwang. com/show − 278 − 201912 − 1. html,最后检索时间:2021 年 6 月 16 日。

习近平:《把握新发展阶段,贯彻新发展理念,构建新发展格局》,《求是》2021 年第 9 期。

《中共中央政治局召开会议 习近平主持》,http://www. xinhuanet. com/politics/leaders/2021 − 04/30/c_ 1127398723. htm,最后检索时间:2021 年 6 月 16 日。

https://vacs. live/,最后检索时间:2021 年 6 月 16 日。

https://www. imf. org/zh/News/Articles/2021/04/29/blog − achieving − the − sustainable − development − goals,最后检索时间:2021 年 6 月 16 日。

B.10
"十四五"时期中国可持续
发展的目标与政策取向

刘向东*

摘　要：　2020年以来，中国进入新发展阶段，开启迈向现代化建设
　　　　　新征程，发展平衡性协调性可持续性日渐增强。在全面消
　　　　　除绝对贫困之后，实现2030年碳达峰及2060年碳中和成为
　　　　　中国"十四五"时期乃至未来更长时期内的主要发展目标
　　　　　之一，且已成为中国生态文明建设和高质量发展的必然选
　　　　　择。在"碳达峰、碳中和"目标这一强约束下，中国经济、
　　　　　环境、社会及政企治理模式将发生深刻变化，且已集中反
　　　　　映在"十四五"规划目标设定之中。与以往五年规划的发
　　　　　展目标相比，"十四五"规划的发展目标更加强调节能减
　　　　　碳和生态治理，更加强调绿色发展和低碳转型，更加注重
　　　　　国民素质和民生福祉，也更加注重创新在可持续发展中发
　　　　　挥的作用。与美欧日等发达国家相比，中国如期实现"碳
　　　　　达峰、碳中和"目标并非易事，尤其将面临能源结构调整
　　　　　困难、产业转型压力较大、技术创新能力偏弱、绿色消费
　　　　　理念不强等突出问题。要破解这些问题，亟须构建全社会
　　　　　动员的绿色低碳发展的经济体系和政策体系，特别是更好
　　　　　地发挥政府的作用，构建起从生产、流通、分配到消费全
　　　　　链条和全生态的市场机制和政策体系，以形成对各类活动

---

* 刘向东，中国国际经济交流中心经济研究部副部长、研究员，博士，研究方向为宏观经济、
产业政策、可持续发展。

行为的有效激励，促进全社会转向节能减碳，形成环境友好型的脱碳社会。对中国发展而言，脱碳要实事求是，循序渐进，久久为功，首要摸清节能减碳家底，明确所处阶段和方位，有的放矢地聚力发力，有计划有步骤地采取行动，逐步降低化石能源使用、大力发展清洁能源，推进高碳部门转型升级、着力发展低碳经济，加大节能减碳技术研发创新，培育支持绿色技术孵化成长的内生市场，创造有利条件，积极开展国际合作，着重在技术、贸易、投资、金融等领域形成国际规则共识，促成全球范围内节能减碳的集体行动，深入推动联合国可持续发展议程落实并尽早达成。

关键词：　"十四五"　碳达峰、碳中和　环境—社会—治理　科技创新　节能减碳

　　新冠肺炎疫情影响下，2020 年中国经济发展曾遭受一定的冲击，但率先控制住疫情并及时复工复产，保持了经济发展韧性和社会安全稳定，为更好落实"十四五"规划任务奠定了良好的基础，也为有效推进可持续发展目标赢得了时间窗口。"十四五"时期是中国低碳绿色转型发展的关键"窗口期"，中国的高质量发展面临着诸多实际问题和困难，其中最值得关注的议题是发展的持久动力和资源环境的可持续性问题。2020 年 9 月，习近平主席在第 75 届联合国大会上宣布，中国的二氧化碳排放力争于 2030 年前达到峰值，争取在 2060 年前实现碳中和（即热议的"双碳"目标）[1]。随后，2020 年 12 月召开的中央经济工作会议把做好碳达峰、碳中和工作作为重点

---

① 新华网：《习近平在第七十五届联合国大会一般性辩论上的讲话》，http：//www. xinhuanet. com/politics/leaders/2020－09/22/c_ 1126527652. htm。

任务之一。2021 年 3 月 14 日发布的《中华人民共和国国民经济和社会发展第十四个五年规划和 2035 年远景目标纲要》① 提出，落实 2030 年应对气候变化国家自主贡献目标，制定 2030 年前碳排放达峰行动方案。要实现这一宏伟目标，中国需要在"十四五"乃至更长时期内把降低能耗和减少二氧化碳排放摆在突出位置，将意味着能源、产业、经济、社会等相关结构将随之调整并发生重大变化，也意味着未来较长时期内都将面临巨大的绿色转型压力和诸多可持续发展中遇到的现实困难。

一 双碳目标下"十四五"规划目标的优化调整

积极应对气候变化和实施全社会绿色转型行动已成为中国制定"十四五"规划和 2035 年远景目标的重要内容之一。迈向低碳经济和"碳中和"目标是一项具有全方位普遍意义的长期性、战略性的调整变革任务，需要转变经济发展方式和调整优化规划目标。这一变化已充分反映在中国的"十四五"规划和 2035 年远景目标内容及所设定的发展目标之中。

（一）绿色生态指标更加强调节能减碳

相比于"十一五""十二五""十三五"规划资源环境方面的目标设定，"十四五"规划在设立"绿色生态"指标目标时更加突出了"节能减碳"的要求，既有对以往指标的继承性，也有针对二氧化碳减排压力做出的阶段性或适应性调整（见表 1）。

相比以往规划，"十四五"规划的"资源环境"指标由强调节能减污转为节能减碳，同时保留了对生态环境质量的追求。这是一组相当有挑战性的约束目标，将对全社会生产生活各项活动带来极强的约束，相关目标调整优化主要体现如下变化。

一是能耗和森林覆盖率两项指标继承了前三个"五年规划"的指标要求。

---

① 新华社：《中华人民共和国国民经济和社会发展第十四个五年规划和 2035 年远景目标纲要》，http://www.gov.cn/xinwen/2021-03/13/content_5592681.htm。

"十四五"规划发展目标中，由"资源环境"类调整为"绿色生态"类，相应指标保留了"节能"与"森林碳汇"两方面的指标，包括提出"未来5年单位国内生产总值（GDP）能源消耗降低13.5%"的具体要求。二是延续了"十二五"和"十三五"规划开始考察的"单位 GDP 二氧化碳排放降低"这一指标，明确提出了"十四五"末要把"二氧化碳排放降低18%"。三是"十四五"规划目标延续了"十三五"规划列出的有关"空气质量"和"水体质量"的指标，即仍保留对生态环境质量的约束指标，但"十四五"规划已不再突出强调考核主要污染物排放相关指标，反映出中国实施的污染防治攻坚战已取得阶段性成效，并逐步转向以节能减碳为重点的生态环保约束要求。

表1　"十一五"至"十四五"规划资源环境类发展目标演变

序号	约束指标	"十四五"	"十三五"	"十二五"	"十一五"
1	单位 GDP 能源消耗降低(%)	√	√	√	√
2	单位 GDP 二氧化碳排放降低(%)	√	√	√	×
3	地级及以上城市空气质量优良天数比率(%)	√	√	×	×
4	地表水达到或好于Ⅲ类水体比率(%)	√	√a	×	×
5	森林覆盖率(%)	√	√	√	√
6	耕地保有量(亿亩)	×	√	√	√
7	新增建设用地规模(万亩)	×	√	×	×
8	万元 GDP 用水量下降(%)	×	√	√b	√b
9	非化石能源占一次能源消费比重(%)	×	√	√	×
10	森林蓄积量(亿立方米)	×	√	√	×
11	细颗粒物(PM2.5)未达标地级及以上城市浓度下降(%)	×	√	×	×
13	主要污染物排放总量减少(%)——化学需氧量、氨氮、二氧化硫、氮氧化物	×	√	√	√
14	农业灌溉用水有效利用系数	×	×	√	√
15	工业固体废物综合利用率(%)	×	×	×	√

资料来源：作者整理。√－表示设定了此项指标；×－表示没有列入此项指标；a－还包括劣五类水体比例（%）；b－单位工业增加值用水量降低（%）。

（二）经济发展目标面临绿色转型压力

在"双碳"目标下，中国经济发展方式必然转向更加集约化，产业结构将调整为更加数字化、智能化和绿色化，经济结构更强调高效均衡发展，即突出体现高质量发展的特征（见表2）。

与以往规划相比，"十四五"规划目标不再突出经济增速优先的主导性地位，而是更加偏重于结构优化和"双碳"目标下的适应性调整，特别是要突破对高碳部门发展的路径依赖，进一步推动实现能源消耗与经济增长之间的"脱钩"。

从"十一五"至"十四五"规划的经济发展指标设定看，前三个五年规划主要从总量角度考察年均增长目标，更多地强调总量规模扩张，"十四五"规划目标则突出了高质量发展的重要性和提升劳动生产率的紧迫性，更多地反映了应对外部冲击和适应"双碳"目标约束的影响，因而并未提出年均增长的目标值，而是视实际情况而确定，也并不要求劳动生产率的绝对提升，而是提出保持高于经济增速的目标。

不同于"十三五"规划把"户籍人口城镇化率"作为一项重要考核指标，"十四五"规划城镇化目标设定回归到"十二五"规划那样突出"常住人口城镇化率"。这反映出中国在深化户籍改革上已取得显著成效，持续强调户籍人口城镇化率并不解决实际问题。因此，"十四五"规划更加强调常住人口的城镇化速度和质量问题。

表2　"十一五"至"十四五"规划经济发展类发展目标演变

序号	预期指标	"十四五"	"十三五"	"十二五"	"十一五"
1	国内生产总值（GDP）增长（%）	√a	√（量）	√（量）	√
2	全员劳动生产率增长（%）	√b	√（量）	×	×
3	常住人口城镇化率（%）	√	√（含户籍）	√	√
4	服务业增加值比重（%）	×	√	√	√
5	人均国内生产总值（元）	×	×	×	√
6	服务业就业比重（%）	×	×	×	√
7	全国总人口（万人）	×	×	×	√

资料来源：作者整理。√－表示设定了此类指标；×－表示没有列入此指标，a－保持在合理区间、各年度视情况提出；b－高于GDP增长。

（三）社会发展更突出国民素质和民生保障

对以往五年规划目标有所继承，"十四五"规划中"社会发展"指标设置，包括收入、就业、医疗社保等民生议题，但比以往规划指标更加全面，更加强调了人的全面发展和民生福祉的特点（见表3），更加突出了"一老一小"等社会问题，在居民收入、就业、教育、医疗、养老、托幼、健康等7个领域指标实现全覆盖，也突出反映了"十四五"更加关注民生福祉和共同富裕的发展要求，也反映出"社会发展"指标设定更加关注发展质量和生活品质。

表3　"十一五"至"十四五"规划社会发展类发展目标演变

序号	预期指标	"十四五"	"十三五"	"十二五"	"十一五"
1	居民人均可支配收入增长（%）	√a	√	√b	√b
2	城镇调查失业率（%）	√	×	√c	√c
3	劳动年龄人口平均受教育年限（年）	√	√	×	√
4	每千人拥有执业（助理）医师数（人）	√	×	√d	√g
5	基本养老保险参保率（%）	√	√	√e	√e
6	每千人拥有3岁以下婴幼儿托位数（个）	√	×	×	×
7	人均预期寿命（岁）	√	√	√	×
8	城镇新增就业人数（万人）	×	√	√	√
9	农村贫困人口脱贫（万人）	×	√	×	×
10	城镇棚户区住房改造（万套）	×	√	√f	×
11	五年转移农业劳动力（万人）	×	×	×	√

资料来源：作者整理。√-表示设定了此类指标；×-表示没有列入此指标，a-与GDP增长同步；b-分为城镇居民人均可支配收入（元）和农村居民人均纯收入（元），c-城镇登记失业率；d-城乡三项基本医疗保险参保率（%）；e-城镇参加基本养老保险人数（亿人）［"十一五"规划表述为城镇基本养老保险覆盖人数（亿人）］；f-城镇保障性安居工程建设（万套），g-新型农村合作医疗覆盖率（%）。

（四）创新驱动被摆在更加突出的位置

无论是实现经济社会的可持续发展目标，还是实现"碳达峰、碳中和"的目标，抑或是满足人民日益增长的美好生活需要，都需要通过创新发展才能达到相应的目标。例如，要实现绿色低碳发展目标，要调整能源结构、优化产业结构和转变经济发展方式，而要实现这些转变就要依靠科技创新。只有加快科技创新力度，提升创新对发展质量的支撑，特别是通过节能减排技术的创新，实现"碳达峰、碳中和"目标。否则，如果没有取得创新成果和技术进步，未来较长时期中国都将面临非常大的绿色转型压力，也将难以实现既定的"碳达峰、碳中和"目标，也更难以实现共同富裕。

基于如上考虑，"十四五"规划"创新驱动"类指标的设置调整了目标设定方式，既强调投入发展的速度，如设置"全社会研发经费投入增长率"替代传统的研发强度，也强调科技创新的质量，如强调"每万人高价值发明专利拥有量"而不再笼统沿用"每万人发明专利拥有量"，同时在新经济发展方面更加突出"数字经济核心产业增加值占 GDP 比重"，而不是只笼统使用"数字经济增加值占比"等指标（见表4）。

表4 "十一五"至"十四五"规划创新驱动类发展目标演变

序号	预期指标	"十四五"	"十三五"	"十二五"	"十一五"
1	全社会研发经费投入增长(%)	√a	√b	√b	√b
2	每万人高价值发明专利拥有量(件)	√	√c	√c	×
3	数字经济核心产业增加值占 GDP 比重(%)	√	×	×	×
4	科技进步贡献率(%)		√	×	×
5	互联网普及率(固定宽带家庭和移动宽带用户普及率)(%)		√	×	×
6	九年义务教育巩固率(%)	×	×	√	×
7	高中阶段教育毛入学率(%)	×	×	√	×

资料来源：作者整理。√－表示设定了此类指标；×－表示没有列入此指标，a－大于7、力争投入强度高于"十三五"时期实际；b－研究与试验发展经费投入强度（%）["十二五"规划表述为研发与试验发展经费支出占 GDP 比重（%）]；c－每万人发明专利拥有量（%）。

二 "十四五"时期中国可持续发展面临的新挑战

从发展视角看，只要人类继续从事生产生活活动都会消耗能源资源，也就会产生二氧化碳或留下"碳足迹"①。越来越多证据表明,温室气体排放正在威胁到人类生存空间的安全和稳定。关键的一个问题是,过去人类发展依赖的化石能源消耗将带来大量的二氧化碳排放问题,而且这种排放往往不是可逆的。如果要消除温室气体对地球环境的影响,最终必须要实现"碳中和"的目标,也必然需要"碳捕捉、碳封存和碳吸收"等技术研发应用。对中国来说,2030 年前实现碳达峰和 2060 年前实现碳中和都是个相当激进且有挑战性的构想,仅需用 30 年的时间要走完欧美等发达国家长达 70 年左右要走完的路②。短时间内,中国彻底放弃对煤炭等化石能源的依赖和提升风能、光伏、生物质能等可再生能源的比重并非易事。对此,应做好充足的应变准备,直面相应环境—社会—治理(ESG)③ 方面的挑战。

(一)以煤炭为主的能源结构决定了碳排放规模较大

对化石能源使用依然是二氧化碳排放的最大源头。BP 数据显示,2019 年中国一次能源消费量为 141.7 埃焦耳(EJ),占到世界能源消费总量的 24.3%,同比增长 4.4%,高于 2008 ~ 2018 年年均增速 0.6 个百分点。而且,中国的能源消费结构以化石能源为主,其中化石能源消费占比约为 85.1%,煤炭占比超过 57.6%,石油占比约为 19.7%,天然气占比约为 7.8%,清洁能源占比不足 15%,其中核电占比 2.2%、水电占比 8.0%、可再生能源占比 4.7%。以煤炭为主的能源消费结构贡献了更多的二氧化碳排放,单位燃煤、燃油的二氧化碳排放量是燃气的 1.5 ~ 1.7 倍,是电的 3.2 ~ 3.4 倍。

在以煤炭为主的能源结构下,2019 年中国的二氧化碳排放量约为 98.3 亿

---

① 碳足迹是指企业、机构及个人通过交通运输、食品生产和消费等各类生产生活活动引起的温室气体排放的集合,是反映了人类行为对自然界产生的碳耗影响。

② 柴麒敏:《中国新达峰目标与碳中和愿景的政策展望》,《世界环境》2021 年第 1 期,第 20 ~ 22 页。

③ ESG 主要是可持续发展理念在企业微观层面的反映,分别从环境、社会及治理角度,衡量企业发展的可持续性,通常会与财务数据结合起来衡量企业的可持续发展能力,体现企业与环境、社会和治理因素之间的双向影响,是辅助投资者进行投资决策的重要参考。

吨，约占到全世界二氧化碳排放总量的28.8%，超过中国的人口和GDP在世界的总量占比，当年同比增长了3.4%，比2008~2018年平均增速高出0.8个百分点。中国单位GDP二氧化碳排放量约为0.75千克/美元，约为美国的3倍，德国的4倍。从图1显示的结果看，中国二氧化碳排放量与一次能源消费量走势基本趋同，两者的相关系数高达99.7%，即便是近年来中国加大清洁能源替代力度，但还远远不够，两者相关系数仍高达98%左右。可以说，中国能源消费与碳排放仍存在强耦合关系。今后努力实现"碳达峰、碳中和"的目标，首要做的工作是优化能源结构，逐步降低能源消费对二氧化碳排放的贡献度，加速实现经济增长与能源消耗的"脱钩"过程。

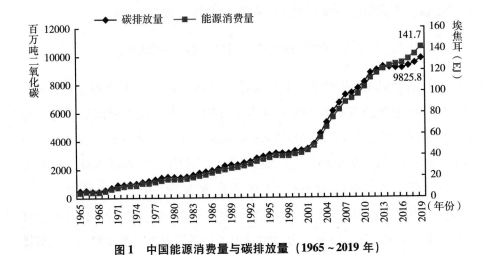

图1　中国能源消费量与碳排放量（1965~2019年）

资料来源：BP。

（二）钢铁等高碳产业规模庞大意味着碳减排压力较大

电力热力生产行业是碳排放最大的部门，占到中国来自燃料燃烧二氧化碳排放量的50%以上。中国来自燃料燃烧产生的二氧化碳排放量占到全世界来自燃料燃烧二氧化碳排放量的比重已由1971年的约5.8%攀升至2017年的28.4%（见图2）。除了发电供热部门（44%）外，钢铁（18%）、建材（13%）、交通运输（7%）等行业都是高碳排放的主要部门，也是中国落实"碳达峰"行动任务的重点行业。

中国产业结构偏重造成对能源资源消耗依赖程度高，重工业资产总额是轻工业的3.3倍左右，如2020年中国粗钢产量达到10.5亿吨左右，占世界粗钢总产量的50%以上。即便前几年中国推进实施供给侧结构性改革，压缩淘汰了一批燃煤、钢铁、电解铝等行业项目，但高耗能高排放的行业规模依然较大，并非短期内就能有效达到"双碳"目标的既定要求。当前，中国正在制定"碳达峰"行动方案，必然涉及严控新增高耗能产业项目，加快推动高碳部门低碳化改造，也必将对高耗能和高碳产业链产生伤筋动骨的影响。

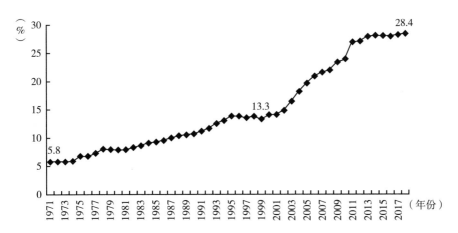

图2 中国来自燃料燃烧二氧化碳排放量占世界比重（1971～2017）

资料来源：国际能源署（IEA）。

（三）现有节能减碳技术能力满足不了高质量发展要求

当前，清洁能源和碳中和技术已成为国际竞争热点之一。一些核心清洁能源和节能减碳技术仍集中在少数发达国家，如日本在燃料电池研究中占主导地位，欧洲在供应和存储低碳氢①等方面处于领先，美国在碳捕捉、碳封存等方面有较强的技术优势。与发达国家相比，中国仍处在技术追赶的关键

---

① 低碳氢是指生产过程中所产生的温室气体排放值低于14.51kgCO2e/kgH2 的氢气。

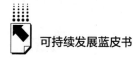

时期，节能减碳技术能力总体不足，与国际先进水平仍有较大差距，关键领域和关键环节还存在技术短板，而且不少低碳技术尚未实现商业化落地。譬如，由于开发技术相对滞后，中国已开发的可再生能源不到技术可开发资源量的1/10。背后动因是，低碳技术应用和设备更新将推高企业生产成本，削弱出口竞争力；导致中国很多企业在节能减碳技术方面投入不足，能力积累不够，短时期将适应不了"双碳"目标下高质量发展的要求。

而今，中国企业面临的转型发展新挑战是，因节能减碳技术不足，在产品出口方面可能面临着基于碳基的贸易壁垒，尤其是欧美等发达国家基于碳排放设置的贸易壁垒将有所增加。譬如，欧盟推出了"碳边境调节机制"，对减排进程较慢国家的商品加征碳税，这将迫使中国出口企业不得不转向使用节能减碳技术，改进产品研制生产过程，以确保其出口的产品符合欧盟环保标准。

（四）低碳消费理念和行动尚有待在全社会倡导推行

实现"碳中和"目标意味着要将人为活动排放的温室气体对自然的影响降低到几乎可以忽略的程度，这意味着节能减碳不只是能源和工业部门的事情，而是涉及所有人的集体性活动。如果不是当前媒体热炒"碳达峰、碳中和"概念，节能减碳问题可能并不会成为热议的话题，也很难形成全社会内生性的自觉行动。我们注意到，当前"自上而下"的任务分解式的减碳行动面临着种种阻力，尚未形成全社会的一种自觉。尽管可持续发展的理念已经深入人心，但绿色生产和低碳消费并未蔚然成风，居民和企业对加强碳排放约束的认识并不够，并不将其视为是可持续发展理念的具体实践。特别是，大多数企业仍是以利润驱动为主，往往把国家应对气候变化的战略视为监管部门的指派任务；金融机构也更多关注财务回报，对气候变化等全球性议题关注较少，参与碳排放的程度并不高。

三　"十四五"时期中国可持续发展的主要政策取向

以上分析看，"碳达峰、碳中和"是一项复杂的渐进完成的系统工程，也是中国落实联合国可持续发展议程和应对气候变化国际公约的重要里程碑事项。实现"双碳"目标意味着要引发经济结构的行为规则发生相应的变化，必须增强对人类参与经济社会活动的碳足迹实施监测控制，还要综合利用政策、法律、经济、行政、宣传等多种手段来调动调节实现。从政策角度看，实现这一目标不仅要发挥产业政策的导向作用，包括要求严格控制煤炭等化石能源消费和大规模发展清洁能源，而且也要发挥市场机制效力，促成全社会范围内生产生活的绿色低碳转型行动。由此带来的调整必将给企业和个人形成严格的低碳标准和节能减排的压力约束，从而倒逼全社会的技术研发创新、经济结构优化和产业转型升级，不断地通过技术改造和应用，推动经济、产业和社会的绿色低碳转变。2020 年 9 月以来，中央各部委和地方政府都已做出相应"碳达峰、碳中和"的政策规划，并陆续公布了一系列相关政策方向，包括化石能源减量化、替代化，促进产业绿色低碳转型，倡导低碳消费生活方式，加大研发创新绿色技术，加快新技术在全社会范围的推广应用等。

（一）推进煤炭等能源替代，加快发展清洁能源

大幅推动节能和提高能效，控制和减少煤炭等化石能源使用。"十四五"规划明确提出，完善能源消费总量和强度双控制度，重点控制化石能源消费。2021 年 1 月 26 日，工信部明确提出"钢铁压减产量是落实习近平总书记提出的我国碳达峰、碳中和目标任务的重要举措""确保 2021 年全面实现钢铁产量同比下降"。国家发改委、国家能源局等部委也纷纷做出表态，提出要发展非化石能源、稳步减少化石能源，构建以非化石能源为主体的新型电力体系，全面实现以非化石能源或可再生资源驱动的循环型零碳社会的变革性重构。此外，积极发展储能技术发展，也成为更好地利用可再生能源的解决方案之一。例如，2021 年 4 月 21 日，国家发改委、能源局就《关于加快推动新型储能发展的指导意见（征求意见稿）》提出，到 2025 年，新型储能从商业化初期向规模化发展转变，装机规模达 3000 万千瓦以上，为构建新能源为主体的新型电力系统提供强力支撑。

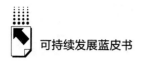

（二）推动高碳部门集约化，着力发展低碳产业

"十四五"规划提出，"实施以碳强度控制为主、碳排放总量控制为辅的制度，支持有条件的地方和重点行业、重点企业率先达到碳排放峰值。推动能源清洁低碳安全高效利用，深入推进工业、建筑、交通等领域低碳转型"。这意味着中国要持续推动"两高一资"产业持续优化升级，遏制高耗能、高排放的行业盲目发展，降低工业生产环境代价；严禁新增钢铁、燃煤电厂等高碳部门产能，积极使用风电、光伏等可再生能源来实现对化石能源的替代。对此，中国早在 2016 年就已经实施供给侧结构性改革，采取"去产能、去杠杆、去库存、降成本、补短板"等诸多改革措施，引导高碳部门转变发展方式，提高集约化程度。

从以往五年规划设置指标看，中国早已开始着手推动绿色发展和循环经济，加强污染控制和生态保护。包括主动推动发展绿色制造、循环经济、节能环保，实施重点行业领域减污降碳行动，提高资源利用效率和出口产品的附加值等。近年来，中国政府还出台多项生态环保政策，包括建立主体功能区制度等，强化国土空间规划和用途管控，增加森林面积和蓄积量，大规模国土绿化行动，加大植树造林和生态修复力度，加强森林资源培育，提升生态系统碳汇增量，增强绿地、湖泊、湿地等自然生态系统的吸碳固碳能力。

（三）加大绿色技术研发，以创新引领减碳行动

近年来，中国制定了系列环境保护和绿色低碳领域的技术创新政策，鼓励高等院校和市场主体就应对气候变化做出适应性调整，其中重要的经验就是通过科技创新和生产生活组织形态变革来适应这种变化。为此，中国积极部署低碳前沿技术研究，推动绿色低碳技术创新取得突破，加快推动各类市场主体实施技术改造和推广应用，同时积极利用市场化手段，建立健全碳交易市场和价格形成机制，完善绿色低碳政策和市场体系，包括建立完善绿色低碳技术评估、交易体系和科技创新服务平台等，引导绿色生产生活行动。例如，2021 年 1 月，生态环境部制定《关于统筹和加强应对气候变化与生

态环境保护相关工作的指导意见》（环综合〔2021〕4号）和《碳排放权交易管理办法（试行）》（2021年2月1日实施）（部令第19号），全面加强应对气候变化与生态环境保护相关工作统筹融合，完善有利于绿色低碳发展的财税、价格、金融、土地、政府采购等政策举措，加快推进碳排放权交易规则完善，加强对温室气体排放的市场化控制和管理，发挥政府与市场"两只手"共同引导和推动全社会的减碳行动。

（四）倡导绿色低碳消费，打造绿色生活新场景

为落实"碳达峰、碳中和"目标，中国已出台多项政策措施深入开展全民绿色低碳行动，包括推进节能低碳建筑和低碳的基础设施改造建设，构建绿色低碳的交通运输体系；对高能耗行业执行差别电价，推广新能源汽车，倡导绿色低碳生活，反对奢侈浪费，鼓励绿色出行，营造绿色低碳生活新时尚，等等。譬如，早在2016年3月，国家发改委等10部门联合发布了《关于促进绿色消费的指导意见》（发改环资〔2016〕353号）提出，要大力推动消费理念绿色化，在全社会厚植崇尚勤俭节约的社会风尚；引导消费者自觉践行绿色消费，打造绿色消费主体；增加绿色产品和服务生产及有效供给，推广绿色消费产品；构建有利于促进绿色消费的长效机制，营造绿色消费环境等。2021年4月，国家发改委等28个部门进一步联合印发《加快培育新型消费实施方案》，提出24项政策措施，其中强调鼓励绿色消费新模式新业态发展，促进线上线下消费融合发展。为响应国家号召，各级地方政府也纷纷出台相关促进新型消费的政策措施，加速适应居民消费升级的需要。

（五）积极发展绿色金融，以低碳资本约束倒逼产业转型

近年来，发达国家纷纷开展碳减排相关的金融产品和服务创新，涉及的产品包括期货、期权、质押贷款、债券、国际碳保理融资等。中国也积极建立了碳排放权现货交易市场，发行绿色债券、绿色信贷、绿色理财产品和绿色资产支持证券等业务。早在2016年8月底，中国人民银行、财政部等7部委联合发布《关于构建绿色金融体系的指导意见》，包括设立绿色发展基

金、通过央行再贷款支持绿色金融发展，发展绿色债券市场为中长期绿色项目提供新的融资渠道、发展碳交易市场和碳排放相关的金融产品，强化环境信息披露等诸多举措。此后，各方纷纷制定相应的绿色金融政策，鼓励金融机构向企业提供绿色融资支持。

为进一步发挥绿色金融与产业、环境、财政政策的协同作用，加快引导金融资源加速向绿色低碳领域积聚，2020年10月，生态环境部、发展改革委、人民银行、银保监会、证监会等部委联合发布《关于促进应对气候变化投融资的指导意见》（环气候〔2020〕57号），引导和促进更多资金投向应对气候变化领域的投资和融资活动，构建完善的绿色低碳金融体系，开展气候投融资地方试点。2021年2月，中国人民银行发布《银行业存款类金融机构绿色金融业绩评价方案》，支持符合条件的金融机构以更加精准的、更低成本的方式，向低碳绿色项目提供支持。2021年5月，人民银行杭州中心支行联合浙江银保监局、省发展改革委、省生态环境厅、省财政厅发布《关于金融支持碳达峰碳中和的指导意见》，提出了到2025年绿色债务融资工具和绿色金融债发行规模较2020年翻两番，金融支持碳达峰、碳中和的25项举措，以及实现排污许可证重点管理企业全覆盖等。

四 "十四五"时期深入推动中国可持续发展的建议

中国节能减排的压力虽较大但前景广阔，推动经济、社会、环境等协调可持续发展，特别是要处理好能源消耗、二氧化碳排放和经济增长、社会民生诉求之间的关系，即打破经济增长和社会发展过多地依赖传统能源消耗的粗放式发展方式，加快创造精明绿色的增长循环上来。例如，日本政府就在其增长战略中提出创造经济与环境的良性循环，尽最大努力在2050年之前实现"碳中和"并转向脱碳社会①。"十四五"期间，中国按时乃至提前完

---

① 〔日〕染野宪治：《日本实现2050年脱碳社会的政策动向》，《世界环境》2021年第1期，第42~46页。

成碳达峰、碳中和的宏伟目标,不仅要推进经济、社会和生态环境的政策调整,更需要依靠技术进步提升劳动生产率,还需要人们节能环保意识的觉醒,推动全社会向绿色低碳的生产生活方式转变。在确保经济合理增长区间的前提下,中国现阶段亟须瞄准规划确立的降低能耗和减碳排放的目标,制定"碳达峰、碳中和"行动方案和加强目标导向和结果导向的管控。目前,中国正在制定碳达峰、碳中和"1+N"的政策体系,制定2030年前碳达峰行动方案和能源、钢铁、石化等重点行业和领域的具体实施方案。

(一)摸清家底,完善碳排放统计数据体系

碳排放的基础数据是碳市场交易的基础。当前,中国的 ESG 评测指标体系建设尚存在基础数据匮乏、标准和规范不明确等诸多困难,尤其是省市地方和企业层面的信息披露制度有待完善,地方企业自建数据库将耗费巨大,统计口径也缺少可比性。鉴于此,有必要加快摸清家底,完善信息报送和共享机制,包括计算和披露火电、钢铁、建材、有色金属、造纸等棕色资产数据信息,制定统一的参考指标体系和评价标准,构建省市和企业层面的 ESG 数据库,定期可由国家统计局联合国家发改委、生态环境部等部委联合发布,还可以鼓励和支持省市和企业披露投资和贷款支持项目的碳排放数据,即"碳足迹",不断创造节能减碳示范应用场景,积累良好的最佳实践案例,为复制推广至全国提供可参考的参数和标准。

(二)因地制宜,实施差异化的政策措施

短时间内,在"双碳"目标下推进可持续发展议程,不仅需要统筹好明天的需求和今天的现实①,也需要统筹各地区、各行业部门之间的发展能力差异。例如,相比于东部沿海省份,青海、甘肃、辽宁、河北、山西、新疆、内蒙古、宁夏等北方省份的碳排放强度较高,将是中国降低碳排放强度

---

① 郎友兴:《明天的需求比今天的现实更为重要吗——对可持续发展议题的反思性思考》,《浙江经济》2021 年第 4 期,第 10~13 页。

的重点地区①。接下来，中国需要继续坚持"实事求是"的原则，因地制宜推进"碳达峰与碳中和"目标，使其兼顾不同地方、不同行业的差异性，分阶段、有步骤、差别化地统筹推进经济、环境、社会和治理工作。

此外，还要借鉴欧盟的"无重大损害"（No-harm principle）原则，瞄准ESG涉及的每项目标实现多重目标的优化平衡，并为此制定一套相对规范的环境气候风险分析方法和框架，加强环境和气候风险的压力测试和经济分析，明确评估研判生产生活等人类行为活动对环境和气候所带来的风险，据此做出前瞻性的应对方案。

（三）培育市场，探索可持续发展模式

全面探索全产业链、全供应链各环节中绿色低碳可持续发展模式，尚需加快培育绿色政府采购市场，提高行业整体的绿色产品质量及绿色制造水平。以废铜、废铝为例，中国的再生铜吨排放1.13吨二氧化碳，仅为原生铜吨排放量的27.6%；废铝加工及回收再利用阶段碳排放占比仅为2.5%。对钢铁、有色等高碳部门，可以积极发展再生资源产业，推动产业链升级及资源综合利用，提高对废钢、废铜、废铝等废旧资源的回收利用率，最终通过加大对废旧铜铝的使用，通过精细加工和综合利用，能有效提升产品附加值。

培育发展绿色低碳消费市场也十分重要。通过提高环保标准和行政执法等措施，进一步推广新能源汽车等绿色低碳产品消费，包括鼓励城市规划建设地铁、轻轨等绿色低碳的公共交通系统，制订更为清洁高效的新能源汽车推广计划，推动把存量燃油汽车替代为新能源汽车，优化充电桩、换电站等基础设施布局，建设新能源汽车体验中心，加快推进氢能源汽车加氢站规划建设。此外，促进绿色产品消费，加大政府绿色采购力度，倡导绿色低碳生活方式，推进生活垃圾分类，逐步建立完善的绿色低碳消费体系。

培育节能减碳的可持续发展模式，需要借用市场的力量。为此，要推动

---

① 平新乔、郑梦圆、曹和平：《中国碳排放强度变化趋势与"十四五"时期碳减排政策优化》，《改革》2020年第11期，第37~52页。

并完善碳交易市场、输电设备等基础设施建设，加快推进全国用能权、碳排放权以及碳交易市场建设，加快形成支持绿色低碳发展价格、财税、金融等经济政策体系。

（四）加大创新，推动新技术研制应用

技术是能源消费革命、高碳产业革命的最终的驱动力。加强技术升级是实现"碳达峰、碳中和"目标的关键举措，研发应用推广低碳零碳负碳技术，通过技术创新推动建立绿色零碳的产业体系、经济体系。

推动能源、工业、交通、建筑等重点领域以及钢铁、建材、有色、化工、石化、电力、煤炭等重点行业完成碳减排任务，不宜用简单粗暴的办法关停并转（严控低水平重复的高耗能产业、快速降低煤炭消费比重），而要提出相应节能减碳的技术和政策措施，加大低碳技术开发和项目投资，包括充分利用规模化储能、氢能、碳捕集、利用和封存技术，以及人工智能等数字化技术实施减碳低碳改造，实施差别电价等市场化办法，提升绿色建筑标准等。

基于此，应加快推动与"双碳"相关的科技创新和工程建设，加快低碳技术研发创新，积极发展可再生能源替代技术，研制碳捕集、碳利用和封存等绿色原始技术创新，加快部署二氧化碳捕集利用和封存项目，支持发展二氧化碳为原料的生产化工项目，做好绿色低碳领域的人才培养和储备，鼓励科学家和工程师们在关键、核心、重大技术发展方向上攻坚克难，加强绿色低碳重大科技攻关和推广应用。

（五）深化合作，共同探寻低碳增长路径

应对气候变化是全球共同的责任，需要世界各国各地的对话合作，在实现"碳中和"目标下共同探寻低碳增长的现实路径，即要确保不以牺牲经济社会发展为代价而达到"碳中和"目标。在此背景下，中国发挥应有的影响力和领导力，积极在全球范围内寻求应对气候变化领域的国际合作，加大在可再生能源和碳捕捉、碳封存和碳吸收等领域的产业和技术合作，包括

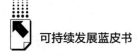

推进绿色投资、零碳低碳技术开发等方面；积极参与国际绿色合作和规则制定，推进碳减排责任公平合理；拓展与"一带一路"沿线国家的绿色合作，加强与志同道合的国家优先开展绿色低碳、气候治理等领域的规则合作和政策协调，争取制定反映发展中国家诉求的碳排放规则；谨防碳边境税扩展成为新的绿色贸易壁垒，敦促发达国家向发展中国家传播节能减碳技术。

（六）金融赋能，推动高碳部门绿色转型

运用更加市场化的手段促进企业绿色转型，就要更好地发挥好绿色金融或碳金融的作用，支持各类企业重视创造和积累绿色可持续的资产，推动金融产品与"碳足迹"挂钩，引导金融机构按照环境、社会和治理以及脱敏的原则配置绿色资产，加快发展"碳足迹"相关的贷款和债券等产品和市场等，以此加大对再生资源利用、能效、终端消费电气化、零碳发电技术、储能、氢能、数字化等零碳经济领域的投资[①]。

参考文献

柴麒敏：《中国新达峰目标与碳中和愿景的政策展望》，《世界环境》2021年第1期。

郎友兴：《明天的需求比今天的现实更为重要吗——对可持续发展议题的反思性思考》，《浙江经济》2021年第4期。

落基山研究所与中国投资协会：《零碳中国·绿色投资：以实现碳中和为目标的投资机遇》，2021年1月。

平新乔、郑梦圆、曹和平：《中国碳排放强度变化趋势与"十四五"时期碳减排政策优化》，《改革》2020年第11期。

染野宪治：《日本实现2050年脱碳社会的政策动向》，《世界环境》2021年第1期。

新华社：《中华人民共和国国民经济和社会发展第十四个五年规划和2035年远景目标纲要》，http://www.gov.cn/xinwen/2021-03/13/content_5592681.htm。

---

① 落基山研究所与中国投资协会：《零碳中国·绿色投资：以实现碳中和为目标的投资机遇》，2021年1月。

新华网：《习近平在第七十五届联合国大会一般性辩论上的讲话》，http：//www. xinhuanet. com/politics/leaders/2020 – 09/22/c_ 1126527652. htm。

中华人民共和国国务院新闻办公室：《新时代的中国能源发展》白皮书，2020 年12 月。

B.11

碳达峰、碳中和背景下商业
银行的可持续经营

王军 陈冲*

摘 要： 碳达峰、碳中和是中国着眼于未来可持续发展的重大战略决策。在此背景下，实现碳中和目标给商业银行带来新的业务机遇，也给商业银行带来巨大挑战，例如，它将带来经济增长范式的改变、区域经济发展不平衡风险、银行资产价值变化风险等。为更好地适应碳中和趋势，商业银行应长期、全面、深入地贯彻碳中和战略，强化绿色金融战略布局，从组织架构、政策制度、流程管理、风险管理、能力建设、信息披露等六大方面入手，全方位打造碳中和运营体系，丰富碳中和金融产品体系，打造国际一流的碳中和金融机构。

关键词： 碳达峰 碳中和 商业银行 可持续发展 碳中和运营体系

碳达峰、碳中和目标是中国政府的重大战略决策。中国进入新发展阶段，推动经济、能源、产业结构转型升级，需要商业银行助力企业节能减排、绿色技术创新和参与碳排放权交易。

---

* 王军，中原银行首席经济学家，研究员，博士，研究方向为宏观经济，可持续发展；陈冲，中原银行博士后，研究方向为金融学。实习生王墨麟在资料收集、数据整理和文字校对等方面对此文亦有贡献。

一 碳达峰、碳中和的背景与意义

（一）研究背景

二氧化碳（CO_2）等温室气体导致全球极端天气频发成为全球需要面对的严峻挑战，到 21 世纪中叶通过碳中和应对气候变化问题已成为全球共识。"碳中和"旨在通过减排与消纳 CO_2 或温室气体排放量，实现正负抵消，从而达到所谓"零排放"。而"碳达峰"指在碳中和实现过程中，在某一个时段，CO_2 排放达到峰值后逐步回落。

为应对全球气候变暖问题，联合国于 1992 年 5 月 8 日通过《联合国气候变化框架公约》；该条约补充条款《京都议定书》在 1997 年 12 月由缔约国通过，第一次以法规形式限制温室气体排放；第三份全球气候治理的国际法律文件是《巴黎协定》，于 2015 年 12 月 12 日获得通过。

中国碳排放总量大，但增速已经出现拐点，且人均碳排放低于美国和欧盟。中国二氧化碳排放的主要来源是电力、工业、建筑和交通领域。据清华大学气候变化与可持续发展研究院的测算，中国若要在 2060 年前实现"碳中和"，需要推进工业、交通、建筑、电力等领域去碳化，核能的装机容量是现在的 5 倍，风电的装机容量是现在的 12 倍，太阳能装机容量是现在的 70 倍。

（二）中国的碳排放现状

中国碳排放总量大，但增速已经出现拐点。从图 1 可以看出，中国的碳排放总量占世界总量比重呈上升趋势，根据 2019 年《BP 世界能源统计年鉴》数据，中国、美国和欧盟经济活动的碳排放量分别为 98.3 亿吨、51.5 亿吨和 33.3 亿吨，占全球碳排放总量比例分别为 28.8%、14.5% 和 9.7%。虽然中国碳排放总量在增长，但增速在 2003 年达到 18% 的拐点后开始下降，中国供给侧结构性改革后，2015~2019 年碳排放平均增速为 1%（见图 2）。

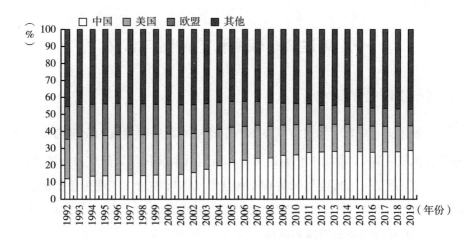

图1 世界主要国家或地区碳排放量结构变化

资料来源：Wind、中原银行。

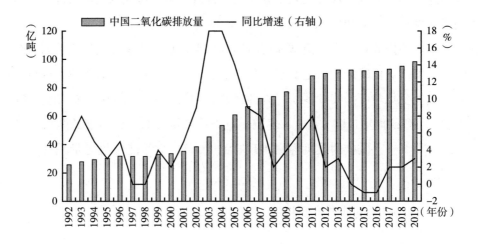

图2 中国碳排放量和同比增速

资料来源：Wind、中原银行。

中国人均碳排放低，单位 GDP 碳排放呈下降趋势。中国的人均碳排放量明显低于美国和欧盟（见图3），2019 年中国人均碳排放为7.0 吨/人，不到美国人均碳排放量的一半。从碳排放强度看（见图4），2019 年中国为

8.5 吨/万美元，美国和欧盟分别为 2.7 吨/万美元和 2.5 吨/万美元，虽然中国的单位 GDP 排放量高于美国和欧盟，但呈显著的下降趋势。

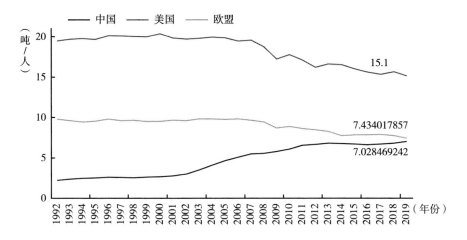

图 3　人均碳排放量

资料来源：Wind、中原银行。

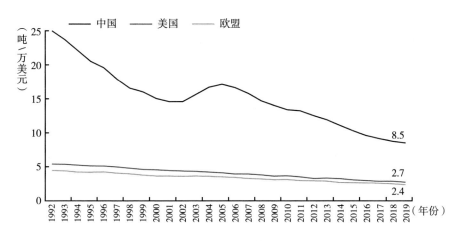

图 4　单位 GDP 碳排放量

资料来源：Wind、中原银行。

中国二氧化碳排放的主要来源是电力、工业、建筑和交通领域。分部门看（见图 5），电力、制造业与建筑业、交通运输部门碳排放量占中国的90%以上，其中电力部门占碳排放总量的50%以上。中国的能源禀赋为富煤、贫油、少气，决定了中国电力供应主要以煤电为主（见图6），2020年，中国火力发电量占68.5%，风电和太阳能发电占比仅为7.1%。

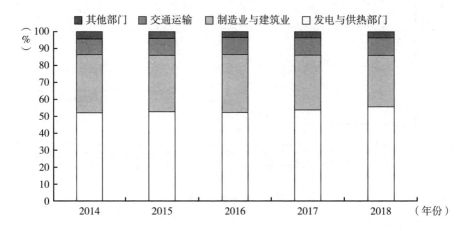

图5 分部门的中国碳排放结构

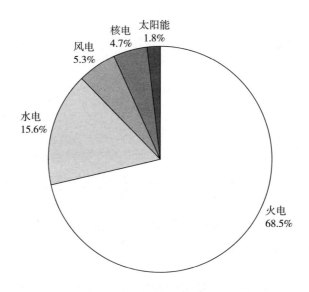

图6 中国电力供给结构

（三）中国实现碳达峰、碳中和的政策部署

2020年9月22日，在第七十五届联合国大会上，国家主席习近平提出了中国的碳达峰、碳中和目标。2020年12月，习近平主席发表重要讲话，并宣布中国的自主贡献目标（见表1）。

表1　气候雄心峰会上宣布2030年目标

指标	国家自主贡献目标	当前值
单位GDP的CO_2比2005年	下降65%	下降45%
风电、太阳能发电总装机容量	12亿千瓦时以上	4.6亿千瓦时
非化石能源占一次能源比重	25%	15%
森林蓄积量比2005年增加	60亿立方米	13亿立方米

资料来源：新华网、中原银行。

中国用全球历史上最短的时间实现从碳达峰到碳中和。中国作为世界上最大的发展中国家，中国承诺在30年的时间内完成从碳达峰到碳中和，是欧洲主要国家碳中和时间的一半，任务紧迫，面临的挑战前所未有。

表2　主要国家碳达峰到碳中和时间跨度

国家	碳达峰时间	承诺碳中和时间	碳达峰到碳中和时间跨度
美国	2007年	2050年	43年
英国	20世纪70年代初	2050年	80年
日本	2013年	2050年	37年
德国	20世纪70年代末	2050年	71年
法国	1991年	2050年	59年
西班牙	2007年	2050年	43年
中国	2030年之前	2060年之前	30年内

资料来源：根据公开资料整理，中原银行。

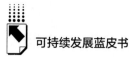
在中国领导人提出碳达峰、碳中和目标之后，中国政府有关部门积极响应，出台政策助力实现碳中和目标（见表3）。2021年3月15日召开的中央财经委员会第九次会议，把碳达峰、碳中和纳入生态文明建设整体布局，并指出"十四五"是碳达峰的关键期、窗口期，提出了七项工作重点。2021年4月16日，国家主席习近平同法国、德国领导人举行视频峰会，强调中国全面推行绿色低碳循环经济发展，言必行，行必果。实现碳达峰、碳中和，中国不仅有"时间表"和"施工图"，更注重国际协调工作，2021年4月18日，中国生态环境部发表中美应对气候危机联合声明，强调中美两国坚持携手并与其他各方一道加强巴黎协定的实施。

表3 涉及"碳中和"的重要讲话和文件

时间	发文机构	相关政策和会议	关于"碳中和"的要点解读
2020年9月22日	联合国大会	国家主席习近平在第七十五届联合国大会一般性辩论上讲话	中国将着力控制 CO_2 排放于2030年前达到峰值，努力争取2060年前实现碳中和
2020年9月30日	联合国大会	国家主席习近平在联合国生物多样性峰会上的讲话	中国为应对气候变化《巴黎协定》确定的目标做出更大努力和贡献
2020年11月17日	金砖国家领导人第十二次会晤	国家主席习近平发表讲话《守望相助共克疫情，携手同心推进合作》	中国坚持绿色低碳发展，为发展中国家提供更多帮助
2020年11月22日	二十国集团领导人利雅得峰会	国家主席习近平在"守护地球"主题边会上的致辞	加大应对气候变化力度，深入推进清洁能源转型，构筑尊重自然的生态系统
2020年12月12日	联合国气候雄心峰会	国家主席习近平发表讲话《继往开来，开启全球应对气候变化新征程》	在落实《巴黎协定》的基础上宣布2030年实现的中国自主贡献目标
2021年1月6日	中国人民银行	2021年中国人民银行工作会议	落实碳达峰、碳中和重大决策部署，完善绿色金融政策框架和激励机制，推动建设碳排放权交易市场为排碳合理定价
2021年2月22日	国务院	《国务院关于加快建立健全绿色低碳循环发展经济体系的指导意见》	建立健全绿色低碳循环发展经济体系，促进经济社会发展全面绿色转型

续表

时间	发文机构	相关政策和会议	关于"碳中和"的要点解读
2021 年 3 月 5 日	十三届全国人大四次会议	《2021 年国务院政府工作报告》	实施金融支持绿色低碳发展专项政策,设立碳减排支持工具。
2021 年 3 月 11 日	十三届全国人大四次会议	《中华人民共和国国民经济和社会发展第十四个五年规划和 2035 年远景目标纲要》	制定 2030 年前碳排放达峰行动方案,锚定努力争取 2060 年前实现碳中和
2021 年 3 月 15 日	新华社	中央财经委员会第九次会议	把碳达峰、碳中和纳入生态文明建设整体布局
2021 年 3 月 21 日	中国发展高层论坛	中国人民银行行长易纲《用好正常货币政策空间、推动绿色金融发展》	实现碳中和需要巨量投资、需要及时评估、应对气候变化影响金融稳定和货币政策
2021 年 3 月 30 日	生态环境部	《碳排放权交易管理暂行条例(草案修改稿)》	提出国家建立碳排放交易基金,完善碳排放配额分配的规定
2021 年 4 月 22 日	领导人气候峰会	国家主席习近平发表讲话《共同构建人与自然生命共同体》	强调要坚持绿色发展,坚持多边主义
2021 年 4 月 30 日	新华社	中央政治局第二十九次集体学习	保持生态文明建设战略定力

资料来源:相关政府网站、中原银行。

(四)中国实现碳达峰、碳中和目标的意义

中国主动融入全球绿色低碳发展趋势,提出用时最短的自主贡献目标,向国际和国内社会释放了清晰、明确的政策信号,对全球应对气候变化和中国构建新发展格局具有重要意义。

第一,气候治理能力成为全球影响力竞争的新标杆。在一定时期内将CO_2浓度控制在合理区间已成为全球共识,低碳经济的国际竞争秩序正在形成,绿色经济标准的制定和共识,将成为世界主要经济体博弈的焦点。碳中和战略合作、绿色国际标准谈判、低碳经济下贸易竞争等问题,哪个国家领先一步,就会有更大的国际话语权。

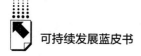

第二，中国碳中和目标彰显大国担当。全球气候变暖威胁人类可持续发展，中国碳达峰、碳中和的承诺与行动，展现积极应对全人类共同面临困难问题的决心，提升了国际社会应对气候变化的信心，树立了负责任大国形象。

第三，践行新发展理念，推动经济高质量发展。碳达峰、碳中和是中国贯彻新发展理念，在碳排放自主贡献目标下，通过大力发展清洁能源技术，压缩高污染高排放行业占经济比重，推动经历绿色低碳可持续发展。

二 碳达峰、碳中和背景下商业银行的机遇与挑战

（一）碳中和为商业银行带来的机遇

1. 巨大的宏观投资机会

中央财经大学绿色金融国际研究院发布的《中国绿色金融发展研究报告（2020）》指出，绿色投融资需求每年将新增一万亿元。商业银行结合地缘、人缘优势，基于对地方经济和产业结构的深入洞察，在金融支持碳达峰、碳中和目标过程中可以发挥重要作用。

近年来绿色金融加速发展，绿色贷款稳步增长（见图7、图8），为支持绿色低碳转型发挥了积极作用。2021年第二季度末，本外币绿色贷款余额13.92万亿元，同比增长26.5%，存量规模居世界第一；绿色债券存量居世界第二，约为8132亿元。银行业绿色贷款不良率低于全国商业银行不良率1.6%，全国商业银行绿色金融占比的平均值为2.62%，银行业绿色信贷有巨大发展空间。

商业银行积极参与承销绿色债券，参与绿色债务融资工具交易（见图9）。2021年2月，中国绿色债务融资工具存量规模为1097.8亿元，当月成交额为145.7亿元，均呈现快速上升趋势。2020年承销绿色债券金额最多的前五家为中国银行、兴业银行、招商银行、中信银行和农业银行，承销金额依次为79.4亿元、61.4亿元、54亿元、47.5亿元和39.5亿元。2020年承销绿色债券数量最多的前五家为兴业银行、中国银行、农业银行、中信银

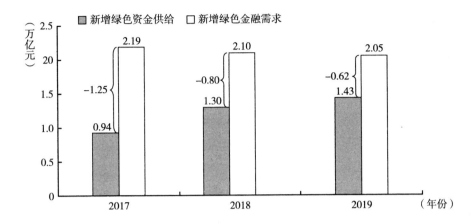

图7　中国绿色金融供需情况

资料来源：中央财经大学绿色金融国际研究院、中原银行。

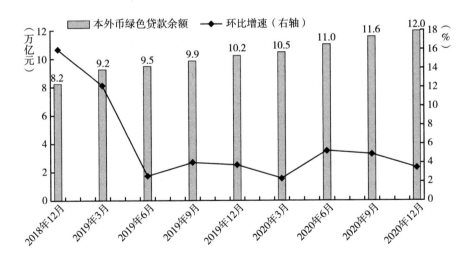

图8　本外币绿色贷款余额

资料来源：CEIC、中原银行。

行和招商银行，分别承销10.2只、8.5只、6.5只、6.0只和3.7只。

中国提出碳中和目标，商业银行需要深度融入碳中和目标之中，不断将绿色发展理念贯穿于公司治理中，不断完善绿色金融的基础设施建设，在组

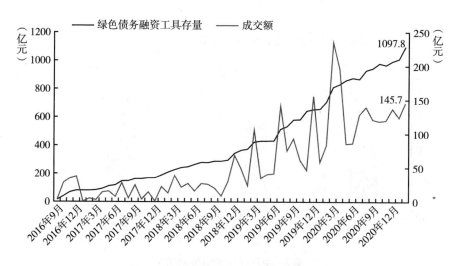

图9 绿色债务融资工具存量和成交额

资料来源：CEIC、中原银行。

织管理、制度和能力建设、流程管理、内控管理、平台建设、考核评价等方面。工商银行深入绿色金融前沿研究，创建 ESG 绿色评级及指数，将绿色金融纳入授信决策过程；建设银行通过搭建绿色金融服务平台，提升绿色金融战略地位；兴业银行已深耕绿色金融 15 年，且绿色信贷占全行贷款比例近 30%；广发银行建立了绿色业务标准，纳入信贷审批流程（见表4）。

表4 商业银行绿色金融实践

银行名称	绿色金融实践
工商银行	1. 印发 16 个板块 50 个行业的绿色金融政策,对绿色行业配套经济资本占用、授权、定价、规模等差异政策; 2. 持续加强环境敏感领域投融资管理,实行分类管理,践行绿色金融一票否决制; 3. 深入绿色金融前沿研究,创建 ESG 绿色评级及指数
建设银行	1. 设立绿色金融委员会,定期召开绿色信贷工作座谈会; 2. 搭建"智汇生态"绿色金融服务平台,高效撮合建筑节能等新兴领域项目,助力银政企需求精准对接; 3. 积极研究环境和社会风险压力测试技术方法,实现对环境和社会风险的系统化、主动化、智能化管控

续表

银行名称	绿色金融实践
兴业银行	1. 绿色金融部为企业金融总部下设一级部门,30 家分行均设立绿色金融部,并配备 200 名绿色金融专职人员; 2. 开发国内首套绿色金融专业系统——"点绿成金"系统,实现绿色金融项目识别与认定,保证环境收益测算的准确性; 3. 创新推出了"绿创贷""节水贷""环保贷""绿票通"等绿色金融产品和服务,配套了专项绿色信贷规模和专项风险资产
广发银行	1. 强化绿色金融发展意识,建立内部信息沟通机制,加大宣传力度; 2. 实施客户绿色风险分级管理,建立绿色金融业务标准,健全绿色金融信贷流程

资料来源:根据公开资料整理,中原银行。

2. 监管部门政策的支持与引导将壮大绿色金融市场

2021 年 4 月 15 日,中国人民银行与国际货币基金组织联合召开高级别研讨会,易纲行长指出,央行将通过构建政策体系、市场体系以及加强国际协调,为实现碳中和目标发挥积极作用。

表 5 总结了中国政府支持绿色金融发展的主要政策,政策涵盖从基础政策框架到绿色金融业务监管评价等方面,初步形成以国有行、股份行为主导,城商行为辅助,形成助力低碳经济发展的绿色金融格局,并进一步缩小同国际同行标准间的差距。

表 5　支持绿色金融发展的主要政策

时间	发文机构	相关政策和会议	要点解读
2016 年 8 月 31 日	中国人民银行、财政部等七部委	《关于构建绿色金融体系的指导意见》	构建绿色金融体系的主要目的是动员和激励更多社会资本投入绿色产业
2018 年 7 月 11 日	中国人民银行	《关于开展银行业存款类金融机构绿色信贷业绩评价的通知》	确定人民银行分支机构开展绿色信贷业绩评价的基础参照
2018 年 11 月 30 日	中国绿金委等	《"一带一路"绿色投资原则》	将低碳和可持续发展议题纳入"一带一路"倡议

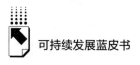
续表

时间	发文机构	相关政策和会议	要点解读
2019 年 3 月 5 日	中国人民银行、国家发改委和证监会	《绿色产业指导目录（2019年版）》	进一步厘清产业边界,确定重点支持产业
2020 年 3 月 3 日	中共中央办公厅、国务院办公厅	《关于构建现代环境治理体系的指导意见》	设立国家绿色发展基金,探索对排污权交易进行抵质押融资、统一国内绿色债券标准
2020 年 7 月 8 日	中国人民银行、国家发改委和证监会	《关于印发〈绿色债券支持项目目录（2020 年版）〉的通知（征求意见稿）》	进一步规范国内绿色债券市场,进一步缩小同国际同行标准间的差距
2020 年 7 月 11 日	中国人民银行	《关于印发〈银行业存款类金融机构绿色金融业绩评价方案〉的通知（征求意见稿）》	鼓励银行业存款类金融机构开展绿色金融业务
2021 年 2 月 9 日	中国银行间市场交易商协会	《创新推出碳中和债,助力实现 30·60 目标》	在绿色债务融资工具项下创新推出碳中和债
2021 年 3 月 30 日	生态环境部	《碳排放权交易管理暂行条例（草案修改稿）》	提出国家建立碳排放交易基金,完善碳排放配额分配的规定
2021 年 4 月 21 日	中国人民银行、发展改革委、证监会	《绿色债券支持项目目录（2021 年版）》	绿色项目界定标准更加科学准确、债券发行管理模式更加优化、为我国绿色债券发展提供了稳定框架和灵活空间

资料来源：相关政府网站、中原银行。

根据德意志银行的预测,中国绿色金融市场规模或将在 2060 年增至 100 万亿元。预计 2030 年前,中国碳减排需每年投入 2.2 万亿元;2030～2060 年,需每年投入 3.9 万亿元,如此大规模的资金需求,需要政府引导更多社会资本共同参与碳减排事业。中国对绿色金融的支持,提升了国际机构对中国绿色金融市场发展的信心。

3. 碳交易市场发展带来全新的中收机会

碳交易是指对温室气体排放权的交易,碳达峰、碳中和目标下,二氧化碳等温室气体排放权就成了一种稀缺资源,具备商品属性。2011 年,国家发改委办公厅发布《国家发展改革委办公厅关于开展碳排放权交易试点工作的通知》，指导开展碳排放权交易试点。2020年底，中国形成八个地区^①，以发电、石化、化工、建材、钢铁、有色金属、造纸和国内民用航空等八大高耗能行业为主，商业银行、企业、第三方碳排放资产管理机构、碳排放交易所共同参与的碳排放交易体系。

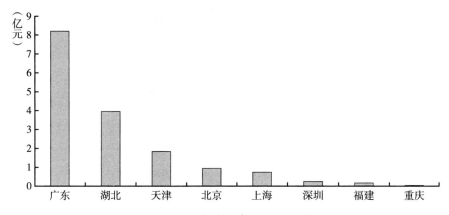

图10　2020年地方碳交易所交易额

资料来源：Wind、中原银行。

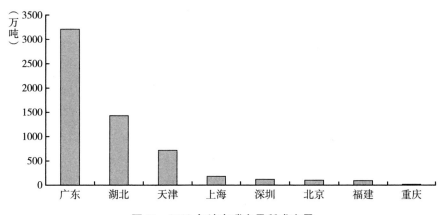

图11　2020年地方碳交易所成交量

资料来源：Wind、中原银行。

---

①　2011年试点地区为湖北、广州、北京、上海、天津、重庆及深圳，2016年新增福建省。

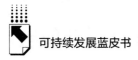

对于商业银行来说，开展碳金融服务是大势所趋，可以发挥三种重要作用。第一，金融基础设施服务，商业银行提供碳交易过程中交易结算、资金清算和托管等业务。第二，促进资金流向节能减排企业，通过对碳排放权抵（质）押贷款、发行和承销碳中和债等金融工具，为节能减排企业提供资金支持，增加碳交易市场的流动性。第三，商业银行为碳排放企业提供交易咨询、代客理财、碳期权期货等金融服务，丰富碳交易市场金融产品，帮助市场形成对碳信用资产的中长期价格预期。

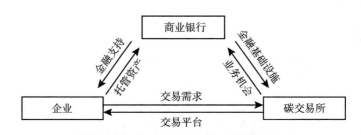

图12　碳交易市场主体关系

资料来源：中原银行。

（二）碳中和为商业银行带来的挑战

1. 经济增长范式的改变

碳达峰、碳中和目标将促进国民经济产业结构全面升级，是一场广泛而深刻的经济社会变革，倒逼中国企业寻求高质量发展之路。商业银行在中国绿色经济转型升级过程中，信贷支持方向的选择，考验银行业务发展能力。

碳达峰、碳中和倒逼中国经济增长方式从资源驱动转型到科技驱动，科研能力的强弱将决定企业迎来机遇还是面临淘汰。从碳达峰到碳中和，中国承诺在30年的时间内完成，是欧洲主要国家碳中和时间的一半，可谓时间紧、任务重。中国仍然是发展中国家，要实现"两个一百年"奋斗目标，并且一次能源消费中高碳能源比例要稳步下降，碳排放强度要达到目前的1/4水平，需要大幅度提高能源利用效率，只能走科技创新之路。

碳达峰、碳中和目标下中国将进入以绿色可再生能源为主要能源结构的新型经济发展方式，低效高耗能行业或企业将面临更多限制，倒逼高耗能行业或企业技术进步。

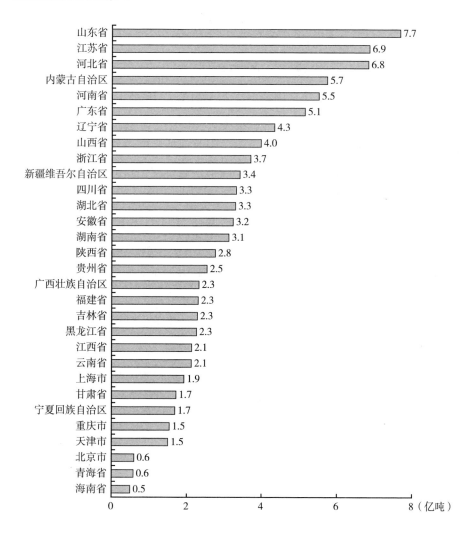

图13 中国分省份的二氧化碳排放情况

资料来源：CEADs、中原银行。根据中国碳核算数据库（China Emission Accounts and Datasets，CEADs），不同地区的二氧化碳排放数据最新到2017年。

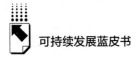

2.区域经济发展不平衡风险

绿色转型过程中，碳排放高的省份将面临更大的碳减排和绿色转型压力，分省份看，山东省碳排放总量最大，占全国碳排放总量的7.7%。河南省碳排放总量位列全国第五，占全国碳排放总量的5.5%，仅次于山东、江苏、河北和内蒙古（见图13）。

绿色转型过程中，区域经济面临新的发展不平衡风险。在某些高碳产业密集的地区（如山西、陕西、内蒙古等），绿色转型使得行业中技术水平落后的尾部企业加速出清，有去产能的效果。中国改革开放是从东南沿海城市开始的，区域经济发展不平衡问题突出。中西部地区经济发展落后于东部区域，高耗能高排放行业占经济比重高，面临企业自主创新能力不强和绿色可持续发展体制机制不健全等诸多挑战。

3.绿色转型带来银行资产价值变化的风险

2021年4月15日，"绿色金融和气候政策"高级别研讨会上，中国人民银行行长易纲指出，在风险管理层面，商业银行需要密切关注化石燃料相关的转型风险。中国能源消费结构中，八成是化石燃料，主要是煤炭，据估测，到2060年，化石燃料占比将不足20%。中国商业银行持有一些高碳资产，绿色转型带来的资产价值变化风险等问题值得关注。

中国实现碳达峰、碳中和，时间短，曲线陡，从碳达峰到碳中和用时只有欧美发达国家的一半，中国银行业金融机构面临严峻的资产重估风险，随着世界主要国家落实《巴黎协定》，与气候相关风险资产价值重估的压力会越来越大，有研究机构表示，未来商业银行煤电项目不良率将上升至20%。

三 商业银行的可持续经营策略

向碳中和转型过程中，煤炭、石油石化、钢铁、水泥、铜铝等制造业会面临环保投入加大和生产线环保不达标被关闭的风险，可能导致企业成本上升、利润下降；对商业银行来说，这些风险体现为贷款违约率上升。商业银行应从自身利益角度做长远谋划，避免战略性失误。

（一）转型路径

1. 战略愿景

商业银行要适应碳达峰、碳中和趋势，加强绿色金融布局，增强绿色金融业务发展能力。一方面，通过对绿色低碳产业支持，助力企业客户实现碳达峰、碳中和；另一方面，加强自身运营碳排放管理，减少业务运营过程中的温室气体排放，实现自身运营碳达峰、碳中和（见图14）。

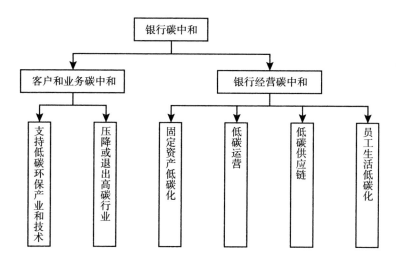

图14 商业银行碳中和的战略愿景

资料来源：中原银行。

2. 遵循的原则

第一，可持续发展原则。商业银行需要以可持续投资回报率为经营目标，不能单纯追求某一时期高回报率，通过支持企业客户绿色转型，从而实现银行的绿色可持续发展。

第二，责任原则。商业银行业务与履行社会责任相结合，助力企业客户实现碳达峰、碳中和，实现自身业务运营层面碳中和，是落实中国自主贡献目标的内在要求。

第三，兼容并包原则。充分借鉴国内外绿色金融准则，照顾到世界不同

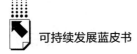

地区的标准，根据不同国家或地区经济产业特征以及发展阶段，动态调整绿色金融标准。

第四，透明原则。加强绿色相关信息披露，引导绿色理念意识培育。

3. 实施步骤

商业银行实施碳中和战略的步骤，不仅要与自身业务发展阶段相适应，也要融入国家新发展格局。碳中和转型可分为三个阶段。

第一阶段（2021～2025 年）。本阶段需要确立银行的碳中和战略，从运营体系和产品体系入手，构建银行绿色金融发展的路线图和时间表，制定总行层面的碳达峰、碳中和，将绿色金融发展和碳中和战略目标纳入银行的发展规划。

第二阶段（2026～2030 年）。本阶段银行有了成熟的碳中和战略体系，绿色低碳发展理念融入商业银行运营体系，能够为客户提供完善的绿色金融综合服务方案。

第三阶段（2031～2060 年）。本阶段碳排放达峰后稳中有降，中国经济社会广泛形成绿色生产生活方式，实现 2035 年远景目标，并在 2036～2060 年逐步实现碳中和。商业银行研发出适用于自身业务运营的评估环境风险的数据分析体系和方法论，并实现碳中和数字化，中国银行业的碳中和体系与标准可以引领世界潮流。

（二）运营体系

为适应实现碳达峰、碳中和的政策部署要求，基于监管部门政策支持与引导，商业银行应从组织架构、政策体系、流程管理、风险管理、能力建设、信息披露等六大方面入手，全方位打造碳中和运营体系（见图 15）。

1. 组织架构

建立是"双碳"战略委员会—碳中和管理办公室—碳中和专业团队三级碳中和组织架构。由双碳战略委员会负责确定碳达峰、碳中和银行业务发展战略，碳中和管理办公室统筹管理和推动全行碳中和金融业务发展，碳中和业务团队负责标准制定、风险核查、产品设计等。

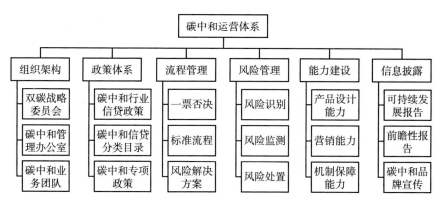

图 15　碳中和运营体系

资料来源：中原银行。

2. 政策体系

依托行业信贷政策平台，将"绿色"和"棕色"的资产加以区分，控制"棕色"资产增长，完善重点领域绿色信贷专项信贷政策，指导银行在助力实现碳达峰、碳中和目标上做好金融服务工作。

3. 流程管理

碳排放不达标项目采用"一票否决制"，从尽职调查、合规审查、授信审批、合同管理、资金拨付管理、贷后管理等方面，实现对绿色金融业务和风险的全流程管理。

4. 风险管理

建立绿色信贷风险监测机制，控制绿色金融项目的杠杆率水平，确保绿色信贷不良率不高于各项贷款不良率平均水平。

5. 能力建设

商业银行碳中和能力建设，包括碳中和产品设计能力、营销能力、机制保障能力建设。

碳中和产品设计能力方面，将产品划分为资产类产品、负债类产品、中间业务产品和支付结算产品，通过产品组合形成产品集，满足客户绿色低碳可持续发展的多元化金融需求。

营销能力方面，为支持碳达峰、碳中和目标，运用市场化手段引导鼓励

305

社会资本支持低碳转型，营销团队需要密切关注重点客户碳中和募投项目资金需求，分行业和企业维度建立碳中和白名单机制。

机制保障能力建设，注重对银行管理层和员工碳中和知识培训，增强他们抓好绿色低碳业务发展的本领。银行研究部门编制绿色信贷培训教材、举办培训，为业务部门输送碳中和金融发展相关知识。

6. 信息披露

以《可持续发展报告》来替代《企业社会责任报告》。利用国际国内各种交流平台，推广银行的碳中和金融理念，打造自身碳中和品牌。

（三）产品体系

1. 零售类碳中和产品

零售领域的产品和服务方面，国外商业银行创新了不少绿色金融业务产品和模式，多个国家推出了针对节能办公、家居等的绿色建筑信贷（见表6）。

表6 零售银行及绿色金融产品

模式	银行	产品内容
住房抵押模式	帝国商业银行、加拿大蒙特利尔银行	对购买节能住房或装修改造给予10%抵押贷款，保险费退还，并将分期付款年限延长至35年
建筑贷款模式	新能源银行	绿色建筑项目提供10BP左右的利率优惠
汽车贷模式	澳大利亚MECU银行	汽车贷款费率与购车者植树挂钩
	加拿大Van City银行	对低排放车型提供优惠贷款
	温哥华城市商业银行	混合动力车或电动车提供优惠利率
信用卡模式	美国银行	将信用卡积分兑换绿色商品
	荷兰合作银行	发放气候信用卡，根据持卡人购买产品或服务节能程度，向世界自然基金捐款
	英国巴克莱银行	信用卡一半以上利润用于碳减排项目，对持卡人购买绿色产品或服务提供优惠费率

资料来源：中原银行。

2. 公司类碳中和金融产品

商业银行公司类碳中和业务包括碳中和项目融资、信贷担保、证券化、技术租赁、碳商品和产品服务、碳交易、风险资本和私募股权以及各类指数（见表7）。

表7　公司类碳中和金融产品

模式	银行	产品内容
项目融资模式	巴克莱银行、渣打银行、巴黎银行	对清洁能源项目长期投资,建立清洁能源信贷监管体系
私募股权	美洲银行、花旗银行	投资太阳能、风能等可再生能源股权,侧重于生态多样性保护的股权投资
各类指数	摩根大通、荷兰银行	环保类部门生态产品指数
碳交易	花旗银行、摩根大通、汇丰银行、富国银行、巴克莱银行	开发碳排放权信贷产品,碳排放权抵押贷款

资料来源：中原银行。

3. 资产管理类碳中和产品

资产管理部门提供的碳中和产品包括投资基金、碳基金和巨灾债券基金等，以基金的形式为主（见表8）。

表8　资产管理类碳中和产品

模式	银行	产品内容
财政绿色基金	ASN 银行、荷兰银行、Triodos 银行、荷兰邮储银行	通过购买荷兰绿色基金股票,客户可以获得所得税优惠
基金	瑞士银行	瑞士银行生态股票型基金80%配置资产到生态领域,重点关注清洁能源市场
巨灾债券基金	瑞士瑞信银行	提供与气候相关的自然灾害巨灾债券基金,满足市场对冲气候风险投资需求

资料来源：中原银行。

参考文献

陈冲、王军：《碳达峰、碳中和背景下商业银行的转型策略》，《银行家》2021 年第

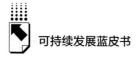

6 期。

陈雨露：《推动绿色金融标准体系建设》，《中国金融》2018 年第 20 期。

郭新双：《大力发展绿色金融，助力实现碳中和目标》，《清华金融评论》2021 年第 1 期。

林伯强、李江龙：《环境治理约束下的中国能源结构转变——基于煤炭和二氧化碳峰值的分析》，《中国社会科学》2015 年第 9 期。

林伯强、吴微：《全球能源效率的演变与启示——基于全球投入产出数据的 SDA 分解与实证研究》，《经济学（季刊）》2020 年第 2 期。

刘坚东：《银行服务绿色低碳发展探索》，《中国金融》2021 年第 2 期。

清华大学气候变化与可持续发展研究院：《〈中国长期低碳发展战略与转型路径研究〉综合报告》，《中国人口·资源与环境》2020 年第 11 期。

钱立华、方琦、鲁政委：《碳中和对银行意味着什么?》，《中国银行业》2020 年第 12 期。

钱立华、方琦、鲁政委：《碳中和与绿色金融市场发展》，《武汉金融》2021 年第 3 期。

马骏：《推动金融机构开展环境风险分析》，《清华金融评论》2020 年第 9 期。

马骏、谢孟哲：《支持"一带一路"低碳发展的绿色金融路线图》，《金融论坛》2020 年第 7 期。

马骏：《碳中和目标下绿色金融面临的机遇和挑战》，《金融市场研究》2021 年第 2 期。

邵帅、张曦、赵兴荣：《中国制造业碳排放的经验分解与达峰路径——广义迪氏指数分解和动态情景分析》，《中国工业经济》2017 年第 3 期。

吴显亭：《碳中和目标与绿色金融发展》，《中国金融》2021 年第 1 期。

王文：《全球低碳经济战，中国须布局》，《中国银行保险报》2021 年 4 月 12 日。

王文、刘锦涛：《"碳中和"逻辑下的中国绿色金融发展：现状与未来》，《当代金融研究》2021 年第 1 期。

王文：《中国金融业如何实现绿色升级?》，《财经界》2021 年第 10 期。

翁智雄、葛察忠、段显明、龙凤：《国内外绿色金融产品对比研究》，《中国人口·资源与环境》2015 年第 6 期。

徐斌、陈宇芳、沈小波：《清洁能源发展、二氧化碳减排与区域经济增长》，《经济研究》2019 年第 7 期。

严成樑、李涛、兰伟：《金融发展、创新与二氧化碳排放》，《金融研究》2016 年第 1 期。

闫海洲、陈百助：《气候变化、环境规制与公司碳排放信息披露的价值》，《金融研究》2017 年第 6 期。

余壮雄、陈婕、董洁妙：《通往低碳经济之路：产业规划的视角》，《经济研究》

2020 年第 5 期。

中国工商银行绿色金融课题组、周月秋、殷红、马素红、杨荇、韦巍、邱牧远、冯乾、张静文：《商业银行构建绿色金融战略体系研究》，《金融论坛》2017 年第 1 期。

中国工商银行绿色金融课题组、张红力、周月秋、殷红、马素红、杨荇、邱牧远、张静文：《ESG 绿色评级及绿色指数研究》，《金融论坛》2017 年第 9 期。

中国银保监会政策研究局课题组、洪卫：《绿色金融理论与实践研究》，《金融监管研究》2021 年第 4 期。

曾鸣：《打好实现碳达峰碳中和这场硬仗》，《人民日报》2021 年 7 月 28 日。

张伟、朱启贵、高辉：《产业结构升级、能源结构优化与产业体系低碳化发展》，《经济研究》2016 年第 12 期。

周轩千：《银行业引领绿色金融体系建设》，《上海金融报》2017 年 2 月 24 日。

周月秋：《绿色金融创新实践的突破》，《中国金融》2017 年第 13 期。

张明、张支南：《实现金融发展与防范风险的平衡》，《中国金融》2020 年第 24 期。

Hao Y. , Liao H. , et al. , China's fiscal decentralization and environmental quality：theory and an empirical study ［J］. Environment and Development Economics，2020，25（2）：159 - 181.

Joeri，R. , et al. , Net-zero emissions targets are vague：three ways to fix ［J］. Nature，2021，591（7850）.

Kang，M. , et al. , Reducing methane emissions from abandoned oil and gas wells：Strategies and costs ［J］. Energy Policy，2019，132.

Millot，A. , et al. , Guiding the future energy transition to net-zero emissions：Lessons from exploring the differences between France and Sweden ［J］. Energy Policy，2020，139.

Surinder P. , et al. , Large-Scale Affordable CO_2 Capture Is Possible by 2030 ［J］. Joule，2019，3（9）.

YChi，Liu Z. , et al. , Provincial CO_2 Emission Measurement and Analysis of the Construction Industry under China's Carbon Neutrality Target ［J］. Sustainability，2021，13（4）：1876.

城市案例篇

Urban Cases

B.12
河池：坚定不移走绿色发展之路

王 军*

摘　要：　广西河池市是后发展欠发达地区，有色金属等传统支柱产业
　　　　　在日益趋紧的能耗指标约束下，遇到发展瓶颈。河池市委、
　　　　　市政府深刻认识到，河池发展慢了不行，但是光讲发展速度
　　　　　更不行。河池市坚定不移地走绿色发展之路，依托当地丰富
　　　　　的自然资源优势，大力推动产业向绿色转型，积极探索生态
　　　　　产品价值实现机制，推动"绿水青山"和"金山银山"的高
　　　　　质量转化，守住河池绿水青山，努力为后发展欠发达地区高
　　　　　质量发展提供"河池样板"。

关键词：　后发展　欠发达　转型升级　绿色发展

* 王军，广西壮族自治区河池市委副书记，市人民政府党组书记、市长。

广西河池市作为西部陆海新通道的重要节点城市，集资源富集区、革命老区、少数民族聚居区、重要生态屏障功能区于一体。近年来，河池市委、市政府深入贯彻落实习近平生态文明思想和习近平总书记视察广西时提出"广西生态优势金不换"等系列重要讲话精神，牢固树立绿水青山就是金山银山的理念，坚持在保护中发展、在发展中保护，协调推进生态环境保护与经济社会发展。全市森林覆盖率达 71.32%，市中心城区空气质量优良率保持在 97% 以上；饮用水水源地、河流断面、重要江河湖泊水功能区水质达标率保持 100%。优良的空气质量、优质的水资源条件、优越的生态环境成为河池高质量发展最大的"本钱"和最可靠的"金饭碗"。

奋进新时代，迈上新征程。河池市委、市政府完整、准确、全面贯彻新发展理念，充分利用碳达峰、碳中和的历史机遇，把生态文明建设融入经济社会发展全过程，促进产业生态化和生态产业化协同发展，构建生态产品价值实现机制，推动绿色发展方式和生活方式，坚定不移地走生产发展、生活富裕、生态良好的绿色发展道路。

一　求变：凝聚绿色发展共识

河池市地处滇桂黔石漠化集中连片区域，是典型的喀斯特地貌地区，也就是人们常说的大石山区。裸露石山面积近 40%，使这里成为广西石漠化最严重的地区之一。河池经济发展基础差、底子薄，GDP 长期在广西排名靠后，增长速度相对较慢。这是河池的实际情况。另外，河池又拥有得天独厚的生态资源优势，自然山水神奇秀丽，气候清爽宜人，是中国首个地级世界长寿市，长寿人口比例位列世界长寿之乡首位，长寿百岁老人数量常年超过 900 人，是国际认证标准的 3 倍以上，下辖的巴马瑶族自治县更是世界闻名的长寿之乡。2010 年春节期间，时任国务院总理温家宝到河池视察时，拟了一副对联："山清水秀生态美，人杰地灵气象新"。

在落实碳达峰、碳中和目标背景下，作为后发展欠发达地区，加快发展固然是河池市最迫切的任务，发展慢了不行，但是光讲发展速度更不行。如果还习惯于"穿新鞋走老路",以资源换增长、以环境换发展,不仅将难以实现可持续发展,而且生态环境不允许,老百姓也不允许。河池市委、市政府牢固树立"与其被动倒逼、不如主动求变"的决心信心,坚定不移地把绿色发展作为兴市、强市之路,坚决将碳达峰、碳中和纳入经济社会发展和生态文明建设整体布局,构建绿色低碳循环发展的经济体系,推进生态环境质量改善由量变到质变,实现在保护生态中发展经济、在发展经济中保护生态,充分释放绿水青山的经济活力。同时,以绿色发展理念引领生活方式转变,持续开展生态文明示范创建,大力推进乡村生态建设行动,倡导绿色低碳生活,促进全社会牢固树立社会主义生态文明观念,不断增强人民群众生态环境获得感、幸福感、安全感。

二 路径:实现产业绿色转型

推动绿色发展,产业是基础,是根本,是关键。河池市依托自然资源禀赋,坚决调整经济结构、优化产业布局、推动全产业链优化升级,做好产业发展"传统、新兴、特色"三篇文章,构建以产业生态化和生态产业化为主体的生态经济体系。

1. 着力推动传统产业转型升级

聚焦有色金属、茧丝绸等优势产业,加大强龙头补链条聚集群的力度,推动全产业链优化升级,打造两大千亿元产业集群。①有色金属产业。河池是中国有色金属之乡,有色金属矿产资源保有储量(金属量)994万吨,有色金属产业产值约占规模以上工业总产值的35%。为推动有色金属产业转型升级,河池市果断关停和淘汰8家企业"烧结—鼓风炉炼铅"落后工艺设备,推动企业采用新工艺、新技术,实现由初级产品加工向"高精深"转变。在距河池城区东南面40公里的地方投资68亿元(其中基础设施投资37亿元)建设一个全新的工业园区——大任产业园,推动城区周边企业出城入园,全力建设河池生态环保型有色金属产业示范基地。出台重点企业扶持发展政策,推动龙头企业做大做强。南方公司成为河池首家百亿元企业,

2020 年销售收入 187 亿元，上缴税金 4.95 亿元，是国内最大的铅锌生产基地，锌产量位居全国首位。目前，河池市有色金属企业 27 家，基本形成以南丹、金城江、环江等三个集聚区为支撑点的有色金属产业集群。河池还充分利用有色金属作为国民经济中重要的战略原材料，广泛应用于国防军工事业、航空、智能制造、人工智能、新能源汽车、高铁等高精尖领域的资源优势，谋划建设金属新材料国家级军民融合产业试验区，积极推进锑、锡、铟、锗、钨等国家战略金属新材料精深加工，实现上下游企业的协同创新和技术升级，降低单位 GDP 能耗，突破能耗对产业发展的制约，建设全球最大的铅锌生产基地。②桑蚕茧丝绸产业。河池桑园总面积 93 万亩，鲜茧产量 13.98 万吨，已连续 16 年稳居全国设区市首位，在业内已达成"世界桑蚕看中国，中国桑蚕看广西，广西桑蚕看河池"的共识。河池市充分利用"东绸西移"的有利契机，加快推进中国丝绸新都各项配套建设，规划实施茧丝绸纺织工业园区，注重延伸产业链条，争取在印染技术上实现突破，加快形成集桑蚕种养、缫丝生产、丝绸加工、真丝服装、丝绸家纺为一体的全产业链，探索蚕桑资源综合利用，已引进生物质发电、从桑杆里面提取天然降糖药"桑枝生物碱"等项目，创新推行"丝绸＋文创""丝绸＋文旅""丝绸＋品牌"等模式，推动茧丝绸传统产业优化升级，打造国内具有重要影响力的茧丝绸产业集群地。

2. 着力发展战略新兴产业

围绕科技创新驱动战略，狠抓关键技术攻关，以十年磨一剑的决心，发展壮大以生物育种为代表的生命科学和生物技术产业、以机器视觉为代表的人工智能制造产业、新能源及一体化综合智慧能源产业，不断培育新的经济增长点。①生命科学和生物技术产业。以巴马为基地，通过与深圳基因所合作，聚焦眼角膜、胰岛两个器官移植，推动巴马香猪器官移植向灵长类动物延伸，做好基因编制工作和动物伦理实验。培育发展基因产业；利用世界长寿之乡的概念，加快细胞产业的发展，目前已有 1 家细胞产业公司进驻落地；加快实施亚热带水果育种中心、农业蔬菜育种土培中心、淡水养殖中心等项目建设，积极发展生物育种产业。②人工智能制造产业。争取把一些人工智能半成品引入河池进行组装加工，扩大市场范围，加快培育人工智能制造产业。③新能源及一体化综合智慧能源产业。积极响应国家发展新能源的号召，引进中国华电、中国华能等能源企业，在环江、南丹、天峨、大化等县（区）布局开发风光水储氢等新型能源。目前河池新能源产业在广西已经走在前列。

3. 着力做大做强做优特色产业

依托纯净水源、清洁空气、适宜气候等自然条件，积极发展长寿食品、酿酒、优质饮用水、林业产品加工、生物医药、旅游康养等产业。①长寿食品产业。"十三五"时期，河池谋划发展了核桃、油茶、特色水果、香猪、牛羊等10个超过规模100万亩（只）的扶贫主导产业。紧紧围绕农业"十大百万"产业，积极引进一批农副产品深加工企业，提升农产品精深加工水平，形成生产、销售、加工一体化模式。鼓励支持农产品加工业与休闲、旅游、养生养老等产业深度融合，促进农业增效、农民增收。目前，农业"十大百万"产业目标基本实现，产业规模和效益不断提升，带动第一产业增加值增长5.2%，拉动地区生产总值增长0.7个百分点。②酿酒产业。打造广西振兴桂酒示范基地，做大做强高端白酒、野生山（毛）葡萄酒产业。丹泉酒业公司年产酱香型白酒1.5万吨，储藏酱香型白酒5.7万吨，产储量居全国第三，是广西最大的优质白酒生产基地，2020年，公司实现销售收入超过10亿元。劲牌集团在罗城县投资建设的天龙泉酒业公司，已形成年产白酒5万吨、黄酒3万吨、营养酒1万吨的产能。③优质饮用水产业。以地域品牌"健康长寿"为向导，以行业整合提升为依托，以创新营销驱动为重点，开发系列适销饮用水产品，形成一批具有较强竞争优势的国内知名品牌大型饮用水企业集团，打造具有较强竞争力的"中国健康长寿饮用水基地"。目前河池优质饮用水的年产能达700多万吨，实现产值10亿元。④林农产品加工产业。按照集群化、品牌化、高端化发展思路，发展林药、林菌、林畜等林下经济，建设市级林业产业园区，打造林板、家具、林化一体化产业体系。⑤生物医药产业。依托丰富的中草药资源优势，大力发展特色中药民族药、化学药产业，大力建设国家基本药物及重大疾病原料药基地、中药、壮瑶药种子资源库和资源圃、壮瑶药药效物质馏分库、中药以及壮瑶药单体和中间体的研究生产基地。⑥旅游康养产业。河池是百色起义策源地、红七军的故乡，是世界长寿之乡、世界铜鼓之乡、著名水电之乡、刘三姐家乡，是中国首个地级世界长寿市，大健康产业优势明显，国家级论坛——中国—东盟传统医药健康旅游国际论坛（巴马论坛）永久落户河池巴马。依托特有的文、旅、康、寿、生态资源，加快"一地一区两带"建设（"一地"即巴马国际长寿养生旅游胜地，"一区"即刘三姐民族风情旅游区，"两带"即百里龙江民族文化生态旅游带、红水河滨水旅游观光休闲养生带），促进全域旅游与大健康产业融合发展。目前，河池市共建成4A级景区28家、3A级景区24家。

三　改革：健全生态产品价值实现机制

生态产品价值实现是一场深刻的社会变革，也是一次全新的实践探索。河池市委、市政府以东西部协作深圳对口帮扶河池为契机，围绕生态价值补偿的标准确定、分配机制、资金来源、受益范围等方面先行先试，通过完善健全生态价值补偿体系，大力推进生态产品供需精准对接，多渠道拓展生态产品价值实现方式，探索创新提供"河池样板"。

1. 加强绿色金融改革

探索出台财政贴息及奖补政策，加大绿色金融对实体经济的服务力度。支持企业和个人依法开展水权、林权等使用权抵押、产品订单抵押等绿色信贷业务，积极探索"生态资产权益抵押＋项目贷"模式，促进生态环境改善和绿色产业发展。针对周边生态环境系统整治、乡村休闲旅游开发等方面，支持金融机构积极创新金融产品，以收储、托管等形式进行融资。支持银行机构按照市场化和法治化原则，积极创新金融产品，提高服务水平，加强对生态产品经营开发者中长期贷款支持，有效提升金融服务质效。支持政府性融资担保机构为有关生态产品经营开发者提供融资担保服务。

2. 推动生态产品确权评估

完善自然资源确权登记制度，有序推进统一确权登记，科学界定自然资源资产产权主体。积极拓展自然资源资产使用权类型，清晰界定出让、转让、出租、抵押、入股等权责归属。首先开展以生态产品实物量为重点的生态价值核算，采取市场交易和经济补偿等手段，探索生态产品价值核算规范，确定生态产品价值核算指标体系、计算方法、资料来源、统计口径等，大力推动生态产品价值核算标准化。

3. 推进生态产品权益交易

通过建设生态产品交易中心、定期举办推介博览会、组织开展线上云交易、云招商等方式，大力推进供需方、资源方与投资方有效对接。规范平台管理，借助电商平台、渠道优势，积极推进以便捷的渠道和方式开展优质生态产品交易。通过政府管控或设定限额，积极探索绿化增量责任指标交易、清水增量责任指标交易等方式，依法依规推动森林覆盖率等资源权益指标交易。利用碳中和、碳达峰机遇，加快完善碳排放权交易机制，积极探索碳汇权益交易试点，大力推动存量碳排放指标交易，把生态优势转化成经济优势。

四 保障：守住河池绿水青山

保护生态环境就是保护发展，维持生态环境就是促进发展，坚守生态环境底线思维，才能有纵深发展。河池市委、市政府围绕打赢打好污染防治攻坚战，着力补齐生态环境发展短板，促进生态环境持续改善，做到不欠新账、多还旧账。全市空气质量、水质量、森林覆盖率位居广西前列，城镇生活污水集中处理率达93.6%，垃圾无害化处理率达97.8%。河池市委、市政府坚定扛牢抓实生态环境保护政治责任，实行最严格的生态环境保护制度，建立健全科学高效的现代环境治理体系，呵护好河池的青山绿水，给子孙后代留下蓝天白云。

1. 深入打好污染防治攻坚战

大力推进大气环境综合治理，巩固提升市中心城区空气质量优良率。深入推行河（湖）长制，争取全国"十市十县"正向激励；加强重点流域环境治理、地下水污染防治，确保中心城区和县城饮用水源地水质达标率100%，主要流域水质优良率100%。抓好土壤污染防治工作，确保受污染耕地和污染地块安全利用率达到国家和自治区考核要求。配合新一轮生态环境保护督察，持续抓好反馈问题整改。着力实施全域生态系统保护，积极创建国家生态文明示范市（县）。大力推动森林、湿地生态系统保护修复和野生动植物保护等工作，积极强化自然保护地监督管理。

2. 加快补齐环境基础设施短板

围绕建设绿色低碳城市，加快宜州新区新型智慧城市建设，推动金城江、宜州老城区更新改造，全面补齐县城公共服务设施、环境基础设施、市政公用设施、产业配套设施短板弱项，重点推进实施安全供水、污水治理、垃圾治理、黑臭水体整治、智慧建设等项目，全面改善城镇人居环境。全面推进生活垃圾分类，加快建设生活垃圾焚烧处理设施，完善医疗废弃物和危险废弃物处置设施，实现污染物"全收集、全处理"。结合实施乡村振兴战略，大力开展乡村建设行动，扎实推进县乡污水处理设施建设，农村"改水、改厕、改厨"以及垃圾专项治理，健全城镇生活污水、垃圾收集体系，进一步提高城镇生活污水集中处理率和垃圾无害化处理。

3. 严厉打击环境违法问题

坚持铁腕治污，以"零容忍"的态度依法惩处污染环境、破坏生态的行为，始终保持打击环境违法行为高压态势。制定实施环境执法正面清单制度，通过无人机巡查、在线监控等方式开展非现场检查，开展集中式饮用水水源地环境保护、环境隐患大排查大整治、砖瓦窑烟气治理、清废打假促达标执法、江河湖库两岸工矿企业入河排污口水污染专项整治等多项执法检查，对环境违法行为形成强大震慑。

4. 健全生态环境保护长效机制

压紧压实生态环境保护"党政同责、一岗双责"，推动各级各部门切实履行生态环境保护主体责任和监管职责，做到守土有责、守土担责、守土尽责。健全投入机制，加大生态环境保护投入，建立健全稳定的财政资金投入机制，在争取上级资金支持的同时，加大市级财政投入，大力发展绿色金

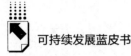

融，撬动更多金融资金和社会资本参与生态环境保护项目建设。严格执行环保准入，认真落实建设项目环境影响评价制度和"三同时"制度，禁止审批不符合国家产业政策和环保要求的项目，未配套建设环保设施、未通过环保验收的项目坚决不开工，依法依规查处未批先建等违法项目和行为。

环境就是民生，青山就是美丽，蓝天也是幸福。在新时代开启的新征程上，河池市始终以习近平新时代中国特色社会主义思想为指引，坚决贯彻落实习近平生态文明思想，像保护眼睛一样保护生态环境，像对待生命一样对待生态环境，坚持生态优先、绿色发展，推进生态产业化、产业生态化，走符合河池实际、彰显河池特点的产业优、百姓富、生态美、人民群众幸福感高的绿色发展道路。

参考文献

柴新：《我国将建立健全生态产品价值实现机制》，《中国财经报》2021 年 4 月29 日。

李苑：《建立健全生态产品价值实现体制》，《上海证券报》2021 年 4 月 27 日。

中办、国办：《建立健全生态产品价值实现机制》，《中国有色金属》2021 年 5 月16 日。

周之翔：《大生态战略蓝皮书》，《学术论文联合比对库》2019 年 4 月 30 日。

B.13
成都公园城市：探索城市
可持续发展新形态

孙颖妮*

摘　要： 从2018年公园城市概念首次在天府新区提出后，成都就开启了公园城市建设的系列探索和实践，涉及生态、生产、生活、文化、社会等各个方面。四年以来，成都围绕打造人城境业高度和谐统一的大美城市目标，坚持从"产—城—人"到"人—城—产"转变的发展理念，不断开拓创新，在推进城市可持续发展方面取得了诸多经验，尤其是在构建城市生态本底、探索生态价值创造性转化以及推进社区治理现代化等方面，成都的诸多创新经验做法值得全国其他城市学习借鉴。

关键词： 成都　可持续发展　绿色生态　价值转换

成都是公园城市的首提地，2018年2月，习近平总书记在四川成都考察时，首次提出了建设公园城市的理念，并特别指出"要突出公园城市特点，把生态价值考虑进去"。

2020年1月，成都有了新的定位，中央财经委第六次会议上提出支持成都建设践行新发展理念的公园城市示范区，从国家战略层面赋予了成都新的历史使命。

---

* 孙颖妮，《财经》区域经济与产业研究院研究员，新闻学学士，研究方向为宏观经济、区域经济。

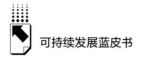

从公园城市首提地到"建设践行新发展理念的公园城市示范区"，成都公园城市被寄予探索以新发展理念引领城市可持续发展、努力给世界城市可持续发展提供中国智慧和中国方案的时代使命。

改革开放40多年来，中国走过了世界历史上速度最快、规模最大的城镇化进程，但是城市也出现了环境污染严重、资源过度消耗、交通拥挤、人地矛盾加剧等各类问题，城市可持续发展受到考验。如今，中国城市化面临着深度转型，从重规模、速度到重质量转变，从重生产到同时重生产生活转变。

所以，公园城市的提出是中国城市化转型升级的必然趋势，也是美丽中国背景下经济社会环境发展的必然需求。中央支持成都建设"践行新发展理念的公园城市示范区"，希望成都以新发展理念引领城市可持续发展，为全国乃至世界提供成都样本。

之所以选择成都肩负起探索以新发展理念引领城市可持续发展的重任，是因为成都本身有很多优势。在自然生态环境方面，成都地貌复杂，具备生态系统多样性、生物多样性、景观多样性等优势。基于这些生态基础条件，成都公园城市建设可以呈现丰富多样的形态。从社会经济条件来看，成都具有较强的物质基础和经济实力，虽然处于西部，但是成都经济实力和消费实力长期都保持全国前茅，2020年，全市地区生产总值达17716.7亿元，名列全国城市第7位，中西部第2名。此外，近年来，成都在生态环境建设、创新能力、对外开放、招商引资等各方面都取得了巨大成绩，在全国发展战略中的地位不断提升。与此同时，成都一直以来都在积极寻找可持续的城市发展路径①。

作为"首提地"和"示范区"，过去几年中，成都开展了一系列的探索和实践，从生态到业态、从生产方式到生活方式，从空间建造到场景营造，成都的公园城市建设正在形成一份独特的方案。

---

① 陈国阶：《建设公园城市　是成都的战略选择》，《先锋》2018年第4期，第19页。

一　以绿色铺就城市生态本底

绿色生态是幸福城市的本底，也是成都建设公园城市示范区的一大关键。近年来，成都全面提高生态容量，实施多项重大项目，加速全域增绿增景，让绿色生态生活成为成都特质。

（一）全域增绿实现出门即是公园

近年来，成都持续深入推进全域增绿增景行动，构建公园城市可持续发展的生态本底。加快建设天府绿道重大生态工程，构建五级城市绿化体系，打造"青山绿道蓝网"城市生态格局和"一心两翼三轴多中心"城市空间格局，实施"五绿润城"城市人居环境提升行动。目前，成都已基本实现"出门即是公园"的城市治理目标。

成都正在建设全球最大的城市森林公园——龙泉山城市森林公园，打造城市"绿心"，加快推进国家储备林、"熊猫之窗"等生态项目，截至2021年3月，完成增绿增景11万亩。龙泉山城市森林公园面积规划建设近1300平方公里，相当于两个新加坡的大小，公园承担着涵养城市生态、优化城市空间和引领城市向东延伸发展的使命。

成都的增绿不只是视野上增加绿色，而是要营造一个系统性的巨型绿色空间，因而还要在绿中增加可参与的景区。被称为"城市之眼"的丹景台景区是龙泉山森林公园中一项具有引领性的项目。景区在2020年4月对外开放，如今已经是成都市民游玩打卡的胜地。除了丹景台景区，龙泉山城市森林公园还从北到南打造形成了新希望种子乐园、云顶牧场等多个景区。

成都还在建设全球最长的天府绿道体系，打造城市"绿脉"。这里的绿道不只是一条路，还是连接城市生产、生态、生活的重要纽带，串联起公园城市的各种空间、场景。绿道将实现生态保障、城乡融合、休闲旅游、体育

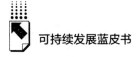

运动、农业景观、文化创意、慢行交通等多种功能①。

此外，成都还建设大熊猫国家公园、打造生态"绿肺"，建设锦城公园、打造超级"绿环"，建设锦江公园、打造精品"绿轴"，在系列增绿行动下，成都的大美形态也在日益彰显。

（二）公园城市建设与生态保护融合

成都始终将生态环境保护作为城市发展战略谋划的重点，并将其与公园城市建设相融合。在建设龙泉山城市森林公园过程中，成都加强保护修复生态工作，划定以"生态核心保护区、生态缓冲区、生态游憩区和生态保护红线、环境质量底线、资源利用上线"为内容的公园"三区三线"，全域多要素地质调查、生态智能监测系统建设、森林植被地图绘制等工作取得多项阶段性成果。

依托公园城市建设，成都积极建立完善管理体制机制，努力推进区域内生态环境修复，深入研究生态保护措施工作。加快构建以国家公园为主体的自然保护地体系，统筹推进生态修复、科研保护和社区发展治理。清理整顿违法违规矿业权、小水电站，整改生态环境问题。

过去几年，成都从规划引领、制度体系、新旧动能转换和能源结构等多方面同时入手，打出一套生态环保组合拳：组建成立新的市生态环境局、市公园城市局、市规划和自然资源局，制定多项有关生态保护的实施意见和改革方案，修订《成都市园林绿化条例》等法规……系列组合拳下来，成都的生态环境总体变好，2020 年全市空气质量优良天数 280 天，优良率76.5%。对比基准年 2015 年，"十三五"时期空气质量优良天数共增加 38天，优良率提高 9.6 个百分点，基本消除重污染天气。

一直以来，成都积极倡导市民践行绿色低碳生活方式。2019 年，成都试点开通个人"碳账户"，鼓励市民践行绿色低碳生活。个人专属的"碳账户"开户后，用户可通过步行、乘坐公交、少用纸张、垃圾分类等绿色低

---

① 成都市公园城市建设管理局：《推进"五绿润城"塑造公园城市大美形态》。

碳行为累计个人的碳减排量。通过这种累计碳减排量的方式，让市民能够意识到自身行动可以为低碳减排做出多少贡献。

成都不断完善中心城区慢行系统，构建"轨道 + 公交 + 慢行"的绿色交通体系，实现城市交通向绿色低碳转变。增加慢行交通资源，构建慢行交通网络体系，例如，增加公交线路，在地铁周边加大摆渡公交运力投放，方便"地铁 + 公交"出行，在公交周边增加共享单车的数量，在景区内设置步行街，增加慢行交通体验。绿色交通出行体系的构建在提升效率的同时，也让居民能够在上班的路上或者回家的路上体验城市美景，感受惬意生活。未来成都还将以幸福美好生活十大工程为抓手，继续丰富"轨道、公交、慢行交通"三网融合，让绿色交通出行体系成为市民的首选和最优选，2035 年实现绿色交通分担比 85%[①]。

二 推动生态价值创造性转化释放发展新动能

无论是天府绿道还是森林公园都是耗资巨大的工程，必须保证生态建设投入的可持续性。成都推进生态价值创造性转化，探索以城市品质价值提升平衡建设投入的"建设模式"和以消费场景营造平衡管护费用的"发展模式"。

（一）"绿道 +"策略营造多元消费场景

成都对生态价值的创造性转化已经成为公园城市建设中一项最突出鲜明的创造，其中，打造多元复合的消费场景是成都实现生态价值转化的重要路径。成都在公园绿道中植入的消费和生活场景，不仅吸引了巨大的人流，还将人与商业进行串联，源源不断的资源在这些场景中流动。这些场景媒介已经成为成都的新经济动能，成为城市可持续发展的重要赋能力量。

---

① 田程晨：《轨道公交慢行三网融合　实现城市交通向绿色低碳转变》，《成都日报》2021 年 7 月 2 日，第 11 版。

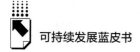

　　成都深入实施"绿道+""公园+""林盘+"策略，持续发布新场景、新产品。在天府绿道建设过程中，依托绿道体系布局培育乡村旅游、创意农业等特色产业，建成"夜游锦江"等数百个特色场景，打造数百个网红打卡点，植入数千个文旅体设施，建成各类科普教育场景。如今天府绿道已经诞生了杏花村、沸腾小镇等多个网红打卡地。

　　成都新都区的天府沸腾小镇通过"绿道+火锅"的创新模式，植入美食娱乐等业态，使得小镇从过去的一块废弃荒地变成了如今火爆线上线下的网红打卡地。在沸腾小镇，游客可以一边吃火锅，一边看美景，一边欣赏音乐演出。

　　成都还抓住大熊猫国家公园建设的机遇，打造多种生态场景，发展旅游等相关产业。策划实施高能级、高显示度的生态呈现工程和文化展示工程，布局龙门山湔江河谷生态旅游区、大熊猫国际旅游度假区等4个文旅产业功能区，营造都江堰市虹口风景区、彭州市太阳湾风景区等"熊猫+旅游""熊猫+文创"的生态旅游场景，以"串珠成链"模式构建国家公园旅游环线。此外，成都坚持产业生态化、生态产业化，鼓励发展中药材等特色生态产业和林下经济，打造"熊猫茶""熊猫山珍"等特色品牌，依托公园绿道常态举办"熊猫+"生态产品展销会，带动国家公园区域绿色发展，共享生态保护红利①。

　　生态价值转化出的经济价值是巨大的，仅以锦城公园为例，该公园是天府绿道体系中的重要项目之一。锦城公园中植入了30个特色园、16个特色小镇、170个林盘院落，实现慢行交通、文化创意、体育运动等八大功能。据业内人士初步估算，锦城公园建成运营后每年生态服务价值量达约269亿元。

　　成都还依托公园绿道体系开展各式各样的活动，生态科普夏令营、消夏美食夜、"公园城市体验消费季"等活动吸引了大量市民的参加。每年约有160多场公园绿道活动在锦城公园举行，主题涉及音乐、文化、科普等各个

---

　　①　成都市公园城市建设管理局：《推进"五绿润城"塑造公园城市大美形态》。

方面。

此外，公园城市建设还与乡村振兴战略相结合起来，促进城乡融合发展。天府绿道与成都乡村的林盘院落相结合，构建出特色鲜明的林盘聚落旅游目的地，成都周边的竹艺村在"绿道＋乡村旅游"的影响下，竹林经济和产业得到更大发展。成都青白江杏花村以前偏重于靠赏花盈利的发展模式，产业链十分单一。在龙泉山城市森林公园建设后，杏花村陆续引入以66号房车主题文化生态度假露营地为代表的一批项目，高规格发展乡村旅游业，如今杏花村的游客越来越多，大幅度带动了该村的就业增长和经济发展。

成都郫都区的战旗村也被规划入公园城市建设当中，该村通过创新集体土地经营模式、构建"农业＋"生态圈，塑造出独特的生态价值转化范式。近年来，战旗村发生了很大的变化，村里打造了一里小吃街等多项网红景点，当地村民还搞起了直播带货，向全国介绍自家的各类特色农产品。现在战旗村已经是明星村，每年有来自全国的人士前来游玩或者调研。

（二）抓住公园城市建设机遇带动生态产业发展

当前生态环保产业迎来高速发展期，成都抓住这一机遇，通过公园城市建设带动生态产业发展。近年来，成都全力打造生态环保产业主阵地，采取系列措施推进环保产业高质量发展：建立环保企业名录库，在绿色信贷、企业税费、用水用电等方面出台多项精准优惠政策支持环保企业发展壮大。加速推进项目建设，对环保产业类项目实施绿色审批通道审批。大力提供支撑服务，支持环保产业项目申报国家（省）生态文明建设、园区环境污染第三方治理等中央、省专项资金补助①。

（三）创新城市运营模式吸引资本助力

无论是消费场景的营造、乡村旅游的发展还是生态产业的发展都离不开

---

① 四川省生态环境厅：《成都市生态环境局加快推进环保产业高质量发展》。

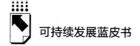

资本的助力。成都创新城市运营模式，坚持"政府主导、企业主体、商业化逻辑"的原则，保证公园城市建设生态投入的可持续，促进城市可持续发展。策划包装优质生态项目开展全球招商，以设施租赁、联合运营、资源参股等多种方式，引导社会资本、专业化运营团队参与建设运营。公园城市建设吸引了大量专业公司进行投资，天府绿道68%的项目社会投资占比在50%以上。2020年，成都通过线上线下结合的方式，举办"花开蓉城·苗绘未来""天府绿道·蓉绘未来"专场发布会，发布会现场发布了多项消费新场景，吸引全国多个省份的诸多企业前来寻求合作机遇，释放投资需求700亿元。

此外，成都采取打造天府国际基金小镇等措施使得资本真正落地，让资本和投资人投资成都、留在成都，与成都共生长。基金小镇位于成都天府新区，小镇营造了浓厚的商业氛围和活跃的投资环境，通过吸引资本、投资未来，小镇在助力公园城市建设中发挥着独特的作用。截至2021年6月，小镇已经入驻了10余家国内外知名风险投资机构。

三 "人—城—产"逻辑营城聚人

相比于贸易城市、产业城市等名称，公园城市的名称更多了一些人文意味。如果说早期城市建设中强调经济实力增强、物质品质提升，如今成都的公园城市建设则转向了幸福宜居、回归人本的视角。

成都围绕建成人城境业高度和谐统一的大美公园城市形态而努力，强调"产—城—人"到"人—城—产"的逻辑转换，都将"人"的要素放在了首位，体现了以"人"为核心的价值理念。成都公园城市在2019年的宣传片中有一句话："公园城市，是仪式感，是爱。"这句话体现出成都这座城市的人本关怀，城市不再是冰冷的容器，而成为人们心之所向的温暖港湾。正因如此，成都也吸引着越来越多的人聚集成都，留在成都，与成都一起成长。

（一）生态惠民，提升公园城市幸福指数

在建设重大项目的同时，成都也坚持生态惠民，目的是让城市中的每一个人都享有高品质的宜居环境。

在公园城市建设中，构筑可感可及的生态"花园"，提升居民生活舒适度：第一，提升社区绿态。推进老旧小区绿化改造试点，为市民提供花卉绿植，打造生态屋顶和阳台，逐步实现小区绿化建设标准化、品质化。第二，拓展绿色空间。人民公园、望江楼公园等通过"拆围增景"实现公园形态与社区空间无界融合。利用空闲零星地块打造社区花园，中心城区人均公园绿地面积持续提升。截至2021年4月，成都新增社区花园174处、生态游憩场景280余处。

塑造和谐和美的人文"乐园"，提升城市关怀度。成都尊重不同群体差异化需求，依托公园绿道打造汉服、电竞、cosplay等亚文化主题场景，增设便民花市、便民菜市，增加无障碍通道、休闲座椅，彰显城市包容情怀。2021年6月，成都又发布了32个生态惠民新场景，涵盖市政公园打造、基础设施建设、生产生活条件完善、生态产品价值实现等多个领域，力图打造主题鲜明、差异发展的生态惠民场景格局，让"天更蓝、山更青、水更绿、土更净、景更美"成为人人可感可及的美好体验。

（二）共建共享，推进社区治理能力现代化

社区活则城市活，成都基于公园城市建设，对社区治理现代化进行不断探索。

打造共建共享的普惠"家园"，提升市民参与度。成都创新"政府扶持＋社区众筹＋社区基金会参与"的多元投入机制，发动社区居民、驻区单位等多元力量参与社区绿化美化项目建设。

2400亩的湖区是成都天府新区麓湖公园社区的核心景观，湖区湖水清澈见底，但是优质的水环境需要社区居民一起维护，为此，麓湖公园社区组织起水环境保护公益活动带动居民定期参与河边捡垃圾、水草种植等活动，

共同维护社区优美环境。此外，探索维持社区运营的良性模式，成立了麓湖社区发展基金会，通过基金会搭建起一个稳定且可持续发展的良性机制。每年，社区通过基金会组织各类公益慈善活动，2020 年疫情期间，有公司向社区基金会定向捐赠 100 万元，用来支持奋战在社区一线的防疫工作者。截至 2021 年 3 月，该基金会累计捐赠总额已经超过了 1500 万元。此外，基金会每年还会组织龙舟赛、渔获节等各式各样的社区活动，促进居民之间的沟通交流，提升社区吸附能力。

社区基金会是成都探索社区治理能力现代化的一大特色，从 2016 年开始，成都就开始提出发展社区基金会，目前，全市多个地方的社区成立了社区基金会。社区基金会相当于社区活动的资金池，起到调动社区居民参与社区治理积极性、促进社区融合、整合社区资源、解决社区问题、促进社区治理的作用。为了使社区基金会能够规范且持续的运作，社区招聘擅长基金会运营的专业人员组建专业团队，并成立监事会对基金会日常运营进行监督①。

（三）TOD 模式洞见公园城市的理想居所

成都探索推进以轨道交通引领城市发展的 TOD 模式（以公共交通为导向的发展模式），并将 TOD 综合开发作为建设公园城市的重要抓手。TOD 模式以站点为中心，推进站点与周边区域一体化设计，实现交通圈、生活圈、商业圈"多圈合一"，让一切有空间的地方皆可停留、皆能交往、皆有效益，通过 TOD 模式的开发建构市民生活的公园社区，社区中的居民能够更方便快捷地获取各种生活服务，即一个 TOD 项目就是一个生活、商业和文化中心。

作为国际化大都市的交通标配，地铁见证了一个"拼搏的成都"，也洞见了一个"温暖的成都"，在 TOD 模式下，地铁车站不只是人们乘坐交通工具的地方，还是聚集人气、商业、投资，为市民提供多维度服务的空间。

---

① 成都市人民政府：《探索成立社区基金会　助力社区治理新作为》。

2013 年 3 月，成都地铁华西坝站建成了西南地区轨道交通行业的首间地铁母婴候车室（哺乳室），截至 2021 年 1 月，成都地铁全线网已经建成 80 间母婴候车室。母婴室内配有温奶器、哺乳沙发、尿布台、隔脏垫等设备，保障乘坐地铁的母乳期母亲可以为孩子喂奶、换尿不湿等。此外，地铁站点还推行"地铁＋公交＋景区"接驳出游模式，方便市民出行。

面向"十四五"，成都市将继续以人为本，秉承"城市，让生活更美好"的初心，不断创造高品质的生活宜居地。对此，成都市提出"十四五"期间大力实施"幸福美好生活十大工程"。

"十大工程"涵盖居民收入水平提升、高品质公共服务倍增、青年创新创业就业筑梦、稳定公平可及营商环境建设等十大领域，与居民生活、青年创业、企业发展息息相关。这也彰显着成都城市建设将落脚点放在了以"人"为中心的细微之处。与公园城市建设一样，成都提出的"十大工程"也无先例可循，依旧是摸着石头过河。但是可以明显感受到，无论如何规划和实践，在成都发展的逻辑中，都有一个根本遵循：人民城市人民建，人民城市为人民。

（四）城市吸附能力不断增强

当"人"成为新时代发展的落脚点，哪座城市能下好关于"人"的这盘棋，就有可能在新一轮竞争中拔得头筹。在"人—城—产"的营城逻辑下，成都着力构建生态、生产、生活相统一，宜居、宜业、宜商的良好环境，吸引了越来越多的人聚集到成都、留在成都，推动着这座城市的功能优化和产业变革。

数据显示，成都的人口吸附能力在不断增强。2021 年 5 月，成都市统计局公布第七次全国人口普查数据显示，成都全市常住人口已达 2094 万人，成为继重庆、上海、北京之后第四个人口超 2000 万的城市。数据还显示，十年来，成都的流动人口增加了近 428 万人，增长 102%。越来越多的人选择来成都发展，大量的创新型企业选择建在成都。数据显示，2020 年，成都新登记 61.8 万户市场主体，居 15 个副省级城市前列。新经济企业约有

45 万家，实现新经济增加值 3655.3 亿元，占地区生产总值比重 21.5%[①]。一位基金小镇的负责人在接受媒体采访时表示，宜居宜业的良好大环境是成都吸引越来越多人来到此地的重要原因，身边很多基金小镇的工作人员因为感受到成都这座公园城市的美好，最终选择留在成都。

四 成都公园城市建设的启示

作为公园城市的首提地和示范区，成都被寄予探索以新发展理念引领城市可持续发展、努力为世界城市可持续发展提供中国智慧和中国方案的时代使命，但是公园城市毕竟是一个新的理念、一个全新的发展范示，对于成都来说，没有对标城市和现成经验可供借鉴，要答好这张没人答过的考卷，成都自然面临很多挑战，但是却也意味着更多的机遇和可能性。推动生态价值创造性转化，创新基层社区治理模式，以 TOD 模式重塑城市格局……公园城市示范区建设的系列探索和实践不断激发着成都这座城市的创新和创造力。无论是在思想理念、经济基础、政策制度、工作方式等各方面都看到成都的开拓创新。

当公园城市这一概念首次在成都提出来时，对于公园城市是什么、该怎么建，答案还是模糊的。如今，在成都几年的探索实践中，人们对公园城市的理解已经越来越深入。公园城市不是简单的公园和城市的组合，而是城市整体系统的发展，是对城市生态建设、产业结构、居民生活、城市管理、精神文明等各方面全方位的提升，涉及各个领域、各个行业的跨界协同。公园城市建设涉及方方面面，需要投入大量的人力、物力和财力，因此也必须构建起评价监督约束机制以保证工作成效。

值得注意的是，虽然成都的公园城市建设还在不断探索之中，但各地对建设公园城市的热情已经十分明显，近两年，全国多地出台了建设公园城市

---

① 费伟伟、王明峰、白之羽、孙振：《重塑产业空间　着力联通内外　更加宜业宜居　成都发展迈向高质量》，《人民日报》2021 年 3 月 15 日，第 1 版。

的相关规划。但是很多城市的公园城市建设只是简单地将重点放在了大规模的生态环境优化上，这是值得警惕的，成都的探索过程已经让我们看到建设公园城市是一项巨大复杂的系统工程，必须系统性进行谋划。另外，各地的公园城市建设也要因城而异、因地制宜，不可盲目跟风。

　　虽然成都公园城市建设取得了卓越成绩，也为全国提供了诸多具有示范意义的经验方法，但公园城市的建设一直在路上。面向未来，成都还需不断探索创新，迈向可持续发展的世界城市。

参考文献

陈国阶：《建设公园城市是成都的战略选择》，《先锋》2018 年第 4 期。

成都市公园城市建设管理局：《推进"五绿润城"塑造公园城市大美形态》。

田程晨：《轨道公交慢行三网融合　实现城市交通向绿色低碳转变》，《成都日报》2021 年 7 月 2 日。

四川省生态环境厅：《成都市生态环境局加快推进环保产业高质量发展》，http：//sthjt. sc. gov. cn/sthjt/c103879/2020/8/21/7446784327e142fc80d1603eb59db91a. shtml，最后检索时间：2021 年 7 月 4 日。

成都市人民政府：《探索成立社区基金会　助力社区治理新作为》，http：//www. chengdu. gov. cn/chengdu/home/2018 – 08/18/content＿ f5fc44c485f8444faae7fb14ce 7c4c2b. shtml，最后检索时间：2021 年 7 月 4 日。

白之羽、费伟伟、孙振、王明峰：《重塑产业空间　着力联通内外　更加宜业宜居成都发展迈向高质量》，《人民日报》2021 年 3 月 15 日。

B.14

昆山：从苏州"小六子"到国家生态文明建设示范市

张 寒[*]

摘　要：　过去数年间，昆山践行"绿水青山就是金山银山"的发展理念，力争多措并举、打好打赢污染防治攻坚战。对于量大面广的污染源，不仅要进行源头治理，还要打响集中攻坚战役。同时，大力推进配套制度建设和治理能力建设，为污染防治和生态修复提供制度保障，为经济社会高质量发展保驾护航，为"美丽昆山"建设增光添彩。截至目前，昆山市已经成功创建国家生态文明建设示范市，曾连续两年获苏州市打好污染防治攻坚战考核第一名。

关键词：　美丽昆山　水环境治理　污染防治　节能降耗　生态文明

作为中国首个工业总产值突破万亿的县级市，近年来，江苏省苏州市昆山市的可持续发展经历"阵痛期"，迎来新曙光。

改革开放初期，由于经济总量在苏州市下辖的六个县中排名末位，那时的昆山被人戏称为苏州"小六子"。改革开放以来，昆山市政府积极发展外向型经济，大力开展对外招商，引进了众多外资企业，尤其是在大量台资企业来此建厂投资的过程中，昆山摇身一变，成为"中国经济第一强县"。

---

* 张寒，《财经》区域经济与产业研究院副研究员，管理学硕士，研究方向为宏观经济、区域经济。

曾几何时，昆山也面临着经济发展与环境保护的两难困境。虽然包括台资企业在内的外资企业到昆山投资建厂，使得昆山迎来了经济的高速发展，但是同时也带来污水和废气排放、高耗能等环保问题。昆山城市生态环境建设一度严重滞后于经济发展，生态环境较为突出的问题主要有水环境污染、大气污染、城市各区域绿地面积覆盖不均衡，等等。

　　近年来，随着中国环保标准的逐年提升，以及人民群众环境意识的逐步增强，昆山市在经济社会发展过程中更加强调践行可持续发展理念，并将这种理念落实到经济发展和社会管理的方方面面。

　　为了推动台资企业转型升级、节能降耗，昆山一方面淘汰落后的工厂产能，另一方面鼓励台资企业围绕新兴产业加大投资力度。例如，昆山为了实现台资企业六丰机械公司的节能减排，为该公司量身打造了易地建厂的总体方案，置换 185 亩工业用地，用于建设新厂房。易地置换后，该公司的新生产线更加符合安全环保标准和智能化布局，产能得以大幅度优化。①

　　2020 年末，《国务院关于扩大昆山深化两岸产业合作试验区范围的批复》发布，标志着昆山发展建设进入新阶段。现如今，昆山已经成为台商在大陆投资最踊跃、两岸经贸往来和文化交流最密切的地区之一，有着"小台北"之称。②

　　过去数年间，昆山践行"绿水青山就是金山银山"的发展理念，力争多措并举、打好打赢污染防治攻坚战。对于量大面广的污染源，不仅要进行源头治理，还要打响集中攻坚战役。同时，大力推进配套制度建设和治理能力建设，为污染防治和生态修复提供制度保障，为经济社会高质量发展保驾护航，为"美丽昆山"建设增光添彩。

　　昆山市已经成功创建国家生态文明建设示范市，获评江苏省生态环保工作成效明显激励县，也曾连续两年获苏州市打好污防攻坚战考核第一名。

---

① 《江苏昆山台企实施"减转迁"谋划绿色发展》，新华网，2017 年 5 月 16 日。
② 《昆山试验区扩围：探路两岸产业新合作》，腾讯网，2021 年 3 月 29 日。

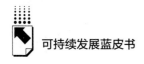

由于可持续发展理念的深入实施、严格贯彻，昆山环境质量逐年提升，城市环境空气质量优良天数比率由 2015 年的 75.5% 提升为 2020 年的 83.6%。饮用水水源地水质达标率稳定保持在 100%，国省考断面水质近两年达到并保持全面优Ⅲ。

（一）重拳出击，全力整治水环境污染乱象

位于江南水乡的昆山，境内共有大小河道 2815 条，总长度超过 2800 千米，主要干支河流 55 条。境内湖泊有 38 个，列入省保护湖泊名录的有 19 个。

2015 年 4 月，国务院正式颁布《水污染防治行动计划》（业内称"水十条"），对中国的水环境治理目标提出具体要求。2018 年 5 月在北京召开的"全国生态环境保护大会"确立了习近平总书记生态文明思想，强调要深入实施水污染防治行动计划。

对标党中央、国务院近年来出台的一系列要求，在开展大规模的水环境治理之前，昆山的水环境治理体系存在明显的漏洞和缺陷。

一是排水管网不完善，污水处理能力不足。昆山的市场主体超过了 40 万户，污水排放总量超出了污水处理量。全市工业废水处理厂仅 2 座、处置能力 2.3 万吨/年，未接管工业企业 158 家。

二是排水口混乱，雨污混接严重。排水管网出现了多头管理、多重建设等乱象，部分管网建设年代久、跨度大，致使管网混接、错接、漏接（雨污混接点 1.6 万个，缺陷管段 4.1 万个）。

三是河道无补水来源，水体流动性差。昆山防洪体系中，联圩起着重要的作用，圩区建设能在洪水来时有效地挡住高水位的袭击，但是圩区建设也阻碍了水体流动，使得水体自净能力变差、发黑发臭。

四是底泥淤积，内源污染严重。由于常年的河道排污，逐步累积、长期沉积，形成污染严重的底泥和顽固的污染内源。

五是河岸被占用，违章搭建较多。部分河道成了个别市民的"自留地"，填河造地、违章搭建，破坏了河道景观生态，影响河道通行、泄洪。

面对种种乱象，昆山痛定思痛，多管齐下狠抓突出问题。值得庆幸的是，近几年，昆山经过大规模的水环境治理，目前8个国省考断面全部达到国家、省考核要求，优Ⅲ比例从治水前的50%提升到如今的100%，2020年优Ⅲ比例继续保持100%。与上海交界的吴淞江赵屯国考断面水质从治水前劣Ⅴ类提升到Ⅲ类，水质提升了三个类别。

昆山采取的主要工作措施，一是加强组织领导。明确目标，把国省考断面高质量达标，作为衡量昆山市水环境质量好坏的重要依据。从市级主要领导到分管领导，几乎每月市政府会议中都有水环境方面的议题，涉及工业、农业、生活、交通污染等领域。全市国、省考断面长和河长均由市领导担任，严格落实河湖长制责任。

二是健全体制机制。昆山在全省首创"四办合一"，河长办、治水办、农污办、黑臭河道办合署办公，常驻16人实体化运作。办公室牵头抓总，推动河湖长制、水环境治理等工作，统筹上下游、左右岸、内外源，打破区域和流域、行政和要素界限。

三是查摆问题根源。2016年，昆山市部分国省考断面水质很不稳定，没有达到省考核目标。经过深入分析，发现考核指标中，氨氮是影响水质的主要因素，针对此种情况，昆山对影响断面水质的污染源全面深入分析、查摆问题根源，从区域流域、沿线产业布局和小区分布等多个方面，对工业、生活、农业等领域产生的污水进行溯源和量化，对用水量和排放量进行研究，发现水体污染物排放量从高到低依次是生活、工业、养殖、船舶等污染。

四是加大环保投入。昆山水环境治理没有诀窍，只有通过实实在在的投入，通过工程治理，加大控源截污力度，实现污水不入河，才能确保水质稳定达标。近年来，昆山市河道整治项目近千项，每年环保方面投入均超过百亿元，且逐年上升。2018年、2019年全社会环保投入分别达162.8亿元、176.7亿元。

五是加强基础设施能力建设。昆山全面提升设施建管水平，完成12座城镇污水处理厂的整合运营、5座特许经营污水处理厂的控股管理，启动总

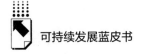

投资30亿元的8座污水处理厂改建和扩建、10座区域污水处理厂互联互通、7座污水处理厂技术改造，确保整个污水收集处理系统安全高效运行，实现污水尽收尽治、达标处理。

六是实施靶向治理。具体包括提高生活污水接管率、提升管网运维水平、加大农村污水治理力度、提高工业污水接管率、制定高标准池塘养殖生态化改造方案、加强船舶污染整治、排查消除污水直排口、加强"散乱污"整治、协同推进水岸同治、压紧压实巡河护河责任、加快推进控源截污工程、全力建设生态标杆河道、打好水污染防治"组合拳"、制定昆山"一断面一方案"、落实国考断面每日巡查、开展重点河道整治达标销号、强化督查考核问责、落实突出水环境问题整改、加强水环境监测、加大专项执法检查力度、加快政策兑现力度、坚持绿色发展和注重减量提质、建设海绵城市和加强水源涵养等。

（二）选树典型，发挥良好示范辐射效应

昆山在水环境治理上的代价是巨大的，过程是艰难痛苦的。治理过程中面临的主要问题：第一是多年历史欠账；第二是整治时间紧、难度大；第三是面广量大。

以上海交界国考断面吴淞江赵屯为例，吴淞江下游是上海苏州河，地理位置敏感，吴淞江在昆山境内40公里，流域面积700多平方公里，集聚了昆山90%的人口，产生了昆山95%的GDP。

吴淞江干流水质不好，主要原因是沿线支流问题，所以多年来，昆山主要是集中整治吴淞江沿线超标支流。整治原则是上下游同治、左右岸同治，一方面，摸清家底，加密监测断面，建立台账；另一方面，出台文件，加快推进超标河道达标整治、达标一条销号一条。综合起来就是"查清排口、末端截污、就地处置、分段治理"。

第一，加密设置观测断面，实时跟踪吴淞江干流支流水质。在吴淞江干流从进水到出水共设置了15个长期观测断面，重点跟踪沿线20条支流，加密监测。实施断面责任到区镇、到主要负责人的措施，按月通报水质情况。

经过五年的努力，原来干流氨氮Ⅴ类甚至劣Ⅴ类的断面2019年已改善到Ⅲ类，支流基本达到Ⅳ类（部分支流主要指标达Ⅲ类）。监测数据显示，吴淞江赵屯国考断面水质已提升到Ⅲ类。

第二，依水质定工作目标，多管齐下狠抓突出问题。根据吴淞江水质情况，主要从生活源、工业源和农业源等三大方面入手，根据调查，吴淞江排污的几大问题中，生活污水是主要矛盾，占比75%，工业污水占25%。80万吨污水中，生活污水大约有60万吨。另外一大问题是，雨污混排现象比较突出。因此，要逐年确定整治目标，落实整治任务。

第三，实施挂号登记长效管理，落实水质达标销号工作。对吴淞江两侧劣Ⅴ类河道进行挂号登记，列入全市劣Ⅴ类重点整治河道名单。按照《关于对全市劣Ⅴ类水质河道实行整治达标销号的意见》，由市政府办公室对所涉区镇进行督察和通报。对完成整治工程河道进行持续监测，河道水质连续6个月达到标准的，才能销号。

除了吴淞江，昆山水环境治理的典型案例还包括周市镇珠泾中心河和花桥镇泗泾河。

其中，以"生态湿地"为主要工艺的珠泾中心河水体生态修复项目，采取"控源+生态治理""重点+分散"的思路，融入智能科技湿地以及全循环生态工程理念。该项目被比利时水环境领域核心杂志《水利工程》作为封面文章进行推介。2019年，珠泾中心河入选"美丽河湖"榜单，河道目前主要水质指标稳定达到地表Ⅳ类水标准。

泗泾河西起徐公河，东至曹新路，全长1.95公里，往东与上海安亭漕塘河相通，该河2017年被列入苏州市城镇黑臭水体名单。因历史原因，导致两条河道筑坝不通。花桥多次与安亭水务所沟通协调，安亭方拆除了坝基，并合作处理交界河道水质。2017年花桥对河道沿线老旧民房进行拆迁，同时实施河道清淤、截污纳管等工程项目。2018年花桥进一步实施沿线排口整治、水生态修复等措施，巩固河道整治成效，并完成米筛巷小区、泗泾湾花园等小区雨污分流改造，有效改善了泗泾河的水环境，目前泗泾河已完成黑臭河道销号，水质稳定在Ⅳ类水以上。

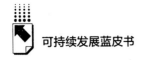

（三）治水兴水，聚焦构建长效管理机制

回顾昆山过往多年的治水历程，主要经验和工作思路可归结为八个字——"严、转、建、截、查、减、治、实"。

一是"严"：严格生态环境保护制度。市政府制定实施环境保护"五个一律"（一律依法从重量罚、一律依法停产整治、一律依法关停取缔、一律取消政策奖补、一律实行媒体公布），对吴淞江流域工业企业中水回用技术改造，开展入河排口清查整治工作，实施污水处理厂准Ⅳ类水排放等政府文件，出台一系列政策组合，让企业不敢再随意排污。

二是"转"：加快转型升级步伐。按照"一拆两断三清"要求（即断水、断电、清除原料、清除产品、清除设备），淘汰整治散乱污企业（作坊）。以深入推进农业面源的污染防治为目的，积极探索绿色循环农业发展新模式。

三是"建"：加强污水处置能力建设。为了提升昆山市的污水处理能力，该市大力推动污水处理厂的改建和扩建，并对现有不同区域的污水厂提高标准、积极改造，使其互联互通，并定下了提升污水日处理能力的具体目标任务。

四是"截"：实施重点河道控源截污。对于全市的劣Ⅴ类水质河道，实行了集中整治和达标销号的工作。在此过程中，加速推动河道控源截污整治项目和分散式治污设施的建设工程，定期通报工程进度和水质情况。与此同时，推进清淤、活水等配套工作。

五是"查"：推行环境联合执法检查。环保、水务等部门联合开展全市工业企业生产废水与生活污水排放专项执法检查，对全市重点企业工业废水和生活污水排放情况全面实施执法检查。对违规排放、超标排放的企业，从严处罚、严惩不贷。

六是"减"：开展企业节水减排工作。对于昆山的工业企业节能减排，给予真金白银的补助措施，例如，企业如果能少排放一吨废水，就能获得10元补助。通过类似举措，让更多的企业自愿加入中水回用、提标排放的队伍中来。

七是"治"：扎实推进河湖水岸同治。把"拆违"作为起点和突破口，对重点河道、重要生态廊道的河岸治理和生态修复工作查问题、补漏洞、填空白，努力实现"河坡覆绿、沿河垂柳"的治理效果，不断提升人民群众的幸福感、满意度。

八是"实"：健全河长湖长工作制度。成立"治水办"，并以此作为新契机，统筹落实治水各项工作，以机制创新压实压紧各级河长、断面长责任，拟定三级河长工作职责和日常巡河具体工作要求，着力打造智慧管理平台，助推"河长制"转型升级为"河长治"。开展重点排污单位双随机检查和水污染检查专项行动，进一步加大对重点行业企业环境监管力度。

（四）以人为本，生态优先导向基本确立

生态顶层设计逐步完善。全面修订《昆山市生态文明建设规划（2019—2025年)》，布局谋划"生态制度、生态环境、生态空间、生态经济、生态生活、生态文化"相互耦合的生态文明建设"四梁八柱"。实施年度环保目标及生态文明建设责任制度，开展生态环保及打好污染防治攻坚战绩效考核，轮番实施生态文明建设百项工程，"十三五"以来，推动生态文明建设工程1519项、总投资321亿元。全社会环保投入占GDP比重逐年攀升，"十三五"期间累计投入达617亿元。

生态空间格局逐步优化。积极践行"减量发展"，准确把握生态保护与发展的关系，率先完成全市"三线一单"划定。傀儡湖饮用水源保护区等5块区域纳入国家级生态保护红线区域。阳澄湖重要湿地等12块区域136.65平方公里纳入江苏省生态空间管控区域。2019年，完成覆盖全市域的生物多样性本底调查，共记录到昆山境内生物物种1440种。

生态文化内涵逐步丰富。昆山获评国家生态文明建设示范市，下属镇、村中，共有创建江苏省级生态文明建设示范镇4个、示范村6个。昆山高新区成为国家生态工业示范园区，天福国家湿地公园试点建设已经通过相关评估验收。注重生态氛围营造，开展全民环保节、"地球熄灯一小时"、"世界

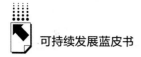

环境日"等活动。畅通各类新闻媒体以及政务微博、网络论坛、民声110等互动平台，让百姓成为生态文明建设的参与者和监督者。2019年，群众对昆山市生态文明建设总体满意率达91.7%，连续两年位列苏州市10个县市区第一。

（五）攻坚克难，生态环境改善成效明显

推进"263"专项行动。组建"两减六治三提升"领导小组办公室（打好污染防治攻坚战指挥部办公室），抽调精兵强将集中办公。出台总体方案、年度实施方案，结合市情，增加"治危废""治扬尘""治散乱污"三项任务，形成昆山升级版"两减六治三提升"14个专项，年度任务实施项目清单制管理，挂图作战。根据《"打好污染防治攻坚战"三年提升工程工作方案（2018～2020年)》，狠抓突出环境问题整治，不断健全考核激励、巡查督查、曝光整改、销号督办等工作机制，实现突出问题整治闭环化，持续改善生态环境质量，在上级环保督察交办问题整改、环境基础设施建设等方面成效显著。

打好蓝天保卫战。贯彻落实中央、省市等各级政府大气污染防治行动计划实施方案，专门组建了大气污染防治专项检查工作领导小组，突出工业废气、机动车尾气、建筑扬尘防治，推进锅炉整治改造、电力行业提标、煤改气和工业废气治理工程，实行秸秆禁烧，推进大气污染联防联控体系。在江苏省所有县级市中，昆山率先推行"黄标车"区域限行，划定高排放非道路移动机械禁用区域，烟花爆竹禁放区域扩大至中环，开展施工工地扬尘排污费征收及挥发性有机物排放收费试点。"十三五"以来，推进实施大气污染防治工程2020项，城市环境空气优良天数比率由79.8%提升到83.6%。

打好碧水保卫战。依法依规调整傀儡湖饮用水源保护区，巩固好全国首家"江湖并举、双源供水"格局，傀儡湖获得江苏省首批生态样板河湖等荣誉。实施阳澄湖生态优化攻坚行动，"十三五"以来，昆山设立阳澄湖生态保护项目38个，总共投资12.5亿元。昆山还确保集中式饮用水源水质达

标率、村镇饮用水卫生合格率维持在 100%。落实各级"水十条"要求，强力推进国省控断面达标整治和劣 V 类水体系统治理，"十三五"以来，实施太湖流域治理、国省考断面达标整治项目 511 个，194 条河道实施水岸系统治理。在农村污水处理方面，全市建成 322 套农村污水处理设施，实现 79.84 万吨/天的污水处理能力。完成 1321 项区镇控源截污工程，目前，昆山 8 个国省考断面水质全部达标，劣 V 类水质河道基本消除。

打好净土保卫战。制定《昆山市土壤污染防治工作方案》，对农用地土壤污染状况进行详细深入的调查了解，开展化工遗留地块统计调研，以及重点行业企业地块基础信息调查，完成昆山中盐老厂区、昆山捷普瑞精细化工有限公司等场地修复。全面开展危废规范化达标建设、"减存量、控风险"、固危废环境隐患排查等整治行动，完成危废规范化达标建设企业 1961 家。从严从细从实规划建设可再生资源综合利用项目。建成小微企业危废收集储存场所，利群技改提升项目投产运行，新增危废焚烧处置能力 1.8 万吨/年、生活污泥处理能力 10 万吨/年。

（六）主动作为，生态管理制度推陈出新

生态文明建设责任再落实。组建昆山市生态环境保护委员会，制定出台《昆山市生态环境保护工作责任规定》，先后出台《关于加快推进生态文明建设的实施意见》《全市生态文明建设领域"问责行动"工作方案》等制度性文件。建立健全全市生态文明建设绩效考核"一张网"，设立"打好污染防治攻坚战"突出贡献奖。开展区镇党政主要领导干部自然资源资产任期审计工作，将其纳入生态文明建设考核制度中，推动各级领导干部切实履行环境保护责任。

生态环保管理制度再创新。严格环保准入门槛，对主要污染物、重金属污染物和 VOCs 实施"减二增一"，拟定《昆山市产业发展负面清单（试行）》，从源头上改变"高污染、高排放、高耗能"的发展路径，构建"低能耗、低排放、低污染"的绿色产业体系。积极推进昆山开发区、昆山高新区环评简化优化和花桥开发区"规划环评＋环境标准"审批制度改

革试点，精简审批环节，实施环保许可事项不见面审批100%。实行环保专项奖励和生态补偿制度，推行阳澄湖水环境区域补偿，制定实施工业企业节水减排补助。"十三五"以来，全市下达生态补偿资金7.55亿元、环保专项奖补4348万元，向上争取中央、省级环保资金2.3亿元。积极推行涂料"油改水"、环境有奖举报、环保第三方服务、差别化价格等机制，形成一批可复制、可推广的生态文明建设经验。提升生态环境合作水平，签署"昆嘉青"和"嘉昆太"污染防治联防联控协议，省环科院首个分院在昆山落地。

生态环境监管力度再加码。扎实开展中央环保督察及"回头看"问题、省环保督察问题、长江经济带生态环境保护审计问题、太湖水环境通报问题和"263"电视曝光及群众投诉问题整改，推动其全部完成整改销号。"十三五"以来，完成370家重点环境风险企业环境安全达标建设，排查整治"散乱污"企业8138家。出台《突出环境信访投诉调处职责分工》，明确环境信访调处职责，建立昆山市各执法部门联合组成的环保执法机制，强化环境执法与刑事司法衔接。

昆山是苏州大市范围成立第一个环境稽查科、第一个环境保护合议庭和第一个探索环境保护公益诉讼的地区，设立多项环境公益基金。"昆山部门联动多元共治，筑牢污染防治保护屏障""组建全省首支环保检查员队伍""网格监管五部曲，打造生态环境基层特工队"分别入选2018年度、2019年度、2020年度江苏省十佳环境保护改革创新案例。率先将"智慧环保"纳入环境管理，依托现代信息技术，实施动态执法监管。在昆山全市范围内，密集建设上千个水质自动监测站、大气自动监测站和污染源在线监控系统。

参考文献

《国务院关于印发水污染防治行动计划的通知》，中国政府网，2015年4月2日。

《昆山市政府办公室关于印发全市安全生产领域"问责行动"工作方案的通知》，苏州市人民政府网站，2017年3月21日。

《市政府印发关于加快推进生态文明建设的实施意见的通知》（昆政发〔2013〕15号），https：//www.doc88.com/p－5496298180533.html？r＝1，最后检索时间：2021年6月30日。

B.15
深圳：打造可持续发展的全球创新之都

邹碧颖*

摘　要：　1979年以后，深圳通过承接香港等地转移而来的"三来一补"贸易，实行市场经济的制度改革，成为中国改革开放的前沿阵地。随着一轮轮产业升级与更替，深圳逐步从低端加工向高新技术产业攀升，再变为发展先进制造业以及一批面向未来的产业。当下，深圳提出打造全球创新之都，因此本文对深圳的产业发展历程、创新战略定位进行了梳理，并归纳出深圳加强高校建设、打造创新区域、大力吸引人才、突破体制障碍、链接湾区创新、完善公共服务等六大建设抓手。研究表明，深圳通过制度改革不断完善创新的软硬条件与体制机制，并借助粤港澳大湾区的广袤腹地条件，弥补基础研究、公共服务、要素资源等不足的短板，打造一流国际创新之都的前景值得期待。

关键词：　深圳　全球创新之都　科技创新　产业升级　粤港澳大湾区

　　从沿海小渔村到中国一线城市，再到全球创新之都，深圳完成着一轮又一轮的蜕变。20世纪70年代末在广东省，宝安县拿出2.14平方公里的土地给招商局试办蛇口工业区，掌舵人袁庚敢为人先地打出"时间就是金钱、

* 邹碧颖，《财经》区域经济与产业研究院副研究员，新闻与传播专业硕士，研究方向为对外贸易、区域经济。

效率就是生命"的口号，率先允许外资进入兴办企业，承接"三来一补"加工贸易，开启了改革开放的序章。1979 年，宝安县升级为深圳市，国务院划出 327.5 平方公里的土地指示其试办"经济特区"，更是为深圳经济的腾飞提供了史无前例的制度支持。[①] 四十多年来，深圳在中国领头开展物价改革、房地产改革、工资改革、国企改革，率先构建起市场经济的初步框架；依据市场化的逻辑，深圳的产业也逐渐从高污染、高能耗的低端加工业，逐渐腾挪为高附加值的制造业与高新技术产业，继而提出建设具有全球影响力的科技和产业创新高地，向科技研发前沿攀升，进军引领未来发展方向的先进制造业……

凭借一股闯劲走过来，如今的深圳已经脱胎换骨，成为科技创新能力领先中国的国际大都市。从整体经济来看，即便遭受新冠肺炎疫情冲击，2020 年深圳市 GDP 仍然达到 2.77 万亿元，"十三五"时期年均增长率超过 7%，规模以上工业总产值跃居全国城市首位。这其中，战略性新兴产业增加值达 1.02 万亿元，占地区生产总值比重达 37.1%；现代服务业增加值达 1.3 万亿元。作为衡量创新能力的重要指标，深圳市的专利授权量、商标注册量与 PCT 国际专利申请量常年位居中国首位。而从居民福利来看，2020 年深圳居民人均可支配收入达 6.49 万元，"十三五"时期年均增长 7.8%[②]；同时，深圳已经建成 1090 个花园，单位 GDP 能耗、单位 GDP 二氧化碳排放远低于全国水平的一半，环境生态也实现了高质量发展。

然而，深圳也面临着土地有限、房价上涨、自有住房率不足、教育医疗等公共资源和服务有限等问题，制约着这座城市的创新发展潜力；美国对创新技术的"卡脖子"也对以华为为代表的深圳本土企业的发展造成了不良影响。深圳的科技创新能否升级前行？深圳能否实现可持续发展？这不仅关

---

① 姚任：《从宝安视角看"经济特区"到"城市范例"的使命变迁》，宝安发布，https：//www.thepaper.cn/newsDetail_ forward_ 8772088，最后检索时间：2021 年 6 月 30 日。

② 深圳市市长陈如桂 2020 年 1 月 8 日在深圳市第六届人民代表大会第八次会议上所作的《2020 年深圳市人民政府工作报告》，http：//www.sz.gov.cn/gkmlpt/content/7/7981/post_ 7981484.html#733，最后检索时间：2021 年 6 月 30 日。

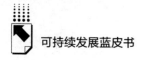

乎深圳能否顺利度过产业外迁期，以更高附加值的创新产业进行置换，确保经济的稳定增长；也叩问着中国自主创新、产业升级能否进一步突破现有桎梏、实现突围。为此，深圳将目光瞄准于打造全球一流的创新城市，借助建设中国特色社会主义先行示范区综合改革试点、建设粤港澳大湾区的重大政策机遇，优化要素资源的分配与流动，聚焦基础而尖端的创新能力，不断完善产业区域布局，同时深化深港澳合作，加强与珠三角城市的合作，通过总部经济与科研能力保持联动——这也为中国建设创新强国贡献着新的经验与操作思路。

一 打造全球创新之都的背景

（一）深圳的产业升级历程

20 世纪 80 年代起，深圳的产业发展开始进入高速发展时期：这是一个逐渐从劳动密集型发展为资本密集型再到技术密集型、由依托廉价劳动力优势逐渐转变为依托科技创新优势的过程。而今的深圳已进入向高精尖、基础性创新研发冲刺，向先进制造业进军，部分高新技术产业外迁的阶段。

1. 初步工业化时期（1980 ~ 1995 年）

深圳位于珠三角地区，20 世纪 80 年代之前，当地十分贫穷，只有"苍蝇、蚊子、沙井蚝"，许多人生活困顿，因此选择偷渡香港寻找出路。逃港行为屡禁不止，引起了中央的注意，这也被普遍认为是设立经济特区的重要原因之一。深圳南边的福田区天然与香港毗邻，作为改革开放的试验田，深圳开始承接从香港转移而来的大量产业。在许多村镇，人们将食堂、仓库改造成简易厂房，靠简单的"三来一补"产业和贴牌加工起家，发展制造加工业，自食其力。深圳的电子、缝纫、纺织、机械等劳动密集型产业逐渐地发展起来，许多产品经由香港出口外销至国际市场，初步形成了外向型的经济模式。

1980 年至 1995 年，深圳靠 OEM（代工生产）模块化分工体系与廉价劳动力、廉价土地租金等优势，开始了工业化进程，不断融入全球电子信息产业链，以低端生产支持超高速增长，形成了备受瞩目的"深圳速度"。

2. 产业结构升级时期（1995～2000年）

"三来一补"产业高耗能、高污染，对于生态环境造成了恶劣影响。1995年，深圳市政府发布《关于加强"三来一补"管理的若干规定》，提出要正确处理开展"三来一补"与整体经济的发展关系，不失时机地把深圳经济推向新的水平。[①] 1995年起，政策开始引导低端加工贸易企业的外迁，大规模的"三来一补"产业向生产要素更廉价的东莞转移。

在此阶段，深圳出现了大规模的模仿生产制造现象，政府开始有意识地淘汰低端加工产业，引导投资项目向高新技术产业聚集。1999年开始，每年举办的荔枝节改为高新技术成果交易会，传统优势产业转型的话题被提上日程[②]。

3. 高新产业发展时期（2000～2010年）

2000年以后，深圳的加工贸易与中小制造企业继续外迁，高新技术产业保持快速发展势头，深圳市的经济增长方式开始向"深圳制造"加速转变。此时的深圳政府严格执行环保政策，出台《工业结构调整实施方案》等文件，迫使一部分重污染企业外迁；与此同时，随着深圳此前的发展，劳动力成本、土地租金也出现上涨，许多劳动密集型企业开始感受到成本上升的压力，主动选择外迁东莞等地以及内地、东南亚，为深圳推进城市更新、实现产业升级腾挪出了空间。

金融危机的冲击更是加速了这一过程，深圳更加坚定地朝着创新制造的方向转变，国家创新型城市建设全面启动，全社会研发投入占GDP比重达到3.6%。华为、中兴、比亚迪、腾讯等深圳本土的高科技企业进入高速发

① 黄琼：《从"三来一补"到"自主品牌" 深圳花了20年改造老牌产业》，《第一财经日报》2010年10月13日。

② 李子彬：《我在深圳当市长》，中信出版社，2020年10月出版。

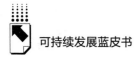
展时期，在中国硬科技与互联网产业的发展中占据了绝对优势地位①。与此同时，中科院深圳先进技术研究院、国家超级计算深圳中心、深圳华大基因研究院等一批重大科研机构和创新基地也开始落户深圳，为实现自主创新打下初步根据。企业端与政府端纷纷发力，深圳正式朝着高附加值的产业开始进军。

4. 创新制造发展时期（2010～2020年）

金融危机后，深圳市全力推进产业转型升级，实现了新产业对传统模仿型产业的替代，拥有自主创新能力。这一阶段的前5年，深圳全社会的研发投入占到 GDP 的约4%，是前一时期的2.3倍。② 国家级高新技术企业五年新增近4000家，生物、互联网、新能源、新材料、文化创意、新一代信息技术、节能环保等战略性新兴产业发展势头迅猛，年均增长20%以上，对经济增长的贡献率接近一半，产业总规模近2万亿元。同时，深圳经济发展的绿色效益开始显现，万元 GDP 能耗、水耗五年累计分别下降19.5%和44.7%③。

伴随"深圳制造"向"深圳创造"转变，深圳的人工成本持续上升、土地空间资源日益紧缺，出现了高新技术企业的外迁现象，取而代之的是附加值更高的创新产业与现代服务业。2010年至2015年，深圳累计淘汰转型低端落后企业超过1.6万家，现代产业体系基本形成。

5. 进军基础尖端创新（2020年以后）

2020年以后，深圳全面进入科学引领创新时期，发展从依托工程师红利加速向依托科学家红利加速转变。深圳全面发力综合性国家科学中心建设，全社会研发投入占地区生产总值比重达4.93%，市级科研资金投入基础研究和应用基础研究的比重从12%提高到30%以上；深入实施加快高新

① 深圳市代市长王荣2010年5月31日在深圳市第五届人民代表大会第一次会议上所作的《2010年深圳市人民政府工作报告》，http://www.sz.gov.cn/zfgb/2010/gb702/content/post_4978508.html，最后检索时间：2021年6月30日。
② 张玮：《深圳全社会研发投入为5年前2.3倍》，《南方日报》2015年5月。
③ 万红金：《深圳万元 GDP 能耗 5年累计下降19.5%》，《深圳商报》2015年5月21日。

技术产业高质量发展"七大工程"，布局生物医药、人工智能、集成电路、4K/8K 超高清视频、5G 等产业，获批建设国家人工智能创新应用先导区；深圳的先进制造业增加值占规模以上工业增加值比重超过 70%，新兴产业增加值增长 8.7%。新增国家级高新技术企业 2700 多家，总量超过 1.8 万家①，深圳在国家创新型城市创新能力排名中位居第一，已经是亚洲出挑的创新之都。

（二）深圳的创新战略定位

1995 年，深圳出台《关于推动科学技术进步的决定》，首次提出将高新技术产业打造为第一支柱产业。② 此后，深圳政府出台的政策也从最初的鼓励科技创业逐渐走向系统化的政策设计。

1. 建设国家创新自主示范区

2008 年，深圳出台《关于加强建设国家创新型城市的若干意见》，提出到 2020 年，全社会研发投入占全市生产总值 7% 以上，建成国际级创新中心和高技术产业基地，成为具有国际竞争力的创新型城市。③ 为完成这一任务，深圳出台了文件《深圳国家创新型城市总体规划（2008—2015）》，提出弥补创新发展薄弱环节，发展新兴产业，打造高端化、集群化、融合型、总部型的现代产业体系，增强创新型城市的产业竞争力。④ 随后又印发《关于增强自主创新能力促进高新技术产业发展的若干政策措施》，明确了具体

---

① 深圳市市长陈如桂 2020 年 1 月 8 日在深圳市第六届人民代表大会第八次会议上所作的《2020 年深圳市人民政府工作报告》，http://www.sz.gov.cn/gkmlpt/content/7/7981/post_7981484.html#733，最后检索时间：2021 年 6 月 30 日。

② 周振江、何悦、刘毅：《深圳科技创新政策体系的演进历程与效果分析》，《科技管理研究》2020 年第 3 期。

③ 中共深圳市委、深圳市人民政府印发《中共深圳市委、深圳市人民政府关于加快建设国家创新型城市的若干意见》（深发〔2008〕8 号），http://www.sz.gov.cn/zfgb/2008/gb619/content/post_4952868.html，最后检索时间：2021 年 6 月 30 日。

④ 深圳市人民政府印发《关于印发深圳国家创新型城市总体规划（2008—2015）的通知》（深府〔2008〕201 号），http://www.sz.gov.cn/zfgb/2008/gb619/content/post_4953007.html，最后检索时间：2021 年 6 月 30 日。

的财政奖补政策。2009 年深圳着力聚焦战略性新兴产业。2011 年充分发挥经济特区优势，出台加快经济发展方式转变促进条例。2016 年出台《关于促进科技创新的若干措施》《关于支持企业提升竞争力的若干措施》等文件，形成了系统的科技政策体系。

2. 打造具有世界影响力的创新创意之都

2019 年 2 月，中共中央、国务院印发《粤港澳大湾区发展规划纲要》，明确深圳要努力成为具有世界影响力的创新创意之都。发挥香港、澳门、广州、深圳创新研发能力强、运营总部密集以及珠海、佛山、惠州、东莞、中山、江门、肇庆等地产业链齐全的优势，加强大湾区产业对接，提高协作发展水平。明确推进"广州—深圳—香港—澳门"科技创新走廊建设，建设深港河套地区（深港科技创新特别合作区）。① 2019 年 7 月，广东省印发贯彻落实这一政策的文件，提出加快打造深港合作机制创新升级版，以现代服务业、科技创新合作为重点，共建粤港澳大湾区创新发展重要引擎。深圳市的落实文件继而提出，到 2022 年基本建成功能先进、创新要素集聚、产业体系发达、生态环境优美、国际竞争力影响力较强的全球重要湾区城市。到 2035 年，即可创新形成强大优势，聚集一批全球科技巨头企业和国际顶尖科技研发机构，建成具有国际影响力的可持续发展的创新创意之都。

3. 对标全球创新型城市前列

2019 年 8 月，中共中央、国务院印发《关于支持深圳建设中国特色社会主义先行示范区的意见》，提出支持以深圳为主阵地建设综合性国家科学中心，在粤港澳大湾区国际科技创新中心建设中发挥关键作用。② 支持深圳建设 5G、人工智能、网络空间科学与技术、生命信息与生物医药实验室等重大创新载体，加强基础研究和应用基础研究，大力发展战略性新兴产业，

---

① 中共中央、国务院印发《粤港澳大湾区发展规划纲要》，新华网，https://baijiahao. baidu. com/s? id=1625804035881604454&wfr=spider&for=pc，最后检索时间：2021 年 6 月 30 日。
② 《中共中央、国务院关于支持深圳建设中国特色社会主义先行示范区的意见》，《三个关于主义论坛》2019 年第 9 期。

在未来通信高端器件、高性能医疗器械等领域创建制造业创新中心。

2021年2月，由科技部与深圳市联合发布的《中国特色社会主义先行示范区科技创新行动方案》还提出，鼓励深圳承担或参与国家重点的研发项目，强化"从0到1"基础研究，努力取得更多重大原创性成果。[①] 支持深圳在人工智能、先进计算、合成生物学、脑科学、生命健康与生物医药、新材料、量子计算等领域打造一批国际化科研平台。支持深圳建设光明科学城、河套深港科技创新合作区深圳园区、西丽湖国际科教城、坪山—大鹏粤港澳大湾区生命健康创新示范区，加快组建全新机制的医学科学院[②]。

二 打造全球创新之都的抓手

（一）夯实创新硬件基础

加强高等院校建设。长期以来，高校资源、创新人才不足，成了阻碍深圳高端创新产业发展的重要问题。近年来，深圳市政府下大力气投资高等教育，通过各种灵活办学模式，引进国内外名校的优势学科和名优师资，快速培育高等学府。例如与哈尔滨工业大学等名校合作共建深圳校区；向国外多所高校伸出合作橄榄枝，创建深圳北理莫斯科大学、清华–伯克利深圳学院等。截至2021年3月，深圳共有高校单位15所，包括深圳大学、南方科技大学、香港中文大学（深圳）、深圳北理莫斯科大学、中山大学·深圳、哈尔滨工业大学（深圳）等在内[③]，在校学生共有16.93万人。

值得注意的是，深圳高校的专业设置尤为强调创新导向、产业导向、务

① 孙自法：《科技部：深圳2035年建成具有全球影响力的创新创业之都》，中新社，2021年2月25日。
② 科技部　深圳市人民政府关于印发《中国特色社会主义先行示范区科技创新行动方案》的通知（国科发区〔2020〕187号）http：//www.gov.cn/zhengce/zhengceku/2021 – 02/26/content_ 5588985. htm，最后检索时间：2021年6月30日。
③ 吴少敏：《2025年的深圳有望拥有20所高校》，《南方杂志》2018年6月。

实导向。2020 年 9 月，电子科技大学（深圳）高等研究院正式开学。这所大学是由电子科技大学与深圳市人民政府共建的，设置的专业包括电子信息、人工智能、软件工程、智能制造与高端装备等。[①] 老牌的深圳大学也在不断强化新材料、新能源、海洋、生物制药等领域的学科建设。目前，深圳还在深化"新工科""新医科""新文科"等建设，实施高校学科专业"强链补链计划"，瞄准人工智能、生命健康、空天科技等前沿领域，加快打造优势和特色学科专业。

以此为基础，深圳还在争取将深圳大学、南方科技大学打造为中国"双一流"高校，同时探索实施"深圳本土支柱产业＋深圳本土高校一流学科＋世界一流学科"的中外合作办学计划。支持高校与企业合作设立产业学院、教学点、实验室和创新基地，鼓励产学研的深度融合，为产业创新发展服务[②]。

三 打造融合创新平台

近年来，深圳也意识到基础研究对产业发展的支撑力度薄弱，因此积极主动地建设综合性国家科学中心，提出打造光明科学城、河套深港科技创新合作区、西丽湖国际科教城、大运深港国际科教城、坪山—大鹏粤港澳大湾区生命健康创新示范区等创新承载区[③]，加大国家重点实验室和国家重大科技基础设施等的布局和建设力度，在人工智能、先进计算、合成生物学、脑科学、生命健康与生物医药、新材料、量子计算等领域打造一批国际化科研平台。截至 2021 年 4 月，深圳累计建设国家重点实验室 6 家、省实验室 4

---

① 方慕冰：《电子科技大学（深圳）高等研究院迎新》，《深圳特区报》2020 年 9 月 6 日。

② 《深圳：推动深圳大学、南方科技大学创建"双一流"》，中国教育在线，https：//www.eol.cn/m/toutiao/202104/t20210401_ 2091644.shtml，最后检索时间：2021 年 6 月 30 日。

③ 尹萌：《市人大代表建议加快推进大运深港国际科教城建设》，深圳新闻网，2021 年 5 月 19 日。

家、基础研究机构 12 家、省级新型研发机构 42 家，各类创新载体 2700
多家①。

这其中，位于深圳光明区的光明科学城备受瞩目：此处规划面积约 99
平方公里，处于粤港澳大湾区和广深港澳科技创新走廊的战略节点，被定位
为综合性国家科学中心核心区、原始创新和未来产业策源地。光明科学城从
2019 年建设至今，已经形成"一心两区、绿环萦绕"空间结构，生活服务
中心辅以酒店、住房、学校、医院等配套设施，南北侧是装置集聚区和产业
转化区。装置集聚区集中建设大科学装置、大学与科研机构等；产业转化区
主要是促进成果转化，布局未来新兴产业。科学城为茅洲河绿廊和周边郊野
公园所环绕，目前已有合成生物研究、脑解析与脑模拟等九大大科学装置设
施确定落地，鹏城实验室、深圳湾实验室、深圳综合粒子设施研究院等研发
机构入驻，中山大学深圳校区、中科院深圳理工大学等高校提供人才支撑，
着力构建以智能产业、新材料产业、生命科学产业为主导的现代产业体系。

按照《深圳光明科学城总体发展规划（2020—2035）》定下的目标，到
2022 年底，光明科学城将基本形成综合性国家科学中心核心框架；到 2035
年初步建成具有全球影响力的科技和产业创新高地，成为粤港澳大湾区国际
科技创新中心的重要引擎。

（一）释放人才机制活力

1. 不惜代价引智创新

这些年，深圳成为中国引进高端创新人才力度最大的城市之一，尽管缺
少高校与研究机构，但外来人才有力地托起了深圳产业的创新发展。2014
年，深圳开始对引进人才给予高额补贴，并于 2016 年提高了补贴标准。到
深圳落户工作并符合一定条件，市级政府对本科生、研究生、博士生分别给
予 1.5 万元、2.5 万元、3 万元的补贴资金，龙华区、宝安区、光明区、大
棚区、盐田区还另外给予等额资助，此外还可以申请公租房和申购保障房，

① 王海荣：《深圳科技：打响六张牌做强创新链》，《深圳商报》2021 年 4 月 26 日。

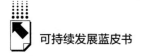

买房不限购和车牌摇号不受限制，这对高学历人才产生了巨大的吸引力。"十三五"期间，深圳新引进人才120万人。

针对海外高层次创新人才，2011年起深圳开始实施"孔雀计划"。通过细化评价标准广纳人才，从诺贝尔奖获奖者到红点设计奖获奖者兼收并蓄，按照A/B/C三类人才标准，对个人给予160万～300万元的奖励补贴及居留和出入境、落户、医疗教育、配偶就业等方面的福利待遇，对团队给予最高1亿元的专项资助。能够自主生产消费级3D传感器的奥比中光公司、在机器视觉与智能安防领域取得领先地位的云天励飞公司起步时都获益于"孔雀计划"的支持。截至2018年底，深圳累计引进海内外留学人员10万余人，其中通过"孔雀计划"引进的超过3000人，带来了世界最前沿的先进技术在深圳的扎根落地，为深圳的创新升级注入了强劲动力。

2016年以来，深圳还陆续出台实施"81条"人才新政、"十大人才工程"、鹏城"英才计划"等。2017年，《深圳经济特区人才工作条例》出台，将零散的政策整合为一套系统的体系。该条例不仅将每年的11月1日设为"深圳人才日"，还降低了入户和申请居住证的门槛，打通了职业资格与专业技术资格的评价通道，明确了科研人员成果转化的奖励和报酬。

截至2021年4月，深圳市拥有各类人才总量达600万人，其中科技人才超200万人。2021年9月开始，深圳对新引进人才不再受理发放租房和生活补贴，激励政策转变为更加突出用人主体作用和市场激励导向，侧重能力与业绩；突出国际视野，通过一站式服务、办理R字签证，继续优化外国人来华工作许可审批流程等方式吸引外籍"高精尖缺"创新人才。

2. 破除创新体制障碍

作为引领中国改革发展的城市，深圳此前出台了《关于深化科技体制改革提升科技创新能力若干措施》等文件，通过发放"创新券"等做法鼓励创新创业。而近年来，深圳率先向世界科技前沿进军，制度变革力度加码。《深圳市关于加强基础科学研究的实施办法》在2018年印发，提出建立战略咨询工作机制，建立政府与专家联合决策机制，创新项目评审制度，组织实施重大基础研究专项；实行基础科研绩效分类评价，构建基础研究多元化投入机制，下放基础研究立项权，对高等院校课题实行"资金切块、自主立项"，增强高等院校科研自主权；允许科研资金跨境使用，支持政府合作框架下重大基础研究联合攻关，向世界开放整个城市创新体系①。

2020 年 11 月开始实施的《深圳经济特区科技创新条例》，进一步在基础研究与科技成果产业化等方面下功夫，变"先转化后奖励"为"先赋权后转化"，提出职务科技成果所有权 70% 以上归属完成人，大幅提高市级财政资金投入基础研究和应用基础研究的比例；支持企业以及其他社会力量通过设立基金会、捐赠等方式投入基础研究，并参照公益捐赠享受有关优惠待遇；允许在深注册的科技企业实施"同股不同权"。

值得注意的是，深圳还设立"可持续发展专项"，支持资源高效利用、生态环境治理、健康深圳建设等科技创新，采用"产学研用（医）"联合申报和"事前资助"的方式，对单个项目给予不超过 800 万元的补贴。《深圳基础研究十年行动方案》《深圳科技创新"十四五"规划》等文件也在制定规划中，铆足力气将深圳推向全球创新产业链的高附加值终端。

（二）区域联动合作创新

1. 链接湾区创新制造

深圳的陆域面积仅有 1997.47 平方公里，不及广州面积的 1/3，未来深圳要跻身世界最前沿的创新之都行列，靠有限的土地及承载力和紧缺的公共服务资源，难以实现可持续的发展。硅谷的发展很大程度上得益于拥有旧金山湾区的广阔腹地，借鉴其经验，深圳的创新能否实现持续追赶，很大程度上取决于深圳能否与粤港澳大湾区的其他 8 + 2 座城市形成良好的协调互动关系，将创新、制造、生活以及交通等资源打通，形成一体化的创新与制度空间。

《粤港澳大湾区发展规划纲要》出台后，珠三角城市的产业创新互动不

---

① 《深圳市人民政府印发关于加强基础科学研究实施办法的通知》，http://stic.sz.gov.cn/xxgk/zcfg/content/post_2909339.html，最后检索时间：2021 年 6 月 30 日。

断提速。广州被定位为岭南文化中心、华南重工中心，东莞是全球 IT 制造业重地，佛山是国际产业制造中心，珠海作为国家级大装备制造业中心，中山被定位为中国白色家电基地之一，惠州作为世界级石化产业基地，江门作为国家级先进制造业基地，肇庆发力传统产业转型升级，上述城市均主攻制造硬实力。而深圳作为国际创新服务中心则主要是作为创新的"大脑"为周围这些城市供给源头的科学技术。近年来，深圳的本土企业已经在实践研发＋制造的分散布局，华为、大疆在东莞松山湖建工厂，初步形成了深圳创新能量的辐射带动作用。未来继续发展这种"总部经济＋生产基地"的模式，一方面可以促进深圳的创新要素扩散，带动其他城市经济发展；另一方面也可以缓解深圳土地不足、生活成本高昂、创新支持乏力的问题。

地位特殊的香港经过多年的积累，已经培养起世界一流的顶尖大学与国际化人才、国际通行的制度环境。深圳在位于福田区的河套深港科技创新合作区，香港园区不到 1 平方公里，深圳园区约 3 平方公里，双方共同探索人才、技术、资金、市场、政策的汇通，以口岸的更高标准开放、科研管理制度的创新、前沿产业项目的落地。深港的合作也从改革开放初期的加工贸易，演变为服务合作，再到科技合作，联合为国际化的创新规则探路。

2. 优化区域公共服务

住房、教育、医疗等公共服务资源有限，成为制约深圳吸引世界一流创新人才与落地面向未来产业的重要因素，而加快发展粤港澳大湾区的公共服务一体化，发挥深圳的辐射带动作用将有利于缓和这一矛盾。深圳的"十四五"规划提出，建设深圳都市圈，以深莞惠大都市区为主中心，以深汕特别合作区、汕尾都市区、河源都市区为副中心的总体格局进行打造。

近年来，深圳提出打造通勤 1 小时的交通圈，都市圈的城际交通建设已经开始提速，引导更多深圳人选择跨城居住。2021 年 5 月，深莞惠政府联合召开会议，决定在 2022 年前投资 1872 亿元全面开工建设 10 个城际的交通项目，包括深汕高铁、深大城际、深惠城际等城际铁路，以及深圳的多条地铁线进行延伸等，预计将在 2025 年完成建设。值得一提的还有"深中通道"有望在 2024 年建成通车，今后由深圳到中山有望实现 30 分钟直达；广深港高铁香港段在 2018 年开通，创新人才从香港九龙来到深圳福田的时间从原来的 45 分钟缩短至 14 分钟；未来。创新人才在深圳工作，在周围城市安家买房、接送教育、住院医疗成为可能，这也将进一步促进创新要素的优化配置与适当扩散。

按照深圳国土空间的最新规划，深圳本地将新增住房 200 万套以上，在都市和新都增加小户型和租赁性住房，确保人才住房、安居型商品房、公共租赁住房等不低于新增住房总套数的 60%；将加强婴幼儿、学前教育、义务教育、高中教育、高等教育的服务，到 2035 年将高中学位数增至 60.8 万座；完善医疗养老服务水平，到 2035 年保障 15 万张医疗机构床位数；加快建设一批文体设施，到 2035 年人均体育设施用地不低于 0.4 平方米。与此同时，深圳也提出建成国际一流的公园城市和"会呼吸的城市"，到 2035 年公园达到 1500 个以上，塑造"山、海、城"共融的城市风貌①。

与此同时，深圳将与邻近的城市深化在医疗卫生、教育文化、社会治理等方面的合作。例如，深圳推动幼儿园、中小学、中等职业学校参与姊妹校（园）缔结计划，促进资源共享；支持港澳教师到深圳任教；而广东省也提出支持港澳投资者在珠三角九市兴办养老机构、医疗机构，以市场化的形式增加公共服务资源。

四　打造全球创新之都的前景

当下，深圳 GDP 已经名列亚洲城市第五位。《"大众创业、万众创新"研究报告（2020）》显示，深圳"双创"指数得分 88.16，政府效率超过排名第二的上海 63 个百分点。过去四十年，深圳的高速工业化与产业升级经验，造就了扎实的创新基础与完备的配套条件，如今背靠世界四大湾区之一的粤港澳大湾区，再加上拥有激发科技创新的先行先试制度优势与包容自由

---

① 深圳市规划和自然资源局公布的《深圳国土空间总体规划（2020－2035 年）（草案）》公示读本，http://www.sz.gov.cn/attachment/0/794/794519/8858878.pdf，最后检索时间：2021 年 6 月 30 日。

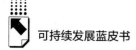
的市场环境，深圳打造全球一流创新之都的潜力不可小觑。目前，在创新人才方面，深圳已成为对国内外顶尖技术人才最具吸引力的城市之一，尤其是留学归国人员的首选城市；在创新基础设施、研发经费方面，深圳的财政投入和企业投入都居于全中国前列；而从区域规划、公共服务、营商环境、生态保护等方面来看，深圳也在中国拔得头筹。此外，深圳的金融服务、创业生态也强势领跑中国许多城市。这些条件为深圳向产业基础高级化和产业链现代化进军，打造全球数字先锋城市，奠定了坚实基础。

全球四大湾区中，仅有旧金山湾、粤港澳大湾区主攻科技方向，而深圳已经是引领粤港澳大湾区创新发展的核心所在。未来，深圳在强化既有优势的同时，继续补齐高校科研机构与基础研发的短板，并打通粤港澳大湾区的各类资源要素，提升公共服务与安居生活质量，通过优化协作形成跨制度的创新区域，必定能在更大空间范围内释放出更多创新潜能，跻身全球创新一线城市。

参考文献

李子彬：《我在深圳当市长》，中信出版社，2020年10月出版。

张军主编《深圳奇迹》，东方出版社，2019年4月出版。

程宏璞：《深圳和香港的合作机制及其改进》，复旦大学学位论文，2013。

周振江、何悦、刘毅：《深圳科技创新政策体系的演进历程与效果分析》，《科技管理研究》2020年第3期。

陈小慧、黄小菊：《深圳第四轮城市总规公示，十二大看点前瞻城市2035样貌》，《深圳特区报》2021年6月11日。

黄慧敏、田可新：《唐杰：破解深圳"崛起密码"》，《大众日报》2021年6月4日。

黄琼：《从"三来一补"到"自主品牌" 深圳花了20年改造老牌产业》，《第一财经日报》2010年10月13日。

王海荣：《深圳科技：打响六张牌做强创新链》，《深圳商报》2021年4月26日。

深圳高等金融研究院：《唐杰深入剖析深圳40年创新转型总结与思考》，https://www.sohu.com/a/423579715_100013881，最后检索时间：2021年6月30日。

B.16
珠海：深耕细作可持续发展之路

张霈婷　张明丽*

摘　要： 工业化的快速推进让人类在短时间内积累了大量的物质财富，但随之而来的是，人口急剧膨胀，自然资源迅速消耗，环境被破坏。迈入21世纪，一个新的时代课题是要用可持续的发展模式取代失控的经济增长，以期达到经济增长与环境保护同步、近期利益与长远发展目标相结合、人与自然和谐共生的新局面。珠海是我国最早改革开放的经济特区，也是一座年轻的现代化花园式海滨城市。本文通过分析可持续发展的珠海样本，呈现一个城市在保持经济增速的同时，在建设健康城市、生态文明建设以及绿色发展之路上做出的探索、努力和成就。

关键词： 珠海市　健康城市　生态环境　绿色发展

自1979年"出口特区"（后改名"经济特区"）提出以来，经济特区就承担着探索与开路的功能。作为中国改革开放和现代化建设的排头兵，首批经济特区（深圳、珠海、汕头、厦门）被寄予厚望。经过40余年的探索，四个经济特区走出了不一样的道路。其中，深圳被看作是中国最成功的经济特区。珠海却饱受"高开低走"的质疑。

---

* 张霈婷，英国纽卡斯尔大学本科生，中国国际经济交流中心实习生；张明丽，《财经》区域经济与产业科技研究院副研究员，翻译、文学学士，研究方向为宏观经济与区域经济。

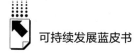

在珠三角经济靠"三来一补"腾飞时，珠海却逆势而行，将"三来一补"企业外推。尽管随着时间的推移，"三来一补"低附加值、高污染的弊端越发凸显，但没有抓住"劳动力红利"的珠海依然被质疑错失了时代发展机遇。时任珠海市委书记梁广大却表示，先发展后治理的代价太大，珠海的环境不能以金钱购买。

2020年珠海市GDP为3481.94亿元，位列广东省第6名、全国第70名，经济总量仅为深圳的12.6%。但在中国城市可持续发展指数排行榜中，珠海已经连续多年位居前列。可持续发展指数榜单摒弃了单一衡量经济增速的算法，而是通过经济发展、社会民生、资源环境、消耗排放、治理保护等多个指标进行测算，而后几项指标对中国经济社会的持续健康发展也具有十分重要的现实意义。① 因此，剖析珠海的成长模式与发展轨迹，可为其他单一维度锚定GDP发展的城市提供参照及借鉴。

一 谋篇布局：拒绝眼前利益，锚定长远发展

（一）拒绝"三来一补"

改革开放初期，一些发达国家的产业结构正经历由劳动密集型产业向资金、技术密集型产业的转变，劳动密集型产业缺乏人力及空间的承接，适逢中国家庭联产承包责任制确立释放了大量劳动力，"三来一补"企业在短时间内扩展到中国沿海地区农村，带动了珠三角经济腾飞，对广州、深圳、东莞等地区的经济发展和失业问题的解决都做出了贡献。

正当珠三角地区靠"三来一补"起家时，珠海将其喊停，提出了打造海滨花园城市的目标。1982年以后，珠海陆续关闭了200多个采石场；漂染厂、玻璃厂、皮革厂等十多类企业不允许进驻珠海。

---

① 王军、郭栋、张焕波、刘向东：《中国可持续发展评价报告（2020）》，2020，第1页。

（二）完备交通基础

1984 年，珠海从国外银行筹款 2 亿元人民币建设基础设施，其中交通基础一度被认为是超前负债，但事实证明，超前的交通基础搭建为之后珠海的经济腾飞奠定了基础。珠海对产业发展做了定位，以工业为主，农业、旅游、房地产等为辅，积极建设深水港，以港口带动工业发展。根据有关统计，2020 年珠海港控股集团有限公司营业收入与主营业务收入两项重要经营指标分别达 156.76 亿元和 153.88 亿元，同比增长分别为 97.2% 和 95.5%，较 2019 年增幅再翻倍，位列全国第 9 名与第 8 名，增幅均为全国第一，成为支撑珠海经济发展的重要基地。20 世纪 90 年代初，珠海市按照当时国内最高标准 4E 级修建了珠海机场，投资 69 亿元。机场建设之初，珠海市委、市政府就考虑引进航空航天博览会。在中国航空事业乏善可陈的年代，珠海机场严重亏损，建成 10 年总负债 40 亿元。1996 年后，中国航展走向世界，成为珠海的国际名片，第十二届航展签订各种合同、协议及合作意向书逾 569 项，成交各种型号飞机 239 架，总价值超过 212 亿美元。① 珠海市修路之初就将公路修成双向六车道，珠海大道直接通往机场和港口。2020 年，珠海大道再扩建，证明当年的交通建设构想超前但不浪费。

二 发展阶段：深耕细作可持续发展之路

（一）生态文明建设利在千秋

珠海市高度重视生态环境的保护，把生态环境作为经济社会发展的基础。2017 年珠海市成为全国首批国家生态文明建设示范市、2017 美丽山水城市；2018 年创建全国水生态文明城市通过验收；2020 年通过全国文明城

---

① 黄鹤林：《建设特区一定要敢为人先敢想敢干》，《南方周末》2020 年 6 月 17 日，第 A03 版。

市复查；空气质量连续多年位居全国重点城市前列；城乡生活垃圾无害化处理率保持100%。2020年，环境保护目标顺利完成：大气和水环境质量改善取得重大突破，化学需氧量、氨氮、二氧化硫、氮氧化物等四项主要污染物下降比例完成省下达的指标任务。

1. 创新大气污染治理工作机制和治理模式

一是实施"五个精准"工作机制，科学治理大气污染。坚持时间精准，聚焦夏季和秋冬季印发实施两个"百日攻坚"工作行动清单。坚持区域精准，实时公开全市28个空气自动监测站6项污染物数据与空间分布情况。坚持对象精准，针对臭氧形成的两项重要前体物——VOCs和氮氧化物（NOX）开展系统布局前沿基础研究，确立VOCs和柴油货车攻坚"两手抓"的防治路线。坚持问题精准，围绕实地巡查大气隐患以及臭氧生成潜势较高企业两项重点问题，形成"立即转办—立即整改—立即反馈"的良性循环。坚持措施精准，对所有国控点半径1千米、3千米、5千米范围内的667项涉气污染源实施"挂图作战"，同时邀请专家"一对一"把脉问诊，提高靶向治理水平。二是实施"4+1"治理模式，多管齐下确保减排效果。聚焦VOCs治理，省级重点VOCs企业"一企一策"综合整治完成率100%，市级重点VOCs企业"一企一策"整治方案专家评审通过率100%，全市1014家"散乱污"企业动态"清零"。聚焦机动车排气治理，率先全面实现公交电动化，严格执行高排放非道路移动机械禁用区规定。聚焦工业炉窑治理，提前完成高污染燃料锅炉综合治理。陶瓷行业和35蒸吨以下燃煤锅炉企业已实现通气使用，每年削减燃煤约10万吨。聚焦扬尘精细化治理，建设面积达到5万平方米以上工地开展扬尘智慧管控。

2. 全方位推动水污染防治

一是推动地表水环境保护初见成效。发布2020年市总河长1号令，全面开展全市河湖"五清"专项行动和问题河涌（渠）、黑臭水体整治工作。17条城市黑臭水体已全部完成"初见成效"效果评估，水体基本实现"不黑不臭"。二是切实提升饮用水源保护水平。根据全市供水格局的变化，完成红旗村水库和蛇地坑水库2个饮用水水源保护区调整工作。完善水源保护区规范化建设。三是以治本攻坚模式推动前山河治理。继续实施《前山河流域水环境综合治理攻坚方案（2019－2021年)》，加快推进前山河流域综合整治 EPC 项目。EPC 项目总投资 28.09 亿元，每公里投入的整治资金约为 3.51 亿元。珠中两市建立前山河流域水质监测信息共享机制，2020 年开展 6 次前山河流域跨界交叉执法检查行动，多次召开前山河水质保障研讨会，共同推动前山河流域综合治理。四是推进近岸海域污染整治。出台《珠海市 2020 年持续实施近岸海域污染防治实施方案》，开展珠海市近岸海域环境容量研究与入海污染物排放总量控制研究，陆海统筹分析近岸海域污染。

3. 稳步推进土壤污染防治

一是重点推进企业用地土壤污染状况调查。开展土壤污染重点行业企业用地和工业园区全面排查，确定 344 个企业地块和 3 个工业园开展土壤污染状况调查基础信息采集，筛选出 49 个地块和 3 个工业园区进行初步采样，成果报告已上报省。二是加强污染源头防控。公布 27 家土壤污染重点监管单位，全部完成土壤污染隐患排查、土壤自行监测等工作；强化涉重金属行业污染管控，深化工业固体废物堆存场所排查和整治。三是严格建设用地准入管理。依托全国污染地块信息系统平台，生态环境、自然资源、住建、城市更新、土地储备等部门形成信息共享机制；印发一系列文件，捋顺建设用地准入管理工作职责，明确各区政府（管委会）责任、土壤污染状况调查报告评审流程。目前有 61 个地块完成土壤污染状况调查评审工作，暂未发现污染地块。

4. 推进固体废物处置设施建设

珠海市环保生物质热电工程二期（生活垃圾焚烧处理规模 1800 吨/日）2020 年 4 月底开始接收垃圾，7 月开始全量运行，全市生活垃圾实现 100% 焚烧。珠海中盈环保工业废物综合处置项目一期工程 2020 年底已建成运营。加强一般固体废物资源化利用。2020 年，珠海科创环境资源有限公司的工业污泥生态资源综合利用示范项目获认定为第三批省工业固废综合利用示范项目。

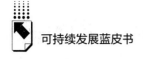

（二）体系化的绿色发展道路

珠海紧紧围绕绿色健康城市建设的规划目标，从满足人民日益增长的美好生活需要出发，将绿色融入万策，让绿色成为习惯，坚持城乡统筹、文明引领的策略，努力创造属于全体市民的健康绿色生活。

1. 建立绿色产业体系

推动企业实施绿色制造工程。珠海通过统筹指导、政策激励和培育服务等措施，引导企业往绿色制造方向发展。2020年珠海红塔仁恒包装股份有限公司等两家企业获评为绿色供应链示范企业、珠海凌达压缩机有限公司等两家企业获工信部认定绿色工厂、珠海格力电器股份有限公司房间空气调节器等14款产品认定为绿色设计产品。截至目前，全市累计拥有3家绿色供应链核心示范企业、14家绿色工厂、67件绿色设计产品。烽火海洋网络设备有限公司的海洋通信设备产业化绿色关键工艺系统集成项目等3个绿色集成项目顺利通过验收。经查询国家认证行政监管系统，珠海目前已有31家次的企业获得绿色产品、环保产品、节能产品（不含建筑节能）、节水产品等相关自愿性工业产品认证，涉及证书2634张。

2. 加强绿色流通体系

利用网站、微信和印发宣传册等方式进行行业宣传培训，引导邮政快递企业采取绿色运输新模式，有效整合行业运力，降低空载率。夯实主体责任，督促邮政快递企业认真贯彻落实相关要求，严格执行绿色包装规范，减少二次包装和过度包装，进行快递包装源头治理。开展专项整治，结合双随机、实地核查等多种方式，持续开展邮政快递业绿色包装专项整治工作。

3. 倡导绿色低碳生活方式

加强组织部署。印发《珠海市倡导文明健康绿色环保生活方式十大行动方案》《关于持续开展倡导文明健康绿色环保生活方式十大行动的通知》，全面推进"光盘行动""创建卫生家园""低碳出行""垃圾分类"等行动，共同倡导绿色环保理念、培育健康生活方式。制作刊播主题公益广告。统一设计制作"节约是一种美德""厉行节约　反对浪费""珍惜粮食"等主题公益广告，组织各区及各相关单位充分运用宣传栏、电子显示屏等载体常态化刊播，并在新闻综合频道、公共频道播放，引导市民养成节约粮食习惯。融入文明创建活动。把抵制餐饮浪费、反对铺张浪费等行动纳入文明城市、文明村镇、文明单位评选考核指标，融入文明家庭、文明校园常态工作要求，充分发挥群众性精神文明创建活动的示范推动作用，教育引导广大群众形成节约适度、绿色低碳、文明健康的生活方式和消费模式。加强法治保障。

4. 建设美丽低碳宜居城乡

坚持规划引领，绘就生态蓝图。通过开展《珠海市绿地系统专项规划（2020—2035年）》编制工作，将现状城市绿地资源重新整理，将各层次规划确定的城市绿地进行汇总，系统分类，统一编号，使城市绿地成为一个完整的规划管理体系。以区域生态安全格局为基础确定了"一屏两带，三区五廊，六核千园"市域绿地系统结构。全力维护城市生态格局，保护城市基本生态线控制内容不受破坏，防止城市无序蔓延，保障城市各类绿地的供给。农村基础设施绿色升级成效显著。农村人居环境整治三年行动取得显著进展和成效。2018年以来，珠海市深入贯彻习近平总书记关于改善农村人居环境的重要指示批示精神，认真落实中央和省决策部署，高度重视农村人居环境整治工作，推动《农村人居环境整治三年行动方案》目标任务高质量完成，奋力打造粤港澳大湾区乡村旅游目的地，建设生态宜居美丽乡村。

5. 鼓励绿色技术创新及转化

2019年，珠海制定出台了《珠海市社会发展领域科技计划项目管理办法》，社会发展领域科技计划重点支持包括人口健康与保障、教育类、资源与环境、社会事业与社会安全等方向，加强了对包括绿色低碳循环发展领域在内的社会发展领域的科技支撑力度。2020年度，市社会发展领域科技计划支持了"建筑垃圾制备'海绵城市'渗蓄混凝土材料技术开发""有毒难生物降解有机废水的电催化处理技术和装置的开发和应用""恒效净化健康车"等涉及绿色环保相关领域项目。2021年，将继续开展社会发展领域科技计划项目的组织工作，持续支持绿色环保领域的科技研发和应用推广。

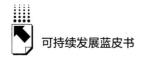
（三）健康城市，健康生活

近年来，珠海市积极贯彻健康中国战略目标，坚持以人民为中心，不断完善健康城市建设长效机制，大力促进城市与人的健康协调发展。珠海健康城市的建设围绕着四个主要步骤展开。

1. 强化政府主导，建设健康工作体系

珠海市牢固树立"全市一盘棋"思想，成立了建设健康城市领导小组，将健康城市健康村镇建设纳入各区党政领导班子年度考核指标。注重发挥市建设健康城市领导小组各成员单位的作用，在顶层设计、政策落实中持续加强统筹协调，保障健康珠海战略目标的有效推进。完善健康工作网络，优化整合人员队伍，成立珠海市健康促进中心，在市疾病预防控制中心成立公共卫生与健康研究所，各区也相应成立了建设健康城市领导小组、设立办公室，重点围绕医、食、住、学、动、行等六个重点领域，有序推进健康城市建设工作。

2. 科学组织实施，健全工作联动

珠海市坚持"融健康入万策"，将健康城市建设贯穿于全市的规划建设、市容环境、医疗卫生、交通安全、质量安全、社会服务等重点工作之中，将健康城市建设与文明城市测评、国家卫生城市成果巩固相结合，将健康细胞工程列为市十件民生实事之一，纳入卫生村镇、全民健康促进行动示范项目、文明村居（单位）和慢病示范区等建设之中，相互促进、相互推动。注重发挥民主党派、工商联、群团组织和社会组织的作用，凝聚更多力量共建健康城市。为探索体医结合创新发展方式，提升全民健身服务水平，市卫生健康局联合市文化广电旅游体育局举办珠海市社会体育指导员和健康生活方式初级指导员培训班，培训试行"一培双证"，既是健身教练，又是健康生活方式指导员，推动珠海市全民健身与全民健康深度融合，对培训和储备相应的指导科学健身和健康人才队伍起到积极的作用。

3. 营造健康氛围，推进健康细胞工程建设

珠海市在全市开展健康生活方式倡导、健全健康教育体系、提高全民身

体素质。通过公立医院、公共卫生服务体系以及各类志愿者群体持续开展健康知识宣传服务活动，扩大健康核心理念传播覆盖面。并以公共媒体为主，新媒体为辅，在全市重点商圈、重要位置和主要公交线路上投放公益广告，让健康意识深入人心。同时，珠海市将健康城市健康村镇建设专题培训纳入全市干部教育培训班次年度计划，通过举办珠港澳健康城市论坛、开展健康细胞单元分类培训，邀请全国知名的专家学者来珠授课，切实提高领导干部的健康城市建设理念和能力，为共建健康湾区提供科学理论支撑。为扎实开展健康城市细胞工程建设工作，珠海市采用"培育示范、以点带面、逐年扩大、全面达标"的方法，对 11 类健康细胞单元实行星级评定及动态管理，实行"以奖代补"制度，对被评为三星至五星级的单位给予经费补助。

4. 健康城市建设成就

经过近十年的生动实践，珠海健康城市建设稳步推进，成效显著。健康细胞建设正在这座城市的每一个角落展开。健康生活广泛普及，健康环境持续改善。2021 年 1～4 月珠海市空气质量优良达标率为 98.3%，空气质量位居全国 168 个重点城市第 9 位。全市生态建设和环境保护意识明显增强，多年来未发生突发环境事件，危险废物、辐射环境等总体安全可控。

健康服务持续优化，健康保障逐步完善。开展医疗卫生能力整合提升、社区健康干预、疾病预防控制能力升级，全市有效形成"10 分钟医疗圈"和"10 分钟急救圈"。推进基本公共卫生计生服务均等化，人均基本公共卫生服务经费从 2011 年的 25 元/人提高至 2020 年的 74 元/人，29 类基本公共卫生服务项目已全部落实。完善多层次全民医疗保障体系，全面推进医保支付方式改革，率先在全省实现全民医保待遇均等化。目前，城乡居民基本养老保险覆盖率 100%，基本医疗保险参保率 98%。

健康产业融合发展，健康人群逐渐形成。珠海市大力开展健康产业培育扶持，促进健康产业规模化、多样化、特色化发展。投资约 18 亿元、建筑面积达 27.8 万平方米的珠海国际健康港在金湾区正式开港。珠海三角岛运动休闲码头一期工程等重大产业项目成功签约，签约产值达 25.8 亿元。

2019 年 4 月,《横琴国际休闲旅游岛建设方案》获国务院正式批复,全市健康旅游休闲产业发展势头良好。

健康文化日趋浓郁,健康社会和谐发展。开展健康文化价值普及、医疗卫生人文构建和幸福家庭文化塑造行动。将健康文化建设纳入城市文化建设体系,加快引导形成关注健康、追求健康的社会氛围。2019 年,珠海市各村居综合文化中心和数字农家书屋覆盖率达 100%,形成主城区"10 分钟文体休闲生活圈"。推动"平安珠海"创建,成为全国首个以镇街为单位每天发布综合平安状况量化指标的地级市。深入推进健康细胞工程创建,截至 2020 年底,全市建成市级健康细胞单元 260 个,被世界卫生组织健康城市合作中心命名的健康单位及健康社区 9 个。

三 跨越转型:从"小而美"迈向"大而强"

占地 1736.45 平方公里的珠海曾是"小而美"城市的代表,但随着早年绿色发展路线的稳步落实,越来越多人口聚集在珠海。2019 年,珠海人口增速 7.12%,位列广东省第一名。"十四五"时期将是珠海转型发展的窗口期、跨越发展的关键期、破局突围的攻坚期,珠海正在从"小而美"向"大而强"转型。①

珠海坚持"绿水青山就是金山银山"的绿色发展之路,生态文明建设取得新成效。绿色发展理念早已融入珠海人的血液里,成为珠海发展的基本原则之一。通过大数据采集分析显示,珠海在教育、健康、交通等方面的指标分数很高,随着粤港澳大湾区的建设,珠海变得越来越具有国际吸引力。而这一切成就背后离不开的是珠海市多年以来自上而下、由点到面的全方位细致耕耘的收获,是在可持续发展方面厚积薄发的典范。

从 1992 年到 2021 年,珠海的环保绿色理念根植于城市发展的每一个脚

---

① 吴国颂:《珠海市委书记郭永航:加快珠海从"小而美"向"大而强"转型》,https://baijiahao.baidu.com/s? id = 1685400025975222627&wfr = spider&for = pc,最后检索时间:2021 年 6 月 28 日。

印。珠海的成功经验揭示了三个道理：（1）生态文明建设必须深耕细作，细水长流。不能急于一时。（2）绿色健康城市建设的布局需要以点带面地覆盖。注重从政府企业到人民群众，从法律法规到个人修养的规范和培养。（3）积极开拓创新，形成多元共建的局面。

B.17
桂林：生态文明与经济发展的协调之道

王若水*

摘　要：　自国务院批复桂林市为"国家可持续发展议程创新示范区"
以来，桂林市坚持人文、自然相融共促，持续擦亮"历史文
化名城""生态山水名城"两张名片，用新发展理念引领高
质量可持续发展。围绕"景观资源可持续利用"这一建设主
题，桂林重点针对"喀斯特石漠化地区生态修复和环境保
护"等问题，统筹推进生态旅游、生态农业、绿色工业、自
然资源保育以及"健康中国"建设。目前已取得了阶段性
成效。

关键词：　桂林　生态旅游　生态农业　绿色工业

　　桂林位于广西壮族自治区东北部，以"山青、水秀、洞奇、石美"而
闻名天下，是我国最重要的旅游城市之一，也是我国首批历史文化古城。桂
林典型的岩溶地貌与漓江水的完美结合，使其拥有得天独厚的生态旅游
资源。

　　改革开放以后，我国经济快速发展，人民生活水平逐渐改善，旅游在现
代社会发挥了越来越重要的作用。长久以来，桂林闻名遐迩的旅游资源吸引
了来自世界各地的游客，旅游业也成为桂林经济发展的重要支点。然而，日
趋增多的旅游需求在无形中增大了桂林旅游业负荷，加重了桂林生态环境保

---

* 王若水，英国卡斯商学院管理学学士，中国国际经济交流中心实习生。

护压力。因此，如何突破传统旅游模式，实现旅游业同生态环境相协调的可持续发展是社会各界高度关注的焦点问题。

在这一背景下，"桂林市可持续发展议程创新示范区"（以下简称"示范区"）于 2018 年被批复。该示范区主要目的是在解决喀斯特地貌修复问题、生态资源保育问题的基础上，兼顾发展桂林旅游业、农业、工业以及其他文化产业。围绕"景观资源可持续利用"这一主题，从全方位建设桂林成为生态文明与经济发展相协调的可持续发展示范性城市。

自 2018 年示范区获批建设以来，桂林全力推进漓江流域综合治理、喀斯特石漠化地区生态修复和环境保护等工作，全力推动生态资源优势转化为经济社会绿色协调的可持续发展优势。经过三年多的实践与摸索，桂林景观资源目前治理良好，水环境质量在全国排名第二。生态农业高质量发展，生产、生活、生态相融的"恭城模式"在全国大幅度推广。积极建设工业"绿色智造"，引入大量人才，在科学保护漓江水域的同时加快工业转型升级。此外，桂林切实保障人民健康福祉，推动以人民为中心的"健康桂林"建设。

作为世界最具特色的山水景观旅游城市之一，桂林多管齐下，加速探索示范区生态文明与经济发展的协调之道，创新发展利用景观资源优势，实现桂林生态资源可持续利用与经济健康稳定增长。

一 立足生态经济走可持续发展道路

桂林拥有丰富的自然景观资源，拥有得天独厚的生态旅游优势。近年来，桂林积极探索生态环境与绿色产业协调发展新模式，推动景观资源保育与可持续利用形成合力。桂林创新发展文旅结合的新生态旅游模式，乡村发展"生产—生活—生态"相融的"新三位一体"农业生态化模式，科学发展工业"绿色智造"。通过完善体制机制、用活用好政策、强化项目带动、汇聚创新资源等各项工作举措，全力推动生态文明与经济社会相结合的绿色发展模式。

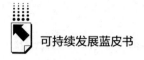
（一）生态旅游经济

生态旅游指的是在生态环境保护的基础上，采用生态友好的旅游模式发展旅游经济，改善当地人民的生活质量。桂林作为我国典型的旅游城市，传统旅游模式和持续增加的游客量产生了过度开发资源、低效率利用、生态环境破坏和旅游资源浪费等一系列问题，无形之中加大了桂林生态环境的压力。创新发展生态旅游的目的是结合旅游区域的经济、社会和生态环境，建立一个人与自然和谐发展的旅游方式。桂林从休闲度假、文化演艺、乡村民宿、医养康养四个方面创新发展生态旅游，构建了集生态保护、文化旅游、产业发展于一体的旅游发展新模式。

桂林龙胜各族自治县在经济社会转型发展中，积极创建"两山"生态基地，在发挥经济优势的同时，充分利用了生态优势，并形成生态保护、旅游与扶贫相结合的龙胜梯田"农旅融合"模式。这种"农旅融合"模式不仅推动了龙胜少数民族贫困县的脱贫攻坚工作，在生态文明建设方面也取得了明显成效与提升。2020年11月，桂林龙胜各族自治县获得"绿水青山就是金山银山"实践创新基地光荣称号，成为本批广西唯一获此荣誉的县区。

（二）生态农业

作为广西农业大市，桂林积极发展生态农业，使其成为稳定农业生产、平衡生态保护与农业经济增长，促进农业可持续发展的有效手段。近年来，桂林加速农业生态化发展，以漓江流域现代农业示范区建设为重点，推广"生产—生活—生态"相融的"新三位一体"乡村发展模式，建成了74个新型城镇化示范乡镇和17个田园综合体。桂林市恭城县率先构建起的"养殖—沼气—种植"模式更是在全国大获好评。恭城围绕乡村振兴战略，成功发展壮大其生态农业、旅游业，并大力推广"新三位一体"发展模式。现在，恭城沼气入户率排在全国第一位，人均水果产量排在广西第一，森林覆盖率明显上升，已成为西部地区生态农村发展的标杆。

（三）绿色工业

桂林始终坚持"既要金山银山，也要绿水青山"的发展理念，发展绿色工业，在建设工业"绿色智造"的同时统筹发展生态环境保育。绿色工业转型对桂林山水保护做出了较大贡献。桂林积极构建科学发展新格局，大力推进园区生态化改造及企业绿色化生产的可持续发展新模式。这一过程中，桂林大力淘汰落后产能，培育壮大了电子信息、生态食品、生物医药、先进装备制造四大优势产业，构建了高端绿色现代产业体系，实现了质量和效益稳步提升，逐步降低了工业发展对生态环境的负面影响。近五年来，桂林市重点耗能企业累计节能超 20 万吨标准煤，累计实施节能技术改造、循环经济、清洁生产和电机能效提升项目近 70 项。至今，桂林市已有国家级绿色园区 1 家，国家级绿色企业 8 家，在区域内发挥了带动引领作用。

桂林从三个方面科学协调环境与发展的矛盾。首先，桂林大力实施"退二进三"的搬迁改造工作，其主要目的是优化城市工业布局，拓宽工业企业发展空间，减少市区环境压力。其次，桂林绘制了绿色工业发展蓝图，制定下发了《桂林市工业园区发展"十三五"规划》、《桂林市"十三五"工业绿色发展规划》和《桂林市"十三五"节能环保产业发展规划》，为更好地发展生态经济建立了确切的实施方向。最后，提高工业园区能源使用效率，加大工业节能减排。桂林市经开区大力推进工业园区集中供热项目建设，实现集中供热并替代园区原分散燃煤小锅炉。这一改造年均节约标准煤 6 万吨，三年累计减少二氧化硫排放 5376 吨，减少氮氧化物排放 320 吨，减少烟尘排放 17500 吨，为节能减排做出了积极贡献。

新兴产业发展是发展现在产业的重中之重。基于新一代信息技术和生态环保技术，桂林大力推进传统企业改造、传统产业提质增效和转型升级。例如，在包装与竹木加工产业方面，桂林着重加快产品包装印刷、家居及竹木材加工、造纸及纸制品产业发展。荔浦县成为"中国衣架生产基地"，产品销往美国、欧盟、日本等国家和地区。冶金产业方面，桂林重点控制铁合金产能总量规模，引进先进环保处理技术，淘汰落后产能。建材产业方面，桂

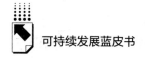

林以轻型、环保为方向，着力打造发展标准化金属建材成品和钢架型建材成品。

为促进新兴产业发展，桂林积极鼓励核心技术研发工作，加快培育战略性新兴产业，以创造新的经济增长点。目前，自治区级战略性新兴产业企业总数已过百家，汽车产业基地也已初见规模。工业节能减排一直是现代工业发展关注的重点问题。针对此问题，桂林一方面持续推进淘汰落后产能，严格执行铁合金、水泥等国家产业政策，防止低水平重复建设，另一方面牵头组织工业污染治理，大力发展循环经济。

二 桂林"蓝天，碧水，净土"三大保卫战

桂林的岩溶地貌，或喀斯特地貌，虽造就了桂林山水，却也给生态保护与可持续发展带来了难题。岩溶地貌的主要特点是涵养水分能力薄弱，水土流失快。近年来，岩溶地貌地区侵蚀严重并且土地的产能受到很大的影响。自20世纪末，漓江流域的生态环境受到严重破坏，水资源不足问题越发凸显。如何实现喀斯特石漠化地区生态修复与漓江水域治理保护是桂林可持续发展所面临的问题。

以漓江生态保护和修复提升为核心，着力构建漓江流域生态保护技术创新体系。

（一）组织漓江生态修复规划

桂林积极组织编制漓江流域生态修复规划，计划开展若干自然景观保护与修复工程，积极治理城乡生态环境，促进我国岩溶地区的保护与可持续利用。桂林市启动编制《桂林市漓江流域山水林田湖草生态保护修复规划（2019－2035年）》（以下简称《修复规划》）和《桂林漓江流域山水林田湖草生态保护和修复工程实施方案（2021－2023年）》（以下简称《实施方案》），作为指导漓江流域近三年及未来一段时期内生态保护修复的纲领性依据。

（二）推动漓江生态修复项目工程实施

2019 年以来，桂林相继下达漓江流域生态保护修复专项资金，重点开展了桂林喀斯特世界自然遗产地生态景观、漓江岸线及洲岛湿地、漓东地下水综合整治、灵川定江镇南边村泥盆系保护、阳朔破损山体生态修复等项目。2021 年，自治区提前下达 3.4 亿元资金，主要用于 9 个县（市、区），22 个漓江流域山水林田湖草生态修复工程。

桂林按照"保护漓江、发展临桂、再造一个新桂林"的要求，推动城市发展重点向西，使城乡建设、产业发展远离漓江，从源头上保护漓江水域。当前，漓江水域的修复工程已初见成效，漓江干流水质常年达到国家地表水 II 类水质标准，漓江流域森林覆盖率提高到 80.46%，水源林得到有效保护。此外，通过实施漓江城市段截污治理，城市污水集中处理率近100%，桂林入选全国黑臭水体治理示范城市。通过建设会仙湿地、荔江国家湿地公园和伏龙洲自然生态景区，桂林湿地生态的可持续发展进程可观。通过实施漓江"统一管理、统一经营、统筹各方利益"三统改革，推进漓江沿岸"四乱一脏"整治，划定禁养限养红线，桂林解决了漓江游船经营企业无限期的"万世经营"问题。

（三）"蓝天保卫战"在桂林取得重大成效

为实现碳达峰、碳中和目标，桂林市通过创新工作体制、加强顶层设计、提高基础支撑与能力建设、优化能源结构、建设低碳产业体系、发展城镇化低碳、推动全国低碳城市试点建设、碳市场建设和运行、低碳科技创新等一系列工作措施，超额完成"十三五"规划纲要确定的生态环境保护 11 项约束性指标和污染防治攻坚战目标任务。2018 ~ 2019 年，桂林市连续两年因生态环境质量改善明显获自治区督查激励。到 2020 年底，桂林市成为全区唯一连续 6 年完成大气环境质量考核指标的城市，实现 6 年"双下降"。

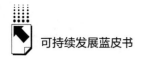
三 以人民健康为中心

（一）新冠肺炎疫情下的医联体"桂林模式"

2020 年，面对突如其来的新冠肺炎疫情，桂林市勠力同心、主动担当、奋力抗疫。在切实抓好疫情防控的同时，扎实推进健康桂林建设、健康扶贫以及医疗卫生体制改革等工作，圆满完成"十三五"规划，使人民群众健康福祉获得感、幸福感、安全感明显提升。作为国际旅游城市，桂林市全面落实"外防输入、内防反弹"总体防控策略，在全区率先开放定点宾馆安置湖北籍游客、率先实施病例"四集中"救治措施。自 2020 年 1 月 23 日桂林报告首例新冠肺炎确诊病例以来，仅用 1 个多月时间有效控制疫情，实现了确诊病例"0"死亡、院内"0"感染、医务人员"0"感染、社区传播"0"发生的目标，为全市经济社会快速恢复发展提供了坚强保障。为应对疫情防控需要，桂林市进一步增强了核酸检测能力，基层核酸检测能力实现县域全覆盖。目前 13 家疾控中心、22 家医疗机构、1 家第三方检测机构全面开展了新冠病毒核酸检测工作。同时认真做好对食品样品、环境样品、从业人员样品采样检测，有效防范了新冠病毒通过冷链食品传播。

桂林市作为全国 118 个城市医联体试点城市和全区唯一医联体建设整体推进试点城市，积极探索医联体网格化布局管理，实现了医疗服务量和服务能力"双提升"。全市医联体建设工作连续两年广西排名第一，获设区市红榜，恭城、灌阳、龙胜县连续两年获区县红榜，市本级及辖区内恭城、灌阳、龙胜县连续被自治区人民政府表彰为"真抓实干成效明显地方"。

在打造医联体"桂林模式"中，桂林市积极培育紧密型县域医共体建设示范点，恭城、灌阳、龙胜、灵川、临桂获批成为国家级紧密型县域医共体建设试点县。通过医联体建设全面助推基层服务能力不断提升，2020 年全市县域就诊率 83.6%，较改革前提高了 6 个百分点；基层医疗卫生服务机构住院量年平均增长 20.1%，门急诊人次年平均增长 14.4%。不断建立完善老年健康服务体系，联合市民政局等 7 部门制定出台《桂林市建立完善老年健康服务体系实施方案》，依托"银龄桂林"微信公众号，帮助老年人畅享数字科技带来的幸福养老生活。开展老年友善医疗机构创建活动，优化老年人就医流程，为老年人提供友善服务，有效缓解老年人看病难问题。桂林全市共 7 家单位获 2020 年全国"敬老文明号"，11 人获全国"敬老爱老助老模范人物"，位列全区第一。连续第九次获得全国无偿献血先进市。

桂林大力实施专项工程，努力补齐公共卫生短板，提高公共卫生防控救治和医疗服务能力水平，完善公共卫生服务体系，加快推进项目建设进度。不断提高桂林市基地医院和定点保健医院的医疗服务能力，适应新形势下的各类重大活动的医疗保障需求。进一步提升"漓水青山，养生桂林"城市品牌，努力在预防与保健、中西医高端特色医疗、康复疗养、旅游度假休闲养生、中医药产业发展五个领域持续发力，遴选出一批重点项目予以推进，加快桂林中医药健康旅游示范建设，不断丰富健康旅游服务产品。

（二）打造中西医结合的智慧医疗服务

中医药传承创新发展在桂林迈出坚实步伐。2020 年桂林出台了《桂林市促进中医药壮瑶医药传承创新发展实施方案》，为打造中医药诊疗高地、夯实基层中医药阵地、推进中医药产业发展、提升人才队伍及科研能力等奠定了坚实基础。疫情防控中贡献中医力量，参与 93.8% 确诊病例救治，对持续阳性患者、复阳病例和密切接触者用药管理率达 100%，为实现在治确诊病例、疑似病例"双清零"发挥了积极作用。为群众免费发放预防汤剂4830 升、中药香包 1700 个，受益人员达 7.5 万人次。

桂林新建成乡镇卫生院中医馆 10 个，乡镇卫生院中医馆覆盖率达76%。市中医医院获批广西 3 个中药壮瑶药医院制剂质量提升项目，并入选非中医类别医师中医药培训基地，兴安界首中西医结合医院骨伤丸入选广西十大中药民族药院内制剂。获批自治区中医药局科研课题 52 项、适宜技术开发项目 4 项、国家级继续教育 2 项、市人才小高地 1 项。获批广西首批中药种植示范基地 5 个，入选广西首批"定制药园"1 个，广西首批中医药健

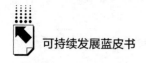
康旅游示范基地 2 个，广西首批中医药医养结合示范基地 1 个，中医药服务能力与产业发展进一步提升。

与此同时，桂林市从大数据和人工智能方面强化信息技术的支撑作用。按照"试点先行、示范引领、全面落实"的工作思路，在全市 18 家试点医院开展区域医学影像协同平台建设。加快推进各医疗卫生机构内部系统改造，实现全市各级医疗卫生机构的电子健康卡用卡环境改造，为群众提供便捷的医疗信息化服务。扎实开展医疗机构互联网＋智慧医疗建设。支持和推进桂林医学院附属医院、自治区南溪山医院、市妇女儿童医院智慧医院建设，抓好恭城县医共体远程会诊平台、人民医院智慧病房，永福县医疗机构信息化系统，灵川县紧密型医共体信息化平台等项目建设。积极推动互联网医疗普及工作，推进与桂林银行桂林分行合作共建"乡村振兴自助医疗服务点"，提高农村地区医疗服务可及性，让人民群众在家门口享受到智慧医疗服务。

四　多方合力推进示范区建设

可持续发展少不了科技创新。桂林市积极投资建设创新平台、积极鼓励人才引进和技术创新，创新驱动更加强劲有力。为鼓励研究与试验发展，桂林市新增多个国家重点实验室、岩溶所和国家级科技创新平台，并建立广西地级市首个海创基地等创新合作载体；为有效汇聚智力资源，桂林市选聘了28 位智库专家，开展"智库专家桂林行"活动，精准对接服务桂林可持续发展实际；为促进中国与世界各国的交流与合作，桂林成功举办中国—东盟可持续发展国际论坛，并列入中国—东盟技术转移与创新合作大会议程，成为中国—东盟博览会构架下常态化举办的重要高层论坛。

在体制机制创新方面，桂林成立了自治区、桂林市、各县（市、区）三级创新示范区建设领导小组，初步形成上下联动、层层抓落实、协同推进的工作格局；在全国 6 个创新示范区中率先成立了专门工作机构——桂林可持续发展促进中心，定为副处级、公益一类财政全额拨款事业单位，核定编制人数30人，负责创新示范区的建设和管理工作。在建立健全相关法律法规方面，桂林市积极实施《桂林市漓江风景名胜区管理条例》、《桂林市销售燃放烟花爆竹管理条例》以及《桂林市灵渠保护条例（草案）》等立法工作。在政策保障支持方面，为支持桂林创新示范区建设，自治区政府在财政金融、科技支撑、产业结构调整、用地、人力资源、体制机制改革、对外交流与合作等七个方面，给予创新示范区专门政策支持，为创新示范区建设提供了有力的保障。桂林市委、市政府高度重视，制定了贯彻落实《若干政策》的分工方案，通过加大政策宣传、明确责任分工、强化监督考核等方式，确保各项政策落到实处。

五 启示

桂林牢牢抓住"景观资源可持续利用"这一建设主题，在确保漓江流域、喀斯特地区生态保护与修复的基础上，以绿色理念解决可持续发展的人与自然共生问题，坚持生态优先、绿色发展、创新驱动的发展模式，值得中西部生态脆弱地区城市学习借鉴。

面对先天脆弱的生态环境，桂林举全市之力、集全国之智，积极探索喀斯特景观资源可持续利用的适用技术路线和系统解决方案，努力将生态景观优势变成经济发展优势，取得了明显的成绩。这当中有一条很重要的经验，就是要大力发展生态经济走可持续发展道路，强化生态旅游与生态农业相融合，鼓励传统经济转型，促进新兴产业发展，将绿色可持续发展模式贯穿到经济发展的每个领域。

建设一个可持续发展的社会，应不断优化提升产业结构，促进文化与旅游产业的相互融合，发展以桂林城区为中心、以漓江流域黄金旅游带城乡为重点的全域旅游模式，努力打造国际一流旅游城市。

应积极鼓励生态农业的改革创新，助力农业发展的生态循环。生态农业生产基地建设有利于提升桂林特色农产品附加值，促进其加工与产业化工程。

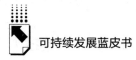

文化康养产业的培育对可持续发展建设也至关重要。尤其是通过融合具有民族特色的医药行业、旅游业、生态农业、大健康产业、文化产业，增强桂林文化的知名度和影响力。此外，促进康养旅游企业发展也有利于塑造桂林特色康养品牌。

传统产业的绿色转型刻不容缓。产业结构的转型升级在可持续发展建设上起到支撑作用，如围绕新型节能环保材料，推进传统产业绿色化改造和现代制造业的相融互促，积极鼓励具有高新技术企业的创新发展，大力推进制造业向智能化、绿色化和集群化的方向发展。

参考文献

李楚：《政府工作报告》，《桂林日报》2021年6月29日。

龙杏华：《桂林：以稳健步伐走向可持续发展新征程》，《可持续发展经济导刊》2021年7月10日。

王秋蓉：《打造景观资源可持续利用"桂林样本"——访桂林市副市长兰燕》，《可持续发展经济导刊》2020年9月15日。

国际案例篇

International Case

B.18

国际城市研究案例

王安逸　李　萍　Michael Bannon　Rashika Choudhary　Allison Day　Alyssa Ramirez *

摘　要： 本报告对比前文中100座中国大陆地区城市与包含纽约、圣保罗、巴黎、巴塞罗那、新加坡，以及中国香港在内的六座国际城市在经济发展、社会民生、环境资源、消耗排放、环境治理领域11个指标的表现。总体而言，中国城市在经济发展与环境资源方面表现较优。具体体现在经济增长与失业率方面均显著领先六座国际对比城市。百城平均人均绿地面积接近"花园城市"新加坡，远高于其他五座国际城市。但第三产业GDP占比中国城市普遍低于所选国际城市。社会民生及环境治理的各项指标，中国城市与国际城市表现相当，但在消耗排放方面明显

---

* 王安逸，美国哥伦比亚大学地球研究院可持续发展政策与管理研究中心，副研究员，博士，研究方向为可持续发展教育、环境支付意愿、环保行为；李萍，河南大学新型城镇化与中原经济区建设河南省协同创新中心硕士研究生，研究方向为区域经济；Michael Bannon，Rashika Choudhary，Allison Day，Alyssa Ramirez：美国哥伦比亚大学国际公共事务学院环境科学与政策项目硕士研究生，研究方向为环境科学。

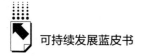

落后，凸显出在能耗、水耗强度以及空气质量方面中国城市的整体短板，以及进一步提升可持续性的发展方向。

关键词： 国际城市　可持续发展　国际城市案例

一　美国纽约

表1　2019年纽约、杭州、中国城市平均水平可持续发展指标比较

可持续指标	纽约	杭州	中国城市平均值
人口（百万）	8.70	10.36	6.71
GDP（十亿元）	7358.19	1537.30	609.10
GDP增长率（%）	2.40	6.75	6.61
第三产业增加值占GDP比重（%）	82.70	66.17	53.74
城镇登记失业率（%）	3.80	1.80	2.66
人均城市道路面积（平方米/人）	22.95	14.22	16.45
房价收入比	0.13	0.17	0.14
人均城市绿地面积（平方米/人）	13.09	72.00	54.22
空气质量PM2.5年均值（微克/立方米）	7.00	38.00	36.00
每万元GDP水耗（吨/万元）	1.84	20.14	50.52
单位GDP能耗（吨标准煤/万元）	0.04	0.31	0.60
污水处理厂集中处理率（%）	100.00	96.02	94.83
生活垃圾无害化处理率（%）	100.00	100.00	99.49

资料来源：根据2019年公开资料整理，详见参考文献。下同。

1. 经济发展

纽约国内生产总值（GDP）为73581.9亿元人民币，经济体量几乎等同于西班牙和加拿大全国的GDP。① 虽然中国几个领先城市的GDP相加后才

---

① Florida, R.，《城市与国家经济实力对比》，彭博城市实验室，2017年3月16日，https://www.bloomberg.com/news/articles/2017 – 03 – 16/top – metros – have – more – economic – power – than – most – nations。

达到纽约的规模，但中国平均 GDP 增长率是纽约的两倍多：纽约 GDP 增长率为 2.40%，而中国城市平均增长率为 6.61%，其中杭州（2021 年度排名第一）增长率达 6.75%。随着人口增长和经济持续发展，中国城市的失业率很低（2.66%），特别是与纽约相比：纽约失业率（3.80%）已超过杭州（1.80%）的两倍。纽约第三产业主要由金融、医疗和专业服务行业构成。尽管中国城市（其中包括排名第一的杭州）的第三产业增加值占 GDP 比重平均超过了 50%，但其仍然以制造业为主导。

2. 社会民生

一如之前，纽约仍然是美国人口最稠密的城市，拥有完善的交通基础设施，包括不断改进和扩大的地铁系统、自行车道及水上交通系统。因此，纽约人均城市道路面积达 22.95 平方米，超过了 2021 年度排名第一的杭州（14.22 平方米）以及其他中国城市（16.45 平方米）。

相比美国其他人口密度较大的城市，纽约的最低工资标准高居前列，但许多市民仍然无法负担城市住房（特别是曼哈顿市中心地区）。然而，由于纽约市民平均收入较高，其住房可负担率仍然高于中国城市。纽约房价收入比为 0.13，杭州为 0.17，中国城市平均值为 0.14。

3. 环境资源

位于曼哈顿市中心的中央公园是纽约的标志之一；此外，纽约还有多处公园和绿地。人均城市绿地面积（根据 2018 年数据计算）为 13.09 平方米。[1] 杭州为 72.00 平方米，中国平均为 54.22 平方米。在环境方面，虽然纽约的城市空间十分巨大，但空气质量年平均值为 7.00 微克/立方米。这一数值显著低于杭州的年平均值 38.00 微克/米和中国城市的年平均值 36.00 微克/立方米（中国 337 个城市的平均值数据）。[2]

4. 消耗排放

纽约有超过 870 万的人口，是美国 GDP 最大的城市之一。在单位 GDP 能

---

[1] 绿地面积不包括没有树木的开放休闲区。
[2] 生态环境部：《2019 中国生态环境公报》，2020。

耗和水耗方面，低于 2021 年度排名第一的杭州和中国城市平均值。纽约的水耗为 1.84 吨/万元人民币，单位 GDP 能耗为 0.04 吨标准煤/万元。杭州的水耗要大得多，达 20.14 吨/万元，能耗为 0.31 吨标准煤/万元。总体而言，中国领先城市的平均水耗为 50.52 吨/万元，能耗为 0.60 吨标准煤/万元。

5. 治理保护

往年数据表明，纽约污水处理率和生活垃圾无害化处理率均为 100%，高于中国领先城市和中国城市平均值。杭州污水处理厂集中处理率为 96.02%，生活垃圾无害化处理率为 100%。中国城市平均污水处理厂集中处理率为 94.83%，生活垃圾无害化处理率为 99.49%。

二　巴西圣保罗

表 2　2019 年圣保罗、杭州、中国城市平均水平可持续发展指标比较

可持续指标	圣保罗	杭州	中国城市平均值
人口（百万）	12.25	10.36	6.71
GDP（十亿元）	1127.92	1537.31	609.14
GDP 增长率（%）	2.60	6.75	6.61
第三产业增加值占 GDP 比重（%）	70.94	66.17	53.74
城镇登记失业率（%）	12.40	1.80	2.66
人均城市道路面积（平方米/人）	22.37	14.22	16.45
房价收入比	0.18	0.17	0.14
人均城市绿地面积（平方米/人）	2.60	72.00	54.22
空气质量 PM2.5 年均值（微克/立方米）	15.30	38.00	36.00*
每万元 GDP 水耗（吨/万元）	7.14	20.14	50.52
单位 GDP 能耗（吨标准煤/万元）	0.15	0.31	0.60
污水处理厂集中处理率（%）	62.00	96.02	94.83
生活垃圾无害化处理率（%）	97.80	100.00	99.49

注：＊表示全国 337 个城市的平均值。

1. 经济发展

综合各项指标，巴西圣保罗仍然是世界最大的城市之一。在评估 GDP 增长率这一经济因素时，圣保罗并未超过杭州以及中国城市的平均值。圣保

罗的 GDP 约为 11279.2 亿元人民币（杭州为 15373.1 亿元人民币），相当于中国城市平均值（6091.4 亿元人民币）的近两倍。对于一个人口比杭州多近 200 万、比中国城市平均人口多出近一倍的城市而言，其 GDP 并不十分可观。圣保罗的增长率约为 2.60%，而杭州和中国城市的平均增长率分别约为 6.75% 和 6.61%。报告显示，圣保罗的第三产业增加值占 GDP 比重为 70.94%，杭州为 66.17%，均高于中国城市平均值（53.74%）。

2. 社会民生

圣保罗是巴西人口最多的城市，约有 1225 万居民，几乎为里约热内卢人口（600 万 +）的 2 倍（巴西人口第二大的城市）。与拥有 1036 万居民的杭州以及中国领先城市（平均 671 万人）相比，圣保罗的人口更多。圣保罗的失业率（12.40%）明显高于杭州（1.80%）和中国城市平均值（2.66%）。尽管如此，圣保罗的房价收入比（0.18）却与杭州（0.17）非常接近，并高于中国城市平均值（0.14）。而圣保罗的人均城市道路面积（平方米/人）（22.37）[①] 显著高于杭州（14.22），同时，中国城市平均值（16.45）略高于杭州。

3. 环境资源

圣保罗与全球其他主要城市一道，鼎力支持可持续发展，[②] 将环境质量置于优先地位，并努力保护当地生物多样性。圣保罗目前的人均城市绿地面积（2.60 平方米）明显少于杭州（72.00 平方米）和中国城市平均值（54.22 平方米）。[③] 尽管差距很大，但圣保罗的年平均空气质量（15.30 微克/立方米）却显著优于杭州（38.00 微克/立方米）和中国城市平均值（36.00 微克/立方米）。

4. 消耗排放

圣保罗的水耗为 7.14 吨/万元，明显低于杭州的 20.14 吨/万元，且这

---

① 基于 2018 年数据估计。

② 全球环境基金：《圣保罗城市可持续发展声明》，2019 年 9 月 20 日，https://www.thegef.org/news/sao-paulo-statement-urban-sustainability。

③ 圣保罗的绿地面积数据不包括没有树木的开放空间（2017 年数据）。

两个城市均显著低于中国城市平均值（50.52 吨/万元）。同样，圣保罗的单位 GDP 能耗约为 0.15 吨标准煤/万元，[①] 而杭州和中国城市平均值分别为 0.31 吨标准煤/万元和 0.60 吨标准煤/万元。

5. 治理保护

在污水处理厂集中处理率等环境治理方面，中国领先城市远超圣保罗。虽然为了改善圣保罗的污水处理现状，巴西国有卫生设施提供商、公用事业公司和基础设施行业已倾注巨资，但仍有许多空白有待填补，特别是在服务不足的地区。[②] 圣保罗的污水处理厂集中处理率为 62.00%，远低于杭州（96.02%）和中国城市平均值（94.83%）。圣保罗的生活垃圾无害化处理率为 97.80%，与中国城市（99.49%）和杭州（100%）的水平相当。

三　西班牙巴塞罗那

表3　2019 年巴塞罗那、杭州、中国城市平均水平可持续发展指标比较

可持续指标	巴塞罗那	杭州	中国城市平均值
人口（百万）	1.66	10.36	6.71
GDP（十亿元）	621.06	1537.31	609.14
GDP 增长率（%）	2.30	6.75	6.61
第三产业增加值占 GDP 比重（%）	77.30	66.17	53.74
城镇登记失业率（%）	8.50	1.80	2.66
人均城市道路面积（平方米/人）	12.44	14.22	16.45
房价收入比	0.04	0.17	0.14
人均城市绿地面积（平方米/人）	17.18	72.00	54.22
空气质量 PM2.5 年均值（微克/立方米）	12.50	38.00	36.00*

---

① 2018 年数据。

② Ganter, J. C.，《摄影记者笔记本：圣保罗的污水》，蓝色圆圈组织（Circle of Blue），2019 年 1 月 2 日，https://www.circleofblue.org/2019/world/photojournalists - notebook - sao - paulos - wastewater/。

可持续指标	巴塞罗那	杭州	中国城市平均值
每万元GDP水耗(吨/万元)	1.58	20.14	50.52
单位GDP能耗(吨标准煤/万元)	0.02	0.31	0.60
污水处理厂集中处理率(%)	100.00	96.02	94.83
生活垃圾无害化处理率(%)	100.00	100.00	99.49

注：＊表示全国337个城市的平均值。

1. 经济发展

众所周知，巴塞罗那是西班牙重要的经济和行政都市，港口活动日渐繁忙，是西班牙的第一大出口港。根据《2020年报告》，巴塞罗那正在努力建立一个"多元、创新和包容的经济模式，在经济、社会和环境各个层面实现可持续发展"。根据2020~2030年经济促进战略行动计划——活力巴塞罗那，该市将大力推动制造业、数字经济、创意行业、绿色和循环经济、卫生和生物技术产业以及社会与团结经济的转型。巴塞罗那的GDP与中国城市平均值相当，但显著低于杭州。巴塞罗那的增长率不高（2.30%），杭州等中国城市的增长率是巴塞罗那的3倍（6.75%）。根据2020年可持续城市移动出行指数，巴塞罗那在世界可持续城市榜单中位列第18名。

巴塞罗那的失业率在2012年3月经济危机期间达到24%的峰值，之后呈下降趋势。截至2019年，失业率继续下滑（8.50%），但仍显著高于杭州（1.80%）和中国城市平均值（2.66%）。这可能是中西两国在职场文化和工作预期方面存在诸多差异所致。巴塞罗那的第三产业增加值占GDP比重绩效较好（77.30%），高于中国城市平均值（66.17%）和杭州（53.74%）。巴塞罗那的经济支柱是第三产业，而非传统手工业和纺织业。旅游和贸易出口也是其主要经济成分。

2. 社会民生

巴塞罗那的房价收入比为0.04，低于杭州和中国城市平均值，因此其市民基本能够负担住房开支。巴塞罗那位于西班牙北部海岸，是重要的交通贸易枢纽。此外，巴塞罗那城市面积为101.4平方公里，人口166万。形成

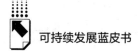

鲜明对比的是，杭州城市面积达 16596 平方公里，人口 1036 万。巴塞罗那建有一个高速公路网和高路线路，直通西班牙其他城市和欧洲其他国家。尽管如此，巴塞罗那的人均城市道路面积为 12.44 平方米，明显少于杭州（14.22 平方米）。此外，巴塞罗那全市还有超过 200 公里的自行车道。巴塞罗那的人均城市绿地面积为 17.18 平方米，而杭州虽然规模更大，人均城市绿地面积却为 72.00 平方米。

3. 环境资源

在巴塞罗那发布的 2020 年环境报告中，涵盖了多项可持续发展指标、实施进展和未来目标的最新信息。显然，巴塞罗那正在加大环境监管力度，已经在可持续性和生活质量方面成为国际一流城市。巴塞罗那的 PM 2.5 平均值为 12.50 微克/立方米，不到杭州的 1/3（38.00 微克/立方米）。总的来说，巴塞罗那的空气质量明显好于中国城市。不过，这是 PM 2.5 的年均数据，在机场、高速公路和港口等交通流量大的区域，政府仍然需要持续解决空气质量问题。

4. 消耗排放

巴塞罗那的单位 GDP 水耗为 1.58 吨/万元，明显低于杭州（20.14 吨/万元）。目前，巴塞罗那在用水效率方面位居欧洲前列。① 截至 2019 年，家庭人均日水耗约为 107.5 升，比 2006 年低 8.9%。巴塞罗那的单位 GDP 能耗 0.02 吨标准煤/万元，杭州为 0.31 吨标准煤/万元，这说明中国城市要比巴塞罗那消耗更多的单位 GDP 能源。

5. 治理保护

巴塞罗那的污水处理厂集中处理率达 100%，领先于所有中国城市。巴塞罗那的下水道管网十分健全，而且可以通过计算机工具使之按照河流状况运行，以免污染河流和海水。下水道管网还设有旨在吸收洪水的雨水/污水调节池。巴塞罗那城区共有七个水处理厂。巴塞罗那可以有效处理全部生活

---

① 巴塞罗那市政厅，巴塞罗那 2020 年数据表单，https：//www.barcelona.cat/internationalwelcome/sites/default/files/datasheet2020_web_eng_0.pdf。

垃圾，全部实现无害化处理率。中国大部分城市也达到相同标准。2008年，巴塞罗那关闭了加拉夫垃圾填埋场，在填埋场基础上建造了绿色景观。另外，巴塞罗那还建设了若干生态公园，以更好地处理城市固体废物，管理堆肥、甲烷反应和物料回收等活动。在《巴塞罗那21号议程》当中，设立了一些旨在减少废物产生以及推广加强再利用/回收文化的指标，例如，收集有机材料和有选择性地收集废物。

四 法国巴黎

表4 2019年巴黎、杭州、中国城市平均水平可持续发展指标比较

可持续指标	巴黎	杭州	中国城市平均值
人口(百万)	2.16	10.36	6.71
GDP(十亿元)	1914.84	1537.31	609.14
GDP增长率(%)	4.38	6.75	6.61
第三产业增加值占GDP比重(%)	78.56	66.17	53.74
城镇登记失业率(%)	7.50	1.80	2.66
人均城市道路面积(平方米/人)	7.36	14.22	16.45
房价收入比	0.12	0.17	0.14
人均城市绿地面积(平方米/人)	13.04	72.00	54.22
空气质量PM2.5年均值(微克/立方米)	13.35	38.00	36.00*
每万元GDP水耗(吨/万元)	2.34	20.14	50.52
单位GDP能耗(吨标准煤/万元)	0.05	0.31	0.60
污水处理厂集中处理率(%)	100.00	96.02	94.83
生活垃圾无害化处理率(%)	100.00	100.00	99.49

注：＊表示全国337个城市的平均值。

1. 经济发展

巴黎市尚未公布2019年的GDP。[①] 因此，按照巴黎大区2018年的GDP和GDP增长率估计，其2019年的GDP为19148.4亿元。[②] 巴黎的GDP远高

[①] 在之前的评估报告中，有时直接使用巴黎大区的GDP，导致巴黎市的GDP高估，因为巴黎大区的人口比巴黎市多出1000万；有时使用巴黎大区的人均GDP计算巴黎市的GDP，导致巴黎市的GDP低估。

[②] 经济合作与发展组织，https://stats.oecd.org/，最后检索时间：2021年7月26日。

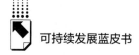
于杭州和中国其他城市。杭州 2019 年的 GDP 为 15373.1 亿元，中国城市平均值为 6091.4 亿元。巴黎尚未公布 2019 年的 GDP 增长率。我们假设增长率与 2018 年相同（2017 年和 2018 年均为 4.38%）。[①] 杭州当年的 GDP 增长率为 6.75%，中国城市平均值为 6.61%。由于只有巴黎大区的增长率，无法将其与中国城市进行准确比较。

巴黎尚未公布第三产业增加值占 GDP 比重数据。目前来看，巴黎大区的第三产业增加值占 GDP 比重为 78.56%，但这一数字是使用 2018 年数据计算得出的。[②] 杭州第三产业增加值占 GDP 比重为 66.17%，中国城市平均值为 53.74%。由于此处报告的第三产业增加值占 GDP 比重来自巴黎大区，无法将其与中国城市进行准确比较。巴黎的失业率为 7.50%，[③] 低于 2018 年的 7.7%。[④] 这是自 2015 年起失业率下降趋势的延续。[⑤] 杭州的失业率为 1.80%，中国城市平均值为 2.66%。巴黎的失业率是杭州和其他中国城市的数倍。

2. 社会民生

根据法国国家统计与经济研究所（INSEE）的数据，巴黎市（巴黎）人口从 2018 年的 218 万人减少到 2019 年的 216 万人，[⑥⑦] 远少于最具可持续

① 《按 GDP 分列的城市名单》，维基百科，https：//en. wikipedia. org/w/index. php? title = List_ of_ cities_ by_ GDP&oldid = 1035628657。

② 经济合作与发展组织：《按行业、大 TL2 和小 TL3 区域划分的 GVA》，https：// stats. oecd. org/index. aspx? queryid = 67059#，最后检索时间：2021 年 7 月 28 日。

③ 法国国家统计与经济研究所（INSEE），*Taux de chômage par zone d'emploi au 1er trimestre 2021. INSEE.* https：//www. insee. fr/fr/statistiques/1893230，最后检索时间：2021 年 6 月 30 日。

④ 司尔亚司数据信息有限公司（CEIC），*France Unemployment Rate：Zone：Sa：Paris.* CEIC Data，https：//www. ceicdata. com/en/france/unemployment – by – region – and – zone/ unemployment – rate – zone – sa – paris，最后检索时间：2021 年 7 月 26 日。

⑤ 法国国家统计与经济研究所，*Taux de chômage par zone d'emploi au 1er trimestre 2021. INSEE，* https：//www. insee. fr/fr/statistiques/1893230，最后检索时间：2021 年 6 月 30 日。

⑥ 在 2020 年的评估中显示，巴黎 2018 年的人口为 214 万人，这表明 2019 年人口略有增加。2018 年报告中的其他指标是根据 214 万人计算的，因此 2021 年的评估将继续假设人口为 214 万。

⑦ 法国国家统计与经济研究所，*Estimation de la population au 1er janvier 2021. INSEE，* https：// www. insee. fr/fr/statistiques/1893198，最后检索时间：2021 年 3 月 30 日。

性的中国城市——杭州（1036 万人）。巴黎人口仅占中国城市平均值（671
万人）的 1/3。巴黎没有提供 2019 年的人均城市道路面积。我们采用了
2018 年的数据，并根据 2019 年的人口进行了调整，结果为：人均 7.36 平
方米。杭州的人均城市道路面积为 14.22 平方米，中国城市平均值为 16.45
平方米。假设巴黎 2018 年至 2019 年的人均城市道路面积不变，则中国城市
平均值约为巴黎的两倍。原因可能是，巴黎保留了大部分的历史街道，其远
不如现代道路系统宽敞。

房价收入比是住房单价（每平方米）与人均 GDP 之间的比值。然而，由于
没有巴黎 2019 年的平均住房单价可靠数据，我们只能根据前一年的评估报告调
整 2018 年的数值，作为 2019 年的估算数据。假设实际单位住房价格自 2018 年起
保持不变，并考虑了通货膨胀和巴黎人均 GDP 的变化因素，则 2019 年人均 GDP
的房价收入比为 0.12。① 杭州的房价收入比为 0.17，中国城市平均值为 0.14。
巴黎的房价收入比高于中国城市。

3. 环境资源

巴黎没有提供 2019 年城市绿地面积测量报告。我们根据 2018 年的数据
计算，得出巴黎 2019 年人均城市绿地面积为 13.04 平方米。巴黎绿地面积
数据不包括没有树木的开放空间、住宅绿地以及街道旁的绿地。杭州人均城
市绿地面积为 72.00 平方米，中国城市平均值为 54.22 平方米。杭州的人均
城市绿地面积约为巴黎的 5.5 倍，中国城市平均值约为巴黎的 4 倍。

巴黎没有报告 2019 年的 PM2.5 情况。空气监测机构 Airparif 提供了巴
黎 20 个行政区的地图，每个区内的高空间分辨率读数代表每年暴露于
PM2.5 的平均人口。②③ 为了估计年平均人口暴露量，我们在每个区的中心
位置附近选择一个地点，然后计算 20 个区的后续测量平均值。根据这一方

---

① 房产指数，欧洲住宅市场概述，德勤，https：//www2. deloitte. com/content/dam/Deloitte/de/
Documents/real - estate/property - index - 2019 - 2. pdf。
② 无法从 Airparif 网站下载原始数据，因此难以计算整个城市的平均值。
③ *Bilans et cartes annuels de pollution*，Airparif，https：//www. airparif. asso. fr/surveiller - la -
pollution/bilan - et - cartes - annuels - de - pollution，最后检索时间：2021 年 7 月 26 日。

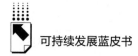

法，得出巴黎 2019 年的年均人口可吸入颗粒物暴露量为 13.35 微克/立方米。[①] 杭州年均人口可吸入颗粒物暴露量为 38.00 微克/立方米，中国城市平均值为 36.00 微克/立方米。巴黎年均 PM2.5 人口暴露水平相当于杭州和其他中国城市的 1/3。巴黎的空气质量更好，这是地方当局不断努力减排的结果，例如关闭城市高速公路、增加公共空间的植被、制定能效法规，以及使用清洁能源发电等。此外，巴黎政府制定了到 2024 年实现无柴油车、到 2030 年实现无汽油车的目标。

4. 消耗排放

与往年一样，巴黎没有报告 2019 年的水耗数据。我们唯一能够获得的最新数据是 2017 年的水耗数据，据此计算巴黎 2019 年的水耗为 2.34 吨/万元。杭州的水耗为 20.14 吨/万元，中国城市平均值为 50.52 吨/万元。在进行比较后，巴黎的每万元水耗明显少于中国城市。巴黎没有报告 2018 年和 2019 年的能耗数据。唯一能够获得的最新数据是 2017 年的 0.05 吨标准煤/万元，本报告将继续使用这一数据。杭州 2019 年的能耗率为 0.31 吨标准煤/万元，中国城市平均值为 0.60 吨标准煤/万元。巴黎的单位能耗显著低于中国城市，表明了当地政府对减少城市能耗的坚定承诺。巴黎在过去几年为可再生能源发电设施建设大举投资，在巴黎东部新建一座太阳能发电厂和一个地热井。此外，巴黎还将继续改造建筑生态和智能照明技术，以提高建筑和公共基础设施的能效。

5. 治理保护

巴黎没有报告 2019 年的污水处理厂集中处理率。2018 年报告的污水处理厂集中处理率为 100%。杭州 2019 年的污水处理厂集中处理率为 96.02%，全国城市平均值为 94.83%。巴黎没有报告 2019 年的生活垃圾无害化处理率。2018 年报告的生活垃圾无害化处理率为 100%。杭州生活垃圾无害化处理率为 100%，全国城市平均值为 99.49%。巴黎和杭州的处理率都是 100%，但中国城市的平均处理率略低于巴黎。

---

① 然而，如果持续点击每个行政区内的不同地点，则平均人口暴露值会略有不同，可能在 10~20 微克/立方米。

五　中国香港

表5　2019年香港、杭州、中国城市平均水平可持续发展指标比较

可持续指标	香港	杭州	中国城市平均值
人口(百万)	7.51	10.36	6.71
GDP(十亿元)	2531.04	1537.31	609.14
GDP增长率(%)	-1.20	6.75	6.61
第三产业增加值占GDP比重(%)	93.40	66.17	53.74
城镇登记失业率(%)	2.90	1.80	2.66
人均城市道路面积(平方米/人)	6.13	14.22	16.45
房价收入比	0.44	0.17	0.14
人均城市绿地面积(平方米/人)	97.64	72.00	54.22
空气质量PM2.5年均值(微克/立方米)	20.25	38.00	36.00*
每万元GDP水耗(吨/万元)	5.17	20.14	50.52
单位GDP能耗(吨标准煤/万元)	0.13	0.31	0.60
污水处理厂集中处理率(%)	93.70	96.02	94.83
生活垃圾无害化处理率(%)	100.00	100.00	99.49

注：＊表示全国337个城市的平均值。

1. 经济发展

中国香港是国际金融、航运和贸易中心，全球第八大贸易经济体。香港GDP为2.531万亿人民币，是中国内地城市平均GDP的4倍左右。过去一年，香港经济因社会动荡、新冠肺炎疫情和国际政治形势受到重创，GDP增长率为-1.20%，而中国内地城市平均GDP增长率为6.61%。2019年新冠肺炎疫情令经济严重收缩，香港劳工市场受到影响。中国香港的失业率为2.90%，与内地城市的平均失业率基本持平。香港经济以服务业为主，服务业占本地生产总值的比重长期保持在90%以上，而中国内地城市第三产业增加值占GDP比重平均为53.74%。

2. 社会民生

作为世界上人口密度最大的城市之一，香港人口为751万人，约为杭州人

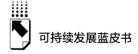

口的 72.5%，同时高于中国城市平均人口数量（671 万人）。根据国际住房支付能力的年度统计调查，尽管过去一年香港新冠肺炎疫情反复，经济严重受挫，失业率居高不下，但房屋价格却未见大的跌幅，连续十年登上房价最难负担城市榜首。香港房价收入比为 0.44，是中国内地城市平均房价收入比的 3 倍。

由于住房需求旺盛而空间有限，香港人均城市道路面积相对较少（人均 6.13 平方米），而杭州人均道路面积为 14.22 平方米，中国城市人均道路面积为 16.45 平方米，约为香港的 3 倍。

3. 资源环境

香港的人均城市绿地面积为 97.64 平方米，是中国城市平均值（人均 54.22 平方米）的近 2 倍。深圳的人均城市绿地面积为 215.17 平方米，杭州人均城市绿地面积为 72.00 平方米。香港的空气质量优于内地大部分城市，中国城市空气质量 PM2.5 年均值为 36.00 微克/立方米，而香港的 PM2.5 年均值为 20.25 微克/立方米，杭州为 38.00 微克/立方米，接近香港的两倍。

4. 消耗排放

近年来，香港积极发展绿色创新科技和绿色经济，加快低碳转型。香港每万元 GDP 能源消耗量（0.13 吨标准煤）和耗水量（5.17 吨）分别约为内地城市平均值的 21.7% 和 10.2%。同时杭州的单位 GDP 能耗为 0.13 吨标准煤，每万元 GDP 水耗 20.14 吨，均远低于中国内地城市单位 GDP 能源消耗量（0.6 吨标准煤）和耗水量（50.52 吨）。

5. 治理保护

香港的污水处理厂集中处理率为 93.70%，略低于中国城市污水处理厂集中处理率平均值 94.83%，而杭州的污水处理厂集中处理率为 96.02%。随着香港人口持续增长，对污水处理设施的需求不断增加，香港致力于保持高效率的污水收集、处理和排放服务，利用先进科技和现代化设施减少污染排放物，提高能源效益，促进香港可持续发展。香港生活垃圾无害化处理率为 100%，与中国大多数城市一致。香港的垃圾处理主要是通过堆填和回收再处理两种方式进行，以"惜物、减废"为重点，建立了"减费、收费、收集、处置及弃置"的综合管理系统。

六　新加坡

表6　2019年新加坡、杭州、中国城市平均水平可持续发展指标比较

可持续指标	新加坡	杭州	中国城市平均值
人口（百万）	5.70	10.36	6.71
GDP（十亿元）	2586.67	1537.30	609.10
GDP增长率（%）	1.35	6.75	6.61
第三产业增加值占GDP比重（%）	70.67	66.17	53.74
城镇登记失业率（%）	3.10	1.80	2.66
人均城市道路面积（平方米/人）	15.19	14.22	16.45
房价收入比	0.20	0.17	0.14
人均城市绿地面积（平方米/人）	59.31	72.00	54.22
空气质量PM2.5年均值（微克/立方米）	16.00	38.00	36.00
每万元GDP水耗（吨/万元）	1.13	20.14	50.52
单位GDP能耗（吨标准煤/万元）	0.17	0.31	0.60
污水处理厂集中处理率（%）	93.00	96.02	94.83
生活垃圾无害化处理率（%）	100.00	100.00	99.49

1. 经济发展

作为一个拥有570万人的城市国家，新加坡的治理结构仿效英国的议会政府制度。多年来，新加坡始终是世界贸易中心之一。新加坡马六甲海峡是世界最繁忙的港口，位于印度和中国之间。自2017年以来，新加坡的经济增长持续下降，2019年仅为1.3%，创下2009年以来的新低。尽管增长放缓，但新加坡2019年的GDP（25876.7亿元）仍大幅超越中国城市平均值，包括中国最具可持续性的城市——杭州。然而，新加坡的GDP略低于中国经济最发达的城市，包括上海、北京和深圳。报道称，近年来的经济放缓主要是全球经济衰退导致制造业疲软所造成。[①] 增长势头的持续低迷还伴随着

---

① 《新加坡经济下滑：2019年经济增长因贸易困境而回落》，半岛电视台，2020年1月2日，https：//www.aljazeera.com/economy/2020/1/2/singapore – slump – economic – growth – falls – in – 2019 – on – trade – woes。

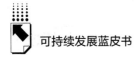

较高的失业率（3.10%），而中国城市的平均失业率为 2.66%。

2. 社会民生

新加坡是一个年轻的移民国家，主要人口由第二代和第三代移民组成。长期以来，新加坡一直是一个多元化和多种族的社会。新加坡有 570 万人，低于中国领先城市的平均值（671 万人）。然而，过去十年经济的快速发展给新加坡的基础设施（尤其是路网）带来了巨大压力，人均城市道路面积为 15.19 平方米，[①] 与中国领先城市的平均值（16.45 平方米）相当，略高于人口众多的杭州。道路基础设施建设正在占用宝贵的土地空间。2012 年，新加坡有 9081 公里的车道，占土地总面积的 12%。鉴于可用土地不断稀缺、建设成本持续增加，新加坡正在努力开发新的土地。为了缓解经济发展压力，新加坡于 2013 年建设了全长 5 公里的滨海高速公路。新加坡房价在2013 年达到顶峰，此后持续下跌。但是，新加坡仍然是全球最贵的房地产市场之一，仅次于香港。与中国城市相比，新加坡公民的住房负担仍然很重。

3. 环境资源

被称为"花园城市"的新加坡有四个自然保护区；全岛遍布 350 余处公园和 300 多公里的公园廊道。为了扩大绿色基础设施，这座城市勇于探索绿色屋顶、绿色墙壁和层叠垂直花园等新的基建方法。新加坡的人均城市绿地面积为 59.31 平方米/万人，[②] 超过中国大多数城市，但远低于杭州（72.00 平方米/人）。新加坡的空气质量明显好于中国大多数城市。全年 PM2.5 平均值仅为 16.00 微克/立方米，不到中国城市平均污染水平的一半。

4. 消耗排放

新加坡每万元水耗为 1.13 吨，远低于中国城市。中国 100 个城市的单位 GDP 平均水耗为 50.52 吨。数十年前，由于缺乏收集雨水的土地，新加坡的干旱问题高居不下。如今，新加坡通过多管齐下的创新方法确保可持续

---

① 基于 2018 年数据估计。

② 基于 2018 年数据估计。

的水供应。作为一个没有自然资源的开放经济体，新加坡非常容易受到能源成本上升的影响，导致经济竞争力下滑。提高能效是新加坡减少温室气体排放的关键战略之一。新加坡的能耗强度（0.17 吨标准煤/万元）远低于中国城市 2019 年的平均值（0.60 吨标准煤/万元）。

5. 治理保护

根据我们之前 2017 年的评估报告数据，新加坡的污水处理厂集中处理率为 93.00%，低于中国大陆地区城市的平均值（94.83%），但这可能是官方数据过时所致。新加坡修建了一个"深隧道污水系统"，旨在通过深隧道依靠重力作用输送污水。污水经处理后，被净化成超清洁、可以再次利用的高级再生水。根据新加坡国家环境署（NEA）的数据，新加坡 2019 年产生的垃圾量较前一年下降了 6%，但总体回收利用率也有所下降。新加坡 2018 年产生了 770 万吨的固体废物，2019 年降至 723 万吨，自 2017 年以来连续三年下滑。生活垃圾回收利用率从 2018 年的 22% 降至 2019 年的 17%，非生活垃圾回收利用率从 2018 年的 75% 降至 73%。[①] 新加坡的生活垃圾无害化处理率为 100%，与中国大多数领先城市相同。

七 分大类比较

（一）各城市指标表现

注释：浅灰色区域是一个结合了中国所有 100 个领先城市最佳绩效的想象城市。深灰色区域是中国城市平均绩效。虚线标注区域是标题城市的绩效。指标分数越高（最大的部分/最靠近外圈的部分），城市绩效越好。

计算：将原始数据和最低/最高指标之间的绝对差值除以最高指标和最

---

① Mohan，M.（2020 年 4 月 15 日）。新加坡 2019 年产生的垃圾较少，但回收利用率亦有下降：NEA。CNA. https：//www. channelnewsasia. com/news/singapore - generated - less - waste - 2019 - recycling - rate - fell - nea - 12643286

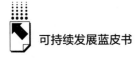
低指标之间的差值，得出绩效。

城镇失业率、空气质量、能耗和水耗的指标公式如下：

$$绩效 = \frac{原始数据 - 最高指标}{最高指标 - 最低指标}$$

其他指标的绩效公式如下：

$$绩效 = \frac{原始数据 - 最低指标}{最高指标 - 最低指标}$$

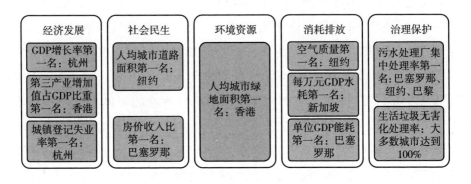

图 1　2021 年度各指标排名第一的城市

（二）分类别比较

1. 经济发展

显然，中国城市的经济发展绩效更好：杭州的 GDP 增长率（6.75%）和中国城市 GDP 增长率平均值（6.61%）远高于中国大陆以外的六个对比城市。城镇失业率也十分类似：杭州（1.8%）大幅领先，只有香港（2.9%）接近中国城市平均值（2.7%）。然而，第三产业增加值占 GDP 比重的趋势恰恰相反，所有六个对比城市的服务业比重均大于包括杭州在内的中国城市。

2. 社会民生

社会民生模块的趋势变化并不明显。在人均道路面积和住房负担能力方

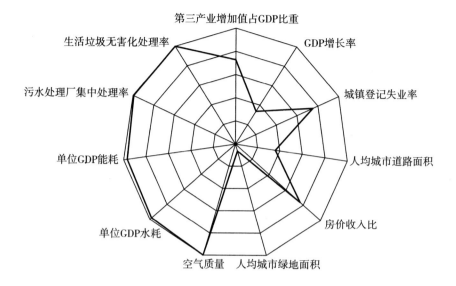

图2 美国纽约可持续发展指标

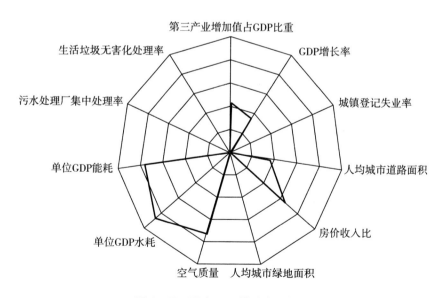

图3 巴西圣保罗可持续发展指标

399

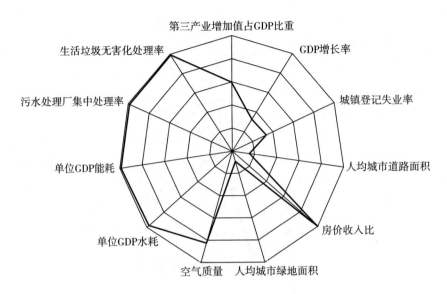

图4 西班牙巴塞罗那可持续发展指标

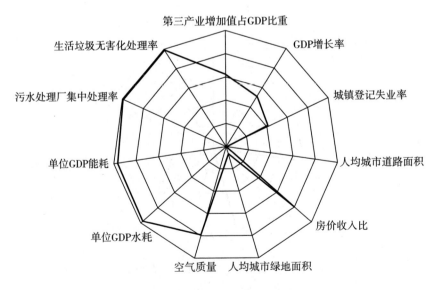

图5 法国巴黎可持续发展指标

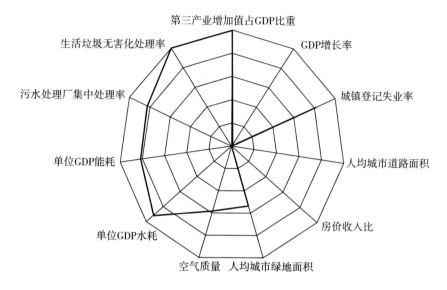

图6　中国香港可持续发展指标

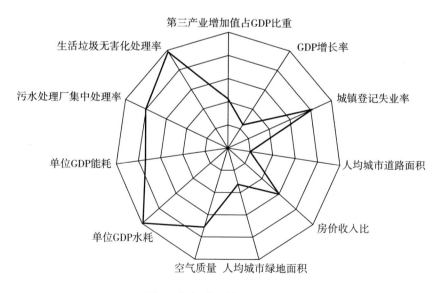

图7　新加坡可持续发展指标

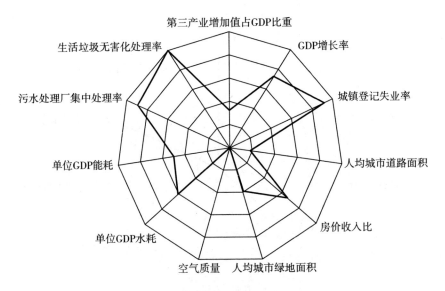

图8 中国杭州可持续发展指标

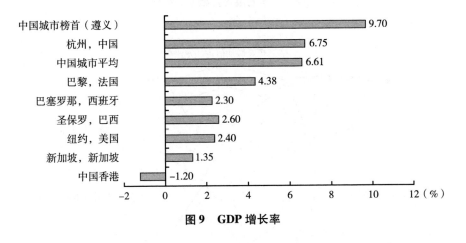

图9 GDP 增长率

面，包括杭州在内的中国城市位于六个对比城市的中间值附近①。香港人口密度很高，土地资源有限，人均道路面积最低，房屋价格最贵。

3. 环境资源

中国城市的人均城市绿地指标普遍优于欧美城市。中国城市人均绿地面

---

① 然而，城市和地区对道路面积和交运类型有不同的定义和衡量标准，因此这一指标应谨慎解读。

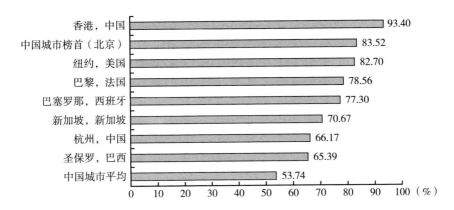

图10 第三产业增加值占 GDP 比重

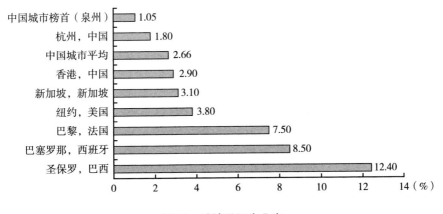

图11 城镇登记失业率

积略小于"花园城市"新加坡。六个对比城市之间差异很大，香港以 97.64平方米领先，圣保罗以人均 2.6 平方米落后。这一结果部分是由于不同的绿地测量方式造成的：一些城市的统计数据不包括某些类型的地面（例如，没有树木或草地的开发空间）。

4. 消耗排放

与国际城市相比，中国城市的空气质量更差。中国以外的城市的 PM2.5水平不到中国城市平均值的一半。在资源消耗方面，六个对比城市的能源效率远高于中国城市。

403

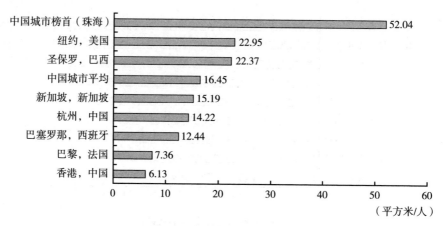

图12　人均城市道路面积

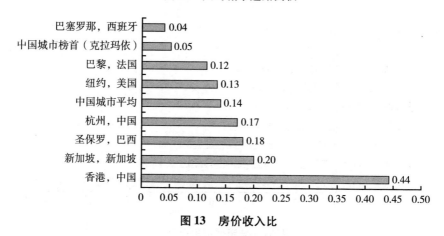

图13　房价收入比

5. 治理保护

在环境治理保护方面，中国城市的绩效与对比城市相当。所有城市几乎均实现了100%的生活垃圾无害化处理率。在污水处理方面，纽约、巴黎和巴塞罗那均达到100%的污水处理厂集中处理率，居所有城市之首。其余城市亦紧随其后，除圣保罗外，污水处理厂集中处理率均远高于90%。

总体而言，中国城市在经济发展和经济增长领域占据领先地位，而六个对比城市大多已处于较高发展水平，在消耗排放和治理保护方面绩效优异。所有城市在环境资源、社会民生方面没有表现出显著的趋势和模式。

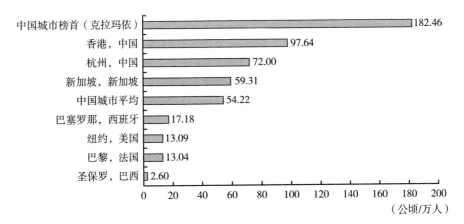

图 14 人均城市绿地面积

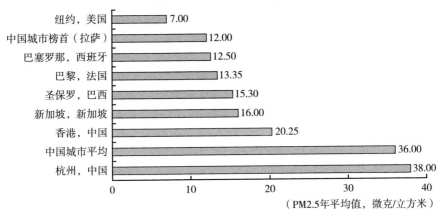

图 15 空气质量

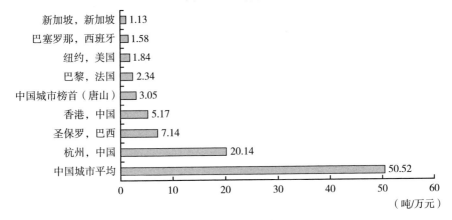

图 16 单位 GDP 水耗

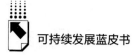
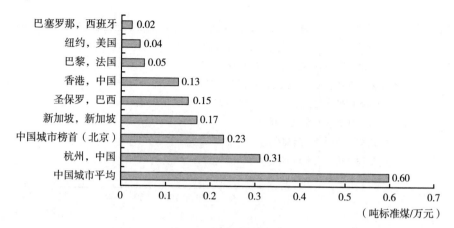

图17 单位GDP能耗

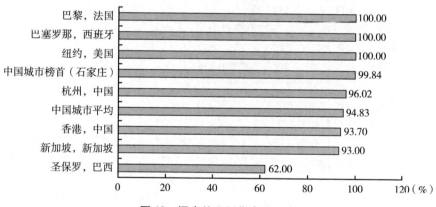

图18 污水处理厂集中处理率

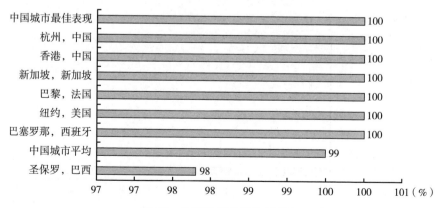

图19 生活垃圾无害化处理率

参考文献

经济合作与发展组织：《PM2. 5空气污染平均值》，经合组织统计数据，2021年7月，https：//stats. oecd. org/Index. aspx？QueryId=86794。

经济合作与发展组织，经合组织统计数据，2021年7月，https：//stats. oecd. org/。

生态环境部：《2019中国生态环境公报》，2020。

香港特别行政区政府统计处，《2019年本地生产总值》，2020，https：//www. statistics. gov. hk/pub/B10300022019AN19C0100. pdf。

港特别行政区政府统计处：《香港统计年刊（2020年版）》，2020，https：//www. censtatd. gov. hk/sc/EIndexbySubject. html？pcode=B1010003&scode=460。

香港特别行政区政府规划署：《香港土地用途》，2019，https：//www. pland. gov. hk/pland_ sc/info_ serv/open_ data/landu/#!。

香港特别行政区政府环境保护署：《2019年香港空气质素统计概要》，2019，https：//www. aqhi. gov. hk/api_ history/tc_ chi/report/files/2019StatSummaryCn. pdf。

香港特别行政区政府环境保护署：《香港废物统计数字2019》，2019，https：//www. wastereduction. gov. hk/sites/default/files/msw2019tc_ ataglance. pdf。

香港特别行政区政府水务署：《香港便览》，2021，https：//www. wsd. gov. hk/tc/publications－and－statistics/pr－publications/the－facts/index. html。

香港特别行政区政府渠务署：《可持续发展报告2019－2020》，2020，https：//www. dsd. gov. hk/TC/Files/publication/DSD－SR2019－20_ full－report. pdf。

Airparif.《年度污染报告及地图》，2019，https：//www. airparif. asso. fr/surveiller－la－pollution/bilan－et－cartes－annuels－de－pollution。

Barcelona City Council，《巴塞罗那数据表2020》，2020，https：//www. barcelona. cat/internationalwelcome/sites/default/files/datasheet2020_ web_ eng_ 0. pdf。

Barcelona City Council，《巴塞罗那统计年鉴2019》，2019，https：//ajuntament. barcelona. cat/estadistica/angles/Anuaris/Anuaris/anuari19/index. htm。

Enerdata，《新加坡能源信息》，2019，https：//www. enerdata. net/estore/energy－market/singapore/。

Garrido，J.，& Goldenstein，S.，《释放巴西废水的潜力》，2020年3月19日，https：//blogs. worldbank. org/water/unleashing－wastewaters－potential－brazil。

Geotab，《美国城市空间分布》，2019，https：//www. geotab. com/urban－footprint/。

IBGE，《IBGE发布2019年各市人口估计数》，2019，https：//agenciadenoticias. ibge. gov. br/agencia－sala－de－imprensa/2013－agencia－de－noticias/releases/25278－

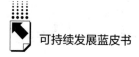

ibge – divulga – as – estimativas – da – populacao – dos – municipios – para – 2019。

IBGE,《巴西全国住户抽样调查（PNAD）：

截至 2019 年 2 月的季度失业率为 12.4%，未充分利用率为 24.6%》，2019，https：//agenciadenoticias. ibge. gov. br/agencia – sala – de – imprensa/2013 – agencia – de – noticias/releases/24109 – pnad – continua – taxa – de – desocupacao – e – de – 12 – 4 – e – taxa – de – subutilizacao – e – de – 24 – 6 – no – trimestre – encerrado – em – fevereiro – de – 2019。

IQAir,《纽约市空气质量》，2021 年 7 月，https：//www. iqair. com/us/usa/new – york/new – york – city。

IQAir,《全球污染最严重城市 2020（PM2. 5）》，2021 年 7 月，https：//www. iqair. com/world – most – polluted – cities? continent = &country = &state = &page = 1&perPage = 50&cities = KxnLg5issKdfCRjDe。

National Institute of Statistics and Economic Studies（INSEE）,《各市及地区分季度失业率》，2019，https：//www. insee. fr/fr/statistiques/fichier/2012804/sl _ etc _ 2021T2. xls。

New York City Comptroller, 《全市财政经济状况》，2019 年 12 月 31 日，https：//comptroller. nyc. gov/wp – content/uploads/documents/The – State – of – the – Citys – Economy – and – Finances – 2019. pdf。

New York City Department of Environmental Protection,《纽约市水资源消耗数据》，2021，https：//www1. nyc. gov/site/dep/water/history – of – drought – water – consumption. page。

Numbeo,《巴西圣保罗房价》，2021 年 7 月，https：//www. numbeo. com/property – investment/in/Sao – Paulo。

Numbeo,《美国纽约房价》，2021 年 7 月，https：//www. numbeo. com/property – investment/in/New – York。

NYC Open Data,《污水处理厂绩效数据》，2021 年 7 月，https：//data. cityofnewyork. us/Environment/Wastewater – Treatment – Plant – Performance – Data/hgue – hj96。

Office of the New York State Comptroller,《2020 财政报告》，2020，https：//www. osc. state. ny. us/reports/finance/2020 – fcr/economic – and – demographic – trends。

Population USA, 《纽约市人口》，2019，http：//www. usapopulation. org/new – york – city – population/。

Sao Paulo State Government,《圣保罗：连接巴西与世界》，2020，https：//issuu. com/governosp/docs/apresentacao_ sp_ davos_ 2020_ – _ ingles。

Statista,《1992 年至 2020 年纽约州失业率》，2021 年 3 月，https：//www. statista. com/statistics/190697/unemployment – rate – in – new – york – since – 1992/。

Statista,《2008 – 2019 年新加坡人均家庭用水量》，2020 年 11 月，https：//www.

statista. com/statistics/962969/per – capita – household – water – consumption – singapore/。

Statista,《2010 – 2019 年新加坡空气颗粒物（PM2. 5）年均污染水平》，2020 年 7 月，https：//www. statista. com/statistics/879258/singapore – annual – air – pollution – level – pm2 – 5/。

Statista,《2019 年全球按每平方英尺平均价格计算最昂贵的住宅物业市场》，https：//www. statista. com/statistics/730312/most – expensive – property – markets – worldwide – by – average – ppsf/。

Statista,《分行业 2020 年纽约国内生产总值（GDP）实际增加值》，2021 年 3 月，https：//www. statista. com/statistics/304883/new – york – real – gdp – by – industry/。

The Economist,《圣保罗市长努力让城市更绿》，2017 年 4 月 29 日，https：//www. economist. com/the – americas/2017/04/27/sao – paulos – mayor – tries – to – make – the – city – greener。

The World Bank, 2021 年 7 月，https：//data. worldbank. org/country/singapore? view = chart。

U. S. Energy Information Administration,《纽约能源消耗 2019》，2020 年 9 月 17 日，https：//www. eia. gov/state/? sid = NY#tabs – 1。

Wikipedia,《圣保罗都会区的水资源管理》，2021 年 7 月，https：//en. wikipedia. org/wiki/Water_ management_ in_ the_ Metropolitan_ Region_ of_ S% C3% A3o_ Paulo。

企业案例篇

Enterprise Cases

B.19

飞利浦中国可持续发展管理：以可持续发展理念驱动企业管理升级与实践创新

李 涛 刘可心*

摘 要： 可持续发展理念深植于飞利浦的 DNA，飞利浦始终致力于以负责任、可持续发展的方式开展业务，在商业道德、产品与服务、供应商管理、员工发展与福祉方面建立了完善的可持续发展管理体系，构建了坚实的可持续发展基础。在此基础上，飞利浦高度重视环境议题管理，不断以创新方案升级自身绿色实践，从产品设计、产品制造和使用、价值链管理和员工行为等公司运营管理的全流程进行环境管理，努力减少公司经营对环境的影响，并积极带动相关方共同扩大正向的环境贡献。

---

* 李涛，飞利浦集团副总裁；刘可心，飞利浦基金会、大中华区企业社会责任高级经理。

关键词：　可持续发展管理　供应商管理　生态设计　循环经济　碳中和　员工发展

一　将可持续发展深植于企业 DNA

荷兰皇家飞利浦公司（以下简称"飞利浦"）① 是一家领先的健康科技公司，致力于在从健康生活方式、疾病预防到诊断、治疗和家庭护理的整个"健康关护全程"，提高人们的健康水平，并改善医疗效果。

飞利浦在长达一个多世纪以来致力于以负责任、可持续发展的方式开展业务，利用其所拥有的资源为所有利益相关者创造最大价值。可持续发展理念始终深植于飞利浦企业 DNA 中，然后在如何落实可持续发展理念、升级自身可持续发展管理的道路上，飞利浦也经历了持续的探索。

初始阶段，飞利浦于 1998 年推出了首个"EcoVision 生态愿景"计划，并将设定的可持续发展目标集中在运营和产品上。此后，飞利浦的可持续发展计划持续升级，不断扩大可持续发展的践行范围。至 2016 年，飞利浦的可持续发展计划升级为"健康生活，永续星球"2016～2020 五年计划，制定了涵盖绿色制造、绿色创新和碳排放量等各方面的目标，实现了可持续发展从理念推行到量化管理的深化，并已于 2020 年全面达成所设定的可持续发展目标。包括：绿色产品和解决方案的营收占比 70%；循环经济解决方案收入占比 15%；运营过程中实现碳中和；运营垃圾进行再生回收 90%。

发展至 2020 年，飞利浦进一步围绕 ESG（环境、社会和公司治理）制定了更为宏伟的 2025 目标，可持续发展目标进一步完整覆盖到环境及社会领域，包括：到 2025 年，每年改善 20 亿人的生活；75% 能耗来自可再生能源；循环经济收入占比 25%；零运营垃圾填埋；帮助 3 亿医疗资源匮乏地

---

① 本文中，"飞利浦"指代荷兰皇家飞利浦公司，"飞利浦中国"指代荷兰皇家飞利浦公司在大中华地区运营的所有实体。

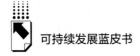

区人口获得应有的健康医疗保障；改善 100 万供应链产业中人口的生活；高级管理岗位性别多样性达到 30%。

为实现飞利浦 2025 目标，飞利浦从商业道德、产品与服务、供应链管理、员工发展与福祉、环境管理的各方面建立完善的可持续发展管理体系。

二　构建坚实的可持续发展基础

1. 持续提升的商业道德管理为公司发展保驾护航

商业道德和透明度是企业可持续发展的重要基础，对于飞利浦而言，商业道德也位于自身社会责任战略的核心。飞利浦致力于持续提升商业道德和业务运营透明度，以此作为获得利益相关方长期支持的重要基础。

飞利浦制定了《总体经营原则》作为飞利浦的合规基础政策，规定了员工在商业道德领域需遵守的要求。基于《总体经营原则》，飞利浦又制定了《反垄断政策》《反商业贿赂手册》《飞利浦隐私规则》等各项合规政策及指引，规范员工的商业道德行为。在中国，飞利浦设立了合规委员会，成员包括了飞利浦中国首席执行官、首席财务官、首席法律顾问、首席人力资源官、业务领导人等核心管理层。

为杜绝一切贿赂行为，飞利浦制定了各项打击贪污、贿赂的制度和政策。并通过在各业务领域设置了合规官、财务控制官、内控专业人士等，确保这些制度和政策的有效落实。飞利浦中国每年开展各项针对反腐败的审计工作，主要包括针对举报贪腐案件的切实调查和整改，以及常规的业务、流程及合规审计，旨在从一个更宏观的角度了解反腐败工作情况。

飞利浦中国有完善的合规调查机制，并设有专门的合规举报热线。对于收到的合规举报，公司会展开专项调查，并对举报人进行保护。此外，飞利浦中国定期开展覆盖大中华区所有员工的各项合规培训，培训领域涉及反腐败、反商业贿赂等内容，培训通常基于真实案例展开，并鼓励业务领导、前线员工等参与现场讨论和头脑风暴。

2. 以优质的产品与服务支持企业达成可持续发展使命

产品和服务质量是公司可持续发展的根本，公司使命和愿景的实现都依赖于其所提供的优质产品、服务和解决方案。

飞利浦建立了以持续改进、精益管理为核心的卓越运营体系，每一个员工都有责任在实践中发现问题、及时改进，不断消除每一个工作环节中可能存在的对时间、人才和物料等的浪费，实现降低成本并向客户提供最大的价值，从而推进飞利浦的可持续发展。为了加强飞利浦"持续改进"的企业文化，飞利浦每年组织"飞利浦卓越竞赛 Philips Excellence Competition（PEC）"，展示和奖励员工中"持续改进"的最佳实践。

飞利浦建立了从上到下、目标一致的完善的质量管理体系。在管理层面，飞利浦中国成立了首席质量官领导的质量和监管委员会，以监督公司产品的开发、制造、销售和服务的法规要求的遵守情况，并协助监事会履行在这些领域的监督职能；在运营层面，飞利浦建立了完善的质量管理体系，为产品设计、制造和分销过程制定标准；在员工层面，质量管理嵌入飞利浦的组织文化中，所有新员工都必须接受质量相关的培训，质量标准也是各级管理人员绩效考核的组成部分。通过目标一致、自上而下的问责制、标准化和持续改进理念，飞利浦推动卓越质量观在整个企业快速推广。

飞利浦中国重视对客户及消费者的服务。通过建立包括 800 服务热线、客户满意度调查、客户交流活动等内容的客户服务管理体系，飞利浦中国积极搭建客户沟通渠道，为客户提供及时有效的解决方案。针对飞利浦中国的医疗机构客户，飞利浦建立了包括"畅用无忧""先进无忧""创新无忧"三个板块的"无忧服务平台"。通过"畅用无忧"，飞利浦为客户提供医疗设备的质保、延保、维修服务以及整体监测和处理系统，减轻客户使用飞利浦产品过程中的维修和质检的工作负担；通过"先进无忧"，飞利浦为客户提供医疗设备的升级、换新服务，减轻设备更新换代过程中对客户经营的影响；通过"创新无忧"，飞利浦帮助客户对业务进行独特创新和科学规划，让医疗机构的科室发展稳健向上。

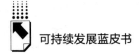

3. 与供应商携手提升可持续发展绩效

公司可持续发展目标的实现同样受到其供应链管理水平的影响，这也是驱动飞利浦对供应商的管理超越基本合规要求、支持供应商持续提升在可持续发展方面的绩效水平的重要动力。

从 2016 年开始，飞利浦摒弃传统的供应商审核项目，实施供应商可持续发展绩效提升计划（Philips Supplier Sustainability Performance Program，以下简称"SSP"），旨在系统性的推动供应商可持续发展改进（又被称为"Beyond Auditing 超越审核"）。SSP 聚焦方针政策、风险控制、目标设定和追踪等九大要素，并参照《负责任商业联盟行为准则》对供应商提出在劳工、健康与安全、环境保护、道德等方面的要求。截至 2020 年末，已有251 家大中华地区供应商被纳入 SSP 计划。

SSP 的评估流程包括：①筛选供应商，根据供应商的成熟度、年采购金额、可持续发展风险等方面来选择每年要评估的供应商和评估方式（在线评估或现场评估）；②识别改善机会，对供应商从环境、健康安全、商业道德和劳动用工四大方面进行全方位的评价并打分；③确认改进方案，根据具体的差距分析，提供持续改善建议，并和供应商一起确定改善方案；④落实改进和保持，供应商根据改善计划和时间表，推行改善方案并定期反馈给相关部门。

飞利浦中国定期组织供应商进行可持续发展的项目培训，培训内容主要涉及飞利浦可持续发展的理念，以及环保、健康安全、商业道德和劳工四部分的法律法规基本要求。此外，飞利浦中国于 2020 年开发了在线评估的软件平台，为实现一站式的自评、证据提交、验证、反馈和及时沟通服务提供硬件支持。

4. 营造幸福职场环境，促进员工发展与福祉

健康包容的职场环境对于员工释放个人潜能、企业的持续发展至关重要。飞利浦致力于营造包容的工作环境，并促进员工不断发展。

飞利浦建立了畅通的员工沟通渠道，保障员工享有充分的参与公司经营管理、反馈个人意见与建议的权利，建立和谐稳定的劳动关系。公司通过

Corporate Communications、HR Communication 官方邮箱向员工不定期邮件推送公司运营信息，并推出员工内部沟通微信公众号"飞常全记录"，员工亦可在公司内网通过 HR 在线客服、自助查询的方式了解各类 HR 政策。同时，针对飞利浦中国发布的各类政策，飞利浦邀请员工参加调研，对相关政策给予反馈，从而使公司的各类政策能够更好地为员工服务。此外，飞利浦每季度进行一次员工调查，了解员工工作状态与职业需求。2020 年，飞利浦中国的平均敬业度得分为 83%，与 2019 年的敬业度相比提升 5%。

飞利浦始终致力于推动职场包容性和多样性，营造兼收并蓄的文化氛围以支持不同地区的员工在业务运营中贡献丰富多样的能力、意见和视角，从而推动创新和业务绩效提升。飞利浦也在努力达成公司在多元化与包容性方面的目标，即到 2025 年底，在高级管理岗位上的性别多样性将达到 30%。在中国，飞利浦的包容性和多样化措施取得了明显的成效，2020 年飞利浦中国的女性员工占比从 2018 年的 43.3% 上升至 44.2%，女性高管占比从 2019 年的 27% 上升至 29%。2020 年 8 月 29 日，20 位女性员工参加了 Ladies Who Tech①2020 年度大会，飞利浦大中华区介入治疗业务的销售领导 David Wong 作为嘉宾做了关于性别多样性的主题演讲。

飞利浦为员工提供清晰、畅通的职业发展路径和有力的发展支持。一方面，飞利浦中国的每个岗位的员工都有完善的职业发展路径，并可以获得与岗位相关的完整的职业发展体系和关键职业经历指南，帮助他们在职业发展道路上有更加明晰的方向。另一方面，飞利浦为员工提供包括通用能力培训和专业能力培训在内的全面的员工培训体系，培训课程涉及领导力、自我效能、时间和精力管理、项目管理、软件创新、人工智能与数据科学、临床教育等，帮助员工在职业发展的每个阶段获得有力支持。此外，飞利浦为员工提供持续学习、职业导师和拓展人脉等项目平台，员工可以借助数字工具平台激发自身更大的潜能，实现个人在职业上的发展和进步。

---

① Ladies Who Tech 由从事 STEM（科学、技术、工程、数学）行业的女性发起并创立，致力于为更多女性能从事 STEM（科学、技术、工程和数学）行业发声。

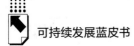
飞利浦关注员工的身心健康。在心理健康方面，为全体员工提供了 EAP 服务，关爱员工和家人的心理健康，提升员工工作和生活质量。在 EAP 服务中，员工可以通过 7＊24 小时免费热线，预约线上或者面对面的专家服务；EAP 的网站和 App 为员工定期推送身体健康、心理健康、人际关系等主题的资讯。为关爱女性员工，飞利浦中国设立了"爱心妈咪小屋"，为职场备孕期、怀孕期和哺乳期的女性提供一个私密、干净、舒适、安全的休息场所。为帮助员工更好地实现工作和生活的平衡，2020 年飞利浦中国人力资源部组织了"健康大使"精力管理训练营，来自全国各地的十位"健康大使"在训练营中学习精力管理课程，并进而在各地开设"精力管理工作坊"，向各地员工传递精力管理知识，帮助员工实现工作和生活的平衡，促进身心健康。2014 年 11 月，飞利浦中国成立了工会，截至 2020 年底工会会员数达到 3738 人。工会致力于维护员工合法利益，并开展了形式多样的文化和体育活动，如 DIY 课堂、国画、书法课、游泳健身、摄影课程、羽毛球比赛等，丰富员工工作之余的文化生活。

飞利浦中国致力于创造无伤害、无疾病的工作环境。飞利浦建立了一套完善的健康与安全（H&S）管理系统，并定期进行法律合规监督、风险评估和员工健康安全培训。飞利浦中国在大中华地区的所有工厂都设有安全管理委员会，致力于不断改进员工的安全和健康实践。截至 2020 年底，飞利浦中国在大中华地区的 6 个工厂全部通过 ISO 45001 认证。针对工作场所中可能的职业病危害，飞利浦中国建立了完善的职业病危害因素监测、申报机制，并针对有职业病危害的岗位开展岗前、岗中、岗后体检。自 2016 年开始，飞利浦将可记录案例总数（TRC，指受伤员工一天或多天无法工作、需要接受治疗或罹患职业病的情况）比率定为关键绩效指标（KPI），为全公司、各业务部和厂区设定了年度 TRC 目标。

飞利浦中国面向员工开展大量的职业健康和安全培训，致力于提高员工的安全意识、安全理念，培训内容涵盖交通出行、火灾洪灾应急演练、安全生产等各个方面。2020 年，飞利浦中国在大中华区的各地工厂均开展了形式多样的安全培训：苏州工厂开展了安全月主题宣传活动，通过张贴安全宣传海报、开展安全有奖问答、VR 安全事故体验等活动，增加员工的安全知识、提高安全意识；上海工厂开展了手部安全主题教育，与员工一起识别和分析操作中的手部安全风险，讨论解决方案，并制定了行动指引清单帮助员工在后续的工作中减少手部伤害事故；深圳 Goldway 工厂和伟康工厂邀请专业人员对员工进行了 AED 操作使用、心肺复苏培训；珠海工厂开展了火灾应急演练；嘉兴工厂开展了安全出行主题教育，员工接受了安全出行相关内容的培训（如骑电动车戴头盔、开车系安全带等），并在安全出行宣传横幅上签字承诺。

三　企业全维度环境管理案例：以绿色创新，建永续星球

自然资源在经济和社会发展中扮演着十分重要的角色，包括提供各类工业产品所需的原材料等。中国是世界人口最多的国家，人口在持续增长的同时也将加大对本已吃紧的自然资源的需求。与此同时，气候变化已成为 21世纪最紧迫的问题之一。全球变暖持续加剧了极端天气发生的频率，并在全球范围内对人们的健康和福祉产生影响。

环境议题管理是企业可持续发展管理的重要组成部分，飞利浦在环境管理方面不断实现突破与创新，已基本探索形成覆盖产品设计、生产制造、价值链管理、员工行动全维度的环境管理框架，以此实现产品的绿色创新、建立负责任的生产及消费模式、打造低碳价值链、协同员工践行可持续生活方式，全维度推进"以绿色创新，建永续星球"。

1. 以"生态设计"开发绿色产品

在产品设计方面，飞利浦提出 Eco-design 生态设计、Eco-Heroes 生态设计明星产品和 Eco-passport 的概念，对其产品进行可持续发展管理。

Eco-design 生态设计是指开发新一代绿色产品以及解决方案，通过开展生命周期评估（LCA）了解其产品在使用寿命期间产生的环境影响，然后运用这些见解来指导设计工作，开发绿色解决方案产品组合，将污染防治和处理从消费终端前移至产品的开发设计阶段，从源头上实现节能减排，旨在推

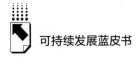
动实现 SDG 12（确保可持续消费和生产模式）的实现。

在 Eco-design 生态设计的基础上，进一步推出生态设计明星产品"Eco-Hero"，全面贯彻生态设计要求，具有显著的可持续发展优势。相比普通的产品，Eco-Heroes 具有适用于新产品导入（NPI）的所有 Eco-design 生态设计的要求、符合循环经济要求、优于相关基准（法规，标准，竞争对手）、有相对可持续性的主张、开展全生命周期分析。

为向消费者说明生态设计的成果，飞利浦为通过 Eco-design 生态设计流程开发的产品配置了 Eco passport，说明产品在可持续发展重点领域能源、重量及原材料、产品包装、循环经济、有害物质五大方面的表现。消费者可在飞利浦官网的产品详情页面查看产品的 Eco passport 以了解其环保属性。

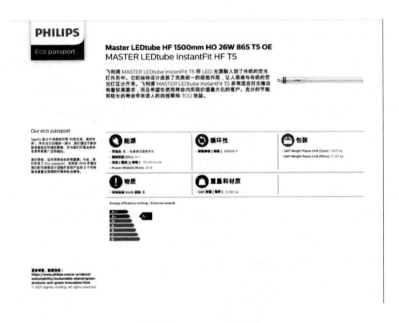

图 1　Eco passport 示例

在生态设计理念的指导下，飞利浦已经诞生了诸多颇具亮点的绿色产品，如 EPIQ 旗舰心血管超声系统，较上一代产品减少 25% 耗电量，运行时产生的声音不超过 41db；IntelliVue MX40 可携带病人监护仪，较上一代产品减少 92% 的耗电量；空气净化器，产品包装纸板使用回收再利用材料比例大于75%，内部零件含有回收再利用的塑料；单边电动吸奶器，产品不含聚氯乙烯（PVC）等有害物质。FSC认证纸板及回收再利用塑料作为产品包装材料。

2. "制造—使用—回收"模式推动向循环经济转型

在产品制造和使用方面，飞利浦不断推动自身业务向循环经济①转型，采用"制造—使用—回收"模式来摆脱传统线性经济的"制造—使用—浪费"模式，使其所提供的产品和解决方案，力争在满足消费者及客户需求的同时，着力提升其产品生命周期内资源能源的有效利用和污染减量化，减少其生产和运营的环境影响。

飞利浦的软件和服务在优化资源使用和进一步实现非物质化方面也起着关键作用。飞利浦中国向客户提供回收废弃产品的服务，并通过及时的配件升级服务，延长产品的高质量使用寿命，从而减少因产品更换带来的资源消耗和碳排放。2020年，飞利浦中国推出了"腾龙计划"，为客户提供整机全新升级以及旧机整机退回等服务。通过该项目，飞利浦中国可以快速轻松地以旧换新和拆除旧系统，将设备更新对日常操作的影响降到最低。此外，飞利浦中国实施合作伙伴整机升级业务激励计划，客户完成整机升级进单后，在合同约定期限内完成旧设备拆除且退回飞利浦厂家处置，达到考核要求的合作伙伴可获得抵扣券用于购买飞利浦服务与解决方案业务订单，从而带动激励合作伙伴共同推动整个产业链向循环经济转型。截至目前，飞利浦中国的废弃产品回收量每年保持了两位数的增长。

3. 应对气候变化，打造低碳价值链

飞利浦中国重视气候变化的威胁及其对人类健康的影响，致力于在运营中实现100%的碳中和，并与客户和供应商合作应对气候变化。

飞利浦中国通过持续开展各项节能项目，如安装LED节能灯、使用变频驱动器控制水泵、减少非生产电力消耗、安装太阳能板、采购变频空压机

---

① 循环经济是一种以资源的高效利用和循环利用为核心，以"减量化、再利用、资源化"为原则，以低消耗、低排放、高效率为基本特征，符合可持续发展理念的经济增长模式，是对"大量生产、大量消费、大量废弃"的传统增长模式的根本变革。

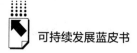

等，在积极应对全球气候变化的同时，有效节约资源，降低生产运营成本。为实现运营能耗降低以及保护环境资源，飞利浦中国在嘉兴的健康厂区中安装了屋顶光伏电站，总面积为 56000 平方，设计安装容量 5.56MWp，2020年实现年发电量 1991 兆瓦时。

飞利浦中国关注产品价值链各环节对气候变化的影响，与价值链伙伴开展积极合作，以减少整个产业链的温室气体排放。从 2011 年开始飞利浦鼓励供应商通过 CDP（"国际碳披露项目"）披露其气候绩效数据。截至 2020年末，飞利浦全球范围内供应商 CDP 参与度已达到 92%。此外，从 2021 年开始，飞利浦中国将携手科学基础目标倡议组织（SBTI）鼓励大中华区的供应商开展科学基础的碳排放目标的设定工作。

飞利浦于 2020 年开始在大中华区的供应商中试推行环境足迹项目（EFP）。EFP 项目目标是在环境合规与环境管理系统改善的基础上，携手供应链推行能源和水资源利用率提升、废水和废物减量化等方面的持续改善，以最终达到对环境的积极影响，创造飞利浦、供应商、外部利益相关方合作共赢、降本增效的新模式。2020 年，飞利浦中国在大中华地区选择了 10 家供应商进行了现场的环境足迹评估，从管理、工艺和技术、设备效率三个方面对供应商用能管理做现场评价，并和他们一起制定实用的改进方案，其中，飞利浦协助某供应商将 30 台注塑机的异步电机系统换成同步伺服系统，实现年节约用电 216000 千瓦时。

4. "永续星球，10 大微行动"营造企业可持续文化

在员工方面，飞利浦致力于营造低碳环保的可持续文化。飞利浦中国于2020 年 9 月启动了"永续星球，10 大微行动"项目，该行动围绕营造健康环保的生活、绿色的办公环境、低碳环保的出行和健康关护，通过"自带水杯、健康膳食、绿色出行、节约用纸、低碳节能、学习急救常识"等十项"举手之劳"的微行动，号召每一位大中华区员工从自身做起，培养可持续发展理念，在日常的工作和生活中做出改变，以每天"微小"的行动，共同创造健康、美好、可持续发展的未来。活动获得了员工及用户的积极响应，共计 15000 + 人次参与小程序打卡。

四　结语

　　世界在以超越以往的速度高速运转。COVID-19 疫情的发生让全球公共卫生系统面临巨大挑战，也加速了医疗系统的转型。而与此同时，老龄化社会带来的医疗健康挑战并未减缓，气候变化的影响已经逐步显现，疫情对全球经济的影响将加剧包括医疗健康资源在内的不平等。面对一系列的时代挑战，中国已经在政策层面给出有力回应，包括"十四五"规划中对全面推进健康中国建设的强调，首次宣布争取在 2060 前实现碳中和的目标，以加快推动我国绿色低碳发展。

　　飞利浦作为领先的健康科技企业，始终将以创新推动世界更加健康、可持续地发展作为自身使命。新冠肺炎疫情突发后，飞利浦中国尽己所能，调动本地和全球资源，践行驰援抗疫一线、保护员工安全、确保业务持续运营的三重责任。如今，面对时代需求飞利浦将加快采取行动为全体利益相关方和全社会创造价值，为建设一个更加包容、有韧性的世界而积极行动。

参考文献

崔小花：《管理提升，央企先行》，《企业文明》2013 年 5 月 15 日。

郑少芬：《基于绩效提升的人力资本投资策略探析》，《企业活力》2010 年 3 月 9 日。

朱文彬：《417 亿元入股格力"不过瘾"　高瓴拟 340 亿元收编飞利浦家电》，《上海证券报》2021 年 3 月 26 日。

B.20
数字技术助力"碳中和"
与绿色可持续发展

曹启明 徐飞*

摘　要： 绿色低碳和可持续发展已经成为全球共识，习近平总书记指出："我们要践行绿色发展的新理念，倡导绿色、低碳、循环、可持续的生产生活方式"，并在国际场合多次强调我国在2030年实现碳达峰、2060年实现碳中和的目标。以数字技术为驱动的数字经济已经成为社会经济发展的重要组成部分，同时也为绿色低碳和可持续发展带来了前所未有的机遇。本文就数字技术如何在绿色基础设施、绿色低碳办公、绿色低碳交通、绿色低碳物流、绿色低碳城市、绿色低碳生活、绿色低碳公益和绿色循环经济这八个方面的贡献做了实证解析，以推动数字技术未来在全社会碳达峰与碳中和中发挥更大的作用。

关键词： 数字技术　数字经济　绿色　低碳　碳中和

人类社会正处在以数字技术为代表的新一轮技术革命的历史转折期，同时正面临日益严峻的生态环境与气候变化的挑战。数字技术将如何发挥积极

---

* 曹启明，阿里研究院可持续发展研究中心主任，博士，研究方向为绿色低碳与可持续发展、数智化转型等；徐飞，阿里研究院数字社会研究中心主任，博士，研究方向为社会价值与可持续发展。

作用,以构建人类美好的未来?这是每一家数字科技企业都应当思考、参与和承担的社会责任。数字技术拓展了新的绿色低碳行为领域,让传统技术条件下不可能实现的行为成为可能。基于数字化和智能化技术,在线消费、远程办公、外卖服务、智能地图、物流配送、智慧政务等新模式不断涌现,既提高了资源利用效率,又为全社会提供了便捷高效的绿色低碳行为方式。同时,互联网降低了各方参与门槛,提供了更便利的绿色低碳行动平台,公众足不出户就可以践行绿色低碳行为,节省了时间和经济成本。数字技术还通过广泛触达、实时参与、互动、反馈的方式,为个人绿色低碳行为提供了精神激励,增加了用户的参与感、拥有感和获得感,激发和释放了全社会参与绿色低碳和可持续发展的潜力。

一　绿色基础设施

云计算已经像供水、供电和城市交通一样,成为社会经济发展的新型基础设施。由于数字经济的蓬勃发展,云计算数据中心和相应的总能耗增长较快,考虑其规模化、节约化和弹性按需使用的优势,从能源使用效率和强度来评估数据中心的碳排放比较合理。2020年世界著名学术期刊Science一篇有关校准全球数据中心能耗的论文显示,全球数据中心能耗的增长速度在减缓。此项研究表明:同2010年比起来,2018年全球数据中心计算实例增加了5.5倍,而同期内全球数据中心耗电量仅增加了6%。事实上,全球数据中心单个计算实例的能耗强度在这段时期内年均下降约20%,这意味着数据中心在促进经济发展的同时,其单位能耗在不断降低。

阿里云秉承"科技驱动世界创新发展,为社会创造价值,让生活更美好"理念,高度重视绿色可持续发展,在各级政府指导下开展了大量的实践探索,已经在数据中心节能和数字技术助力社会减碳领域取得了丰硕成果。阿里云成立之初,便设立专门的数据中心节能部门,大力推进数据中心节能减排,主要开展了先进节能技术应用、大量使用可再生能源、加强

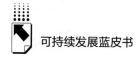

能源资源回收利用、强化产学研协同合作、参与官方相关认证活动等工作。

(一)绿色数据中心

阿里云多年来一直积极探寻数据中心碳减排路径,在建设规划、电力利用、运营维护等全链路环节,通过外部清洁能源、模块化数据中心、巴拿马电源、智能运维机器人等方式,推动"碳中和、碳达峰"的数字新基建解决方案,取得了明显成效。其自建的超级数据中心均达到国家绿色数据中心标准,过去3年省下的电相当于一个中型水电站一年的发电量,交易清洁能源电量与碳减排量均居全国互联网行业首位。

全球最大的液冷数据中心——阿里云杭州数据中心,将服务器浸泡在一种特殊的绝缘冷却液里,运算产生的热量可被冷却液直接吸收进入外循环冷却,散热全程无须风扇、空调等制冷设备,整体节能超过70%,年均PUE(能源利用效率,即数据中心消耗的所有能源与IT负载消耗能源的比值,越接近1能效水平越好)低至1.09。与传统数据中心相比,阿里云杭州数据中心每年可省电7000万度,相当于西湖周边所有路灯连续点亮8年的耗电量。

阿里巴巴工程师因地制宜,在年均气温仅为2.3℃的张北数据中心,设计了大型新风系统,直接用凛冽的北风代替传统制冷系统,制冷能耗可降低59%,余热通过回收系统用于工作人员的生活采暖。广东河源数据中心则采用深层湖水制冷,2022年将全部使用绿色可再生能源,成为阿里巴巴集团第一个实现碳中和的大规模数据中心。此外,得益于数据中心算力和散热技术的不断提升,为电子商务提供了越来越低的单位能耗,2021年每10笔电商订单的能耗约为2005年第一代数据中心时的5%左右。

在不断提升自身减碳水平的同时,阿里巴巴还向社会开源了整套规范,涵盖数据中心的设计、施工、部署、运维等各个环节,助力新建数据中心避开弯路,直接驶入高效、清洁、集约的绿色发展道路。

此外,阿里云还加大了对绿色清洁能源的投入。2018年初至2020年

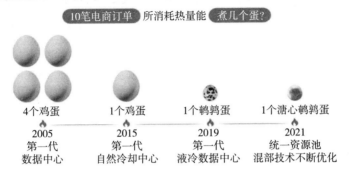

图1 算力和散热技术的提升大幅降低了电商交易能耗

底,阿里云交易清洁能源电量 4.1 亿千瓦时,对应碳减排量达 30 万吨,交易清洁能源电量和碳减排量均为全国互联网行业首位。

——— 2020年,阿里云自建基地型数据中心 ———			
交易清洁能源电量	同比上升	减排二氧化碳	同比上升
4.1亿千瓦时	**266**%	**30万**吨	**127**%

图2 2020 年阿里云自建数据中心的低碳绿色表现

(二)绿色数据智能

云计算的出现使传统机房的数量大幅下降,运用弹性的云计算,可以节约 30% ~ 90% 的能源成本。据估算,阿里云用户通过使用云产品和服务,1 年节省的人力、电力和土地资源相当于减少约 400 万吨碳排放。

同时,对传统产业进行数字化和智能化转型升级,比如在工业互联网和工业大脑项目中,通过降本增效、减少能耗和物料的使用以及污染物排放,

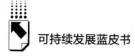

来减少碳排放。比如阿里云和瀚蓝环境以及锦江环境合作的工业大脑项目，可提升垃圾焚烧发现的燃烧稳定性达到 20% 以上，不但降低了资源损耗，此外还可以优化烟气净化排放。在安徽国星化工合作的工业大脑项目，使磷转化率平均提高 0.79%，最高达 1.2%，非水溶磷的残磷率稳定性得到大幅提高。按现有原料价格折标计算，每年可为六国化工带来约 600 万元经济效益，节约磷矿石资源 6000 吨，减少磷石膏固废 10000 吨。另一个案例中，阿里云协助攀钢开发"钢铁大脑"后，每生产 1 吨钢节省 1.28 公斤铁，每年可节省 1700 万元炼钢成本。

（三）绿色低碳认证

（1）阿里云张北云计算庙滩数据中心入选国家六部委联合发布的《国家绿色数据中心（2020）》名单。

（2）阿里云千岛湖数据中心，通过采用湖水制冷的方式，获取工信部信通院 5A 级绿色认证。

（3）阿里云张北数据中心，通过采用全新风制冷的方案，获取工信部信通院 5A 级绿色认证。

（4）阿里云张北数据中心参加了河北省环保厅组织的碳普惠项目。

二 绿色低碳办公

作为数字化时代的智能移动办公和企业服务应用平台，钉钉的广泛运用有力地促进了绿色低碳和可持续发展。钉钉代表性的绿色低碳办公应用场景包括线上办公、电子审批、无纸化办公、电话会议、视频会议等。基于钉钉线上办公功能，审批实现了无纸化，电话、视频会议实现了无差旅或少差旅。而根据《办公建筑设计规范》JGJ67 - 2006 指出，普通办公室每人使用面积不应小于 4 平方米。据此标准，钉钉无纸化在线办公的 2 亿用户，相当于获得了 8 亿平方米线上办公空间，不但为企业节省了大量的租金，还通过交通替代、纸张替代，节约大量纸张和实物耗材，减少资源消耗及废弃物处理过程中的碳排放。

依据北京环境交易所发布的《钉钉企业碳账户碳减排量计算方法和模型研究报告》中的计算模型，在 2016 年 6 月至 2019 年 12 月期间，钉钉无纸化线上办公，相当于累计减少了 317217 吨碳排放量，其中 2019 年度减少碳排放 102709 吨，相当于种植了 1772 万棵树的碳汇效应。根据这套碳减排计算方法测算，截至 2020 年底，全社会通过钉钉实现低碳办公已累计减少碳排放 1100 万吨。

除了低碳绿色办公，钉钉还促进了制造业企业节能减排，杭州朝阳橡胶公司的 4500 名员工使用钉钉，在节约大量纸张成本的同时，高效的审批和远程协同也省去了很多的差旅，钉钉由此实实在在地为企业带来了便利和收益，朝阳橡胶也成为传统制造业信息化转型的成功典型。而另一个案例，远大科技集团通过钉钉实现无纸化办公，减少办公流程中的各种浪费，实现了工作方式的绿色环保，也践行了该集团"为了地球和人类的明天"的使命。

三　绿色低碳交通

高德依靠大数据分析技术，以"智能＋"科技赋能交通系统搭建城市交通管理平台，目前已有近 200 多座城市的交通部门入驻高德交通管理平台使其交通行政管理实现智能信息化，高德交通管理平台的投入使用不仅减少了交管部门的基础设施建设成本，而且帮助交管部门优化了其资源配置，并辅助交管部门改善了交通管理效率，从而缓解了城市交通拥堵，提高了城市道路通行效率。

（一）智能出行管理

帮助用户进行了路线的合理规划，节约了出行时间，并可将部分个人交通出行方式向公共交通出行转化，另外平台通过与交管部门的协作缓解了城市交通拥堵，进而减少了车辆燃油的消耗，并且减少了汽车尾气和各种污染物的排放。高德全年为用户节省出行时间共计超过 19.3 亿小时，高德全年为用户节省出行距离 109 亿公里，高德每年为用户节省约 6.84 亿升燃油，帮助降低二氧化碳排放约 160.4 万吨，相当于减少我国道路交通 261 万人一年产生的二氧化碳的排放（基于 2018 年 6 月～2019 年 5 月的数据）。[①]

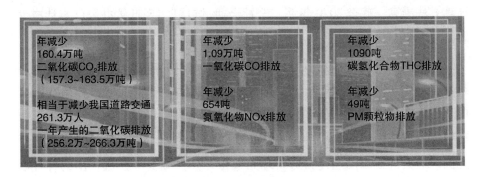

年减少
160.4万吨
二氧化碳CO_2排放
（157.3~163.5万吨）

相当于减少我国道路交通
261.3万人
一年产生的二氧化碳排放
（256.2万~266.3万吨）

年减少
1.09万吨
一氧化碳CO排放

年减少
654吨
氮氧化物NOx排放

年减少
1090吨
碳氢化合物THC排放

年减少
49吨
PM颗粒物排放

图3　高德交通服务的绿色低碳价值

（二）智能交管服务

依靠大数据分析技术，以"智能＋"科技赋能交通系统搭建城市交通管理平台，目前已有近 200 多座城市的交通部门入驻高德交通管理平台使其交通行政管理实现智能信息化，高德交通管理平台的投入使用不仅减少了交管部门的基础设施建设成本，而且帮助交管部门优化了其资源配置，并辅助交管部门改善了交通管理效率，从而缓解了城市交通拥堵，提高了城市道路通行效率。

---

① 资料来源：毕马威、国研经济研究院分析（基于高德 2018 年 6 月～2019 年 5 月年度数据）；基于高德 2018 年 6 月～2019 年 5 月年度数据分析；BP 中国碳排放计算器，燃烧 1 升汽油产生 2.3 千克二氧化碳；世界卫生组织 WHO & 德国国际合作机构 GIZ. (2011), Urban transport and health, module 5g, sustainable transport：a sourcebook for policy－makers in developing cities。

四 绿色低碳物流

菜鸟是中国物流业低碳发展的倡导者和引领者。2016 年，菜鸟和中国主要快递公司共同发起菜鸟低碳行动，推动行业低碳升级，这是迄今为止中国最大的物流联合行业环保行动。2017 年 3 月，由阿里巴巴公益基金会、中华环境保护基金会和菜鸟发起，联合申通、百世、中通、韵达、圆通等快递公司共同出资，成立了中国首个物流环保公益基金——菜鸟低碳联盟公益基金，推动全物流行业的绿色低碳转型。四年来，中国低碳物流进展显著：通过推广电子面单、装箱算法、智能路径规划、环保袋、循环箱、低碳回收箱、新能源物流车、太阳能物流园等，菜鸟联手生态合作伙伴，从全产业链的订单生成到包裹送达，再到包材回收，推动全行业、全链路的绿色低碳转型。

（一）绿色智能电子面单

2014 年，菜鸟在行业首创电子面单上线，六年来累计节约 4000 亿张纸，累计服务了 1000 多亿个快递包裹，节约成本 200 亿元，相当于减少碳排放 10 亿千克。菜鸟电子面单一联单广泛取代了二联单，2020 年"双 11"以来节省纸张超过 22 亿张。2019 年 4 月 24 日，"菜鸟电子面单项目"荣获邮政行业最高技术奖项——科学技术奖一等奖，彰显了这项重大创新技术对我国快递业的数字化贡献，特别在稳定可靠、降本增效、绿色环保和安全隐私等方面的突出价值。

（二）绿色智能装箱算法

菜鸟装箱算法一年可"瘦身"5.3 亿个包裹：菜鸟通过智能装箱算法，优化纸箱型号，推荐最优装箱方案，减少"大材小用、过度包装"的现象，让箱型更匹配、装箱更紧凑，平均减少 15% 的包材消耗。2020 年仅在菜鸟仓内就"瘦身"了 5.3 亿个包裹，特别自 2020 年"双 11"以来，仅在该算

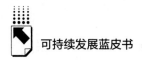
法菜鸟仓内就"瘦身"了超过 1200 万个包裹，目前这一技术已成功向全快递行业推广。

（三）绿色低碳回收网络

通过联合各快递公司，菜鸟低碳回收箱覆盖全国 31 个省区市，在全国菜鸟驿站和快递网点布设低碳回收箱，通过"回箱计划"推动快递行业的纸箱分类回收和二次利用，培养消费者垃圾分类、回收利用的习惯。截至目前菜鸟低碳回收箱已经覆盖全国 31 个省区市，每年预计可以循环再利用上亿个快递纸箱。2020 年"双 11"，在商家、快递伙伴和消费者的共同参与下，天猫"双 11"正成为全民环保季，形成一条源头仓内快递包装减塑、减排，末端快递包装回收的低碳物流链条。

（四）物流资源节约利用

2020 年 11 月 16 日，来自菜鸟方面的数据显示，"双 11"以来（11 月 1 日至 14 日），得益于雀巢、海尔、宝洁、美的等 500 多个知名品牌的支持，菜鸟仓的包裹使用无胶带纸箱或原箱发货，胶带消耗量减少长度超 8600 万米。以此计算，减少的胶带连起来可以绕地球超过两圈。

五　绿色低碳城市

数字技术在城市数字化建设当中，对于城市治理、产业发展和公共服务的数字化转型升级，也在各个方面体现出了绿色低碳的价值。比如，杭州城市大脑在城市交通体检、城市警情监控、城市交通微控、城市特种车辆服务和城市战略规划方面发挥了巨大的作用，有效地降低了交通拥堵和提升了通行效率。同时，在云计算创新开放平台上通过数字孪生城市开展大规模仿真、推演和预测，深入分析城市在未来运行中可能遇到的挑战和各类风险，从而帮助城市规划师从全局来设计更加高效智能和绿色低碳的城市。此外，通过互联网＋低碳政务，用线上服务代替线下服务，让数据多跑路，百姓少跑路，"最多跑一次"办好事情，减少交通出行和碳排放。

数字技术还可以在生态环境保护中大显身手，比如在郑州城市大脑项目中，它将供暖锅炉、工地扬尘、餐饮油烟等多个领域的监测数据，融进"生态环境一张图"，并且对水体、土地、污染源等环境质量信息也能实时呈现。而主管部门就可以根据这张图中实时的环境状况进行"智能化"管理。"生态环境一张图"能多角度展示郑州市环境质量状况实现同期对比，发现异常情况及时指挥调度。如空气质量预警，"城市大脑"设定报警限值，自动检测高值区域周边扬尘源、工业源和渣土车等污染源，并推送给相应负责人员。负责人完成处理后，反馈至指挥调度平台，形成业务闭环，提高了生态环境管理服务的效率。

六　绿色低碳生活

（一）绿色外卖服务

作为本地生活服务平台最重要的入口之一，饿了么一直以来都十分重视环保议题，在给平台入驻商户提供信息技术服务的同时，积极履行平台社会责任，与各方主体共同行动推动绿色低碳消费。围绕外卖服务全场景闭环的事前、事中和事后的低碳绿色行为，饿了么在外卖包装、配送服务、材料回收和减少浪费方面做了大量的绿色低碳尝试。

主要低碳实践场景：

（1）外卖包装：无须餐具、可降解塑料、环保替代材质等。

（2）绿色骑行：骑手电动车。

（3）材料回收：包括餐具回收、二手物品回收等。

（4）减少浪费：尝试过小份菜上线、光盘打卡等形式。

在消费者端，为减少一次性餐具使用，饿了么在全平台将"无须餐具"选项加入并置顶，引导消费者减少一次性餐具使用，并通过"蚂蚁森林"

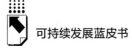

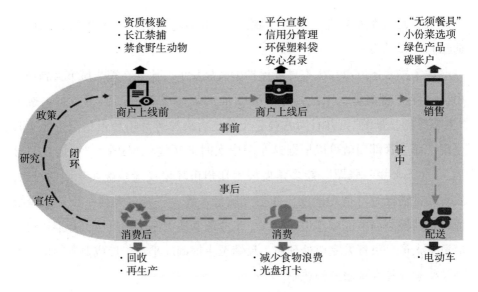

图4　"饿了么"绿色低碳实践大图

为每份无须餐具订单奖励16克绿色能量。截至2021年3月底，饿了么平台累计已送出无须餐具订单近6.5亿单，减少碳排放相当于在沙漠化地区种植超过57万棵梭梭树。在商户端，平台设置环保信用分管理体系，推动商户使用环保纸质餐盒及包装，并为积极响应的商家提供流量支持和特殊标志显示，正向引导和鼓励商家减塑行为，并对于违反减塑规定的商户进行处罚。此外，平台还联合生态合作伙伴发起"蓝色星球计划"，在平台开设一键上门回收外卖塑料品功能。

（二）绿色在线消费

绿色消费者可以定义为关心生态环境、对绿色产品具有实际购买意愿和购买力的消费人群。这个群体具有绿色意识，并可能或已经有相关的绿色消费行为。《2016年度中国绿色消费者报告》显示，互联网平台已经成为绿色消费领域的一片沃土。通过对阿里巴巴零售平台上的购物行为、商品特征和绿色消费关键词进行分析，在2015年符合绿色消费特征的人群就达到6500万人，占淘宝活跃用户的16%，特别是近四年增长了14倍。借助于互联网，信息变得公开透明，绿色消费群体的崛起具有重要的时代意义。绿色消费需求的出现能拉动和引导绿色供给，并推动供给侧的低碳绿色变革。由绿色消费带来的低碳效应，经中国社会科学院中国循环经济与环境评估预测研究中心测算，阿里巴巴网络零售平台在 2015 年累计减少二氧化碳排放约 3000 万吨。据此粗略推算，在 2020 年阿里网络零售平台减少碳排放约 7000 万～8000 万吨。

阿里巴巴还通过联合平台商家、消费者和认证机构等参与方，积极推动和完善绿色产品标准和认证体系，利用平台优势向全社会引导绿色消费。并通过可持续的商业设计，逐步为绿色消费行为建立类似"绿色积分"的激励机制，激发更多绿色消费，让绿色消费成为一种时尚和习惯，释放海量消费者的绿色力量，以此拉动产业和供给端的低碳绿色升级。

七　绿色低碳公益

数字科技公司积极探索绿色低碳发展模式，发挥平台与技术优势，带动更多个体践行绿色理念，走可持续发展之路，其中蚂蚁森林公益项目是数字技术和绿色低碳公益相结合的典范。

蚂蚁森林于 2016 年 8 月正式推出，是结合个人"碳账户"设计的一款公益行动。用户通过步行、公共出行、在线办理水电煤气缴费等行为来减少碳排放，并被换算为虚拟的绿色能量，可以在支付宝领养一棵虚拟的树。消费者每养成一棵虚拟的树，"蚂蚁森林"和公益伙伴就会在荒漠化地区种下一棵真的树，以此鼓励和引导用户可持续发展的低碳环保行为。2018 年 10 月，支付宝蚂蚁森林种树模式被正式纳入国家义务植树体系。截至 2021 年 3 月底，蚂蚁森林已带动超过 5.5 亿人参与，累计碳减排1200 多万吨，在荒漠化地区已种下真树超过 2.23 亿棵，种植总面积 300 多万亩。近年来，蚂蚁森林进一步升级成为生态脱贫平台。例如在内蒙古的呼和浩特清水河，蚂蚁森林种植的沙棘树，沙棘树不仅固沙效果好，而

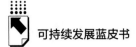

且结出的沙棘果富含维生素 C，当地农民采摘沙棘果，做成果汁、果酱等产品，并打造品牌，放到网上售卖，获得了很好的销量。蚂蚁森林大大提高了农民的收入。蚂蚁森林已累计创造 73 万人次的绿色就业岗位，带动劳务增收超过 1 亿元。2019 年 9 月，蚂蚁森林项目在纽约联合国总部被授予该年度最高环保荣誉——"地球卫士奖"。该奖项是联合国最高级别全球环境奖。"蚂蚁森林"项目获此奖项，是继浙江省"千村示范、塞罕坝林场建设者、万村整治"工程之后，来自中国的绿色创新项目连续第三年获得其中的"激励与行动奖"奖项。就在"地球卫士奖"颁奖的当天，联合国《气候变化框架公约》（UNFCCC）秘书处宣布，因蚂蚁森林在应对全球气候变化方面的创新实践和示范作用，授予"蚂蚁森林"应对气候变化最高奖项——灯塔奖。

八　绿色循环经济

经济增长及新冠肺炎疫情加速闲置资源再利用。经过四十余年改革开放，我国经济快速发展，人均 GDP 突破 1 万美元，我国步入中等收入国家行列，物质产品极大丰富。由于消费者的冲动消费和厌旧喜新心理，大量商品买回后就束之高阁，闲置物品数量激增，"断舍离"成为每个家庭常态。自新冠肺炎疫情突发以来，线上消费变得越来越受欢迎，居民把闲置物品变现的需求也越来越强烈，一定程度上刺激了二手交易的繁荣。据研究机构预测，中国二手交易市场规模在 2020 年达到 1 万亿元，进入高速增长轨道。在二手交易群体中，"90 后"甚至"00 后"逐渐成为市场的生力军，引领了低碳绿色的消费方式和消费观念。

闲鱼低门槛的交易方式、丰富多样的交易模式和基于阿里集团生态优势，满足用户在买卖闲置方面的绝大部分需求。与其他二手电商交易平台相比，闲鱼侧重为用户提供交易场所、具体交易以及产品的质检与物流等服务。相关研究显示，闲鱼平台在 2019 年达成交易 1894 亿元，日均发布商品约 200 万件，日均成交商品超过 100 万件，是国内首屈一指的综合性闲置物品交易平台。闲鱼平台二手商品交易的经济效益、环境效益和社会效益显著。

闲鱼用户已达3亿,从回收开始践行绿色生活方式,已经成为越来越多人的生活写照。共享、租赁、分享闲置的消费习惯正在慢慢形成,从"无闲置社区"到"无闲置城市"再到"无闲置社会"的图景,正逐步展开。自2017年至今,闲鱼回收旧衣5万多吨、旧书2370万本、手机366万台、大家电145万台。2020年,银泰喵街全年累计回收空瓶20000多个,通过收银无纸化、发票小票电子化,节省1600吨纸。

据北京市环交所评估,2014年至2018年,仅占闲鱼交易量10%的信息家电、服装、图书转让利用,减少的碳排放就达10万吨。闲鱼旧衣回收服务,1年内约4000万件旧衣被再利用,相当于减少3万多吨碳排放。闲鱼平台具有显著的资源环境效益。在资源能源节约方面,国研中心资源与环境政策研究所在2021年发布的《数字时代闲置资源优化利用模式研究》报告显示,2019年闲鱼平台节约煤炭914.2万吨、石油151.4万吨、天然气6.1亿立方米、电力21.6亿千瓦时。从节约总量来看,2019年共节约能源1037.2万吨(标准煤),节约煤炭653.0万吨,相当于浙江省2018年煤炭消耗量的6.3%。2019年,闲鱼节约水资源13.2亿立方米,相当于杭州市2018年供水量的1.7倍,相当于91个西湖水量。污染减排方面,2019年闲鱼平台实现碳减排2491.2万吨,二氧化硫减排3.6万吨、氮氧化物减排3.3万吨、烟尘减排262.3吨。生态改善方面,2019年闲鱼平台贡献森林碳汇量6278吨,减少约9161亩土地荒漠化问题。

2020年,《闲鱼App:从浪费到消费,从闲余到盈余》被北京大学管理案例研究中心正式收录,该案例指出"(闲鱼模式)超越了经济行为,演化为集物品交换、消费主张、契约精神、圈层社交、环保公益等价值于一身的新社会伦理,为当代社会生活留存了一个有代表性、高活跃度的样本"。

图 5 "闲鱼"绿色循环经济模式入选北京大学管理案例研究中心

参考文献

Eric Masanet，Arman Shehabi，Nuoa Lei1，Sarah Smith，Jonathan Koomey，"Recalibrating global data center energy-use estimates"，*Science* 367（2020）：pp. 984 – 986.

阿里巴巴集团：《2020 – 2021 阿里巴巴集团社会责任报告》。

阿里研究院、阿里社会公益部联合编写：《2016 年度中国绿色消费者报告》。

国务院发展研究中心资源与环境政策研究所编《数字时代闲置资源市场化利用模式研究》报告，2021 年 3 月发布。

环球网："阿里云公布最新绿色账单：减少 384 万吨碳排放"，2018 年 9 月 6 日，

https：//tech. huanqiu. com/article/9CaKrnKciCk，最后检索时间：2021 年 8 月 26 日。

王小月：《规矩逐步完善，包装可望瘦身》，《中国消费者报》2021 年 4 月 15 日。

依邵华：《中国消费需求结构升级研究》，《学术论文联合比对库》2018 年 9 月 18 日。

中国国际发展知识中心编《数字平台企业助力可持续发展——以阿里巴巴为例》报告，2019 年 8 月发布。

中国社会科学院中国循环经济与环境评估预测研究中心、阿里研究院联合编写：《电子商务的环境影响》，2011 年 7 月。

附　　录

Appendix

B. 21

附录一　中国国家可持续发展指标说明

表 1　CSDIS 国家级指标集及权重

一级指标（权重%）	二级指标	三级指标	单位	权重（%）	序号
经济发展（25%）	创新驱动	科技进步贡献率	%	2.08	1
		R&D 经费投入占 GDP 比重	%	2.08	2
		万人有效发明专利拥有量	件	2.08	3
	结构优化	高技术产业主营业务收入与工业增加值比例	%	3.13	4
		数字经济核心产业增加值占 GDP 比 *	%	0.00	5
		信息产业增加值与 GDP 比重	%	3.13	6
	稳定增长	GDP 增长率	%	2.08	7
		全员劳动生产率	万元/人	2.08	8
		劳动适龄人口占总人口比重	%	2.08	9
	开放发展	人均实际利用外资额	美元/人	3.13	10
		人均进出口总额	美元/人	3.13	11

438

续表

一级指标 （权重%）	二级指标	三级指标	单位	权重 （%）	序号
社会民生 （15%）	教育文化	教育支出占GDP比重	%	1.25	12
		劳动人口平均受教育年限	年	1.25	13
		万人公共文化机构数	个/万人	1.25	14
	社会保障	基本社会保障覆盖率	%	1.88	15
		人均社会保障和就业支出	元	1.88	16
	卫生健康	人口平均预期寿命	岁	0.94	17
		人均政府卫生支出	元/人	0.94	18
		甲、乙类法定报告传染病总发病率	%	0.94	19
		每千人拥有卫生技术人员数	人	0.94	20
	均等程度	贫困发生率	%	1.25	21
		城乡居民可支配收入比		1.25	22
		基尼系数		1.25	23
资源环境 （10%）	国土资源	人均碳汇*	吨二氧化碳/人	0.00	24
		人均森林面积	公顷/万人	0.83	25
		人均耕地面积	公顷/万人	0.83	26
		人均湿地面积	公顷/万人	0.83	27
		人均草原面积	公顷/万人	0.83	28
	水环境	人均水资源量	立方米/人	1.67	29
		全国河流流域一、二、三类水质断面占比	%	1.67	30
	大气环境	地级及以上城市空气质量达标天数比例	%	3.33	31
	生物多样性	生物多样性指数*		0.00	32
消耗排放 （25%）	土地消耗	单位建设用地面积二、三产业增加值	万元/平方公里	4.17	33
	水消耗	单位工业增加值水耗	立方米/万元	4.17	34
	能源消耗	单位GDP能耗	吨标准煤/万元	4.17	35
	主要污染物排放	单位GDP化学需氧量排放	吨/万元	1.04	36
		单位GDP氨氮排放	吨/万元	1.04	37
		单位GDP二氧化硫排放	吨/万元	1.04	38
		单位GDP氮氧化物排放	吨/万元	1.04	39
	工业危险废物产生量	单位GDP危险废物产生量	吨/万元	4.17	40
	温室气体排放	单位GDP二氧化碳排放	吨/万元	2.08	41
		非化石能源占一次能源比	%	2.08	42

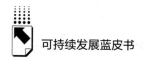
续表

一级指标 （权重%）	二级指标	三级指标	单位	权重 （%）	序号
治理保护 （25%）	治理投入	生态建设投入与 GDP 比*	%	0.00	43
		财政性节能环保支出占 GDP 比重	%	2.08	44
		环境污染治理投资与固定资产投资比	%	2.08	45
	废水利用率	再生水利用率*	%	0.00	46
		城市污水处理率	%	4.17	47
	固体废物 处理	一般工业固体废物综合利用率	%	4.17	48
	危险废物 处理	危险废物处置率	%	4.17	49
	废气处理	废气处理率*	%	0.00	50
	垃圾处理	生活垃圾无害化处理率	%	4.17	51
	减少温室 气体排放	碳排放强度年下降率	%	2.08	52
		能源强度年下降率	%	2.08	53

一　经济发展

1. 科技进步贡献率

定义：指广义技术进步对经济增长的贡献份额，即扣除了资本和劳动之外的其他因素对经济增长的贡献。

资料来源及方法：

·数据源于政府新闻。

·计算方法：直接获得，未计算。

政策相关性：科技进步贡献率可以衡量科技竞争力和相关科技实力向现实生产力转化的情况，反映的是创新对经济增长的促进作用。

2. R&D 经费投入占 GDP 比重

定义：指研究与试验发展（R&D）经费支出占国内生产总值（GDP）的比率。其中，R&D 指"科学研究与试验发展"，其含义是指在科学技术领域，为增加知识总量，以及运用这些知识去创造新的应用进行的系统的创造性的活动，包括基础研究、应用研究和试验发展三类活动。

资料来源及方法：

·数据源于《中国科技统计年鉴》《中国统计年鉴》。

·该指标是用 R&D 经费投入除以 GDP 计算得出。

政策相关性：R&D 经费投入占 GDP 比重是国际上通用的、反映国家或地区科技投入水平的核心指标，也是我国中长期科技发展规划纲要中的重要评价指标。

3. 万人有效发明专利拥有量

定义：指每万人拥有经国内外知识产权行政部门授权且在有效期内的发明专利件数。

资料来源及方法：

·数据源于《中国统计年鉴》。

·该指标是用国内有效发明专利数除以该年末常住人口数计算得出的。

政策相关性：万人有效发明专利拥有量是衡量一个国家或地区科研产出质量和市场应用水平的综合指标。

4. 高技术产业主营业务收入与工业增加值比例

定义：高技术产业主营业务收入占工业增加值的比重。

资料来源及方法：

·数据源于《中国高技术产业统计年鉴》《中国统计年鉴》。

·该指标是用高技术产业主营业务收入除以工业增加值计算得出的。

政策相关性：根据国家统计局《高技术产业（制造业）分类（2013）》，高技术产业（制造业）是指国民经济行业中 R&D 投入强度（即 R&D 经费支出占主营业务收入的比重）相对较高的制造业行业，包括医药制造，航空、航天器及设备制造，电子及通信设备制造，计算机及办公设备制造，医疗仪器设备及仪器仪表制造，信息化学品制造等六大类。高技术产业占工业增加值比重的增加反映了经济结构的优化。

5. 数字经济核心产业增加值占 GDP 比

定义：数字经济核心产业增加值占国内生产总值的比重。

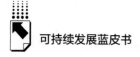

资料来源及方法：

·暂无。

政策相关性："十四五"规划要求提出打造数字经济新优势，"数字经济核心产业增加值"成为衡量数字经济发展重要指标，"数字经济核心产业增加值占 GDP 比"反映了数字经济发展的状况。

6. 信息产业增加值与 GDP 比重

定义：信息传输、软件和信息技术服务业增加值占国内生产总值的比重。

资料来源及方法：

·数据源于《中国统计年鉴》。

·该指标是用信息传输、软件和信息技术服务业增加值除以工业增加值计算得出的。

政策相关性：根据国家统计局《2017 年国民经济行业分类（GB/T 4754—2017)》，信息传输、软件和信息技术服务业包括电信、广播电视和卫星传输服务，互联网和相关服务，软件和信息技术服务业。信息产业增加值与 GDP 比重的增加反映了信息产业的发展对经济发展的影响。

7. GDP 增长率

定义：国民生产总值增长率。

资料来源及方法：

·数据源于《中国统计年鉴》。

·计算方法：直接获得，未计算。

政策相关性：GDP 是指所有生产行业贡献的增加值总和，说明的是国内生产总值。因此，GDP 仍然是目前最主要的经济指标。GDP 增长率是衡量经济增长的重要指标。

8. 全员劳动生产率

定义：根据产品的价值量指标计算的平均每一个从业人员在单位时间内的产品生产量。

资料来源及方法：

·数据源于《中国统计年鉴》。

·该指标通过国内生产总值除以从业人员数计算得出。

政策相关性：全员劳动生产率反映了劳动力要素的投入产出效率。"十四五"时期提出了"全员劳动生产率增长高于国内生产总值增长"的目标，全员劳动生产率越高，人均产出效率越高，越有利于经济的高质量发展。

9. 劳动适龄人口占总人口比重

定义：劳动适龄人口数量与总人口数的比值。

资料来源及方法：

·数据源于《中国统计年鉴》。

·计算方法：不用计算，直接得出。

政策相关性：劳动适龄人口占总人口比重反映了中国人口老龄化程度，该比重越高，老龄化程度相对越低，经济增长越有活力。

10. 人均实际利用外资额

定义：人均实际使用外资的金额。

资料来源及方法：

·数据源于《中国统计年鉴》。

·该指标通过实际使用外资金额除以年末常住人口数计算得出。

政策相关性：人均实际利用外资额反映了我国经济的对外开放程度，人均实际利用外资额越高，经济开放程度相对越高。

11. 人均进出口总额

定义：人均进出口总金额。

资料来源及方法：

·数据源于《中国统计年鉴》。

·该指标通过货物进出口总额除以年末常住人口数计算得出。

政策相关性：人均进出口总额反映了我国经济的对外开放程度，人均进出口总额越高，经济开放程度相对越高。

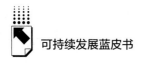
二 社会民生

1. 教育支出占 GDP 比重

定义：国家财政教育经费占国内生产总值的比重。

资料来源及方法：

· 数据源于《中国统计年鉴》。

· 该指标通过国家财政性教育经费除以国内生产总值计算得出。

政策相关性：国家财政性教育经费主要包括公共财政预算教育经费，各级政府征收用于教育的税费，企业办学中的企业拨款，校办产业和社会服务收入用于教育的经费等。国家财政教育经费占 GDP 比重反映了教育资源的投入水平。

2. 劳动人口平均受教育年限

定义：劳动年龄人口受教育年限的平均值。

资料来源及方法：

· 数据源于《中国劳动统计年鉴》。

· 该指标通过就业人口中各受教育程度人口占比按照小学 5 年，初中 9 年，高中 12 年，专科 15 年，本科 16 年，研究生 19 年加权平均计算得出。

政策相关性：劳动年龄人口的人均受教育年限概念统计的是 16 岁至 59 岁的劳动力受教育状况。"十四五"规划要求"劳动年龄人口平均受教育年限提高到 11.3 年"，劳动人口平均受教育年限是衡量民生福祉改善的重要指标。

3. 万人公共文化机构数

定义：每万人拥有的公共文化机构数量。

资料来源及方法：

· 数据源于《中国统计年鉴》。

· 该指标通过公共文化机构数除以国内生产总值计算得出。

政策相关性：公共文化机构包括图书馆、文化馆（站）、博物馆和艺术表演场馆。万人公共文化机构数反映了公共文化服务的水平。

4. 基本社会保障覆盖率

定义：基本养老保险和基本医疗保险覆盖率。

资料来源及方法：

·数据源于《中国统计年鉴》。

·该指标为已参加基本养老保险和基本医疗保险人口占政策规定应参加人口的比重。

政策相关性：基本社会保障覆盖率反映了社会保障体系的健全程度。

5. 人均社会保障和就业支出

定义：政府在社会保障及就业方面的人均财政支出。

资料来源及方法：

·数据源于《中国统计年鉴》。

·该指标为社会保障和就业服务财政支出除以年末常住人口数。

政策相关性：该指标衡量的是社会保障体系覆盖的人员数目，并指明退休后可获得国家养老金的对象。它代表的是在一个富裕的社会里，许多人都可以将资金投入养老金系统，和/或政府投入相应资源来为那些在资金投入方面能力有限或无能力的人员提供支持。政府在社会服务方面的支出对于那些处于劣势地位人群来说至关重要，包括低收入家庭、老人、残疾人、病人及失业者。随着中国城市化的迅速发展，大量农村劳动力涌向城市，许多实体和企业必须进行重组及结构改革，这就导致大量人口失业。政府在社会保障和就业服务上的财政支出对于民生福祉显得尤为重要。

6. 人口平均预期寿命

定义：人口平均预期可存活的年数。

资料来源及方法：

·数据源于国家卫健委官网。

·该指标直接获得，无须计算。

政策相关性：人口平均预期寿命是指假若当前的分年龄死亡率保持不变，同一时期出生的人预期能继续生存的平均年数，是度量人口健康状况的

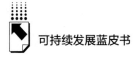

一个重要的指标。

7. 人均政府卫生支出

定义：政府在卫生方面的人均财政支出。

资料来源及方法：

·数据源于《中国统计年鉴》。

·该指标为全国财政医疗卫生支出除以年末常住人口数。

政策相关性：全国财政医疗卫生支出衡量了政府在医疗卫生方面的财政投入情况。人均政府卫生支出则反映国民医疗卫生保证程度。

8. 甲、乙类法定报告传染病总发病率

定义：甲、乙类法定报告传染病的总发病率情况。

资料来源及方法：

·数据源于卫健委统计公报。

·该指标直接获得，无须计算。

政策相关性：新冠肺炎疫情给中国乃至全世界的可持续发展带来的挑战，甲、乙类法定报告传染病总发病率反映了"传染病控制"情况，表征公共卫生发展及应急管理水平。

9. 每千人拥有卫生技术人员数

定义：每千人拥有的卫生技术人员数量。

资料来源及方法：

·数据源于《中国统计年鉴》。

·该指标直接获得，无须计算。

政策相关性：卫生技术人员的分布是可持续发展的重要指标。许多需求相对较低的发达地区拥有的卫生技术人员数量较多，而许多疾病负担大的欠发达地区必须设法应付卫生技术人员数量不足的问题。随着中国城市化的发展，许多卫生技术人员由农村转向城市，导致农村相关人员的大量缺失。因此，通过采取具体措施可为城市公共服务的提供打造新环境，这对城市劳动者及居民的长期健康至关重要。

10. 贫困发生率

定义：指贫困人口占全部总人口的比。

资料来源及方法：

·数据源于国家统计局、国务院扶贫办、统计公报。

·该指标直接获得，无须计算。

政策相关性：贫困发生率指国家或地区生活在贫困线以下的贫困人口数量占总人口之比，表征了贫困问题的广度。

11. 城乡居民可支配收入比

定义：城乡居民可支配收入的比值。

资料来源及方法：

·数据源于《中国统计年鉴》。

·该指标为城镇居民人均可支配收入和农村居民人均可支配收入的比值。

政策相关性：城乡居民可支配收入比反映了收入分配的均等程度。

12. 基尼系数

定义：指全部居民收入中，用于进行不平均分配的那部分收入所占的比例。

资料来源及方法：

·数据源于国家统计局。

·该指标直接获得，无须计算。

政策相关性：基尼系数是 1943 年美国经济学家阿尔伯特·赫希曼根据劳伦茨曲线所定义的判断收入分配公平程度的指标。基尼系数是比例数值，在 0 和 1 之间，是国际上用来综合考察居民内部收入分配差异状况的一个重要分析指标。

三 资源环境

1. 人均碳汇

定义：人均碳汇。

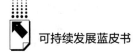

资料来源及方法：

·暂无。

政策相关性：碳汇，一般是指从空气中减少温室气体的过程、活动、机制，包括森林碳汇、草地碳汇、耕地碳汇等。人均碳汇反映了相关资源情况。

2. 人均森林面积

定义：人均森林面积。

资料来源及方法：

·数据源于《中国统计年鉴》。

·该指标通过森林面积除以年末常住人口总数计算得出。

政策相关性：森林资源是林地及其所生长的森林有机体的总称。丰富的森林资源，是生态良好的重要标志，是经济社会发展的重要基础。

3. 人均耕地面积

定义：人均耕地面积。

资料来源及方法：

·数据源于《中国统计年鉴》。

·该指标通过耕地面积除以年末常住人口总数计算得出。

政策相关性：耕地是指种植农作物的土地，耕地资源是人类赖以生存的基本资源和条件。

4. 人均湿地面积

定义：人均湿地面积。

资料来源及方法：

·数据源于《中国统计年鉴》。

·该指标通过湿地面积除以年末常住人口总数计算得出。

政策相关性：按《国际湿地公约》定义，湿地系指不论其为天然或人工、长久或暂时之沼泽地、湿原、泥炭地或水域地带，带有静止或流动，或为淡水、半咸水或咸水水体者，包括低潮时水深不超过6米的水域。湿地是珍贵的自然资源，也是重要的生态系统，具有不可替代的综合功能。

5. 人均草原面积

定义：人均草原面积。

资料来源及方法：

· 数据源于《中国统计年鉴》。

· 该指标通过草原面积除以年末常住人口总数计算得出。

政策相关性：草原承担着防风固沙、保持水土、涵养水源、调节气候、维护生物多样性等重要生态功能，还有独特的经济、社会功能。草原资源具有重要的战略意义。

6. 人均水资源量

定义：人均水资源量。

资料来源及方法：

· 数据源于《中国统计年鉴》。

· 该指标通过水资源总量除以年末常住人口总数计算得出。

政策相关性：人均水资源量是衡量国家可利用水资源的程度指标之一。水资源管理得当，是实现可持续增长、减少贫困和增进公平的关键保障。用水问题能否解决，直接关系人们的生活。

7. 全国河流流域一、二、三类水质断面占比

定义：全国河流流域一、二、三类水质断面占比。

资料来源及方法：

· 数据源于中国生态环境状况公报。

· 该指标直接获得，无须计算。

政策相关性：全国河流流域一、二、三类水质断面占比反映了水环境的质量，与人们生活息息相关。

8. 地级及以上城市空气质量达标天数比例

定义：地级及以上城市空气质量达标天数比例，2015 标准。

资料来源及方法：

· 数据源于中国生态环境状况公报。

· 该指标直接获得，无须计算。

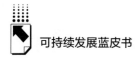

政策相关性：空气污染严重威胁着公共健康。地级及以上城市空气质量达标天数比例反映了空气质量。

9. 生物多样性指数

定义：生物多样性指数。

资料来源及方法：

·暂无。

政策相关性：生物多样性指数应用数理统计方法求得表示生物群落的种类和数量的数值，用以评价环境质量。20 世纪 50 年代，为了进行环境质量的生物学评价，开始研究生物群落，并运用信息理论的多样性指数进行析。多样性是群落的主要特征。在清洁的条件下，生物的种类多，个体数相对稳定。

四　消耗排放

1. 单位建设用地面积二、三产业增加值

定义：单位建设用地面积所创造的二、三产业增加值。

资料来源及方法：

·数据源于《中国统计年鉴》。

·该指标通过二、三产业增加值除以城市建设用地面积计算得到。

政策相关性：尽管中国仍然是世界上最大的农业经济体，但随着中国城市化的逐渐发展，人们不断从农村和农业地区转向城市，在第二和第三产业工作，或在建筑、制造及服务业工作。这就意味着，我们有必要扩建制造业和服务业企业所需的基础设施。从经济学角度来看，单位建设用地面积所创造的二、三产业增加值越高，则表明离农业经济更远，土地利用更高效且经济绩效得到改进。

2. 单位工业增加值水耗

定义：单位工业增加值对应的水资源消耗。

资料来源及方法：

· 数据源于《中国统计年鉴》。

· 该指标通过工业用水量除以工业增加值计算得到。

政策相关性：该指标通过工业用水量除以工业增加值的计算，来衡量工业水资源的利用效率，水资源是有限的，单位工业增加值水耗越低，工业生产用水的效率越高，越有利于国家的可持续发展。

3. 单位 GDP 能耗

定义：单位 GDP 对应的能源消耗。

资料来源及方法：

· 数据源于《中国统计年鉴》。

· 计算方法：直接获得，或通过能源强度下降率计算而来。

政策相关性：能源是发展的重要资源，但在国家的可持续发展方面，调和能源的必要性和需求是一个挑战。能源生产和使用具有不利的环境和健康影响，在所有可用能源中，煤炭的温室气体排放以及对健康影响最严重。单位 GDP 能耗指标反映了经济结构和能源利用效率的变化。

4. 单位 GDP 化学需氧量排放

定义：单位 GDP 对应的化学需氧量排放量。

资料来源及方法：

· 数据源于《中国统计年鉴》、全国生态环境公报。

· 该指标通过化学需氧量除以 GDP 计算得到。

政策相关性：化学需氧量是以化学方法测量水样中需要被氧化的还原性物质的量。化学需氧量可以反映水体污染程度。单位 GDP 化学需氧量排放越高，越影响国家的可持续发展。

5. 单位 GDP 氨氮排放

定义：单位 GDP 对应的氨氮排放量。

资料来源及方法：

· 数据源于《中国统计年鉴》、全国生态环境公报。

· 该指标通过氨氮排放量除以 GDP 计算得到。

政策相关性：氨氮排放分为工业源、农业源、生活源，反映水体污染程

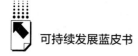

度。单位 GDP 氨氮排放量越高，越对国家的可持续发展造成负面影响。

6. 单位 GDP 二氧化硫排放

定义：单位 GDP 对应的二氧化硫排放量。

资料来源及方法：

· 数据源于《中国统计年鉴》、《能源统计年鉴》、全国生态环境公报。

· 该指标通过二氧化硫排放量除以 GDP 计算得到。

政策相关性：二氧化硫一般是在发电及金属冶炼等工业生产过程中产生的。含硫的燃料（如煤和石油）在燃烧时就会释放出二氧化硫。高浓度的二氧化硫与多种健康及环境影响相关，如哮喘及其他呼吸道疾病。二氧化硫排放是导致 PM2.5 浓度较高的主要因素。二氧化硫可影响能见度，造成雾霾，如果二氧化硫排放量增加，则会影响国家的可持续发展。

7. 单位 GDP 氮氧化物排放

定义：单位 GDP 对应的氮氧化物排放量。

资料来源及方法：

· 数据源于《中国统计年鉴》、全国生态环境公报。

· 该指标通过氮氧化物排放量除以 GDP 计算得到。

政策相关性：氮氧化物排放分为工业源、农业源、生活源，反映空气污染程度。单位 GDP 氮氧化物排放量越高，越影响国家的可持续发展。

8. 单位 GDP 危险废物产生量

定义：单位 GDP 对应的危险废物产生量。

资料来源及方法：

· 数据源于《中国统计年鉴》、《中国环境统计年鉴》、全国生态环境公报。

· 该指标通过危险废物产生量除以 GDP 计算得到。

政策相关性：根据《中华人民共和国固体废物污染防治法》的规定，危险废物是指列入国家危险废物名录或者根据国家规定的危险废物鉴别标准和鉴别方法认定的具有危险特性的废物。这里的危险废物排放指的是排放量，即工业事故导致的排放量。

9. 单位 GDP 二氧化碳排放

定义：单位 GDP 对应的二氧化碳排放量。

资料来源及方法：

· 数据源于 CEADS 官网、中国生态环境状况公报。

· 该指标通过二氧化碳排放量除以 GDP 计算得到。

政策相关性：单位 GDP 二氧化碳排放，即碳排放强度，指每单位国民生产总值的增长所带来的二氧化碳排放量。该指标主要是用来衡量一国经济同碳排放量之间的关系，如果一国在经济增长的同时，每单位国民生产总值所带来的二氧化碳排放量在下降，那么说明该国就实现了一个低碳的发展模式。

10. 非化石能源占一次能源比

定义：非化石能源与一次能源的比值。

资料来源及方法：

· 数据源于政府报告及相关新闻。

· 该指标直接获得，无须计算。

政策相关性：非化石能源包括当前的新能源及可再生能源，含核能、风能、太阳能、水能、生物质能、地热能、海洋能等可再生能源。发展非化石能源，提高其在总能源消费中的比重，能够有效降低温室气体排放量，保护生态环境，降低能源可持续供应的风险。

五 治理保护

1. 生态建设投入与 GDP 比

定义：生态建设投入占与 GDP 的比重。

资料来源及方法：

· 暂无。

政策相关性：该指标指对生态文明建设和环境保护所有投入与 GDP 的比，表征国家对生态建设的重视程度。

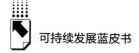

2. 财政性节能环保支出占 GDP 比重

定义：财政性节能环保支出占 GDP 的比重。

资料来源及方法：

·数据源于《中国统计年鉴》。

·该指标通过财政性节能环保支出除以 GDP 计算得到。

政策相关性：该指标指用于环境污染防治、生态环境保护和建设投资占当年国内生产总值（GDP）的比例。环境保护是可持续发展的重要组成部分。随着中国城市化的发展，产生了许多环境问题，包括空气污染、水污染及水土流失。这些问题不仅危害公共健康，而且自然资源的消耗还会限制未来的经济发展。因此从长远来看，环保支出是一项有利的投资，其可以提高环境的回弹性和寿命，这样环境得到更加有效的保护，能够再生并提供自然资源、生态系统服务，甚至能防止产生随机及灾难性事件。

3. 环境污染治理投资与固定资产投资比

定义：环境污染治理投资占固定资产投资的比重。

资料来源及方法：

·数据源于《中国统计年鉴》。

·该指标通过环境污染治理投资额除以社会固定资产投资计算得到。

政策相关性：环境污染治理投资包括老工业污染源治理、建设项目"三同时"、城市环境基础设施建设三个部分。环境污染治理投资与固定资产投资比反映社会固定资产投资流向环境污染治理的水平。

4. 再生水利用率

定义：再生水利用率。

资料来源及方法：

·暂无。

政策相关性：再生水是指将城市污水经深度处理后得到的可重复利用的水资源。污水中的各种污染物，如有机物、氨、氮等经深度处理后，其指标可以满足农业灌溉、工业回用、市政杂用等不同用途。在目前我国水资源短缺的状况下，开发和利用再生水资源是对城市水资源的重要补充，是提高水资源利用率的重要途径。

5. 城市污水处理率

定义：城市污水处理率。

资料来源及方法：

·数据源于《中国城市建设统计年鉴》。

·计算方法：直接获得，未计算。

政策相关性：城市污水处理率指经管网进入污水处理厂处理的城市污水量占污水排放总量的百分比，反映了城市污水集中收集处理设施的配套程度，是评价城市污水处理工作的标志性指标。

6. 一般工业固体废物综合利用率

定义：一般工业固体废物综合利用量与一般工业固体废物产生量的比值。

资料来源及方法：

·数据源于《中国统计年鉴》。

·该指标通过一般工业固体废物综合利用量除以一般工业固体废物产生量计算得到。

政策相关性：一般工业固体废物产生量指未被列入《国家危险废物名录》或者根据国家规定的危险废物鉴别标准（GB5085）、固体废物浸出毒性浸出方法（GB5086）及固体废物浸出毒性测定方法（GB/T15555）鉴别判定不具有危险特性的工业固体废物。一般工业固体废物综合利用量指报告期内企业通过回收、加工、循环、交换等方式，从固体废物中提取或者使其转化为可以利用的资源、能源和其他原材料的固体废物量（包括当年利用的往年工业固体废物累计储存量）。由于工业化的发展，在中国，农业的地位正逐渐被制造业取代，而在工业生产中会产生成吨的固体废物，对这些废物的回收及重新利用可降低对自然资源的消耗，并减轻因固体废物处理带来的环境影响。

7. 危险废物处置率

定义：危险废物处置率。

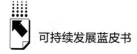

资料来源及方法：

·数据源于《中国统计年鉴》。

·该指标通过危险废物处置量除以危险废物产生量计算得到。

政策相关性：根据《中华人民共和国固体废物污染环境防治法》的规定，危险废物是指列入国家危险废物名录或者根据国家规定的危险废物鉴别标准和鉴别方法认定的具有危险特性的固体废物。危险废物不利于自然环境，对危险废物进行及时有效的处置，可以减轻危险废物带来的环境影响。

8. 废气处理率

定义：废气处理率。

资料来源及方法：

·暂无。

政策相关性：废气处理率指经过处理的有毒有害的气体量占有毒有害的气体总量的比重。废气于自然环境有害，对废气进行及时有效的处置，可以减轻废气带来的环境影响。

9. 生活垃圾无害化处理率

定义：生活垃圾无害化处理率。

资料来源及方法：

·数据源于《中国统计年鉴》。

·该指标直接获得，无须计算。

政策相关性：生活垃圾随意丢弃对环境会造成不良影响。无害化处理的目的是在废物进入环境之前，清除其含有的所有固体和危险废物元素。从性质上来看，这种将这些元素送入环境的方式是纯有机、无污染且可进行生物降解的。生活垃圾的随意丢放反过来会对环境寿命产生重大的不利影响，而且会由于污染加剧，严重影响城市空间。该指标可以对可持续发展下的垃圾处理情况进行衡量。

10. 碳排放强度年下降率

定义：碳排放强度年下降率。

资料来源及方法：

·数据源于 CEADS 官网、中国生态环境状况公报。

·该指标通过计算单位 GDP 碳排放比上年的下降率得到。

政策相关性：碳排放强度年下降率反映碳排放强度相比上一年的下降情况，衡量了中国推动节能减排及绿色低碳的进展。

11. 能源强度年下降率

定义：能源强度年下降率。

资料来源及方法：

·数据源于《中国统计年鉴》。

·该指标通过计算单位 GDP 能源消耗相比上年的下降率得到。

政策相关性：能源强度年下降率反映能源消耗强度相比上一年的下降情况，衡量了中国推动节能减排的进展。

B.22
附录二 中国省级可持续发展指标说明

表1 CSDIS 省级指标集及权重

一级指标 （权重%）	二级指标	三级指标	单位	权重 （%）	序号
经济发展 （25%）	创新驱动	科技进步贡献率*	%	0.00	1
		R&D 经费投入占 GDP 比重	%	3.75	2
		万人有效发明专利拥有量	件	3.75	3
	结构优化	高技术产业主营业务收入与工业增加值比例	%	2.50	4
		数字经济核心产业增加值占 GDP 比*	%	0.00	5
		电子商务额占 GDP 比重	%	2.50	6
	稳定增长	GDP 增长率	%	2.08	7
		全员劳动生产率	万元/人	2.08	8
		劳动适龄人口占总人口比重	%	2.08	9
	开放发展	人均实际利用外资额	美元/人	3.13	10
		人均进出口总额	美元/人	3.13	11
社会民生 （15%）	教育文化	教育支出占 GDP 比重	%	1.25	12
		劳动人口平均受教育年限	年	1.25	13
		万人公共文化机构数	个/万人	1.25	14
	社会保障	基本社会保障覆盖率	%	1.88	15
		人均社会保障和就业支出	元/人	1.88	16
	卫生健康	人口平均预期寿命*	岁	0.00	17
		人均政府卫生支出	元/人	1.25	18
		甲、乙类法定报告传染病总发病率	%	1.25	19
		每千人拥有卫生技术人员数	人	1.25	20
	均等程度	贫困发生率	%	1.88	21
		城乡居民可支配收入比		1.88	22
		基尼系数*		0.00	23

458

续表

一级指标 （权重%）	二级指标	三级指标	单位	权重 （%）	序号
资源环境 （10%）	国土资源	人均碳汇*	吨二氧化碳/人	0.00	24
		人均森林面积	公顷/万人	0.83	25
		人均耕地面积	公顷/万人	0.83	26
		人均湿地面积	公顷/万人	0.83	27
		人均草原面积	公顷/万人	0.83	28
	水环境	人均水资源量	立方米/人	1.67	29
		全国河流流域一、二、三类水质断面占比	%	1.67	30
	大气环境	地级及以上城市空气质量达标天数比例	%	3.33	31
	生物多样性	生物多样性指数*		0.00	32
消耗排放 （25%）	土地消耗	单位建设用地面积二、三产业增加值	万元/平方公里	4.00	33
	水消耗	单位工业增加值水耗	立方米/万元	4.00	34
	能源消耗	单位GDP能耗	吨标准煤/万元	4.00	35
	主要污染 物排放	单位GDP化学需氧量排放	吨/万元	1.00	36
		单位GDP氨氮排放	吨/万元	1.00	37
		单位GDP二氧化硫排放	吨/万元	1.00	38
		单位GDP氮氧化物排放	吨/万元	1.00	39
	工业危险 废物产生量	单位GDP危险废物产生量	吨/万元	4.00	40
	温室气体 排放	单位GDP二氧化碳排放*	吨/万元	0.00	41
		可再生能源电力消纳占全社会用电量比重	%	4.00	42
治理保护 （25%）	治理投入	生态建设投入与GDP比*	%	0.00	43
		财政性节能环保支出占GDP比重	%	2.50	44
		环境污染治理投资与固定资产投资比	%	2.50	45
	废水利用率	再生水利用率*	%	0.00	46
		城市污水处理率	%	5.00	47
	固体废物 处理	一般工业固体废物综合利用率	%	5.00	48
	危险废物 处理	危险废物处置率	%	5.00	49
	废气处理	废气处理率*	%	2.50	50
	垃圾处理	生活垃圾无害化处理率	%	0.00	51
	减少温室 气体排放	碳排放强度年下降率*	%	0.00	52
		能源强度年下降率	%	2.50	53

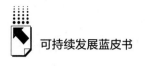

一 经济发展

1. 科技进步贡献率

定义：指广义技术进步对经济增长的贡献份额，即扣除资本和劳动贡献后，包括科技在内的其他因素对经济增长的贡献。

计量单位：%

资料来源及方法：

·目前难以获得数据，期望未来加入该指标。

政策相关性：科技是经济增长的重要动力，随着我国经济发展步入新常态，科技进步在经济发展中的贡献显得越来越重要。科技进步贡献率的提升，侧面反映了经济发展方式的转变，反映了科技创新为高质量发展增添新的动能。

2. R&D 经费投入占 GDP 比重

定义：研究与试验发展（R&D）经费投入占 GDP 的比重。

计量单位：%

资料来源及方法：

·数据源于《中国科技统计年鉴》。

·计算方法：研究与试验发展（R&D）经费投入除以该省份年度 GDP 计算得出。

政策相关性：党的十九大报告强调，必须坚定不移贯彻创新发展理念，加快建设创新型国家。创新是引领发展的第一动力，是建设现代化经济体系的战略支撑。研究与试验发展（R&D）指为增加知识存量以及设计运用已有知识产生新应用而进行的创造性、系统性工作，包括基础研究、应用研究和试验发展三种类型。R&D 经费投入占 GDP 比重是评价地区科技投入水平和科技创新方面努力程度的重要指标，获得国际上的普遍认可。

3. 万人有效发明专利拥有量

定义：平均每万常住人口所拥有的有效发明专利数量。

计量单位：件

资料来源及方法：

·数据源于《中国科技统计年鉴》。

·计算方法：有效发明专利拥有量除以该省份年末常住人口数计算得出。

政策相关性：知识产权制度具有保障、激励创新的作用。在激励知识产权创造的基础，进一步巩固落实知识产权的运用、保护、管理和服务，才能够确保知识产权创造社会价值和经济效益。万人有效发明专利拥有量连续被列入"十二五""十三五"规划纲要，是激励创新驱动发展的重要指标。

4. 高技术产业主营业务收入与工业增加值比例

定义：高技术产业主营业务收入与工业增加值比例。

计量单位:%

资料来源及方法：

·数据源于《中国科技统计年鉴》。

·计算方法：高技术产业营业收入除以该省份的工业增加值计算得出。

政策相关性：我国对于高技术产业（制造业）的界定是指 R&D 投入强度相对高的制造业行业，包括医药制造，航空、航天器及设备制造，电子及通信设备制造，计算机及办公设备制造，医疗仪器设备及仪器仪表制造，信息化学品制造等六大类。高技术产业是影响国家战略安全和竞争力的核心要素。

5. 数字经济核心产业增加值占 GDP 比

定义：数字经济核心产业增加值占 GDP 的比重。

计量单位:%

资料来源及方法：

·目前难以获得数据，期望未来加入该指标。

政策相关性：随着以大数据、云计算、人工智能等为代表的数字技术的发展，数字与产业进行深度融合，数字经济应运而生，既包括数字产业化，也包括产业数字化。数字经济发展日益成为引领高质量发展的主要引擎、深

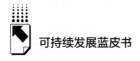
化供给侧结构性改革的主要抓手、增强经济发展韧性的主要动力。

6. 电子商务额占 GDP 比重

定义：电子商务额占 GDP 的比重。

计量单位：%

资料来源及方法：

·数据源于《中国统计年鉴》。

·计算方法：电子商务销售额与电子商务采购额之和，除以该省份的 GDP 计算得出。

政策相关性：近十余年电子商务在我国发展迅速，不仅创造了新的消费需求，增加了就业创业渠道，而且促进了转变经济发展方式，培育了经济新动力，逐渐成为引领地方经济发展的主力军。

7. GDP 增长率

定义：国民生产总值年增长率。

计量单位：%

资料来源及方法：

·数据源于《中国统计年鉴》。

·计算方法：直接获得，未计算。

政策相关性：改革开放 40 多年以来，我国始终坚持以经济建设为中心，不断解放和发展生产力。决胜全面小康社会，建设社会主义现代化强国都要建立在经济建设的基础上。新时代仍要坚持经济建设为中心，而 GDP 增长率正是衡量经济发展水平的重要指标。

8. 全员劳动生产率

定义：地区生产总值与年平均从业人员数之比。

计量单位：万元/人

资料来源及方法：

·数据源于《中国统计年鉴》。

·计算方法：地区生产总值除以该省份从业人员数计算得出。

政策相关性：全员劳动生产率反映人均产出效率，是衡量生产力发展水平的核心标志。提高经济发展质量和效益的过程中，需要进一步提高全员劳动生产率。

9. 劳动适龄人口占总人口比重

定义：15~64 岁人口在总人口中所占比重。

计量单位：%

资料来源及方法：

· 数据源于《中国人口统计年鉴》。

· 计算方法：15~64 岁人口数除以总人口数计算得出。

政策相关性：宏观经济增长模型认为，国内生产总值（GDP）的总量取决于劳动力、资本投入和全要素生产率。从生产者的角度看，人口总量、结构及其变动直接影响劳动力总量、结构的变化，进而影响经济发展的走势（王广州，2021）。随着我国出生率降低和平均寿命的延长，我国人口老龄化程度不断加强，人口年龄结构受到越来越大的关注。

10. 人均实际利用外资额

定义：实际利用外资额与常住人口之比。

计量单位：美元/人

资料来源及方法：

· 数据源于各省国民经济和社会发展统计公报。

· 计算方法：实际利用外资额除以常住人口计算得出。

政策相关性：实际利用外资额是衡量对外开放的重要指标，能够真实反映利用外资情况。对外开放既要走出去，也要引进来，合理引进外资能够加快经济发展。

11. 人均进出口总额

定义：进出口总额与常住人口的比。

计量单位：美元/人

资料来源及方法：

· 数据源于《中国贸易外经统计年鉴》。

· 计算方法：地区进出口总额（按境内目的地、货源地分）除以常住

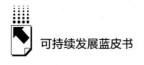
人口计算得出。

政策相关性：进出口总额即出口额和进口额之和，人均进出口总额也是衡量对外开放程度的重要指标。党的十九届五中全会提出，"要加快构建以国内大循环为主体、国内国际双循环相互促进的新发展格局"。地方需要拓展开放的广度和深度，打造高水平、高层次、高质量的开放发展。

二　社会民生

1. 教育支出占 GDP 比重

定义：财政教育支出与 GDP 的比。

计量单位：%

资料来源及方法：

·数据源于《中国统计年鉴》。

·计算方法：财政教育支出除以该省份的地区生产总值计算得出。

政策相关性：财政教育支出占 GDP 比重是衡量地区对教育投入重视程度的重要指标。《中华人民共和国教育法》中提出"国家财政性教育经费支出占国民生产总值的比例应当随着国民经济的发展和财政收入的增长逐步提高"。加大教育经费投入，提高教育经费使用效益是优先发展教育事业的必然要求，是建设教育强国的迫切需要。

2. 劳动人口平均受教育年限

定义：地区就业人口接受学历教育的年数总和的平均数。

计量单位：年

资料来源及方法：

·数据源于《中国劳动统计年鉴》。

·计算方法：用就业人口中各受教育程度人口占比按小学 5 年、初中 9 年、高中 12 年、专科 15 年、本科 16 年、研究生 19 年加权平均计算得出。

政策相关性：劳动人口平均受教育年限是人力资本水平的体现。劳动人口平均受教育年限越长，劳动力素质越高，经济产出效率越高。

3. 万人公共文化机构数

定义：公共文化机构（图书馆、文化馆、文化站、博物馆、艺术表演场馆）合计数与常住人口数之比。

计量单位：个/万人

资料来源及方法：

·数据源于《中国文化文物和旅游统计年鉴》。

·计算方法：用公共文化机构数除以常住人口计算得出。

政策相关性：人民日益增长的美好生活需要不仅在于物质层面的丰裕，更在于精神文化的丰富。公共文化机构在满足人民精神文明需求和发挥精神文明力量中发挥重要作用。

4. 基本社会保障覆盖率

定义：基本医疗保险和基本养老保险平均覆盖率。

计量单位：%

资料来源及方法：

·数据源于《中国统计年鉴》。

·计算方法：将基本医疗保险参保人数和基本养老保险参保人数求平均，再除以该省份常住人口计算得出。

政策相关性：基本医疗保险制度极大地减轻居民就医负担，基本养老保险制度保障了参保人老年的基本生活，这两者都是增进民生福祉、维持社会稳定的重要制度。

5. 人均社会保障和就业支出

定义：财政社会保障和就业支出与常住人口数之比。

计量单位：元/人

资料来源及方法：

·数据源于《中国统计年鉴》。

·计算方法：财政社会保障和就业支出除以常住人口计算得出。

政策相关性：社会保障在是保障社会安定、助推经济发展、维护社会公平、缓解社会矛盾等方面发挥重要作用。政府在提供社会保障和稳定就业方

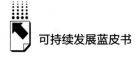

面责无旁贷，财政社会保障和就业支出的投入情况直接体现政府的责任担当。

6. 人口平均预期寿命

定义：指同时期出生的一批人，参照当前分年龄组的死亡率预期能存活的平均时间。

计量单位：岁

资料来源及方法：

·目前难以获得数据，期望未来加入该指标。

政策相关性：平均预期寿命是健康水平的重要标志，平均预期寿命越高，表示地区居民的整体健康水平越高。同时，平均预期寿命也会影响劳动力参与时间。

7. 人均政府卫生支出

定义：政府卫生支出与常住人口数之比。

计量单位：元/人

资料来源及方法：

·数据源于《中国卫生健康统计年鉴》

·计算方法：各地区政府卫生支出除以常住人口数计算得出。

政策相关性：政府卫生支出指各级政府用于医疗卫生服务、医疗保障补助、卫生和医疗保障行政管理、人口与计划生育事务性支出等各项事业的经费。

8. 甲、乙类法定报告传染病总发病率

定义：每 10 万人中甲、乙类法定报告传染病发病数。

计量单位:%

资料来源及方法：

·数据源于《中国卫生健康统计年鉴》。

·计算方法：直接获得，未计算。

政策相关性：《中华人民共和国传染病防治法》将传染病分为甲类、乙类和丙类。传染病对人体健康和社会稳定的威胁不断上升，传染病预防在公共卫生管理中的地位越发重要。随着新冠肺炎疫情这一重大公共卫生事件的突发，全社会对于传染病防治的重视不断增强。

9. 每千人拥有卫生技术人员数

定义：每千人拥有卫生技术人员数。

计量单位：人

资料来源及方法：

·数据源于《中国统计年鉴》。

·计算方法：直接获得，未计算。

政策相关性：卫生技术人员包括执业医师、执业助理医师、注册护士、药师（士）、检验技师（士）、影像技师、卫生监督员和见习医（药、护、技）师（士）等卫生专业人员。医疗与人民群众的身体健康和生老病死息息相关，是社会关注的热点话题。

10. 贫困发生率

定义：地区生活在贫困线以下的贫困人口数量占总人口之比。

计量单位:%

资料来源及方法：

·数据源于《中国农村贫困检测报告》。

·计算方法：直接获取，未计算。

政策相关性：贫困发生率是对地区贫困状况的直观体现。消除贫困、改善民生、实现共同富裕是社会主义的本质要求。我国一直致力于脱贫减贫工作，并提前10年实现《联合国2030年可持续发展议程》减贫目标。

11. 城乡居民可支配收入比

定义：城镇居民人均可支配收入与农村居民人均可支配收入之比。

计量单位：无

资料来源及方法：

·数据源于《中国统计年鉴》

·计算方法：城镇居民人均可支配收入除以农村居民人均可支配收入计算得出。

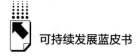

政策相关性：可支配收入指居民可自由支配的收入，可用于最终消费支出和储蓄的总和。城乡居民可支配收入比是对城乡发展均等程度的度量，数值越大，表明城乡收入差距越大，越不利于社会的可持续发展。

12. 基尼系数

定义：根据洛伦茨曲线计算得到的衡量收入分配均衡程度的指标。

计量单位：无

资料来源及方法：

·目前难以获得数据，期望未来加入该指标。

政策相关性：基尼系数是衡量地区居民收入差距的常用指标，基尼系数越大，表明收入差距越大。收入差距如果过大，不利于社会稳定，并会导致一系列社会矛盾，因此需要采取措施缩小收入差距，防止两极分化。

三　资源环境

1. 人均碳汇

定义：人均碳汇量。

计量单位：吨二氧化碳/人

资料来源及方法：

·目前难以获得数据，期望未来加入该指标。

政策相关性：碳汇是指通过植树造林、森林管理、植被恢复等措施，吸收大气中的 CO_2，并将其固定在植被和土壤中，从而减少温室气体在大气中浓度的过程、活动或机制。碳汇将在应对气候变化、实现碳中和的目标过程中发挥越来越重要的作用（付加锋等，2021 年）。

2. 人均森林面积

定义：人均森林面积。

计量单位：公顷/万人

资料来源及方法：

·数据源于《中国统计年鉴》。

·计算方法：森林面积除以该省的国土面积计算得出。

政策相关性：森林是重要的国土资源，森林资源在涵养水源、防风固沙、净化空气、减少二氧化碳浓度等方面发挥重要作用。

3. 人均耕地面积

定义：耕地面积与省域国土面积之比。

计量单位：公顷/万人

资料来源及方法：

·数据源于《中国统计年鉴》。

·计算方法：耕地面积除以该省的国土面积计算得出。

政策相关性：耕地是粮食安全的重要载体，是农业最基本的生产资料。民以食为天，保护耕地是保持和提高粮食生产能力的重要前提。

4. 人均湿地面积

定义：湿地面积与省域国土面积之比。

计量单位：公顷/万人

资料来源及方法：

·数据源于《中国统计年鉴》。

·计算方法：湿地面积除以该省的国土面积计算得出。

政策相关性：湿地是重要的国土资源，被喻为"地球之肾"，在净化水质、调节气候、储存水量、维持生物多样性等方面发挥重要作用。

5. 人均草原面积

定义：草原面积与省域国土面积之比。

计量单位：公顷/万人

资料来源及方法：

·数据源于《中国统计年鉴》。

·计算方法：草原面积除以该省的国土面积计算得出。

政策相关性：草原是重要的国土资源，不仅是畜牧业的重要依靠，也具有防止水土流失、调节气候、保育生物多样性等重要功能。

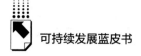

6. 人均水资源量

定义：人均拥有水资源量。

计量单位：立方米/人

资料来源及方法：

· 数据源于《中国统计年鉴》。

· 计算方法：水资源总量除以常住人口计算得出。

政策相关性：农业种植、工业生产和人类生活都严重依赖水资源，用水问题的解决与人民的生活息息相关。水资源的合理利用需要政府科学规划与管理。保护好水资源成为水利用的当务之急。

7. 全国河流流域一、二、三类水质断面占比

定义：全国河流流域一、二、三类水质断面占比。

计量单位:%

资料来源及方法：

· 数据源于各省环境状况公报。

· 计算方法：直接获得，未计算。

政策相关性：人类生产生活依赖于水资源，不仅需要水资源数量充足，更需要水资源质量高。居民饮水、农业灌溉、工业生产都对水质有不同的要求。人类活动如生活污水和工业废水的排放，会对水质产生极大的影响。河流流域水质断面检测为保护水资源、防治水污染、改善水环境、修复水生态打下坚实基础，激励地方政府不断保持并优化河流水质。

8. 地级及以上城市空气质量达标天数比例

定义：地级及以上城市空气质量达到优良的天数在一年中所占比例。

计量单位:%

资料来源及方法：

· 数据源于各省环境状况公报。

· 计算方法：直接获得，未计算。

政策相关性：空气质量的好坏是空气污染程度的体现，是依据空气中污染物浓度的高低来判断的。空气污染会对人体和动植物健康产生严重危害，

导致呼吸道疾病以及眼鼻等黏膜组织产生疾病，导致植物叶片枯萎、产量下降，也会对导致臭氧层被破坏、酸雨形成。党的十九大做出打赢蓝天保卫战的重大决策部署，保护空气质量、防治大气污染刻不容缓。

9. 生物多样性指数

定义：测定一个群落中物种数目与物种均匀程度的指标。

计量单位：无

资料来源及方法：

·目前难以获得数据，期望未来加入该指标。

政策相关性：生物多样性为人类的生产生活提供大量支持，既具有直接使用价值，也具有间接使用价值，在维持气候、保护土壤和水源、维护正常的生态学过程方面发挥重要作用。

四　消耗排放

1. 单位建设用地面积二、三产业增加值

定义：二、三产业增加值之和与建设用地面积之比。

计量单位：万元/平方公里

资料来源及方法：

·数据源于《中国统计年鉴》《中国城市建设统计年鉴》。

·计算方法：第二产业和第三产业增加值之和，除以建设用地面积计算得出。

政策相关性：人类的生产和生活离不开土地，从农业向工业化发展的过程中，需要将耕地转化为建设用地。在土地资源是有限的基础上，既要为粮食安全保证耕地红线，又要为工业生产提供大量建设用地。因此土地的使用需要行政主管部门科学合理的规划。

2. 单位工业增加值水耗

定义：单位工业增加值所对应的工业用水量。

计量单位：立方米/万元

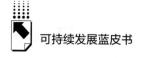

资料来源及方法：

·数据源于《中国统计年鉴》。

·计算方法：工业用水量除以工业增加值计算得出。

政策相关性：水资源可持续利用关系我国经济社会可持续发展。工业生产需要消耗大量水资源，然而水资源是有限的，需要增强节水意识、推动节水技术创新升级，不断提高工业用水效率以缓解水资源压力。

3. 单位 GDP 能耗

定义：单位地区生产总值对应的能源消耗量。

计量单位：吨标准煤/万元

资料来源及方法：

·数据源于各省统计年鉴、国家统计局。

·计算方法：部分省份直接获得，部分省份通过能源强度年下降率及上年数据计算得出。

政策相关性：能源是地区发展的重要资源，但能源的消耗不利于环境保护和人体健康。对于中国这样的工业化国家，经济增长与人均能耗增加关系密切（Tamazian，2009），且直接导致自然资源开采量提高以及空气污染物的排放增加。因此节约能源、降低能源消耗对环境和社会发展具有重要意义。

4. 单位 GDP 化学需氧量排放

定义：单位 GDP 对应的化学需氧量排放量。

计量单位：吨/万元

资料来源及方法：

·数据源于《中国能源统计年鉴》。

计算方法：化学需氧量排放量除以该省份的地区生产总值计算得出。

政策相关性：化学需氧量是工业废水和生活污水中的主要污染物。化学需氧量高表明水体中有机污染物含量高，会毒害水中生物，摧毁河水中的生态系统，进而会通过食物链危害人类健康。

5. 单位 GDP 氨氮排放

定义：单位 GDP 对应的氨氮排放量。

计量单位：吨/万元

资料来源及方法：

·数据源于《中国能源统计年鉴》。

·计算方法：氨氮排放量除以该省份的地区生产总值计算得出。

政策相关性：氨氮是工业废水和生活污水中的主要污染物，是导致水体富营养化的主要因素，一方面直接危害水生物的健康，破坏水生环境平衡；另一方面通过饮用水对人体健康产生影响，因此应进一步降低氨氮排放量。

6. 单位 GDP 二氧化硫排放

定义：单位 GDP 对应的二氧化硫排放量。

计量单位：吨/万元

资料来源及方法：

·数据源于《中国能源统计年鉴》。

·计算方法：二氧化硫排放量除以该省份的地区生产总值计算得出。

政策相关性：二氧化硫是工业废气中的主要污染物，会导致酸雨的产生，同时也会对人体和动物产生危害。国内二氧化硫污染源主要来自金属冶炼和煤炭燃烧，需要采用新进技术与工艺，多措并举降低二氧化硫排放。

7. 单位 GDP 氮氧化物排放

定义：单位 GDP 对应的氮氧化物排放量。

计量单位：吨/万元

资料来源及方法：

·数据源于《中国能源统计年鉴》。

·计算方法：氮氧化物排放量除以该省份的地区生产总值计算得出。

政策相关性：氮氧化物是工业废气中的主要污染物，会产生酸雨、破坏臭氧平衡，同时也会危害人的身体健康。降低氮氧化物排放，对于生态环境可持续发展具有重要意义。

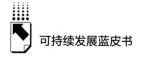

8. 单位 GDP 危险废物产生量

定义：单位 GDP 对应的危险废物产生量。

计量单位：吨/万元

资料来源及方法：

· 数据源于《中国环境统计年鉴》。

· 计算方法：危险废物产生量除以该省份的地区生产总值计算得出。

政策相关性：工业生产是危险废物的主要来源，危险废物的毒性、易爆性、腐蚀性、化学反应性等危害特性会对大气、水体和土壤产生威胁，并进而危害人体健康。因此需要不断进行技术创新，减少危险废物的产生。

9. 单位 GDP 二氧化碳排放

定义：单位 GDP 对应的二氧化碳排放量。

计量单位：吨/万元

资料来源及方法：

· 目前难以获得数据，期望未来加入该指标。

政策相关性：人类向大气中排放大量二氧化碳是温室效应产生的主要原因。为应对全球气候变暖，世界各国均主动承担相应责任，我国承诺力争于 2030 年前实现二氧化碳排放达到峰值，即 2030 年以后二氧化碳排放量将不再增长。实现碳达峰是循序渐进的过程，需要从现在开始，不断降低二氧化碳排放量，进行绿色低碳发展。

10. 可再生能源电力消纳占全社会用电量比重

定义：可再生能源电力消纳量占全社会用电量的比重。

计量单位:%

资料来源及方法：

· 数据源于国家能源局。

· 计算方法：直接获得，未计算。

政策相关性：可再生能源主要是可再生的风能、太阳能、水能、生物质能等能源，是绿色低碳的能源。提升可再生能源电力消纳的比例，是调整能源消费结构的需求，也是绿色高质量发展的内在要求。建立健全可再生能源电力消纳保障机制是加快构建清洁低碳、安全高效的能源体系，促进可再生能源开发和消纳利用的重要举措。

五 治理保护

1. 生态建设投入与 GDP 比

定义：生态建设投入与 GDP 的比重

计量单位：%

资料来源及方法：

·目前难以获得数据，期望未来加入该指标。

政策相关性："绿水青山就是金山银山"，良好的生态环境是经济社会可持续发展的重要条件。任何建设都需要成本投入，生态建设同样不例外，需要大量资金支持才能正常运转。生态建设所需投资巨大，产生的社会效益往往大于经济效益。

2. 财政性节能环保支出占 GDP 比重

定义：财政性节能环保支出占 GDP 比重。

计量单位：%

资料来源及方法：

·数据源于《中国统计年鉴》。

·计算方法：财政节能环保支出除以其年度 GDP 计算得出。

政策相关性：环保支出包括环境管理、监控、污染控制、生态保护、植树造林、能源效率方面的支出及可再生能源投资。环境具有外部性和公共性的特点，无法单独依靠市场进行调节，财政节能环保支出是政府改善环境质量的重要手段（潘国刚，2020）。

3. 环境污染治理投资与固定资产投资比

定义：环境污染治理投资与固定资产投资的比。

计量单位：%

资料来源及方法：

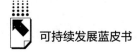
·数据源于《中国统计年鉴》。

·计算方法：将工业污染治理投资和城镇环境基础设施建设投资求和得到环境污染治理投资，再除以固定资产投资计算得出。

政策相关性：随着环境治理的加强，环保投资市场得到快速发展。环境污染治理投资的增加，使得污染物减排成效显著。

4. 再生水利用率

定义：再生水利用量与污水处理量之比。

计量单位：%

资料来源及方法：

·目前难以获得数据，期望未来加入该指标。

政策相关性：再生水即污水经过一定处理以后，达到指定标准可以循环再利用的水。可用于农业、工业以及市政生活等方面。再生水利用是解决水资源短缺的有效途径，既节约了水资源，又有效提高了水资源利用效率，具有较高的经济效益和社会效益（吕立宏，2011）。

5. 城市污水处理率

定义：城市污水处理率。

计量单位：%

资料来源及方法：

·数据源于《中国环境统计年鉴》。

·计算方法：直接获得，未计算。

政策相关性：污水处理及再生利用的水平是经济发展、居民安全健康生活的重要标准之一。如果污水不经处理直接排放，会造成水体污染，危害饮用水安全和人体健康，进一步加剧水资源短缺。

6. 一般工业固体废物综合利用率

定义：一般工业固体废物的综合利用率。

计量单位：%

资料来源及方法：

·数据源于《中国环境统计年鉴》。

· 计算方法：一般工业固体废物综合利用量除以产生量。

政策相关性：一般工业固体废物综合利用量指当年全年调查对象通过回收、加工、循环、交换等方式，从固体废物中提取或者使其转化为可以利用的资源、能源和其他原材料的固体废物量。对固体废物的综合利用能够降低对自然资源的消耗，并减轻因固体废物处理带来的环境影响。

7. 危险废物处置率

定义：危险废物处理量与危险废物产生量之比。

计量单位：%

资料来源及方法：

· 数据源于《中国环境统计年鉴》。

· 计算方法：危险废物处理量除以危险废物产生量。

政策相关性：危险废物处置量指将危险废物焚烧和用其他改变工业固体废物的物理、化学、生物特性的方法，达到减少或者消除其危险成分的活动，或者将危险废物最终置于符合环境保护规定要求的填埋场的活动中，所消纳危险废物的量。如若处置不当，危险废物中的有害物质就会通过土壤、大气和水体进入环境，造成严重污染。合理处理危险废物对于防范环境风险、维护生态安全具有重要意义。

8. 废气处理率

定义：废气处理率。

计量单位：%

资料来源及方法：

· 目前难以获得数据，期望未来加入该指标。

政策相关性：废气具有扩散速度快、影响范围广的特点。未经处理的而直接排放的工业废气往往含有大量有害物质，造成严重的环境污染，对环境和人体自身的危害都十分显著。

9. 生活垃圾无害化处理率

定义：生活垃圾无害化处理量与生活垃圾产生量的比率。

计量单位：%

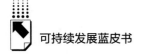

资料来源及方法：

·数据源于《中国环境统计年鉴》。

·计算方法：直接获得，未计算。

政策相关性：城市生活会产生大量垃圾，垃圾不经处理直接填埋或随意弃置，会对周围空气、土壤及地下水产生严重污染，进而间接危害人体健康。提高生活垃圾无害化处理率是社会发展、技术进步的必然要求。

10. 碳排放强度年下降率

定义：单位 GDP 二氧化碳排放较上一年下降的百分比。

计量单位:%

·资料来源及方法：

·日前难以获得数据，期望未来加入该指标。

政策相关性：2021 年政府工作报告首次提出要扎实做好碳达峰、碳中和各项工作，碳达峰和碳中和是高质量发展的内在要求。《第十四个五年规划和 2035 年远景目标纲要》明确指出"落实 2030 年应对气候变化国家自主贡献目标，制定 2030 年前碳排放达峰行动方案"。降低碳排放强度对于落实碳达峰、碳中和目标具有重要意义（唐遥，2021）。

11. 能源强度年下降率

定义：单位 GDP 能源消耗较上一年下降的百分比。

计量单位:%

资料来源及方法：

·数据源于国家统计局。

·计算方法：直接获得，未计算。

政策相关性：《第十四个五年规划和 2035 年远景目标纲要》明确指出"完善能源消费总量和强度双控制度"，能源强度年下降率是能源消费强度控制的重要指标。

附录三 中国城市可持续发展指标说明

表 1 CSDIS 指标体系

类别	序号	指标	权重(%)
经济发展 (21.66%)	1	人均GDP	7.21
	2	第三产业增加值占GDP比重	4.85
	3	城镇登记失业率	3.64
	4	财政性科学技术支出占GDP比重	3.92
	5	GDP增长率	2.04
社会民生 (31.45%)	6	房价–人均GDP比	4.91
	7	每千人拥有卫生技术人员数	5.74
	8	每千人医疗卫生机构床位数	4.99
	9	人均社会保障和就业财政支出	3.92
	10	中小学师生人数比	4.13
	11	人均城市道路面积+高峰拥堵延时指数	3.27
	12	0~14岁常住人口占比	4.49
资源环境 (15.05%)	13	人均水资源量	4.54
	14	每万人城市绿地面积	6.24
	15	年均AQI指数	4.27
消耗排放 (23.78%)	16	单位GDP水耗	7.22
	17	单位GDP能耗	4.88
	18	单位二、三产业增加值占建成区面积	5.78
	19	单位工业总产值二氧化硫排放量	3.61
	20	单位工业总产值废水排放量	2.29
治理保护 (8.06%)	21	污水处理厂集中处理率	2.34
	22	财政性节能环保支出占GDP比重	2.61
	23	一般工业固体废物综合利用率	2.16
	24	生活垃圾无害化处理率	0.95

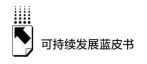
一 经济发展

1. 人均 GDP

定义：人均国内生产总值。

计量单位：元/人。

资料来源及方法：

·数据源于各省、市统计年鉴。

·该指标是用每个城市的年度 GDP 除以该城市的年末常住人口数计算得出。

政策相关性：通过查看某市平均每人所对应的 GDP，可评估该市的经济能力和经济效率。GDP 是衡量一座城市经济规模最直接的数据，而人均GDP 是能反映出人民生活水平的一个标准。通过将总生产量分配给单位人口或计算人均值，可衡量个人产出率促进经济发展的程度。它表示的是人均收入的增长及资源消耗的速度（联合国，2017）。衡量人均 GDP 的优势在于其可以帮助我们确定获得有经济能力、社会责任心和环保意识的人口所需工资福利的增加情况。

2. 第三产业增加值占 GDP 比重

定义：第三产业增加值占国民生产总值（GDP）的比重。

计量单位:%

资料来源及方法：

·数据源于各省、市统计年鉴。

·该指标是用每个城市的年度第三产业增加值除以该城市的年度 GDP 计算得出。

政策相关性：经济由三个产业构成：第一产业（农业）、第二产业（建筑与制造业）和第三产业（服务业）。一个国家的经济发展阶段与广泛的就业转移相关，较高的经济发展水平一般与农业及其他劳动密集型产业活动向工业及最终服务业转移的劳动力的流动情况有关。因为有更多的人员目前在高工资行业就业，所以，该转变是代表经济发展的指标之一。因为服务业的回报率在输出和就业方面都比农业和制造业要高，所以，中国不断向服务业（包括零售业、酒店、餐饮、信息技术、金融、教育、社会工作、娱乐、公共管理等）的转变代表着中国经济在不断发展。

3. 城镇登记失业率

定义：城镇登记失业率。

计量单位：%

资料来源及方法：

·数据源于各省、市统计年鉴，各市国民经济和社会发展统计公报。

·计算方法：直接获得，未计算。

政策相关性：失业者是目前没有工作但有工作能力且正在寻找工作的经济活跃人口。根据定义，如果失业率一直很高，则表明资源分配效率低下。一个城市的失业率是衡量经济活动最广泛的指标，并通过劳动市场反映出来。由于其可指示人口或劳动力的经济活跃及强大程度，该指标可作为与可持续性相关的重要的社会经济变量，同时其也是贫穷的主要原因之一。许多可持续发展指标体系都一直在衡量失业率。通过衡量失业率，我们可以推断出有多少人会通过税收增加政府收入进而促进社会事业及环境保护活动的发展。

4. 财政性科学技术支出占 GDP 比重

定义：政府在科学技术方面的财政支出对应的国民生产总值（GDP）份额。

计量单位：%

资料来源及方法：

·数据源于《中国城市统计年鉴》。

·该指标是用各市市政府的财政性科学技术支出总额除以该城市的年度 GDP 计算得出。

政策相关性：在衡量政府在财政性科学技术方面是否有意愿进行更多投资时（基于任何之前衡量比例的增减），我们可以说明城市是如何在这些领

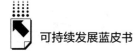
域支持就业并优先发展对经济、社会及环境进步起支持作用的技术。通过把科学领域的突破转化为对产品和服务的创新，这些产品和服务有可能带来商业机遇，促进长期可持续发展。中国加大财政性科学技术支出，通过移除阻碍创新的繁文缛节，消除官僚主义障碍，有望将权利授予科技工作者，进而带来科技发展的迅速转变，帮助推进中国经济的各个领域（黄等人，2004）。

5. GDP 增长率

定义：国民生产总值增长率。

计量单位:%

资料来源及方法：

·数据源于《中国城市统计年鉴》。

·计算方法：直接获得，未计算。

政策相关性：GDP 是指所有生产行业贡献的增加值总和，说明的是国内生产总值。因此，GDP 仍然是目前最主要的经济指标。中国的 GDP 增长率是衡量地方政府年度成果的主要手段。一般来说，高经济增长率被看作经济发展的积极表现，但同时也与高能耗、自然资源开发及对环境资源的负面影响有关（联合国，2017）。因此，将经济增长率评估包含在可持续发展指标体系及许多指标集中是非常重要的，但该指标应该与可持续发展指标相平衡。

二 社会民生

1. 房价 - 人均 GDP 比

定义：房价与人均 GDP 的比率。

计量单位：房价/人均 GDP

资料来源及方法：

·数据源于中国指数研究院。

·计算方法：用各城市的年均房价除以人均国内生产总值。对于中国指数研究院未公布房价的 37 个城市，通过回归模型进行预测。

政策相关性：该指标衡量了居民对城市住房的支付能力。城市中不断增长的中产阶级，以及数百万涌入城市的农民工，对住房形成了巨大需求，并推动许多大城市中心住房价格的不断攀升。与普通工人收入相比过高房价给居民带来了沉重的负担，使他们在参加其他社会和经济活动时处于劣势。此外，高昂的房价也会削弱技术工人迁往城市的积极性，从而降低了城市的劳动力和生产力水平。

2. 每千人拥有卫生技术人员数

定义：每千人拥有卫生技术人员数量。

单位：人

资料来源及方法：

· 数据源于各省、市统计年鉴和各市国民经济和社会发展统计公报。

· 计算方法：卫生技术人员总数除以年末常住人口数获得。

政策相关性：卫生技术人员的分布是可持续发展的重要指标。许多需求相对较低的发达地区拥有的卫生技术人员数量较多，而许多疾病负担大的欠发达地区必须设法应付卫生技术人员数量不足的问题。随着中国城市化的发展，许多卫生技术人员由农村转向城市，导致农村相关人员的大量缺失。因此，通过采取具体措施可为城市公共服务的提供打造新环境，这对城市劳动者及居民的长期健康至关重要。

3. 每千人医疗卫生机构床位数

定义：每千人拥有医疗卫生机构床位数量。

单位：张

资料来源及方法：

· 数据源于各省、市统计年鉴和各市国民经济和社会发展统计公报。

· 计算方法：医疗卫生机构床位总数除以年末常住人口数获得。

政策相关性：医疗卫生机构床位是医疗卫生服务体系的核心资源要素，是国际上衡量国家间卫生资源和服务能力的主要通用指标，反映了城市公共服务硬件的规模，是可持续发展的重要指标。随着中国城镇化持续快速增

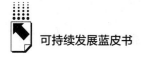
长，当城市面临人口持续流入的压力时，人均意义上的公共医疗资源更能反映出该城市公共资源供给的能力。尤其是在2020年新冠肺炎疫情突发的背景下，对各城市医疗卫生能力带来了巨大的考验，同时也表现出医疗卫生资源供给的重要性，因此，在城市可持续发展中人均公共医疗资源供给对社会发展至关重要。

4. 人均社会保障和就业财政支出

定义：政府在社会保障及就业方面的人均财政支出。

单位：元/人

资料来源及方法：

·数据源于各省、市统计年鉴，各市财政决算报告。

·计算方法：用每个城市政府的社会保障和就业财政支出除以年末常住人口数计算得出。

政策相关性：该指标衡量的是社会保障体系覆盖的人员数目，并指明退休后可获得国家养老金的对象。它代表的是在一个富裕的社会里，许多人都可以将资金投入养老金系统，和/或政府投入相应资源来为那些在资金投入方面能力有限或无能力的人员提供支持。政府在社会服务方面的支出对于那些处于劣势地位的人群来说至关重要，包括低收入家庭、老人、残疾人、病人及失业者。随着中国城市化的迅速发展，大量农村劳动力涌向城市，许多实体和企业必须进行重组及结构改革，这就导致大量人口失业。因此，政府在社会保障和养老金方面的支出就显得非常重要（ILO2015）。

5. 中小学师生人数比

定义：普通中小学学校专任教师人数与普通中小学在校学生人数之比。

单位：%

资料来源及方法：

·数据源于《中国城市统计年鉴》。

·计算方法：用全市普通中小学专任教师人数除以普通中小学在校学生数。

政策相关性：中小学师生人数比体现了城市学校教育规模的大小、人力资源利用效率，在一定程度上可以集中反映一个地区的基础教育资源状况和水平。大城市作为流动人口的主要聚集区域，在城市聚集的过程中，师生比越高，表明教师配置数量越充裕、越合理，良好的师生比吸引人才流入，科学合理地规划配置城市教育资源，能够满足人民群众日益增长的优质教育需求。因此，在可持续发展过程中，中小学师生比不仅是公共教育资源配置效率的重要表现，更是社会可持续发展中的重要指标。

6. 人均城市道路面积 + 高峰拥堵延时指数

定义：人均城市道路面积即城市人口人均占用道路面积的大小。高峰拥堵延时指数是城市拥堵程度的评价指标。

计量单位：无

资料来源及方法：

·数据源于《中国城市统计年鉴》、高德地图。

·计算方法：直接获得，再将分别标准化后的人均城市道路面积与高峰拥堵延迟指数加总，得到可用于计算排名的人均城市道路面积数据。

政策相关性：居住在城市中的富裕中产阶级在日常出行中越来越多地使用汽车，导致大城市的交通拥堵愈加严重。交通拥堵会降低经济的整体效率，因其不仅延误工作、增加运输成本，而且加剧了排放问题，这些都对可持续发展产生了消极影响。由于缺乏直接反映城市交通拥堵的指标，人均道路面积可以作为一个指标，替代任何给定城市中居民可实际使用的道路面积。道路面积大则表示城市发展良好，拥有相互关联更为紧密的基础设施，也预示着其整体的社会经济流动性。

7. 0 ~ 14 岁常住人口占比

定义：0 ~ 14 岁年龄组人口在总人口中所占的比重或百分比。

单位:%

资料来源及方法：

·数据源于各省、市第六次、第七次全国人口普查。

·计算方法：依据 2010 年和 2020 年两次人口普查 0 ~ 14 岁年龄组人口占比，推算出 2019 年比率。

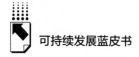
政策相关性：人口年龄结构是过去几十年，甚至上百年自然增长和人口迁移变动综合作用的结果，又是今后人口流动的基础和起点。它不仅对未来人口发展的类型、速度和趋势有重大影响，而且对今后的社会经济发展也将产生一定的作用。0~14岁人口是被抚养人口，0~14岁常住人口占比高意味着城市发展的后劲和潜力也更大。再过15年，这些人中的很大一部分将成长为劳动人口，将为城市提供丰富的劳动力，有利于改善整个社会人口的年龄结构。

三　资源环境

1. 人均水资源量

定义：人均水资源量。

单位：立方米水/人

资料来源及方法：

· 数据源于各省、市统计年鉴及各省、市水资源公报。

· 计算方法：每座城市的水资源总量除以年末常住人口总数。

政策相关性：人均水资源量是指在指定时期内某地区通过降雨及地下水重新补充可使平均每个人获得的地表水径流量，不包括过境水（李 & 潘，2012）。对水资源的可持续及有效管理至关重要。为提供人口所需的水资源，政府需要跨多个部门进行规划。大部分水用于农业，但用于公共用途的水资源如果管理不善，将不得不通过更高的能耗和资源消耗方式来满足饮用水的需要。水资源管理得当，是实现可持续增长、减少贫困和增进公平的关键保障。用水问题能否解决，直接关系人们的生活。

2. 每万人城市绿地面积

定义：每万市民对应的城市绿地面积。

计量单位：公顷/万人

资料来源及方法：

· 数据源于《中国城市建设统计年鉴》《中国城市统计年鉴》。

·计算方法：使用市辖区城市公园或绿地面积除以市辖区年末户籍人口数量获得。

政策相关性：根据《中国统计年鉴》定义，绿地面积指的是绿色项目的总占地面积，包括公园绿地、生产绿地、保护绿地，以及机构周边绿地。根据世界卫生组织，城市绿地是社区参与活动、娱乐和生活的基础。城市绿地还能产生氧气，过滤有害空气污染，促进体育锻炼、增进心理健康，是实现生物多样性的乐土。由于城市中心地带为保持绿地面积需要投入大量的资金和资源，该指标的变化可反映城市经济重点的变化，会产生正面或负面的社会和环境影响。

3. 年均 AQI 指数

定义：空气质量指数（Air Quality Index，以下简称 AQI），定量描述空气质量状况的指数。表示城市该年度的空气质量状况和历年变化趋势的概念性指数值。当 AQI 小于或等于 100 时，此时的空气质量属于优良状态，空气质量优良率便是全年 AQI 小于或等于 100 的天数占全年天数的百分比。

计量单位：无

资料来源及方法：

·数据源于生态环境部城市空气质量状况月报。

·计算方法：用每月平均 AQI 指数计算年均 AQI 指数。

政策相关性：AQI 是指空气质量指数，衡量空气清洁或污染的程度，值越小，表示空气质量越好。空气污染严重威胁着公共健康，自 1982 年以来，中国一直对环境空气质量进行管控，同年，设定了总悬浮微粒、二氧化硫、二氧化氮、铅和苯二苯乙烯的限额标准。该标准在 1997 年和 2000 年得到进一步完善。2012 年，中国发布了一项新的环境空气质量标准，该标准设定了 PM2.5 的限额。长期接触高浓度的细颗粒物和其他物质会对健康造成不利影响，甚至会导致死亡，对处于劣势的中低收入人群、儿童及老人的影响更为严重。空气污染也会增加政府在消除及减轻污染的基础设施方面以及与空气污染相关的疾病治疗方面的支出，甚至会因劳动生产率下降及城市经济活动减弱而减缓经济发展速度（陈等人，2008）。

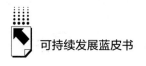

四 消耗排放

1. 单位 GDP 水耗

定义：单位 GDP 对应的用水量。

单位：吨/万元

资料来源及方法：

·数据源于各省、市统计年鉴及各省、市水资源公报。

·计算方法：用各城市的总用水量除以其年度 GDP。

政策相关性：该指标通过总用水量除以 GDP 的计算，来衡量一座城市水资源的利用效率。无论城市规模如何，城市都会消耗大量的自然资源，包括水资源。由于水是有限资源，对于健康的生态系统及人类生存至关重要，所以如果能够更加有效地使用水资源，就可以使城市发展更具可持续性。

2. 单位 GDP 能耗

定义：单位 GDP 对应的能源消耗。

计量单位：吨/万元

资料来源及方法：

·数据源于省、市统计年鉴和各市国民经济和社会发展统计公报。

·计算方法：直接获得，或通过能源强度下降率计算而来。

政策相关性：能源是城市和城市发展的重要资源，但在城市的可持续发展方面，调和能源的必要性和需求是一个挑战。能源生产和使用具有不利的环境和健康影响，在所有可用能源中，煤炭的温室气体排放以及对健康影响最严重。尽管中国在可再生能源方面取得一些进展，但其绝大多数能源仍来自煤炭和其他化石燃料。一般来讲，对于中国这样的工业化国家，经济增长直接与人均能耗增加挂钩（Tamazian，2009），且直接导致自然资源开采量提高以及对气候及环境构成破坏的排放物增加。因此，能耗的减少能够反映一座城市社会及环境质量的改善。

3. 单位二、三产业增加值占建成区面积

定义：单位二、三产业增加值占建成区面积

计量单位：平方千米/十亿元

资料来源及方法：

· 数据源于《中国城市建设统计年鉴》《中国城市统计年鉴》。

· 计算方法：用城市的市辖区建成区面积除以市辖区二、三产业增加值。

政策相关性：尽管中国仍然是世界上最大的农业经济体，但随着中国城市化的逐渐发展，人们不断从农村和农业地区转向城市，在第二和第三产业工作，或在建筑、制造及服务业工作。这就意味着，我们有必要扩建制造业和服务业企业所需的基础设施。"建成区面积"是指包括人们开发或改造的地点及空间在内的环境，如建筑、公园及交通系统。单位二、三产业增加值对应的建成区面积表示二、三产业单位价值增加值对应建成区面积数。从经济学角度来看，所创造的增加值越高，则表明离农业经济更远，土地利用更高效且经济绩效得到改进。

4. 单位工业总产值二氧化硫排放量

定义：每万元工业总产值对应的工业二氧化硫排放量。

计量单位：吨/万元

资料来源及方法：

· 数据源于各省、市统计年鉴和《中国城市统计年鉴》。

· 用工业产生的二氧化硫排放量除以年度工业生产总值。

政策相关性：二氧化硫一般是在发电及金属冶炼等工业生产过程中产生的。含硫的燃料（如煤和石油）在燃烧时就会释放出二氧化硫。高浓度的二氧化硫与多种健康及环境影响相关，如哮喘及其他呼吸道疾病。二氧化硫排放是导致 PM2.5 浓度较高的主要因素。二氧化硫可影响能见度，造成雾霾，而雾霾是存在于中国城市的一个非常猖獗的问题。因此，如果二氧化硫排放量增加，则表示该城市的可持续性较差。

5. 单位工业总产值废水排放量

定义：每万元工业总产值对应的工业废水排放量。

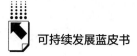

计量单位：吨/万元

资料来源及方法：

·数据源于各省、市统计年鉴和《中国城市统计年鉴》。

·计算方法：用工业废水排放量除以工业总产值。

政策相关性：所排放的绝大多数废水来自化工、电力和纺织工业，从而导致地下水、湿地和其他自然水体的污染。这种污染会导致水质下降及对环境和健康的不利影响。如果废水排放率高，则表示一座城市优先考虑工业发展，而忽视了生态系统及社区的健康。另外，提高单位增加值工业废水排放量表示废水的排放效率得到提升。

五　治理保护

1. 污水处理厂集中处理率

定义：污水处理厂集中处理率。

计量单位:%

资料来源及方法：

·数据源于《中国城市建设统计年鉴》。

·计算方法：直接获得，个别数据计算获得：污水处理厂集中处理量/污水排放量。

政策相关性：生活污水处理率是指在报告期内污水处理厂处理的生活污水与污水量的比值。处理方式包括氧化、生物气体消化及湿地处理系统。中国城市化的加速发展导致水耗速度加快，反过来又导致城市污水排放量的增加。因此，污水处理是走环境友好型发展之路的重要途径。如果废水和垃圾得不到处理，就会导致严重的环境及健康危害。随着中国经济增长及城市空间的增加，未经处理的生活废物的增加会对可持续发展造成阻碍（何等人，2006）。

2. 财政性节能环保支出占 GDP 比重

定义：政府的财政性节能环保支出占 GDP 的比重。

计量单位：%

资料来源及方法：

· 数据源于各省、市统计年鉴和各市财政决算报告。

· 计算方法：每座城市的财政性节能环保支出除以其年度GDP。

政策相关性：环保支出包括环境管理、监控、污染控制、生态保护、植树造林、能源效率方面的支出及可再生能源投资。环境保护是可持续发展的重要组成部分。随着中国城市化的发展，产生了许多环境问题，包括空气污染、水污染及水土流失。这些问题不仅危害公共健康，而且自然资源的消耗还会限制未来的经济发展。因此从长远来看，环保支出是一项有利的投资，其可以提高环境的回弹性和寿命，这样环境得到更加有效的保护，能够再生并提供自然资源、生态系统服务，甚至能防止产生随机及灾难性事件。

3. 一般工业固体废物综合利用率

定义：一般工业固体废物的综合利用率。

计量单位：%

资料来源及方法：

· 数据源于《中国城市统计年鉴》。

· 计算方法：直接获得，未计算。

政策相关性：一般工业固体废物产生量指未被列入《国家危险废物名录》或者根据国家规定的危险废物鉴别标准（GB5085）、固体废物浸出毒性浸出方法（GB5086）及固体废物浸出毒性测定方法（GB/T15555）鉴别判定不具有危险特性的工业固体废物。一般工业固体废物综合利用量指报告期内企业通过回收、加工、循环、交换等方式，从固体废物中提取或者使其转化为可以利用的资源、能源和其他原材料的固体废物量（包括当年利用的往年工业固体废物累计储存量）。综合利用率是指通过回收、处理及循环利用方式可提取有用材料或可转化为有用资源、能源或其他材料的固体废物的数量。由于工业化的发展，在中国，农业的地位正逐渐被制造业取代，而在工业生产中会产生成吨的固体废物，对这些废物的回收及重新利用可降低对自然资源的消耗，并减轻因固体废物处理带来的环境影响。

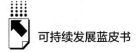

4. 生活垃圾无害化处理率

定义：生活垃圾无害化处理率。

计量单位：%

资料来源及方法：

·数据源于《中国城市建设统计年鉴》。

·计算方法：直接获得，个别数据计算获得：生活垃圾无害化处理量除以垃圾清运量。

政策相关性：当生活垃圾被丢入垃圾填埋地或水道时，会对环境卫生造成严重影响并构成对社区的危害（特别是城市人口分布密集的区域）（段等人，2008）。无害化处理的目的是在废物进入环境之前，清除其含有的所有固体和危险废物元素。从性质上来看，这种将这些元素送入环境的方式是纯有机、无污染且可进行生物降解的。生活垃圾的随意丢放反过来会对环境寿命产生重大的不利影响，而且会由于污染加剧，严重影响城市空间。如果增加该等废物的处理量，城市水道及绿地被污染的可能性就会降低，直接影响城市空间社会福利的污染的负面健康影响也会随之减小。因此该指标还可用于仔细衡量城市治理压力的阻碍或加快可持续发展的程度。

General Outline

Preface

Sustainable development is one of the themes of today's times, and it is also an important way to implement the new development concept in the new development stage. China attaches great importance to sustainable development, establishes sustainable development as a national strategy, and takes saving resources and protecting the environment as its basic national policy. Especially since the 18th CPC National Congress, the CPC Central Committee with General Secretary Xi Jinping as the core has incorporated ecological civilization construction into the overall layout of socialism with Chinese characteristics. Xi Jinping's ecological civilization thought deepens the understanding of the laws of nature and the development of human society, and also provides theoretical guidance and action guide for practicing the concept of sustainable development. At the centennial conference of the founding of the Communist Party of China (CPC) this year, General Secretary Xi Jinping solemnly declared that China has built a well-off society in an all-round way, achieved the goal of the first century, and is moving towards the goal of building a socialist modernization power in an all-round way in the second century. It also indicates that China has different visions, requirements and evaluation criteria in the process of sustainable development in the new stage.

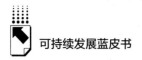

Since 2020, the COVID-19 epidemic has continuously impacted the sustainable development at home and abroad, at the same time, it also highlights the significance of Community of Shared Future for Mankind's idea. As a member of the big family in the world, China has always fulfilled its responsibilities as a responsible big country, and has made continuous contributions to global sustainable development in poverty alleviation, energy structure reform and ecological environment protection. In September 2020, President Xi Jinping announced at the general debate of the 75th United Nations General Assembly that China would adopt stronger policies and measures, and strive to achieve carbon neutrality by 2060. The above-mentioned goals provide the direction and driving force for promoting China's sustainable development in the future. At the same time, the developing digital technology is becoming a new production tool, which plays a catalytic role in global governance, national governance and economic and social development. In this context, how to further optimize the evaluation of sustainable development and explore a set of comprehensive evaluation methods of sustainable development consistent with global standards and domestic conditions is not only an urgent requirement for implementing the UN sustainable development agenda in 2030, but also a realistic need for China to start a new journey of building a socialist modernized country in an all-round way.

China International Economic Exchange Center attaches great importance to sustainable development research. Since 2015, the Center has set up a major fund project "Design and Application of China's Sustainable Development Evaluation Index System", and cooperated with Columbia University Earth Research Institute to develop "China's Sustainable Development Evaluation Index System and Calculation Method". In 2017, the research group began to publish the sustainable development rankings of all provinces, municipalities and autonomous regions and 100 key cities in China. Subsequently, Ali Research Institute entered the research group to provide big data support for relevant indicators. In 2020, Philips joined the research group to provide support for the research in the field of health and sustainable development, and supported the research group to publish the report "Research on China's Health and Health Development Index System", which evaluated and ranked the public health capacity and level of all provinces, municipalities and autonomous regions in China. Up to now, the research group has published the Blue Book of China Sustainable Development Evaluation Report for four consecutive years, and won the first prize of Excellent Skin Book Report in 2020, and its influence has gradually expanded. In 2021, the research group invited Chou Baoxing, Zhou Jian, Zhao Baige, Xu Xianchun and other experts as project consultants to guide the improvement of the evaluation index system, and carry out in-depth special research on the "double carbon" target, public health, digitalization and other fields.

The report of the 19th National Congress of the Communist Party of China pointed out that the main contradiction in our society in the new era is the contradiction between the people's growing needs for a better life and the unbalanced development. Sustainable development, which pays attention to the coordination and unification of economy, society and environment, is the "golden key" to solve the current global problems, and it is also the biggest meeting point of interests of all parties and the best entry point for cooperation. The blue book "China Sustainable Development Evaluation Report" published by the research group every year aims to continuously produce positive social impacts and provide useful reference for governments at all levels to evaluate the process of sustainable development and promote the realization of sustainable development goals against international standards. In order to better achieve this goal, the research will be continuously improved in terms of data quality, depth of special research and perfection of index system. Under the guidance of project consultants, the research group will also strengthen cooperation with relevant departments at home and abroad, further summarize local and enterprise cases, and continuously provide valuable reference for China's sustainable development practice.

Abstract

Based on the basic framework of China's sustainable development evaluation index system, the report makes a comprehensive and systematic data validation analysis and ranking of China's sustainable development in 2019 from three levels: country, province and key cities. The analysis of the data validation results of the national sustainable development index system shows that China's sustainable development situation continues to improve steadily. From 2015 to 2019, China's sustainable development level shows a steady increase year by year, with an obvious jump in economic strength, a general improvement in people's livelihood, an overall improvement in resources and environment, remarkable results in consumption and emission control, and gradually prominent effects in governance and protection. The analysis of the data verification results of the provincial sustainable development index system shows that the four municipalities directly under the central government and the eastern coastal provinces rank higher in sustainable development, with Beijing, Shanghai, Zhejiang, Guangdong, Tianjin, Fujian, Jiangsu, Hubei, Chongqing and Sichuan ranking the top ten, and Hubei ranking the highest in the central region, ranking eighth. The analysis of the data verification results of the sustainable development index system of 100 large and medium-sized cities shows that the eastern cities have made remarkable progress in sustainable development, among which Hangzhou ranks first in the national sustainable development for the first time, and the top ten cities are: Hangzhou, Zhuhai, Guangzhou, Beijing, Wuxi, Shenzhen, Suzhou, Wuhan, Nanjing and Zhengzhou. According to the report, China has entered a new stage of development and is also in a critical period of sustainable development transformation. It is necessary to firmly implement the new development concept, speed up the construction of a new development pattern, continuously push forward the UN 2030 sustainable development agenda, dynamically maintain an organic balance among economy, society and environment, and promote China to achieve more inclusive, resilient and greener sustainable development. The report also made special studies on several topics such as public health, double carbon target and digital infrastructure, and made case studies on Hechi, Chengdu, Kunshan, Shenzhen, Zhuhai and Guilin, and summarized and analyzed some sustainable development practices at the enterprise level.

Keywords: Sustainable Development; Evaluation Index System; Sustainable Governance; Sustainable Development Ranking; Sustainable Development Agenda

Contents

I   General Report

B.1   Evaluation Report on China's Sustainable Development in 2021

Zhang Huanbo, Guo Dong, Zhang Chao and Sun Pei / 001

Abstract: Based on the basic framework of China's sustainable development evaluation index system, the report comprehensively and systematically carries out data validation analysis and ranking on the sustainable development status of China's national, provincial and large and medium-sized cities in 2019. The data verification results and analysis show that, from the national level, China's sustainable development situation continues to improve steadily. From 2015 to 2019, the sustainable development indicators show a steady growth year by year, the economic development is relatively stable, the social and people's livelihood progress is obvious, and the effectiveness of governance and protection is gradually emerging. The obvious shortcomings of sustainable development are: the carrying capacity of resources and environment is still weak, and the consumption and emission have a negative impact on economic and social activities. At the provincial level, Beijing, Shanghai, Zhejiang, Guangdong, Tianjin, Fujian, Jiangsu, Hubei, Chongqing and Sichuan rank among the top ten, Hubei Province in the central region ranks the eighth highest, and Chongqing in the western region ranks the ninth. The data validation analysis of sustainable development index system of 100 large and medium-sized cities shows that Hangzhou, Zhuhai, Guangzhou and other eastern coastal cities rank high in sustainable development, and the top ten cities are Hangzhou, Zhuhai, Guangzhou, Beijing, Wuxi, Shenzhen, Suzhou, Wuhan, Nanjing and Zhengzhou, among which Hangzhou ranks first for the first time. The report also analyzes the challenges brought by the epidemic to the sustainable development of China and even the whole world, and the policy responses adopted by the whole world to combat the epidemic. According to the report, China has entered a new stage of development and is also in a critical period of sustainable development transformation. It is necessary to firmly implement the new development concept, speed up the construction of a new development pattern, continuously push forward the UN 2030 sustainable development agenda, dynamically maintain an organic balance among economy, society and environment, and promote China to achieve more inclusive, resilient and greener sustainable development.

Keywords: Sustainable Development; Evaluation Index System; Sustainable Governance; Sustainable Development Ranking

II   Sub-Reports

B.2   Data Verification Analysis of China's National Sustainable

Development Index System

Zhang Huanbo, Sun Pei and Wu Shuangshuang / 021

Abstract: The data of China's national sustainable development index system shows that the overall situation of China's sustainable development has improved steadily from 2015 to 2019, with the index value of 82.1 in 2019, an increase of 39% compared with 2015, with an average annual growth rate of about 8.7%. The improvement of sustainable development is embodied in five aspects: the strength of economic development has obviously jumped, the people's livelihood has generally improved, the resources and environment have generally improved, the consumption and emission control has achieved remarkable results, and the effect of governance and protection has gradually become prominent. However,

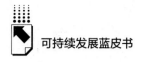
the data also show that the contradiction of insufficient development imbalance is still outstanding after China's development enters a new stage, and the shortcomings in social livelihood, resources and environment are gradually highlighted.

Keywords: National Level; Sustainable Development; Evaluation Index System

B . 3 Data Verification Analysis of China's Provincial Sustainable Development Index System

Zhang Huanbo, Zhang Chao, Wang Jia,

Wang Ruoshui and Zhang Peiting / 036

Abstract: According to the data of China's provincial sustainable development index system, the municipalities directly under the Central Government and the eastern coastal provinces rank relatively high, and the top 10 cities are Beijing, Shanghai, Zhejiang, Guangdong, Tianjin, Fujian, Jiangsu, Hubei, Chongqing and Sichuan. The four municipalities directly under the central government are located in the top 10; In addition, among the top 10, there are four major economic provinces in the southeast coastal areas: Zhejiang Province, Guangdong Province, Fujian Province and Jiangsu Province, which shows that the level of economic development is positively correlated with the degree of sustainable development; For the first time, Chongqing and Sichuan Province appeared in the top 10 in the western region, which represented the country's emphasis on ecological protection in the western region, and also reflected the strong promotion of local governments for sustainable development; There is only one place in Hubei Province in the central region, which reflects that the central region is in a period of transformation and adjustment of high-quality development and undertaking industrial transfer; None of Northeast China has been selected into the top 10, which reflects the shortcomings and gaps in sustainable development in Northeast China. From the five classification indicators of economic development, social livelihood, resources and environment, consumption and emission and environmental governance, the sustainable development of provincial regions has obvious unbalanced characteristics. The degree of imbalance is measured by the extremely poor ranking of indicators at the local level. There are 11 provinces with high imbalance (difference value > 20), namely Beijing, Guangdong, Tianjin, Fujian, Shandong, Yunnan, Henan, Qinghai, Guizhou, Guangxi Zhuang Autonomous Region and Jilin Province. There are 17 provinces with moderate imbalance (10 < difference value ⩽ 20), namely Shanghai, Jiangsu, Hubei, Chongqing, Sichuan, Hainan, Hunan, Jiangxi, Anhui, Shaanxi, Hebei, Liaoning, Gansu, Shanxi, Inner Mongolia Autonomous Region, Xinjiang Uygur Autonomous Region and Ningxia Hui Autonomous Region. There is one province that is relatively balanced (difference value ⩽ 10), which is Zhejiang Province. Although most provinces and cities have significantly improved the level of sustainable development, there is still much room for improvement, and the imbalance between regions and fields is still outstanding.

Keywords: Provincial Sustainable Development; Evaluation Index System; Sustainable Development Ranking; Balance Degree

B. 4 Data Verification and Analysis of Sustainable Development Index
System in 100 Large and Medium-sized Cities in China

Guo Dong, Wang Jia, Wang Anyi and Chai Sen / 123

Abstract: This report evaluates in detail the sustainable development of 100 large and medium-sized cities in China this year. According to the data verification analysis of index system, the top ten cities include Hangzhou, Zhuhai, Guangzhou, Beijing, Wuxi, Shenzhen, Suzhou, Wuhan, Nanjing and Zhengzhou. Hangzhou ranks first in the comprehensive sustainable development of cities in China for the first time, while Zhuhai, Guangzhou, Beijing and the eastern coastal cities rank first. Based on the index system of economic

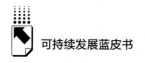
development, people's livelihood, resources and environment, consumption and emission and environmental governance, the level of urban sustainable development is obviously unbalanced.

Keywords: Urban Sustainable Development; Evaluation Index System of Urban Sustainable Development; Ranking of Urban Sustainable Development; Balance of Urban Sustainable Development

B.5　Data Verification Analysis of China's Health and Health Sustainable Development Index System

Sun Pei, Cui Can and Zhang Huanbo / 179

Abstract: Health, health and sustainable development is one of the important contents of the sustainable development agenda, and it is also the basis for continuously promoting the strategy of healthy China. This report introduces the design concept and framework system of China's health and health sustainable development indicators, and calculates and ranks 31 provinces, municipalities and autonomous regions according to the indicators. Beijing, Shanghai, Zhejiang, Tianjin, Jiangsu and other provinces and cities have high comprehensive health level, ranking the top 5 in China. The framework of health indicators consists of five first-level indicators: health investment, health resources, health management, disease prevention and control, and health level. From the sub-item ranking of each first-level indicator, most provinces, municipalities and autonomous regions have their own advantages in different health fields, but also have shortcomings in some areas, showing the characteristics of imbalance between regions.

Keywords: Health Sustainable Development; Health index system; Healthy Development; Healthy China

B.6 County Digital Rural Index

Huang Jikun, Yi Hongmei, Lü Zhibin and Zuo Chenming / 198

Abstract: For the first time, this study established a county-level digital rural index system which is more suitable for the reality of agriculture, rural areas and farmers from four aspects: rural digital infrastructure, rural economy digitalization, rural governance digitalization and rural life digitalization. Taking 1880 counties or county-level cities as basic units (excluding municipal districts or special zones), it collected national macro statistics, industry data and Internet big data, and empirically measured the county-level digital rural index in 2018. It is found that the construction of county-level digital villages in China is in the initial stage, and the top 100 counties that represent a higher level of development present a regional distribution pattern of "one strong and multiple", and at least one county in nearly half of the provinces is shortlisted for the top 100 counties. There is little difference between the north and the south in the development of county-level digital villages, but there is a phenomenon of "rapid development in the east, second in the middle, and lagging behind in the northeast and west". The development level of rural digital infrastructure is relatively high, while the digitalization of rural economy and governance is relatively slow. The regional differences of rural digital infrastructure index, rural economic digitization index and rural life digitization index are relatively small, but the regional differences of rural governance digitization are large. The gap between the development level of digital villages in poverty-stricken counties and non-poverty counties is smaller than the gap between them in rural per capita disposable income, and the digital infrastructure brings the opportunity of "changing lanes and overtaking" for the development of digital villages in poverty-stricken counties. Therefore, this study puts forward policy suggestions from the following aspects: perfecting the system and mechanism design, filling the shortcomings of county digital rural development, paying attention to regional balanced development, and increasing the policy inclination to relatively poor areas.

Keywords: County Digital village; Rural Digital Economy; Rural Digital Governance; Rural Digital Infrastructure; Digital Divide

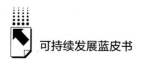

Ⅲ   Special Reports

B.7   How to Build a New Power System with New

Energy as the Main Body   *Qiu Baoxing* / 217

Abstract: General Secretary Xi pointed out that "building a new power system with new energy as the main body" means a brand – new concept and disruptive power grid transformation. The new power grid is a new ecosystem that combines reality and virtuality. Through intelligent feedback loops, high penetration rates are used to accept renewable energy, and the hierarchical structure of the power grid makes the peak shaving of the power grid smarter and more flexible. This article introduces in detail how to build a new power system with new energy as the mainstay, and studies related issues such as carbon reduction, effectiveness, overcapacity, and fair competition in the new power system and other related problems, and gives relevant countermeasures.

Keywords: New Power System; New Energy; Dual Carbon Targets; Carbon Reduction

B.8   One Health: A New Strategy to Meet the Challenge of

Human Health   *Lu Jiahai, Zhao Baige* / 231

Abstract: Since the 20th century, the biosafety risks with global health and safety as the core have gradually intensified, and major public health crises mainly involving infectious diseases have continued. The population is aging, the harm of chronic non-communicable diseases is increasing, the situation of antibiotic resistance is severe, the impact of global environmental changes continues, and air pollution is serious, which makes the human health risks increase day by day. Human beings, animals and environment are an inseparable whole, and a single discipline or organization can no longer cope with and deal with such complex public health problems. In recent years, One Health has become an internationally recognized key strategy to solve major and complex human health problems. It advocates interdisciplinary, inter-departmental and inter-regional (national) cooperation and exchanges, and effectively integrates the resources of medical, veterinary, environmental and disease control departments to ensure the health of human beings, animals and the environment. At present, there have been many successful cases of the same health practice in the world. The global pandemic in COVID-19 and the successful practice of epidemic control in China have made people realize the importance of the same health strategy, which is also a concrete strategy to achieve the goal of human health community.

Keywords: Human Health Community; Common Health; Public Health

B. 9   Accelerating the Construction of a new Development Pattern is

the only way to Promote China's Sustainable Development

Wang Jun / 242

Abstract: Building a new development pattern is the only way for China to achieve sustainable development. At present, there are many obstacles to smooth the domestic and international double circulation and promote sustainable development: the economic recovery is in an unbalanced situation; the short-term business difficulties of enterprises and the medium-and long-term industrial transformation and upgrading coexist; the income growth of residents is slow, the income gap is too large, and the leverage ratio is too high, which leads to insufficient effective demand; the repeated overseas epidemic and the uncertainty of global economic recovery may impact China's external demand; the strategic game and friction between China and the United States are intensifying; the challenges to achieve the goals of peak carbon dioxide emissions and carbon neutrality are enormous; and the declining birthrate and aging are becoming

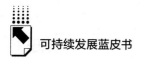

increasingly serious. In order to promote China's sustainable development, it is recommended to take advantage of the trend to dilute the growth target and further focus on high-quality development and sustainable development; Raise common prosperity to the national priority development strategy; Put overall development and security in a prominent position and run through all fields and the whole process of national development; Continue to promote the optimization and upgrading of the economic structure; Accelerate the implementation of the dual carbon strategy and promote the transformation and upgrading of the economic, industrial and energy structure; Through independent innovation, realize self-reliance and self-improvement of science and technology, and solve the problem of key core technology "card neck"; Achieve balanced and sustainable development of economy and society with balanced and sustainable development of population.

Keywords: New Development Pattern; Double Circulation; Common Prosperity; Carbon Peaking and Carbon Neutrality; Sustainable Development

B.10 Objectives and Policy Orientation of China's Sustainable

Development during the 14th Five-Year Plan Period

Liu Xiangdong / 266

Abstract: Since 2020, China's development has embarked on a new journey of modernization, and the sustainability of development is increasing day by day. After eliminating absolute poverty in an all-round way, achieving peak carbon dioxide emissions in 2030 and carbon neutrality in 2060 has become one of the main development goals of China during the "14 th Five-Year Plan" period and even a longer period in the future, and has become an inevitable choice for China's ecological civilization construction and high-quality development. Under the strong constraint of peak carbon dioxide emissions's carbon-neutral goal, China's economic, environmental, social and government-enterprise governance model will undergo profound changes, which have been reflected in the goal setting of the Tenth Five-Year Plan. Compared with the development goals of the previous five-year plan, the development goals of the "14th Five-Year Plan" put more emphasis on energy conservation and carbon reduction, ecological governance, green development and low-carbon transformation, national quality and people's well-being, and the role of innovation in sustainable development. Compared with developed countries such as the United States, Europe and Japan, it is not easy for China to achieve peak carbon dioxide emissions and carbon neutrality on schedule, especially facing such outstanding problems as difficulty in energy structure adjustment, great pressure on industrial transformation, weak technological innovation capability and weak green consumption concept. To solve these problems, it is urgent to build a green and low-carbon economic system and policy system mobilized by the whole society, especially to give full play to the role of the government, and to build a whole chain and ecological market mechanism and policy system from production to consumption, so as to form effective incentives for various activities and behaviors, promote the whole society to turn to energy conservation and carbon reduction, and form an environment-friendly decarbonization society. For China's development, decarburization should be realistic, step by step, and work for a long time. It is necessary to find out the home of energy conservation and carbon reduction, clarify the stage and position, focus on efforts, take actions in a planned and step-by-step manner, reduce the use of fossil energy, vigorously develop clean energy, promote the transformation and upgrading of high-carbon sectors, focus on developing low-carbon economy, increase R&D and innovation of energy conservation and carbon reduction technologies, foster endogenous markets supporting the incubation and growth of green technologies, and create favorable conditions. Actively carry out international cooperation, focus on forming consensus on international rules in the fields of technology, trade, investment, finance, etc., promote collective actions on energy conservation and carbon reduction worldwide, and further promote the implementation of the United Nations sustainable development agenda and reach it as soon as possible.

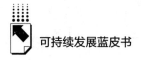
Keywords: Carbon Peaking and Carbon Neutrality; Environment-Society-Governance (ESG); Scientific and Technological Innovation; Energy Saving and Carbon Reduction

B.11 Sustainable Operation of Commercial Banks Under the
Background of Carbon Neutrality in Peak Carbon
Dioxide Emissions　　　　　*Wang Jun, Chen Chong* / 286

Abstract: Carbon neutrality in peak carbon dioxide emissions is an important strategic decision for China's sustainable development in the future. In this context, on one hand, achieving the goal of carbon neutrality will generate large-scale green investment demand and expand the green financial market, which will provide ready commercial banks with opportunities for rapid growth of green financial business. On the other hand, it also brings great challenges to commercial banks, for example, it will bring about the change of economic growth paradigm, the risk of unbalanced regional economic development, the risk of changes in the value of bank assets and so on. In order to better adapt to the carbon-neutral trend, commercial banks should implement the carbon-neutral strategy in a long-term, comprehensive and in-depth manner, strengthen the strategic layout of green finance, and build a carbon-neutral operation system, enrich the carbon-neutral financial product system and build a world-class carbon-neutral financial institution from six aspects, such as organizational structure, policy system, process management, risk management, capacity building and information disclosure.

Keywords: Peak Carbon Dioxide Emissions; Carbon Neutrality; Commercial Bank; Sustainable Development; Carbon Neutral Operation System

IV Urban Cases

B.12 Hechi: unswervingly taking the road of green development

Wang Jun / 310

Abstract: Hechi City, Guangxi is a backward and underdeveloped area. Traditional pillar industries such as nonferrous metals have encountered bottlenecks in their development under the increasingly tight energy consumption targets. Hechi Municipal Party Committee and Municipal Government deeply realize that Hechi's development is slow, but it is even worse to talk about the speed of development. Hechi City firmly adheres to the road of green development, relies on the local rich natural resources advantages, promotes industrial green transformation, explores the realization mechanism of ecological product value, promotes the two-way transformation of "green water and green mountains" and "Jinshan Yinshan", keeps the green water and green mountains in Hechi, and strives to provide "Hechi Model" for high-quality development in underdeveloped areas.

Keywords: Post-Development; Underdevelopment; Transformation and Upgrading; Green Development

**B.13 Chengdu Park City: Exploring the New Form of
Urban Sustainable Development**

Sun Yingni / 319

Abstract: Since the concept of park city was first put forward in Tianfu New District in 2018, Chengdu has started a series of exploration and practice of park city construction, involving ecology, production, life, culture, society and other aspects. In the past four years, around the goal of building a beautiful city with a high degree of harmony and unity in human, urban environment and industry,

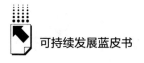
可持续发展蓝皮书

Chengdu has adhered to the development concept of changing from "producing people in cities" to "producing people in cities", and has made many experiences in promoting sustainable urban development, especially in constructing urban ecological background, exploring creative transformation of ecological values and promoting modernization of community governance. Many innovative experiences and practices of Chengdu are worth learning from in other cities across the country.

Keywords: Chengdu; Sustainable Development; Green Ecology; Value Transformation

B.14 Kunshan: From Suzhou "Little Six Children" to National Ecological Civilization Construction Demonstration City

Zhang Han / 332

Abstract: In the past few years, Kunshan has practiced the development concept of "green mountains and green hills are Jinshan Yinshan", and strived to take multiple measures to win the tough battle of pollution prevention and control. For a large amount of pollution sources, it is necessary not only to control the source, but also to launch a concentrated attack campaign. At the same time, vigorously promote the construction of supporting systems and governance capacity, provide institutional guarantee for pollution prevention and ecological restoration, escort high-quality economic and social development, and add luster to the construction of "Beautiful Kunshan". Up to now, Kunshan City has successfully established a national demonstration city of ecological civilization construction, won the evaluation of Jiangsu Province as an incentive county with obvious achievements in ecological environmental protection work, and won the first place in Suzhou City for two consecutive years.

Keywords: Beautiful Kunshan; Water Environment Control; Pollution Prevention; Energy Saving; Ecological Civilization

510

B.15   Shenzhen: Building a Sustainable Global Innovation Capital

Zou Biying / 344

Abstract: After 1979, Shenzhen carried out the system reform of market economy by undertaking the "three to one supplement" trade transferred from Hong Kong and other places, and became the forefront of China's reform and opening up. With rounds of industrial upgrading and replacement, Shenzhen has gradually climbed from low-end processing to high-tech industries, and then developed advanced manufacturing industries and a number of industries facing the future. At present, Shenzhen proposes to build a global innovation capital. Therefore, this paper sorts out the industrial development process and innovation strategic positioning of Shenzhen, and sums up six major construction priorities of Shenzhen, such as strengthening university construction, creating innovation areas, attracting talents, breaking through institutional barriers, linking innovation in Bay Area and improving public services. The research shows that Shenzhen constantly improves the soft and hard conditions and institutional mechanisms of innovation through institutional reform, and makes up for the shortcomings of basic research, public services, factor resources, etc. with the help of the vast hinterland of Guangdong-Hong Kong-Macao Greater Bay Area, and the prospect of building a first-class international innovation capital is worth looking forward to.

Keywords: Shenzhen; The Global Innovation Capital; Technological Innovation; Industrial Upgrading; Guangdong-Hong Kong-Macao Greater Bay Area

B.16   Zhuhai: Deeply Cultivated Sustainable Development Road

Zhang Peiting, *Zhang Mingli* / 359

Abstract: With the rapid advancement of industrialization, mankind has accumulated a great deal of material wealth in a short time, but with it, the

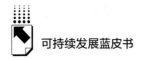

population has expanded rapidly, natural resources have been consumed rapidly, and the environment has been destroyed. Entering the 21st century, a new era task is to replace runaway economic growth with sustainable development mode, in order to achieve a new situation in which economic growth and environmental protection are synchronized, short-term interests are combined with long-term development goals, and man and nature coexist harmoniously. Zhuhai is the earliest special economic zone of China's reform and opening up, and it is also a young and happy modern garden-like seaside city. Through the analysis of Zhuhai sample of sustainable development, it shows the exploration, efforts and achievements of a city on the road of building a healthy city, ecological civilization and green development while retaining the economic growth rate.

Keywords: Zhuhai; Healthy City; Ecological Environment; Green Development

B.17   Guilin: the way to Coordinate Ecological Civilization and
Economic Development   *Wang Ruoshui* / 370

Abstract: In February 2018, the State Council approved Guilin to build a national sustainable development agenda innovation demonstration zone with the theme of "sustainable utilization of landscape resources". Over the past three years, Guilin has adhered to the integration of humanities and nature, polished the two business cards of "famous historical and cultural city" and "famous ecological landscape city", adhered to the new development concept, and always regarded "green mountains and green mountains are Jinshan Yinshan" as the "golden key" to solve the problem of sustainable development and as the "compass" to lead high-quality development. Guilin closely focuses on the construction theme of "sustainable utilization of landscape resources", focuses on issues such as "ecological restoration and environmental protection in karst rocky desertification areas", and promotes eco-tourism, eco-agriculture, green industry, conservation of natural resources and the construction of "healthy China" in a coordinated manner, and has achieved phased results.

Keywords: Guilin; Eco-tourism; Eco-agriculture; Green Industry

V International Case

Abstract: To better understand sustainable development of cities, the research group has chosen six cities from both developing and developed countries to analyze their sustainable development indicators and to compare with Chinese cities that have high sustainable development performance. The six cities include New York City in the USA, São Paulo in Brazil, Barcelona in Spain, Paris in France, Hong Kong in China, and Singapore.

Keywords: International City; Sustainable Development; International City Cases

VI Enterprise Cases

Abstract: The concept of sustainable development is deeply rooted in Philips' DNA. Philips has always been committed to doing business in a responsible and sustainable way. It has established a sound sustainable development management system in business ethics, products and services, supplier

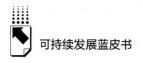
可持续发展蓝皮书

management, employee development and well-being, and built a solid foundation for sustainable development. On this basis, Philips attaches great importance to the management of environmental issues, constantly upgrades its green practice with innovative solutions, and manages the environment from the whole process of the company's operation and management, such as product design, product manufacturing and use, value chain management and employee behavior, striving to reduce the impact of the company's operations on the environment, and actively driving relevant parties to jointly expand positive environmental contributions.

Keywords: Sustainable Development Management; Supplier Management; Ecological Design; Circular Economy; Carbon Neutrality; Employee Development

B. 20 Digital Technology Helps "Carbon Neutralization" and Green Sustainable Development *Cao Qiming, Xu Fei* / 422

Abstract: Green, low-carbon and sustainable development have become the global consensus. General Secretary Xi Jinping pointed out: "We should practice the new concept of green development, and practice the green, low-carbon, recycling and sustainable production and lifestyle", and emphasized on many international occasions that China will achieve the goals of peak carbon dioxide emissions in 2030 and carbon neutrality in 2060. Digital economy driven by digital technology has become an important part of social and economic development, and it also brings unprecedented opportunities for green, low-carbon and sustainable development. This paper makes an empirical analysis on how digital technology contributes to eight aspects: green infrastructure, green low-carbon office, green low-carbon transportation, green low-carbon logistics, green low-carbon city, green low-carbon life, green low-carbon public welfare and green circular economy, so as to promote digital technology to play a greater role in the peak carbon dioxide emissions and carbon neutrality of the whole society in the future.

Keywords: Digital Technology; Digital Economy; Green; Low Carbon; Carbon Neutrality

514

Ⅶ   Appendix

皮 书

智库报告的主要形式
同一主题智库报告的聚合

✤ 皮书定义 ✤

皮书是对中国与世界发展状况和热点问题进行年度监测，以专业的角度、专家的视野和实证研究方法，针对某一领域或区域现状与发展态势展开分析和预测，具备前沿性、原创性、实证性、连续性、时效性等特点的公开出版物，由一系列权威研究报告组成。

✤ 皮书作者 ✤

皮书系列报告作者以国内外一流研究机构、知名高校等重点智库的研究人员为主，多为相关领域一流专家学者，他们的观点代表了当下学界对中国与世界的现实和未来最高水平的解读与分析。截至2021年，皮书研创机构有近千家，报告作者累计超过7万人。

✤ 皮书荣誉 ✤

皮书系列已成为社会科学文献出版社的著名图书品牌和中国社会科学院的知名学术品牌。2016年皮书系列正式列入"十三五"国家重点出版规划项目；2013~2021年，重点皮书列入中国社会科学院承担的国家哲学社会科学创新工程项目。

中国皮书网

（网址：www.pishu.cn）

发布皮书研创资讯，传播皮书精彩内容
引领皮书出版潮流，打造皮书服务平台

栏目设置

◆ 关于皮书
何谓皮书、皮书分类、皮书大事记、
皮书荣誉、皮书出版第一人、皮书编辑部

◆ 最新资讯
通知公告、新闻动态、媒体聚焦、
网站专题、视频直播、下载专区

◆ 皮书研创
皮书规范、皮书选题、皮书出版、
皮书研究、研创团队

◆ 皮书评奖评价
指标体系、皮书评价、皮书评奖

◆ 皮书研究院理事会
理事会章程、理事单位、个人理事、高级
研究员、理事会秘书处、入会指南

◆ 互动专区
皮书说、社科数托邦、皮书微博、留言板

所获荣誉

◆ 2008 年、2011 年、2014 年，中国皮书
网均在全国新闻出版业网站荣誉评选中
获得"最具商业价值网站"称号；
◆ 2012 年，获得"出版业网站百强"称号。

网库合一

2014年，中国皮书网与皮书数据库端口
合一，实现资源共享。

中国皮书网

权威报告·一手数据·特色资源

皮书数据库
ANNUAL REPORT(YEARBOOK)
DATABASE

分析解读当下中国发展变迁的高端智库平台

所获荣誉

- 2019年，入围国家新闻出版署数字出版精品遴选推荐计划项目
- 2016年，入选"'十三五'国家重点电子出版物出版规划骨干工程"
- 2015年，荣获"搜索中国正能量 点赞2015""创新中国科技创新奖"
- 2013年，荣获"中国出版政府奖·网络出版物奖"提名奖
- 连续多年荣获中国数字出版博览会"数字出版·优秀品牌"奖

WWW.PISHU.DOD.DR

成为会员

　　通过网址www.pishu.com.cn访问皮书数据库网站或下载皮书数据库APP，进行手机号码验证或邮箱验证即可成为皮书数据库会员。

会员福利

- 已注册用户购书后可免费获赠100元皮书数据库充值卡。刮开充值卡涂层获取充值密码，登录并进入"会员中心"—"在线充值"—"充值卡充值"，充值成功即可购买和查看数据库内容。
- 会员福利最终解释权归社会科学文献出版社所有。

社会科学文献出版社 皮书系列
SOCIAL SCIENCES ACADEMIC PRESS (CHINA)
卡号：584426883656
密码：

数据库服务热线：400-008-6695
数据库服务QQ：2475522410
数据库服务邮箱：database@ssap.cn
图书销售热线：010-59367070/7028
图书服务QQ：1265056568
图书服务邮箱：duzhe@ssap.cn

基本子库 SUB DATABASE

中国社会发展数据库（下设 12 个子库）

整合国内外中国社会发展研究成果，汇聚独家统计数据、深度分析报告，涉及社会、人口、政治、教育、法律等 12 个领域，为了解中国社会发展动态、跟踪社会核心热点、分析社会发展趋势提供一站式资源搜索和数据服务。

中国经济发展数据库（下设 12 个子库）

围绕国内外中国经济发展主题研究报告、学术资讯、基础数据等资料构建，内容涵盖宏观经济、农业经济、工业经济、产业经济等 12 个重点经济领域，为实时掌控经济运行态势、把握经济发展规律、洞察经济形势、进行经济决策提供参考和依据。

中国行业发展数据库（下设 17 个子库）

以中国国民经济行业分类为依据，覆盖金融业、旅游、医疗卫生、交通运输、能源矿产等 100 多个行业，跟踪分析国民经济相关行业市场运行状况和政策导向，汇集行业发展前沿资讯，为投资、从业及各种经济决策提供理论基础和实践指导。

中国区域发展数据库（下设 6 个子库）

对中国特定区域内的经济、社会、文化等领域现状与发展情况进行深度分析和预测，研究层级至县及县以下行政区，涉及省份、区域经济体、城市、农村等不同维度，为地方经济社会宏观态势研究、发展经验研究、案例分析提供数据服务。

中国文化传媒数据库（下设 18 个子库）

汇聚文化传媒领域专家观点、热点资讯，梳理国内外中国文化发展相关学术研究成果、一手统计数据，涵盖文化产业、新闻传播、电影娱乐、文学艺术、群众文化等 18 个重点研究领域。为文化传媒研究提供相关数据、研究报告和综合分析服务。

世界经济与国际关系数据库（下设 6 个子库）

立足"皮书系列"世界经济、国际关系相关学术资源，整合世界经济、国际政治、世界文化与科技、全球性问题、国际组织与国际法、区域研究 6 大领域研究成果，为世界经济与国际关系研究提供全方位数据分析，为决策和形势研判提供参考。

法律声明

　　"皮书系列"（含蓝皮书、绿皮书、黄皮书）之品牌由社会科学文献出版社最早使用并持续至今，现已被中国图书市场所熟知。"皮书系列"的相关商标已在中华人民共和国国家工商行政管理总局商标局注册，如LOGO（▨）、皮书、Pishu、经济蓝皮书、社会蓝皮书等。"皮书系列"图书的注册商标专用权及封面设计、版式设计的著作权均为社会科学文献出版社所有。未经社会科学文献出版社书面授权许可，任何使用与"皮书系列"图书注册商标、封面设计、版式设计相同或者近似的文字、图形或其组合的行为均系侵权行为。

　　经作者授权，本书的专有出版权及信息网络传播权等为社会科学文献出版社享有。未经社会科学文献出版社书面授权许可，任何就本书内容的复制、发行或以数字形式进行网络传播的行为均系侵权行为。

　　社会科学文献出版社将通过法律途径追究上述侵权行为的法律责任，维护自身合法权益。

　　欢迎社会各界人士对侵犯社会科学文献出版社上述权利的侵权行为进行举报。电话：010-59367121，电子邮箱：fawubu@ssap.cn。

社会科学文献出版社